2025

Engineer Construction Safety

건설안전기사 실기
필답형+작업형
4주완성

경국현 저

머/리/말

건설안전기사

본서는 건설안전기사 실기를 준비하는 수험생들에게 단기간에 가장 효율적인 학습이 될 수 있도록 구성하였고 수험자가 반드시 알아야 할 중요한 내용을 요약·정리하였으며 엄선된 기출문제를 선정 수록하여 건설안전기사 실기시험에 대비할 수 있도록 최선을 다하였다.

본 교재의 특징

- ▶ 핵심이론을 요약하여 시간을 절약할 수 있도록 하였다.
- ▶ 수험자가 단기간에 완성할 수 있도록 한국산업인력공단의 출제 기준안에 맞도록 체계적으로 요약 정리하였다
- ▶ 연도별 엄선된 기출문제와 함께 상세한 해설을 수록하였다.
- ▶ 수험생 스스로 문제를 해결할 수 있도록 기출문제 해설에 최선을 다하였다.

본 교재를 충분히 활용하여 건설안전기사 실기를 준비하는 수험생 모두에게 합격의 영광이 있기를 기원하며 차후 변경되는 출제경향 및 과년도 문제 등을 추가로 수록하여 계속 보완하도록 하겠습니다.

끝으로 본서를 출간함에 있어 도움을 주시고 지도하여 주신 모든 선·후배님들께 감사 드립니다.

저자

건설안전기사 출제기준(실기)

직무분야	안전관리	중직무분야	안전관리	자격종목	건설안전기사	적용기간	2021.1.1.~2025.12.31.

○ 직무내용 : 건설현장의 생산성 향상과 인적·물적 손실을 최소화하기 위한 안전계획을 수립하고, 그에 따른 작업환경의 점검 및 개선, 현장 근로자의 교육계획 수립 및 실시, 작업환경 순회감독 등 안전관리 업무를 통해 인명과 재산을 보호하고, 사고 발생 시 효과적이며 신속한 처리 및 재발 방지를 위한 대책 안을 수립, 이행하는 등 안전에 관한 기술적인 관리 업무를 수행하는 직무이다.

○ 수행준거 : 1. 안전관리에 관한 이론적 지식을 바탕으로 안전관리 계획을 수립하고, 재해조사 분석을 하며 안전교육을 실시할 수 있다.
           2. 각종 건설공사 현장에서 발생할 수 있는 유해·위험요소를 인지하고 이를 예방 조치를 할 수 있다.
           3. 안전에 관련한 규정사항을 인지하고, 이를 현장에 적용할 수 있다.

실기검정방법	복합형	시험시간	2시간 20분 정도 (필답형: 1시간 30분, 작업형: 50분 정도)

실기 과목명	주요항목	세부항목	세세항목
건설안전 실무	1. 안전관리	1. 안전관리 조직 이해 하기	1. 안전보건관리조직의 유형을 이해할 수 있어야 한다. 2. 안전책임과 직무 및 안전보건관리 규정을 알고 적용할 수 있어야 한다.
		2. 안전관리계획 수립하기	1. 공사에 필요한 안전관리 계획을 수립하기 위하여 건설안전 관련법령에서 정하는 사항을 확인할 수 있다. 2. 공종별 안전 시공계획, 안전 시공절차, 주의사항에 대하여 구체적으로 제시할 수 있다. 3. 안전점검계획은 재해예방지도기관, 안전진단기관과 계약을 체결하여 공사기간 중 안전점검이 이루어지도록 계획할 수 있다. 4. 각종 관련서식, 안전점검표를 건설안전 관련법령을 참조하여 작성하고, 현장의 특수성을 검토하여 계획 확인 단계까지 보완할 수 있다. 5. 건설안전 관련법령 외의 안전관리사항을 안전관리계획서에 반영할 수 있다. 6. 안전관리계획 수립에 있어서 중대사고 예방에 관한 사항을 우선으로 고려하여 계획에 반영할 수 있다.
		3. 산업재해발생 및 재해 조사 분석하기	1. 재해발생모델을 알고 이해할 수 있어야 한다. 2. 사고예방원리를 이해할 수 있어야 한다. 3. 재해조사를 실시할 수 있어야 한다. 4. 재해발생의 구조를 이해할 수 있어야 한다. 5. 재해분석을 실시할 수 있어야 한다. 6. 재해율을 분석할 수 있어야 한다.
		4. 재해 예방대책 수립하기	1 사고장소에 대한 증거물과 관련자와의 면담 등을 통하여 사고와 관련된 기인물과 가해물을 규명할 수 있다. 2. 사고조사를 통해 근본적인 사고원인을 규명하여 개선대책을 제시할 수 있다.

실기 과목명	주요항목	세 부 항 목	세 세 항 목
		5. 개인보호구 선정하기	1. 산업안전보건법령에 의해 안전인증 받은 보호구를 선정하고, 성능 시험의 적합 여부를 확인할 수 있다. 2. 개인보호구를 근로자가 적정하게 착용하고 있는지를 확인할 수 있다.
		6. 안전 시설물 설치하기	1. 건설공사의 기획, 설계, 구매, 시공, 유지관리 등 모든 단계에서 건설안전 관련자료를 수집하고, 세부공정에 맞게 위험요인에 따른 안전 시설물 설치계획을 수립할 수 있다. 2. 산업안전보건법령에 기준하여 안전인증을 취득한 자재를 사용할 수 있다.
		7. 안전보건교육 계획하기	1. 안전교육에 관련한 법령을 검토할 수 있다. 2. 교육종류에 따른 교육 대상자를 선정할 수 있다.
		8. 안전보건교육 실시하기	1. 안전보건교육의 연간 일정계획에 따라 교육을 실시할 수 있다. 2. 작업 상황사진, 동영상을 참고하여 불안전한 행동, 상태를 예방하기 위한 안전기술과 시공을 교육프로그램에 반영할 수 있다. 3. 건설안전 관련법령에 따라 교육일지를 작성하고 피교육자의 서명과 사진을 부착하여 교육 실시 여부를 기록할 수 있다. 4. 법적자료를 고려하여 교육대상자, 적정 시간과 횟수를 제대로 준수하고 있는지를 확인할 수 있다. 5. 작업공종을 기준으로 해당 안전담당자를 지정하고, 교육대상자가 의식과 행동의 변화를 가져올 때까지 교육을 실시할 수 있다.
	2. 건설공사 안전	1. 건설공사 특수성 분석하기	1. 설계도서에서 요구하는 특수성을 확인하여 안전관리계획 시 반영할 수 있다. 2. 공정관리계획 수립 시 해당 공사의 특수성에 따라 세부적인 안전지침을 검토할 수 있다. 3. 공사장 주변 작업환경이나 공법에 따라 안전관리에 적용해야 하는 특수성을 도출할 수 있다. 4. 공사의 계약조건, 발주처 요청 등에 따라 안전관리상의 특수성을 도출할 수 있다.
		2. 가설공사 안전을 이해하기	1. 가설공사 안전에 관한 일반을 이해할 수 있어야 한다. 2. 통로의 안전에 관한 사항을 이해할 수 있어야 한다. 3. 비계공사의 안전에 관한 사항을 이해할 수 있어야 한다.
		3. 토공사 안전을 이해하기	1. 사전점검 사항을 알고 적용할 수 있어야 한다. 2. 굴착작업의 안전조치 사항을 적용할 수 있어야 한다. 3. 붕괴재해 예방대책을 수립할 수 있어야 한다.
		4. 구조물공사 안전을 이해하기	1. 철근공사의 안전에 관한 사항을 이해할 수 있어야 한다. 2. 거푸집공사의 안전에 관한 사항을 이해할 수 있어야 한다. 3. 콘크리트공사의 안전에 관한 사항을 이해할 수 있어야 한다. 4. 철골공사의 안전에 관한 사항을 이해할 수 있어야 한다.

실기 과목명	주요항목	세부항목	세세항목
		5. 마감공사 안전을 이해하기	1. 마감공사의 안전에 관한 사항을 이해할 수 있어야 한다.
		6. 건설기계, 기구 안전을 이해하기	1. 차량계 건설기계에 관한 안전을 이해할 수 있어야 한다. 2. 토공기계에 관한 안전을 이해할 수 있어야 한다. 3. 차량계 하역운반기계에 관한 안전을 이해할 수 있어야 한다. 4. 양중기에 관한 안전을 이해할 수 있어야 한다.
		7. 사고형태별 안전을 이해하기	1. 떨어짐(추락)재해에 관한 안전을 이해할 수 있을 이해할 수 있어야 한다. 2. 낙하물 재해에 관한 안전을 이해할 수 있다. 3. 토사 및 토석 붕괴 재해에 관한 안전을 이해할 수 있다. 4. 감전재해에 관한 안전을 이해할 수 있다. 5. 건설 기타 재해에 관한 안전을 이해할 수 있다. 6. 사고조사 후 도출된 각각의 사고원인들에 대하여 사고 가능성 및 예상 피해를 감소시키기 위해 필요한 사항들을 검토할 수 있다. 7. 사고조사를 통해 근본적인 사고원인을 규명하여 개선대책을 제시할 수 있다.
	3. 안전기준	1. 건설안전 관련법규 적용하기	1. 산업안전보건법을 적용할 수 있어야 한다. 2. 산업안전보건법 시행령을 적용할 수 있어야 한다. 3. 산업안전보건법 시행규칙을 적용할 수 있어야 한다.
		2. 안전기준에 관한 규칙 및 기술지침 적용하기	1. 작업장의 안전기준을 적용할 수 있어야 한다. 2. 기계기구 설비에 의한 위험예방에 관한 안전기준 및 기술 지침을 적용할 수 있어야 한다. 3. 양중기에 관한 안전기준 및 기술 지침을 적용할 수 있어야 한다. 4. 차량계 하역운반 기계에 관한 안전기준 및 기술 지침을 적용할 수 있어야 한다. 5. 콘베이어에 관한 안전기준 및 기술 지침을 적용할 수 있어야 한다. 6. 차량계 건설기계 등에 관한 안전기준 및 기술 지침을 적용할 수 있어야 한다. 7. 전기로 인한 위험 방지에 관한 안전기준 및 기술 지침을 적용할 수 있어야 한다. 8. 건설작업에 의한 위험예방에 관한 안전기준 및 기술 지침을 적용할 수 있어야 한다. 9. 중량물 취급시 위험방지에 관한 안전기준 및 기술 지침을 적용할 수 있어야 한다. 10. 하역작업 등에 의한 위험방지에 관한 안전기준 및 기술 지침을 적용할 수 있어야 한다. 11. 기타 기술 지침을 적용할 수 있어야 한다.

차/례

PART 01   건설안전실기 요점정리

1. 안전관리 ─────────────── 2
   - (1) 안전관리조직 ··················· 2
   - (2) 안전보건관리 규정 및 계획 ········ 5
   - (3) 산업재해발생 및 재해조사 ········· 6
   - (4) 안전점검 및 작업분석 ············ 11
   - (5) 보호구 및 안전표지 ·············· 15
2. 안전교육 및 심리 ─────────── 24
   - (1) 안전교육 ······················ 24
   - (2) 산업심리 ······················ 29
3. 인간공학 및 시스템 위험분석 ─── 34
   - (1) 인간공학 ······················ 34
   - (2) 시스템 위험분석 ················ 41
4. 건설공사 안전 ─────────── 46
   - (1) 건설안전 일반 ·················· 46
   - (2) 가설공사 안전 ·················· 53
   - (3) 토공사 안전 ··················· 60
   - (4) 구조물공사 안전 ················ 67
   - (5) 건설기계·기구 안전 ············· 72
   - (6) 사고형태별 안전 ················ 82

PART 02   실기 필답형 - 건설안전기사

- ◆ **2013년** 제1회 ······················ 86
  - 2013년 제2회 ······················ 92
  - 2013년 제4회 ······················ 96
- ◆ **2014년** 제1회 ······················ 101
  - 2014년 제2회 ······················ 106
  - 2014년 제4회 ······················ 110
- ◆ **2015년** 제1회 ······················ 114
  - 2015년 제2회 ······················ 118
  - 2015년 제4회 ······················ 122
- ◆ **2016년** 제1회 ······················ 126
  - 2016년 제2회 ······················ 131
  - 2016년 제4회 ······················ 136
- ◆ **2017년** 제1회 ······················ 140
  - 2017년 제2회 ······················ 146
  - 2017년 제4회 ······················ 150
- ◆ **2018년** 제1회 ······················ 155
  - 2018년 제2회 ······················ 160
  - 2018년 제4회 ······················ 166
- ◆ **2019년** 제1회 ······················ 171
  - 2019년 제2회 ······················ 177
  - 2019년 제4회 ······················ 181
- ◆ **2020년** 제1회 ······················ 186
  - 2020년 제2회 ······················ 191
  - 2020년 제3회 ······················ 195
  - 2020년 제4회 ······················ 200

- ◆ **2021년** 제1회 ········· 205
  - 2021년 제2회 ········· 209
  - 2021년 제4회 ········· 213
- ◆ **2022년** 제1회 ········· 217
  - 2022년 제2회 ········· 222
  - 2022년 제4회 ········· 227
- ◆ **2023년** 제1회 ········· 232
  - 2023년 제2회 ········· 238
  - 2023년 제4회 ········· 243
- ◆ **2024년** 제1회 ········· 247
  - 2024년 제2회 ········· 253
  - 2024년 제3회 ········· 260

PART 03   실기 작업형 - 건설안전기사

- ◆ **2013년** 제1회 ········· 2
  - 2013년 제2회 ········· 7
  - 2013년 제4회 ········· 12
- ◆ **2014년** 제1회(A형) ········· 16
  - 2014년 제1회(B형) ········· 22
  - 2014년 제1회(C형) ········· 26
  - 2014년 제2회(A형) ········· 31
  - 2014년 제2회(B형) ········· 35
  - 2014년 제2회(C형) ········· 39
  - 2014년 제4회 ········· 44
- ◆ **2015년** 제1회 ········· 49
  - 2015년 제2회 ········· 53
  - 2015년 제4회 ········· 58
- ◆ **2016년** 제1회 ········· 62
  - 2016년 제2회 ········· 66
  - 2016년 제4회 ········· 70
- ◆ **2017년** 제1회 ········· 74
  - 2017년 제2회 ········· 80
  - 2017년 제4회 ········· 85
- ◆ **2018년** 제1회 ········· 90
  - 2018년 제2회 ········· 95
  - 2018년 제4회 ········· 100
- ◆ **2019년** 제1회 ········· 105
  - 2019년 제2회 ········· 110
  - 2019년 제4회 ········· 114
- ◆ **2020년** 제1회 ········· 118
  - 2020년 제2회(A형) ········· 123
  - 2020년 제2회(B형) ········· 127
  - 2020년 제3회 ········· 131
  - 2020년 제4회 ········· 136
- ◆ **2021년** 제1회 ········· 141
  - 2021년 제2회 ········· 145
  - 2021년 제4회 ········· 149
- ◆ **2022년** 제1회 ········· 153
  - 2022년 제2회 ········· 158
  - 2022년 제4회 ········· 162
- ◆ **2023년** 제1회 ········· 167
  - 2023년 제2회 ········· 172
  - 2023년 제4회 ········· 177
- ◆ **2024년** 제1회 ········· 181
  - 2024년 제2회 ········· 186
  - 2024년 제3회 ········· 191

건설안전기사 작업형 실기시험 수험준비요령

▶ 수험준비 전 수검자 숙지사항(수검자 유의사항)

1. 동영상의 문제 자료화면은 건설기계·기구, 건설공사안전, 안전기준 및 표준 안전작업 지침 분야로 구성되어져 있다.

2. 답안 작성시 유의사항
   - 문제에서 요구한 항목수(예 ~의 작업상황에 대한 위험요인을 3가지만 쓰시오) 이상을 답란에 표기한 경우에는 답란 기재순으로 요구한 항목수(가지수)만 채점만 채점한다. 따라서 답을 작성할 때에는 정확하게 문제에서 요구한 항목수만 기재한다.
   - 답안 내용은 간단, 명료하게 작성하여야 하며, 답란에 불필요한 낙서나 특이한 기록사항 등 부정의 목적이 있다고 판단될 경우에는 모든 득점이 0점으로 처리된다.
   - 계산문제의 답안작성
     ① 계산문제는 계산식(계산과정)과 답을 동시에 기재하여야 한다(계산식이 없는 답은 0점 처리).
     ② 계산과정에서 소수점 처리는 문제의 요구사항에 따르고 요구사항이 없으면 소수점 이하 셋째자리에서 반올림하여 소수점 둘째자리까지만 표기한다.
     [예] 298.7598 → 298.76
     ③ 계산문제의 요구사항에서 단위가 주어졌을 때는 계산식 및 답에서 단위가 생략되어도 되나, 기타의 경우에는 계산식 및 답란에 단위를 기재하지 않을 경우 오답으로 처리된다.
   - 기타 답안작성시 유의사항은 시험시작 전에 정확하게 숙지하여 실수하지 않도록 명심한다.

▶ 문제유형(출제경향) 및 문제유형에 따른 학습방법

1. 동영상 화면의 작업상황(작업조건, 재해개요 등)에 대한 위험요인 및 안전대책을 작성하는 문제가 출제된다.
   (1) 위험요인을 작성하는 문제는 위험의 point(핵심위험요인), 사고(재해) 발생원인, 불안전한 요소 등을 묻는 문제와 같은 유형 또는 비슷한 유형의 문제이며, 안전대책을 작성하는 문제는 안전작업수칙, 안전작업방법, 위험방지조치사항, ~에 대한 준수사항 등을 묻는 문제와 같은 유형 또는 비슷한 유형의 문제이다.
   (2) 학습요령
   ① 동영상 화면도(사진 또는 그림)와 문제에서 작업상황을 충분히 이해하고 무엇을 묻는 문제인지를 정확하게 파악한다.
   ② 동영상 화면에서 눈에 보이는 위험요인과 눈에 보이지 않는 잠재적인 위험요인 등을 다음 조건의 부합 여부를 고려하여 찾아낸다.
   - 작업자(근로자)의 작업방법의 문제점, 불안전한 행동, 안전수칙 미준수 등에 기인한 위험요인 등
   - 안전시설 및 방호장치 등의 설치 및 미설치 여부 등
   - 작업 상황에 대한 위험방지 조치의 소홀, 미흡정도 및 법규정 준수여부 등
   - 작업자의 보호구 착용 및 미착용 여부
   - 기타
   ③ 위험요인을 작성하는 문제는 작업상황에 대한 문제점의 핵심을 간략하게 쓸 수 있도록 충분히 연습하여야 하며 또한 새로운 문제가 출제되더라도 답안을 작성할 수 있도록 응용력을 키워야 한다.
   ④ 안전대책을 작성하는 문제는 위험요인을 찾으면 그것에 따라 답안을 작성하면 된다.
   ⑤ 위험요인과 안전대책에 관한 문제의 답안작성은 본서의 해답 및 모범답안과 똑같지 않아도 문맥과 의미만 같으면 정답으로 인정된다.

2. 법규(법령·시행령·시행규칙), 안전기준 및 보건기준에 관한 규칙(안전규칙 및 보건규칙), 표준안전작업지침(노동부고시) 등 법 규정에 관한 문제가 출제된다.
   (1) 법 규정에 관한 문제는 동영상의 화면과 관계가 없는 문제이다(문제지만 보면 동영상의 화면은 관계없이 답안작성이 가능하다.

(2) 학습요령

① 문제의 내용을 충분히 이해하고 무엇을 묻는 문제인지를 정확하게 파악한다.

② 해답(정답)의 내용을 2~3회 정도 꼼꼼히 읽어본 후 반복적으로 쓰면서 완전하게 암기하여 해답을 보지 않고 답안을 작성할 수 있도록 한다.

③ 법 규정 문제의 답안작성은 해답과 똑같이 쓸 수 있도록 하여야 한다.

3. 과목별로 안전공학(기술)적 사항에 관한 이론내용 및 계산문제가 출제된다.

(1) 과목(항목)별로 사고가 많이 발생되는 위험기계·기구 및 설비와 위험한 작업상황에 대한 이론내용의 숙지정도 및 계산문제의 적응도를 묻는 문제 등이 출제된다.

(2) 학습요령

① 동영상 화면을 충분히 이해하고 문제에서 무엇을 묻는 문제인지를 정확하게 파악한다.

② 법 규정에 관한 문제의 학습요령과 같은 방법으로 학습하도록 한다.

③ 계산문제는 공식을 정확하게 암기하고 계산과정 및 소수점처리 및 단위에 유의하여 학습하도록 한다(수검자 유의사항 및 답안지작성요령 참고).

P.A.R.T

01

건설안전실기
요점정리

안전관리

1. 안전관리조직

01 안전관리조직의 유형별 특징

(1) 라인형(직계형) 조직의 특성

1) 장점
   ① 안전에 관한 지시나 명령계통이 철저하다.
   ② 명령과 보고가 상하관계이므로 간단명료하다.
   ③ 안전대책의 실시가 신속하다.

2) 단점
   ① 안전에 관한 전문지식이 부족하다.
   ② 안전의 정보가 불충분하다.
   ③ 라인에 과중한 책임을 지우기 쉽다.

(2) 스탭형(참모식) 조직의 특징

1) 장점
   ① 안전전문가가 안전계획을 세워 안전에 관한 전문적인 문제해결 방안을 모색하고 조치한다.
   ② 경영자에게 조언과 자문역할을 할 수 있다.
   ③ 안전 정보수집이 빠르다.

2) 단점
   ① 안전지시나 명령이 작업자에게까지 신속·정확하게 하달되지 못한다.
   ② 생산부분은 안전에 대한 책임과 권한이 없다.
   ③ 권한다툼이나 조정 때문에 시간과 노력이 소모된다.

(3) 라인 · 스탭형(직계 · 참모식)의 특징

1) 장점
① 안전활동이 생산과 잘 협조가 된다.
② 생산라인의 각 계층에서도 안전업무를 겸임하게 할 수 있다.
③ 안전대책은 staff 부문에서 기획조사, 입안, 연구하고 line을 통하여 실시하도록 한다.
④ 전 근로자가 안전활동에 참여할 기회가 부여된다.

2) 단점
① 명령계통과 조언, 권고적 참여가 혼동되기 쉽다.
② 라인이 스탭에만 의존하거나 또는 활용하지 않는 경우가 있다.
③ 스탭의 월권행위의 경우가 있다.

02 안전관리조직의 업무 · 직무 등

(1) 안전보건관리책임자의 업무내용
① 산업재해 예방계획의 수립에 관한 사항
② 안전보건관리규정의 작성 및 변경에 관한 사항
③ 근로자의 안전 · 보건교육에 관한 사항
④ 작업환경측정 등 작업환경의 점검 및 개선에 관한 사항
⑤ 근로자의 건강진단 등 건강관리에 관한 사항
⑥ 산업재해의 원인조사 및 재발방지대책의 수립에 관한 사항
⑦ 산업재해에 관한 통계의 기록 및 유지에 관한 사항
⑧ 안전 · 보건과 관련된 안전장치 및 보호구 구입 시 적격품 여부 확인에 관한 사항
⑨ 그 밖에 근로자의 유해 · 위험예방 조치에 관한 사항으로서 「고용노동부령으로 정하는 사항」 (위험성 평가의 실시에 관한 사항과 안전보건규칙에서 정하는 근로자의 위험 또는 건강장해의 방지에 관한 사항)

(2) 안전관리자의 업무내용
① 산업안전보건위원회 또는 안전 · 보건에 관한 노사협의체에서 심의 · 의결한 업무와 해당 사업장의 안전보건관리규정 및 취업규칙에서 정한 업무
② 안전인증대상 기계 · 기구 등과 자율안전확인대상 기계 · 기구 등의 구입시 적격품의 선정에 관한 보좌 및 지도 · 조언
③ 위험성 평가에 관한 보좌 및 지도 · 조언
④ 해당 사업장 안전교육계획의 수립 및 안전교육 실시에 관한 보좌 및 지도 · 조언
⑤ 사업장 순회점검 · 지도 및 조치의 건의
⑥ 산업재해 발생의 원인조사 · 분석 및 재발방지를 위한 기술적 보좌 및 지도 · 조언

⑦ 산업재해에 관한 통계의 유지·관리·분석을 위한 기술적 보좌 및 지도·조언
⑧ 법 또는 법에 따른 명령으로 정한 안전에 관한 사항의 이행에 관한 보좌 및 지도·조언
⑨ 업무수행 내용의 기록·유지
⑩ 그 밖에 안전에 관한 사항으로서 고용노동부장관이 정하는 사항

(3) 안전보건총괄책임자의 직무
① 작업의 중지 및 재개
② 도급사업 시의 안전·보건조치
③ 수급인의 산업안전보건관리비의 집행 감독 및 그 사용에 관한 수급인 간의 협의·조정
④ 안전인증대상 기계·기구 등과 자율안전확인대상 기계·기구 등의 사용여부 확인
⑤ 위험성 평가의 실시에 관한 사항

03 산업안전보건위원회

(1) 산업안전보건위원회를 설치·운영해야 할 사업의 종류 및 규모

사업의 종류	규모
1. 토사석 광업 2. 목재 및 나무제품 제조업 : 가구 제외 3. 화학물질 및 화학제품 제조업 : 의약품 제외(세제, 화장품 및 광택제 제조업과 화학섬유 제조업은 제외) 4. 비금속 광물제품 제조업 5. 1차 금속 제조업 6. 금속가공제품 제조업 : 기계 및 기구는 제외 7. 자동차 및 트레일러 제조업 8. 기타 기계 및 장비 제조업(사무용 기계 및 장비 제조업은 제외) 9. 기타 운송장비 제조업(전투용 차량 제조업은 제외)	상시근로자 50명 이상
10. 농업 11. 어업 12. 소프트웨어 개발 및 공급업 13. 컴퓨터 프로그래밍, 시스템 통합 및 관리업 14. 정보서비스업 15. 금융 및 보험업 16. 임대업 : 부동산 제외 17. 전문 과학 및 기술 서비스업(연구개발업은 제외) 18. 사업지원 서비스업 19. 사회복지 서비스업	상시근로자 300명 이상
20. 건설업	공사금액 120억원 이상 (토목공사업에 해당하는 공사의 경우에는 150억원 이상)
21. 제1호부터 제20호까지의 사업을 제외한 사업	상시근로자 100명 이상

(2) 위원회의 구성

1) 근로자위원(10명)

① 근로자대표(노동조합의 대표자 또는 근로자 과반수를 대표하는 사람)
② 근로자대표가 지명하는 1명 이상의 명예감독관
③ 근로자대표가 지명하는 9명 이내의 해당사업장의 근로자(명예감독관 수만큼 제외)

2) 사용자위원(10명)

① 해당 사업의 대표자(다른 지역에 사업장의 있는 경우 그 사업장의 최고책임자)
② 안전관리자 1명
③ 보건관리자 1명
④ 산업보건의(선임되어 있는 경우로 한정)
⑤ 해당 사업의 대표자가 지명하는 9명 이내의 해당사업장 부서의 장

2. 안전보건관리 규정 및 계획

01 안전보건관리규정

(1) 법상 안전보건관리규정에 포함시켜야 할 사항

① 안전·보건 관리조직과 그 직무에 관한 사항
② 안전·보건 교육에 관한 사항
③ 작업장 안전관리에 관한 사항
④ 작업장 보건관리에 관한 사항
⑤ 사고 조사 및 대책 수립에 관한 사항
⑥ 그 밖에 안전·보건에 관한 사항

(2) 안전관리규정 작성시 유의사항

① 규정된 기준은 법정기준을 상회하도록 할 것
② 관리자층의 직무와 권한, 근로자에게 강제 또는 요청한 부분을 명확히 할 것
③ 관계법령의 개·제정에 따라 즉시 개정되도록 라인활용에 쉬운 규정이 되도록 할 것
④ 작성 또는 개정시에 현장의 의견을 충분히 반영시킬 것
⑤ 규정의 내용은 정상시는 물론, 이상시, 사고시, 재해발생시의 조치와 기준에 관해서도 규정할 것

02 안전 · 보건개선계획

(1) 법상의 안전 · 보건개선계획 대상 사업장
① 산업재해율이 같은 업종의 규모별 평균산업재해율보다 높은 사업장
② 안전보건조치 의무를 이행하지 아니하여 중대재해가 발생한 사업장
③ 대통령령으로 정하는 수 이상의 직업성 질병자가 발생한 사업장
④ 유해인자의 노출기준을 초과한 사업장

(2) 법상의 안전보건진단을 받아 개선계획을 수립, 제출해야 되는 사업장
① 사업주가 필요한 안전보건 조치를 이행하지 아니하여 중대재해가 발생한 사업장
② 산업재해율이 같은 업종 평균산업재해율의 2배 이상인 사업장
③ 직업병에 걸린 사람이 연간 2명 이상(상시근로자 1000명 이상은 3명 이상)인 사업장
④ 작업환경불량, 화재 · 폭발 또는 누출사고 등으로 사업장 주변까지 피해가 확산된 사업장으로서 고용노동부장관이 정하는 사업장

(3) 법상의 안전 · 보건 개선계획서에 포함해야 되는 내용
① 시설
② 안전、보건교육
③ 안전、보건관리체제
④ 산업재해예방 및 작업환경의 개선을 위하여 필요한 사항

3. 산업재해발생 및 재해조사

01 재해발생의 메커니즘(3가지 구조적 요소)

① 단순자극형(집중형) : 상호자극에 의해 순간적으로 재해가 발생하는 유형
② 연쇄형 : 하나의 사고요인이 또 다른 요인을 발생시키며 재해를 발생하는 유형
③ 복합형 : 연쇄형과 단순자극형의 복합적인 발생 유형

[재해발생의 메커니즘]

02 재해발생시의 조치사항

03 재해조사

(1) 재해조사의 목적
① 동종재해 및 유사재해의 재발 방지
② 원인의 규명 및 예방대책 자료 수집

(2) 재해조사시의 유의사항
① 사실을 수집한다. 이유는 뒤에 확인한다.
② 목격자 등이 증언하는 사실 이외의 추측의 말은 참고로만 한다.
③ 조사는 신속하게 행하고 긴급조치하여, 2차재해의 방지를 도모한다.
④ 사람, 기계설비 양면의 재해요인을 모두 도출한다.
⑤ 객관적인 입장에서 공정하게 조사하며, 조사는 2인 이상이 한다.
⑥ 책임추궁보다 재발방지를 우선하는 기본태도를 갖는다.
⑦ 피해자에 대한 구급조치를 우선한다.
⑧ 2차재해의 예방과 위험성에 대한 보호구를 착용한다.

04 사고연쇄성 이론

(1) 하인리히의 사고연쇄성 이론(사고 domino이론)
① 1단계 : 사회적 환경 및 유전적 요소
② 2단계 : 개인적인 결함
③ 3단계 : 불안전한 행동 및 불안전한 상태(사고방지를 위해 중점적으로 배제시켜야 할 단계)
④ 4단계 : 사고
⑤ 5단계 : 재해

(2) 버드의 최신 사고연쇄성 이론(버드의 관리모델)
① 1단계 : 통제부족 - 관리소홀(사고방지를 위해 중점적으로 관리해야 할 단계)
② 2단계 : 기본원인 - 기원
③ 3단계 : 직접원인 - 징후
④ 4단계 : 사고 - 접촉
⑤ 5단계 : 상해 - 손해 - 손실

(3) 아담스의 사고연쇄성 이론
① 1단계 : 관리구조
② 2단계 : 작전적 에러
③ 3단계 : 전술적 에러
④ 4단계 : 사고
⑤ 5단계 : 상해 - 손실

05 재해예방의 4원칙

① 손실우연의 원칙 : 재해손실은 사고발생시 사고대상의 조건에 따라 달라지므로 사고의 결과로서 생긴 재해손실은 우연성에 의해 결정된다.
② 원인계기의 원칙 : 사고와 원인관계는 필연적으로, 재해발생은 반드시 원인이 있다.
③ 예방가능의 원칙 : 재해는 원칙적으로 원인만 제거되면 예방이 가능하다.
④ 대책선정의 원칙 : 재해예방을 위한 안전대책은 반드시 존재한다.

06 (하인리히)사고예방대책의 기본원리 5단계

단계별 과정	내 용
1단계 : 조직	① 경영층의 참여　② 안전관리자의 임명 ③ 안전의 라인 및 참모조직 구성　④ 안전활동 방침 및 계획 수립 ⑤ 조직을 통한 안전활동
2단계 : 사실의 발견	① 사고 및 안전활동 기록 검토　② 작업분석 ③ 안전점검 및 안전진단　④ 사고조사 ⑤ 안전회의 및 토의　⑥ 근로자의 제안 및 여론조사 ⑦ 관찰 및 보고서의 연구 등을 통하여 불안전요소 발견
3단계 : 분석평가	① 사고보고서 및 현장조사 ② 사고기록 및 인적·물적 조건의 분석 ③ 작업공정 분석 ④ 교육훈련 분석 등을 통하여 사고의 직접원인 및 간접원인을 규명
4단계 : 시정방법의 선정	① 기술적 개선　② 인사조정 ③ 교육훈련의 개선　④ 안전행정의 개선 ⑤ 규정 및 수칙 작업표준 제도의 개선 ⑥ 확인 및 통제체제 개선
5단계 : 시정책의 적용 (3E 적용)	① 기술적(engineering) 대책 ② 교육적(education) 대책 ③ 단속적(enforcement) 대책

07 재해율 등 산정식

(1) 연천인율(年天人率) : 근로자 1,000명당 1년간에 발생하는 사상자수

$$연천인율 = \frac{사상자수}{연평균 근로자수} \times 1,000$$

(2) 도수율(Frequency Rate of Injury, FR) : 연근로시간 합계 100만 시간당의 재해발생건수

$$도수율 = \frac{재해발생건수}{연근로시간수} \times 10^6$$

(3) 연천인율과 도수율과의 관계

$$연천인율 = 도수율 \times 2.4$$

$$도수율 = \frac{연천인율}{2.4}$$

(4) 강도율(Severity Rate of Injury, SR) : 연근로시간 1,000시간당 재해에 의해서 잃어버린 근로손실일수

$$강도율 = \frac{근로손실일수}{연근로시간수} \times 1,000$$

▶ 근로손실일수의 산정기준(국제기준)
① 사망 및 영구 전노동불능(신체장해등급 : 1 ~ 3) : 7,500일
② 영구 일부노동불능(신체장해등급 : 4~14) : 다음과 같다.

신체장해등급	4	5	6	7	8	9	10	11	12	13	14
근로손실일수	5,500	4,000	3,000	2,200	1,500	1,000	600	400	200	100	50

③ 일시 전노동불능 : 휴업일수 × 300/365

(5) 환산도수율 및 환산강도율

① 환산도수율(FR) = $\dfrac{도수율}{10}$

② 환산강도율(SR) = 강도율 × 100

(6) 종합재해지수(도수강도치, FSI)

도수강도치(FSI) = $\sqrt{도수율(FR) \times 강도율(SR)}$

(7) Safe T. Score(세이프 티 스코어)

① 뜻 : 과거와 현재의 안전성적을 비교, 평가하는 방법으로 단위가 없으며 계산결과 (+)이면 나쁜 기록, (−)이면 과거에 비해 좋은 기록으로 본다.
② 공식

$$\text{Safe T. Score} = \dfrac{빈도율(현재) - 빈도율(과거)}{\sqrt{\dfrac{빈도율(과거)}{연간근로시간수(현재)} \times 10^6}}$$

③ 판정
  ㉠ +2.00 이상인 경우 : 과거보다 심각하게 나쁘다.
  ㉡ +2.00 ~ −2.00 경우 : 심각한 차이 없음
  ㉢ −2.00 이하 : 과거보다 좋다.

08 재해코스트 산정방식

(1) 하인리히 방식

총재해 코스트(cost) = 직접비 + 간접비
① 직접비 : 간접비 = 1 : 4
② 직접비 : 법령으로 정한 피해자에게 지급되는 산재보상비(휴업보상비, 장해보상비, 요양보상비, 장의비, 유족보상비, 상병보상연금 등)
③ 간접비 : 재산손실, 생산중단 등으로 기업이 입은 손실(인적 손실, 물적 손실, 생산 손실, 특수 손실 등)

(2) 시몬즈 방식

총재해 코스트(cost) = 산재보험 코스트(cost) + 비보험 코스트(cost)

비보험 코스트 = (휴업 상해건수 × A) + (통원 상해건수 × B) + (응급조치 건수 × C)
　　　　　　　+ (무상해 사고건수 × D)

A, B, C, D : 재해 정도별 비보험 코스트의 평균치

09 재해구성비율

(1) 하인리히의 재해구성비율

중상 또는 사망 : 경상(인적·물적손실 수반) : 무상해사고(물적손실, 고장 포함)
　= 1 : 29 : 300

(2) 버드의 재해구성비율

중상 또는 폐질 : 경상 : 무상해사고 : 무상해무사고(앗차사고) = 1 : 10 : 30 : 600

10 재해사례연구의 진행단계

① 전제조건 : 재해상황의 파악(현상파악)
② 1단계 : 사실의 확인
③ 2단계 : 문제점 발견
④ 3단계 : 근본적 문제점 결정
⑤ 4단계 : 대책의 수립

4. 안전점검 및 작업분석

01 안전점검

(1) 안전점검의 종류

① 수시점검 : 작업 전, 작업 중, 작업 후 등 수시로 실시하는 점검(일상점검)
② 정기점검 : 일정기간마다 정기적으로 실시하는 점검
③ 임시점검 : 이상 발견시 임시로 실시하거나 정기점검과 정기점검 사이에 실시하는 점검
④ 특별점검
　㉠ 기계·기구 및 설비의 신설·변경 및 수리 등을 할 경우에 실시
　㉡ 천재지변 발생 후 실시
　㉢ 안전강조기간 내 실시

(2) 체크리스트 작성시 유의사항

　① 사업장에 적합한 독자적인 내용일 것
　② 중점도가 높은 것부터 순서대로 작성할 것(위험성이 높은 순이나 긴급을 요하는 순으로 작성)
　③ 정기적으로 검토하여 재해방지에 실효성 있게 개조된 내용일 것(관계자 의견 청취)
　④ 일정 양식을 정하여 점검 대상을 정할 것
　⑤ 점검표의 내용은 이해하기 쉽도록 표현하고 구체적일 것

(3) 안전점검의 순환과정

　① 현상의 파악(실상 파악)
　② 결함의 발견
　③ 시정대책의 선정
　④ 대책의 실시

02 동작경제의 3원칙

(1) 동작능력 활용의 원칙

　① 발 또는 왼손으로 할 수 있는 것은 오른손을 사용하지 않는다.
　② 양손으로 동시에 작업을 시작하고 동시에 끝낸다.
　③ 양손이 동시에 쉬지 않도록 함이 좋다.

(2) 작업량 절약의 원칙

　① 적게 움직이게 한다.
　② 재료나 공구는 취급하는 부근에 정돈한다.
　③ 동작의 수를 줄인다.
　④ 동작의 양을 줄인다.
　⑤ 물건을 장시간 취급할 경우에는 장구를 사용한다.

(3) 동작 개선의 원칙

　① 동작이 자동적으로 이루어지는 순서로 한다.
　② 양손은 동시에 반대의 방향으로, 좌우 대칭적으로 운동한다.
　③ 관성, 중력, 기계력 등을 이용한다.
　④ 작업장의 높이를 적당히 하여 피로를 줄인다.

03 안전인증(산업안전보건법)

(1) 안전인증대상 기계 · 기구

구분	안전인증대상 기계 · 기구	자율안전확인대상 기계 · 기구
기계 · 기구 및 설비	① 프레스 ② 전단기 및 절곡기 ③ 크레인 ④ 리프트 ⑤ 압력용기 ⑥ 롤러기 ⑦ 사출성형기 ⑧ 고소작업대 ⑨ 곤돌라	① 연삭기 또는 연마기(휴대형은 제외) ② 산업용 로봇 ③ 혼합기 ④ 파쇄기 또는 분쇄기 ⑤ 컨베이어 ⑥ 식품가공용기계(파쇄 · 절단 · 혼합 · 제면기만 해당) ⑦ 자동차정비용리프트 ⑧ 인쇄기 ⑨ 공작기계(선반, 드릴기, 평삭 · 형삭기, 밀링만 해당) ⑩ 고정형 목재가공용 기계(둥근톱, 대패, 루타기, 띠톱, 모떼기 기계만 해당)
방호장치	① 프레스 및 전단기 방호장치 ② 양중기용 과부하방지장치 ③ 보일러 압출방출용 안전밸브 ④ 압력용기 압력방출용 안전밸브 ⑤ 압력용기 압력방출용 파열판 ⑥ 절연용 밧호구 및 활선작업용 기구 ⑦ 방폭구조 전기기계 · 기구 및 부품 ⑧ 추락 · 낙하 및 붕괴 등의 위험방지 및 보호 필요한 가설기자재로서 고용노동부 장관이 정하여 고시하는 것 ⑨ 충돌 · 협착 등의 위험 방지에 필요한 산업용 로봇 방호장치로서 고용노동부장관이 정하여 고시하는 것	① 아세틸렌 용접장치용 또는 가스집합 용접장치용 안전기 ② 교류아크 용접기용 자동전격 방지기 ③ 롤러기 급정지장치 ④ 연삭기 덮개 ⑤ 목재가공용 둥근톱 반발예방장치 및 날접촉 예방장치 ⑥ 동력식 수동 대패용 칼날접촉 방지장치 ⑦ 추락 · 낙하 및 붕괴 등의 위험방지 및 보호에 필요한 가설기자재로서 고용노동부장관이 정하여 고시하는 것
보호구	① 추락 및 감전 위험방지용 안전모 ② 차광 및 비산물 위험방지용 보안경 ③ 방진마스크 ④ 방독마스크 ⑤ 송기마스크 ⑥ 전동식 호흡보호구 ⑦ 방음용 귀마개 또는 귀덮개 ⑧ 용접용 보안면 ⑨ 안전장갑 ⑩ 안전화 ⑪ 안전대 ⑫ 보호복	① 안전모(추락 및 감전 위험방지용 제외) ② 보안경(차광 및 비산물 위험방지용 제외) ③ 보안면(용접용 제외)

(2) 안전인증심사의 종류 및 내용·심사기간

심사의 종류	심사의 내용	심사기간
1. 예비심사	유해·위험한 기계·기구·설비 등이 안전인증기준에 적합한지를 확인하기 위한 심사	7일
2. 서면심사	종류별 또는 형식별로 설계도면 등 제품 기술과 관련된 문서가 안전인증기준에 적합한지 여부에 대한 심사	15일 (외국에서 제조한 경우는 30일)
3. 기술능력 및 생산체계 심사	안전성능을 지속적으로 유지·보증하기 위하여 사업장에서 갖추어야 할 기술능력과 생산체계가 안전인증기준에 적합한 지에 대한 심사	30일 (외국에서 제조한 경우는 45일)
4. 제품심사 (안전성능이 안전인증 기준에 적합한 지에 대한 심사)	(1) 개별제품심사 : 서면심사결과가 안전인증기준에 적합할 경우에 모두에 대하여 하는 심사	15일
	(2) 형식별 제품검사 : 서면심사와 기술능력 및 생산체계 심사결과가 안전인증 기준에 적합할 경우에 형식별로 표본을 추출하여 하는 심사	30일 (방호장치 중 방호구조 전기기계·기구 및 부품과 보호구는 60일)

04 안전검사

(1) 안전검사대상 유해·위험기계·설비 등

① 프레스
② 전단기
③ 크레인(정격하중 2톤 미만인 것은 제외)
④ 리프트
⑤ 압력용기
⑥ 곤돌라
⑦ 국소 배기장치(이동식은 제외)
⑧ 원심기(산업용에 한정)
⑨ 롤러기(밀폐형 구조는 제외)
⑩ 사출성형기(형 체결력 294kN 미만은 제외)
⑪ 고소작업대(화물자동차 또는 특수자동차에 탑재한 고소작업대로 한정)
⑫ 컨베이어
⑬ 산업용 로봇

(2) 안전검사대상 유해·위험기계 등의 검사주기(시행규칙 제73조의 3)

① 크레인(이동식크레인은 제외), 리프트(이삿짐 운반용 리프트는 제외) 및 곤돌라 : 사업장에 설치가 끝난 날부터 3년 이내에 최초 안전검사를 실시하되, 그 이후부터 2년마다(건설현장에 사용하는 것은 최초로 설치한 날부터 6개월마다)

② 이동식크레인, 이삿짐운반용 리프트 및 고소작업대 : 신규등록 이후 3년 이내에 최초 안전검사를 실시하되, 그 이후부터 2년마다
③ 프레스, 전단기, 압력용기, 국소배기장치, 원심기, 화학설비 및 그 부속설비, 건조설비 및 그 부속설비, 롤러기, 사출성형기, 컨베이어 및 산업용 로봇(11종) : 사업장에 설치가 끝난 날부터 3년 이내에 최초 안전검사를 실시하되, 그 이후부터 2년마다(공정안전보고서를 제출하여 확인을 받은 압력용기는 4년마다)

05 중대재해

(1) 중대재해의 정의
① 사망자가 1명 이상 발생한 재해
② 3개월 이상의 요양이 필요한 부상자가 동시에 2명 이상 발생한 재해
③ 부상자 또는 직업성 질병자가 동시에 10명 이상 발생한 재해

(2) 중대재해 발생 시 보고사항
① 발생 개요 및 피해상황
② 조치 및 전망
③ 그 밖의 중요한 사항

5. 보호구 및 안전표지

01 보호구의 일반사항

(1) 보호구의 구비조건
① 착용시 작업이 용이할 것
② 대상물(유해물)에 대하여 방호가 완전할 것
③ 재료의 품질이 우수할 것
④ 구조 및 표면 가공이 우수할 것
⑤ 외관이 보기 좋을 것
⑥ 작업에 방해가 안되도록 할 것

(2) 안전인증대상 보호구

안전인증대상 보호구	자율안전확인대상 기계·기구
① 추락 및 감전 위험방지용 안전모 ② 차광 및 비산물 위험방지용 보안경 ③ 용접용 보안면　④ 방진마스크 ⑤ 방독마스크　　⑥ 송기마스크 ⑦ 전동식 호흡보호구　⑧ 안전장갑 ⑨ 안전대　　　　⑩ 안전화 ⑪ 보호복 ⑫ 방음용 귀마개 또는 귀덮개	① 안전모(추락 및 감전 위험방지용 제외) ② 보안경(차광 및 비산물 위험 방지용 제외) ③ 보안면(용접용 제외)

02 안전모

(1) 안전모의 종류

종류(기호)	사용 구분	내전압성
AB	물체의 낙하 또는 비래 및 추락(1)에 의한 위험을 방지 또는 경감시키기 위한 것	비내전압성
AE	물체의 낙하 및 비래에 의한 위험을 방지 또는 경감하고 머리 부위 감전에 의한 위험을 방지하기 위한 것	내전압성(2)
ABE	물체의 낙하 또는 비래 및 추락에 의한 위험을 방지 또는 경감하고, 머리 부위 감전에 의한 위험을 방지하기 위한 것	내전압성(2)

주 (1) 추락 : 높이 2m 이상의 고소 작업, 굴착 및 하역 작업 등에 있어서의 추락을 의미
　(2) 내전압성 : 7,000V 이하의 전압에 견디는 것을 의미

(2) 안전모 재료의 성질(안전모의 각 부품에 사용하는 재료의 구비조건)

① 쉽게 부식하지 않는 것
② 피부에 해로운 영향을 주지 않는 것
③ 사용 목적에 따라 내열성, 내한성 및 내수성을 보유할 것
④ 모체의 표면을 밝고 선명한 색채로 할 것
⑤ 충분한 강도를 가질 것
⑥ 안전모의 모체, 충격흡수라이너, 착장제의 무게는 440g을 초과하지 않을 것

(3) 안전모 시험성능 항목

자율안전확인대상 시험항목	안전인증대상 시험항목
① 내관통성 시험 ② 충격흡수성 시험 ③ 난연성 시험 ④ 턱끈풀림 시험 ⑤ 측면변형 시험	① 내수성 시험 ② 내전압성 시험 ③ 금속용융물 분사시험 ④ 자율안전확인 대상 시험과목 5가지 포함

03 보안경

(1) 보안경의 종류

종류	사용 구분
차광안경	눈에 대하여 해로운 자외선 및 적외선 또는 강렬한 가시광선(이하 유해광선이라 한다) 이 발생하는 장소에서 눈을 보호하기 위한 것
유리 보호안경	미분, 칩, 기타 비산물로부터 눈을 보호하기 위한 것
플라스틱 보호안경	미분, 칩, 기타 비산물로부터 눈을 보호하기 위한 것
도수렌즈 보호안경	근시, 원시 혹은 난시인 근로자가 차광안경, 유리 보호안경을 착용해야 하는 장소에서 작업하는 경우, 빛이나 비산물 및 기타 유해물질로부터 눈을 보호함과 동시에 시력을 교정하기 위한 것

04 보안면의 종류

종류	사용 구분
용접용 보안면 (안전인증)	아크 용접 및 가스 용접, 절단 작업시에 발생하는 유해한 자외선, 가시광선 및 적외선으로부터 눈을 보호하고, 용접광 및 열에 의한 화상의 위험에서 용접자의 안면, 머리 부분 및 목 부분을 보호하기 위한 것
일반보안면 (자율안전확인)	일반작업 및 용접작업시 발생하는 각종 비산물과 유해물, 유해한 액체로부터 얼굴(머리의 전면, 이마, 턱, 목 앞부분, 코, 입)을 보호하고 눈부심을 방지하기 위해 적당한 보안경 위에 겹쳐 착용하는 것

05 방음 보호구의 종류

형식	종류	기호	적요
귀마개	1종	EP-1	저음부터 고음까지를 차단하는 것
	2종	EP-2	고음만을 차단하는 것
귀덮개		EM	저음부터 고음까지를 차단하는 것

06 호흡용 보호구

(1) 방진마스크

　1) 방진마스크의 등급별 사용장소

등급	사용장소
특급	·베릴륨 등과 같이 독성이 강한 물질을 함유한 분진 등 발생장소 ·석면 취급장소
1급	·특급마스크 착용장소를 제외한 분진 등 발생장소 ·금속 흄 등과 같이 열적으로 생기는 분진 등 발생장소 ·기계적으로 생기는 분진 등 발생장소(규소 등과 같이 2급 마스크를 착용하여도 무방한 경우는 제외)
2급	·특급 및 1급 마스크를 착용장소를 제외한 분진 등 발생장소

2) 방진마스크의 선정기준(구비조건)
① 분진포집효율(여과효율)이 좋을 것
② 흡기·배기저항이 낮을 것
③ 사용면적(유효공간)이 적을 것
④ 중량이 가벼울 것
⑤ 시야가 넓을 것(하방 시야 60° 이상)
⑥ 안면 밀착성이 좋을 것
⑦ 피부 접촉부위의 고무질이 좋을 것

(2) 방독마스크

1) 방독마스크의 일반구조
① 쉽게 깨지지 않을 것
② 착용자의 시야가 충분할 것
③ 착용자의 얼굴과 방독마스크 내면 사이의 공간이 너무 크지 않을 것
④ 착용이 쉽고 착용했을 때 공기가 새지 않고, 압박감이나 고통을 주지 않을 것
⑤ 전면형 방독마스크는 호기에 의해 눈 주위에 안개가 끼지 않을 것
⑥ 정화통, 흡기밸브 또는 머리끈을 바꿀 수 있는 것은 쉽게 바꿀 수 있는 구조일 것

2) 방독마스크의 흡수관(흡수통 또는 정화통)

종류	표지 기호	표지 색	대응 독물	주성분
보통가스용 (할로겐가스용)	A	흑색, 회색	염소 및 할로겐류, 포스겐, 유기 및 산성가스	활성탄, 소다라임
유기가스용	C	흑색	유기가스 및 증기, 이황화탄소	활성탄
일산화탄소용	E	적색	TEL, 일산화탄소	호프카라이트, 방습제
암모니아용	H	녹색	암모니아	큐프라마이트
아황산용	I	황적색	아황산 및 황산미스트	산화금속 알칼리제제

(3) 송기마스크

1) **송기마스크** : 산소 결핍(공기 중 산소농도가 18% 미만) 장소에서 사용하는 호흡용 보호구

2) **송기마스크의 종류** : 자급식, 호스마스크, 에어 - 라인마스크

07 안전장갑

(1) 절연장갑의 등급별 최대사용전압 및 색상

등급	최대사용전압		색상
	교류(V, 실효값)	직류(V)	
00	500	750	갈색
0	1,000	1,500	빨강색
1	7,500	11,250	흰색
2	17,000	25,500	노랑색
3	26,500	39,750	녹색
4	36,000	54,000	등색

(2) 유기화합물용 안전장갑 : 액체상태의 유기화합물이 피부를 통하여 인체에 흡수되는 것을 방지하기 위하여 사용하는 보호장갑

08 안전화

(1) 안전화의 종류

종류	사용 구분
가죽제 안전화	물체의 낙하, 충격 및 날카로운 물체에 의해 바닥으로부터의 찔림에 의한 위험으로부터 발을 보호하기 위한 것
고무제 안전화	물체의 낙하, 충격 또는 날카로운 물체에의 찔림에 의한 위험으로부터 발을 보호하고 내수성 또는 내화학성을 겸한 것
정전기 안전화	정전기의 인체 대전을 방지하기 위한 것
발등 안전화	물체의 낙하 및 충격으로부터 발 및 발등을 보호하기 위한 것
절연화	저압의 전기에 의한 감전을 방지하기 위한 것
절연장화	고압에 의한 감전 방지 및 방수를 겸한 것
화학물질용 안전화	낙하, 충격, 찔림위험으로부터 발을 보호하고 화학물질로부터 유해위험을 방지하는 것

(2) 고무제 안전화의 구분 및 사용장소

구분	사용 장소
일반용	일반 작업장
내유용	탄화수소류의 윤활유 등을 취급하는 작업장

09 안전대

(1) 사용방법에 따른 안전대의 종류

종류	사용 구분
• 벨트(B)식	U자걸이 전용
	1개걸이 전용
• 안전그네(H)식	안전블록
	추락방지대

(2) 안전대용 로프의 구비조건

① 충격, 인장강도에 강할 것
② 내마모성이 높을 것
③ 내열성이 높을 것
④ 완충성이 높을 것
⑤ 습기나 약품류에 침범당하지 않을 것
⑥ 부드럽고, 되도록 매끄럽지 않을 것

10 안전 · 보건표지

(1) 안전 · 보건표지의 종류 및 색채

분류	종류	색채
금지표지 [18/2 산]	① 출입금지 ② 보행금지 ③ 차량통행금지 ④ 사용금지 ⑤ 탑승금지 ⑥ 금연 ⑦ 화기금지 ⑧ 물체이동금지	• 바탕은 흰색 • 기본모형은 빨간색 • 관련부호 및 그림은 검은색
경고표지	① 인화성물질 경고 ② 산화성물질 경고 ③ 폭발성물질 경고 ④ 급성독성물질 경고 ⑤ 부식성물질 경고 ⑥ 발암성·변이원성·생식독성·전신독성·호흡기과민성 물질 경고	• 바탕은 무색 • 기본모형은 빨간색 (검은색도 가능)
	⑦ 방사성물질 경고 ⑧ 고압전기 경고 ⑨ 매달린 물체 경고 ⑩ 낙하물 경고 ⑪ 고온 경고 ⑫ 저온 경고 ⑬ 몸균형상실 경고 ⑭ 레이저광선 경고 ⑮ 위험장소 경고	• 바탕은 노란색 • 기본모형·관련부호 및 그림은 검은색
지시표지	① 보안경 착용 ② 방독마스크 착용 ③ 방진마스크 착용 ④ 보안면 착용 ⑤ 안전모 착용 ⑥ 귀마개 착용 ⑦ 안전화 착용 ⑧ 안전장갑 착용 ⑨ 안전복 착용	• 바탕은 파란색 • 관련그림은 흰색

분류	종류		색채
안내표지	① 녹십자표지 ③ 들것 ⑤ 비상구 ⑦ 우측비상구	② 응급구호표지 ④ 세안장치 ⑥ 좌측비상구 ⑧ 비상용구	• 바탕은 흰색, 기본모형 및 관련부호는 녹색 • 바탕은 녹색, 관련부호 및 그림은 흰색

관계자외
출입금지
	① 허가대상 유해물질 취급
	② 석면취급 및 해체·제거
	③ 금지유해물질 취급
			• 글자는 흰색바탕에 흑색
			• 다음 글자는 적색
			  – OOO제조/사용/보관 중
			  – 석면취급/해체 중
			  – 발암물질 취급 중

(2) 산업안전표지의 색채 종류, 색도기준 및 용도

색채	색도기준	용도	사용 예
빨간색	7.5R 4/14	금지	정지신호, 소화설비 및 그 장소, 유해행위의 금지
		경고	화학물질 취급장소에서의 유해·위험물질 경고
노란색	5Y 8.5/12	경고	화학물질 취급장소에서의 유해·위험 경고 이외의 위험 경고·주의표지 또는 기계방호물
파란색	2.5PB 4/10	지시	특정행위의 지시 및 사실의 고지
녹색	2.5G 4/10	안내	비상구 및 피난소, 사람 또는 차량의 통행표지
흰색	N 9.5		파란색 또는 녹색에 대한 보조색
검은색	N 0.5		문자 및 빨간색 또는 노란색에 대한 보조색

(3) 안전 · 보건표지의 종류와 형태

① 금지표지	101 출입금지	102 보행금지	103 차량통행금지	104 사용금지	105 탑승금지	106 금연
	107 화기금지	108 물체이동금지	② 경고표지	201 인화성 물질경고	202 산화성 물질경고	203 폭발성 물질경고	204 급성 독성물 경고
205 부식성 물질경고	206 방사성 물질경고	207 고압전기 경고	208 매달린 물체경고	209 낙하물 경고	210 고온경고	211 저온경고
212 몸균형 상실경고	213 레이저 광선경고	214 발암성·변이원성·생식독성·전신독성·호흡기과민성 물질경고	215 위험장소경고	③ 지시표지	301 보안경 착용	302 방독마스크 착용
303 방진 마스크 착용	304 보안면 착용	305 안전모 착용	306 귀마개 착용	307 안전화 착용	308 안전장갑 착용	309 안전복 착용

④ 안내표지	401 녹십자 표지	402 응급 구호표지	403 들것	404 세안장치	405 비상용 기구	406 비상구
	407 좌측 비상구	408 우측 비상구	⑤ 관계자외 출입금지	501 허가대상물질 작업장	502 석면취급/해체 작업장	503 금지대상 물질의 취급 실험실 등

⑥ 문자 추기시 예시문	▶ 내 자신의 건강과 복지를 위하여 안전을 늘 생각한다. ▶ 내 가정의 행복과 화목을 위하여 안전을 늘 생각한다. ▶ 내 자신의 실수로써 동료를 해치지 않도록 하기 위하여 안전을 늘 생각한다. ▶ 내 자신이 일으킨 사고로 인한 회사의 재산과 손실을 방지하기 위하여 안전을 늘 생각한다. ▶ 내 자신의 방심과 불안전한 행동이 조국의 번영에 장애가 되지 않도록 하기 위하여 안전을 늘 생각한다.

chapter 02 안전교육 및 심리

 1. 안전교육

01 안전교육의 개요

(1) 교육의 3요소
- ① 교육의 주체(subject of education) : 강사(교도자)
- ② 교육의 객체(object of education) : 학생(수강자)
- ③ 교육의 매개체(educational materials) : 교재

(2) 교육(학습)지도의 원칙
- ① 상대방 입장에서의 교육(학습자 중심 교육)
- ② 동기부여
- ③ 쉬운 부분에서 어려운 부분으로 진행
- ④ 반복교육
- ⑤ 한 번에 하나씩 교육
- ⑥ 인상의 강화(강조하고 싶은 사항)
    - ㉠ 보조재의 활용
    - ㉡ 견학 및 현장사진 제시
    - ㉢ 사고사례의 제시
    - ㉣ 중요사항의 재강조
    - ㉤ 토의과제 제시 및 의견 청취
    - ㉥ 속담, 격언과의 연결 및 암시 등의 방법 선택
- ⑦ 오감의 활용
- ⑧ 기능적인 이해

(3) 교육법의 4단계
- ① 1단계 – 도입(준비) : 배우고자 하는 마음가짐을 일으키도록 도입한다.

② 2단계 - 제시(설명) : 상대의 능력에 따라 교육하고 내용을 확실하게 이해시키고 납득시켜 다시 기능으로서 습득시킨다.
③ 3단계 - 적용(응용) : 이해시킨 내용을 구체적인 문제 또는 실제문제로 활용시키거나 응용시킨다.
④ 4단계 - 확인(총괄) : 교육내용을 정확하게 이해하고 습득하였는지의 여부를 확인한다.

02 안전교육의 기본 방향 및 목적

(1) 안전교육의 기본 방향
① 사고사례 중심의 안전교육
② 안전작업(표준작업)을 위한 안전교육
③ 안전의식 향상을 위한 안전교육

(2) 안전교육의 목적
① 인간정신의 안전화
② 행동의 안전화
③ 환경의 안전화
④ 설비와 물자의 안전화

03 안전교육의 3단계

① 제1단계 - 지식교육 : 강의 시청각 교육을 통한 지식의 전달과 이해
② 제2단계 - 기능교육 : 시범, 실습, 현장실습교육, 견학을 통한 이해와 경험 체득
③ 제3단계 - 태도교육 : 생활지도, 작업동작지도 등을 통한 안전의 습관화

04 하버드학파의 5단계 교수법

① 준비시킨다.(preparation)
② 교시한다.(presentation)
③ 연합한다.(association)
④ 총괄시킨다.(generalization)
⑤ 응용시킨다.(application)

05 OJT와 off JT

(1) OJT(On the job training, 현장 중심교육) : 직속 상사가 현장에서 업무상의 개별교육이나 지도훈련을 하는 교육형태

(2) off JT(off the job traning, 현장 외 중심교육) : 계층별 또는 직능별 등과 같이 공통된 교육대상자를 현장 외의 한 장소에 모아 집체 교육훈련을 실시하는 집단 교육 형태

(3) OJT와 off JT의 특징

OJT	off JT
① 개개인에게 적합한 지도훈련을 할 수 있다.	① 다수의 근로자에게 조직 훈련이 가능하다.
② 직장의 실정에 맞는 실체적 훈련을 할 수 있다.	② 훈련에만 전념하게 된다.
③ 훈련에 필요한 업무의 계속성이 끊어지지 않는다.	③ 특별설비기구를 이용할 수 있다.
④ 즉시 업무에 연결되는 관계로 신체와 관련이 있다.	④ 전문가를 강사로 초청할 수 있다.
⑤ 효과가 곧 업무에 나타나며 훈련의 좋고 나쁨에 따라 개선이 용이하다.	⑤ 각 직장의 근로자가 많은 지식이나 경험을 교류할 수 있다.
⑥ 교육을 통한 훈련효과에 의해 상호신뢰 이해도가 높아진다.	⑥ 교육 훈련목표에 대해서 집단적 노력이 흐트러질 수 있다.

03 강의계획의 4단계 및 학습목적의 3요소

(1) 강의계획의 4단계
① 1단계 : 학습목적과 학습 성과의 설정
② 2단계 : 학습자료 수집 및 체계화
③ 3단계 : 교수방법의 선정
④ 4단계 : 강의안 작성

(2) 학습목적의 3요소
① 목표(goal) : 학습을 통하여 달성하려는 지표
② 주체(subject) : 목표달성을 위한 테마(thema)
③ 학습정도(level of learning) : 학습범위와 내용의 정도를 말하며 다음 단계에 의해 이루어진다.
   ㉠ 인지 : ~을 인지하여야 한다.
   ㉡ 지각 : ~을 알아야 한다.
   ㉢ 이해 : ~을 이해하여야 한다.
   ㉣ 적용 : ~을 ~에 적용할 줄 알아야 한다.

04 교육훈련 평가의 4단계

① 반응 단계(1단계) : 훈련을 어떻게 생각하고 있는가?
② 학습 단계(2단계) : 어떠한 원칙과 사실 및 기술 등을 배웠는가?
③ 행동 단계(3단계) : 직무 수행상 어떠한 행동의 변화를 가져왔는가?
④ 결과 단계(4단계) : 코스트절감, 품질개선, 안전관리, 생산증대 등에 어떠한 결과를 가져왔는가?

08 사업 내 안전보건 교육의 종류

① 정기교육
② 채용시 교육(건설 일용근로자 채용은 제외)
③ 작업내용 변경시 교육
④ 특별교육(유해·위험 작업에 근로자를 사용할 때 실시)
⑤ 건설업 기초 안전보건교육

09 산업안전보건 관련 교육과정별 교육시간(시행규칙 별표8)

(1) 근로자 안전·보건교육

교육과정	교육대상		교육시간
1. 정기교육	사무직 종사 근로자		매분기 3시간 이상
	사무직 종사근로자 외의 근로자	판매업무에 직접 종사하는 근로자	매분기 3시간 이상
		판매업무에 직접 종사하는 근로자 외의 근로자	매분기 6시간 이상
	관리감독자의 지위에 있는 사람		연간 16시간 이상
2. 채용시교육	일용근로자를 제외한 근로자		8시간 이상
	일용근로자		1시간 이상
3. 작업내용 변경시 교육	일용근로자를 제외한 근로자		2시간 이상
	일용근로자		1시간 이상
4. 특별교육	특별교육대상 작업에 종사하는 일용근로자를 제외한 근로자		·16시간 이상(최초 작업에 종사하기 전 4시간 실시하고 12시간은 3개월 이내에 분할하여 실시 가능 ·단기간 작업 또는 간헐적 작업인 경우에는 2시간 이상
	특별교육대상 작업 중 타워크레인 신호작업에 종사하는 일용 근로자		8시간
	특별교육대상 작업에 종사하는 일용근로자		2시간 이상
5. 건설업기초 안전·보건교육	건설 일용 근로자		4시간

(2) 안전보건관리책임자 등에 대한 교육

교육대상	교육시간	
	신규교육	보수교육
안전보건관리책임자	6시간 이상	6시간 이상
안전관리자, 안전관리전문기관의 종사자	34시간 이상	24시간 이상
보건관리자, 보건관리전문기관의 종사자	34시간 이상	24시간 이상
재해예방전문지도기관 종사자	34시간 이상	24시간 이상
석면조사기관의 종사자	34시간 이상	24시간 이상
안전보건관리 담당자	–	8시간 이상

10 교육대상별 교육내용

(1) 사업 내 안전보건교육 내용

① 근로자 정기교육

교육내용
1. 산업안전 및 사고예방에 관한 사항 2. 산업보건 및 직업병 예방에 관한 사항 3. 건강증진 및 질병예방에 관한 사항 4. 유해·위험 작업환경관리에 관한 사항 5. 산업안전보건법령 및 산업재해보상보험 제도에 관한 사항 6. 직무스트레스 예방 및 관리에 관한 사항 7. 직장 내 괴롭힘, 고객의 폭언 등으로 인한 건강장해 예방 및 관리에 관한 사항

② 관리감독자 정기교육

교육내용
1. 작업공정의 유해·위험과 재해예방대책에 관한 사항 2. 표준안전작업방법 및 지도요령에 관한 사항 3. 관리감독자의 역할과 임무에 관한 사항 4. 산업안전 및 사고 예방에 관한 사항 5. 산업보건 및 직업병 예방에 관한 사항 6. 유해위험 작업환경관리에 관한 사항 7. 산업안전보건법령 및 산업재해보상보험 제도에 관한 사항 8. 직무스트레스 예방 및 관리에 관한 사항 9. 직장 내 괴롭힘, 고객의 폭언 등으로 인한 건강장해 예방 및 관리에 관한 사항 10. 안전보건교육 능력 배양에 관한 사항

③ 채용시 및 작업내용 변경시 교육

교육내용
1. 기계·기구의 위험성과 작업의 순서 및 동선에 관한 사항 2. 작업개시 전 점검에 관한 사항 3. 정리정돈 및 청소에 관한 사항 4. 사고발생시 긴급조치에 관한 사항 5. 산업안전 및 사고 예방에 관한 사항 6. 산업보건 및 직업병 예방에 관한 사항 7. 물질안전보건자료에 관한 사항 8. 산업안전보건법령 및 산업재해보상보험 제도에 관한 사항 9. 직무스트레스 예방 및 관리에 관한 사항 10. 직장 내 괴롭힘, 고객의 폭언 등으로 인한 건강장해 예방 및 관리에 관한 사항

2. 산업심리

01 운동의 시지각 현상

(1) 자동운동

(2) 유도운동

(3) 가현운동

02 주의력과 부주의 현상

(1) 주의의 특징

　① 선택성 : 여러 종류의 자극을 자각할 때 소수의 특정한 것에 한하여 선택하는 기능
　② 방향성 : 주시점만 인지하는 기능
　③ 변동성 : 주의에는 주기적으로 부주의의 리듬이 존재

(2) 부주의 현상(부주의 심리특성)

　① 의식의 단절
　② 의식의 우회
　③ 의식수준의 저하
　④ 의식의 과잉

03 안전사고와 사고심리

(1) 안전사고의 요인

　① 안전사고의 경향성 : Greenwood는 대부분의 사고는 소수의 근로자에 의해서 발생된다. 즉, 사고를 자주 내는 사람이 항상 사고를 낸다고 지적하였다.
　② 소질적인 사고 요인 : 지능, 성격, 감각운동 기능(시각기능)

(2) 안전심리의 5요소

　① 습관　② 동기　③ 기질　④ 감정　⑤ 습성

04 재해빈발자의 유형 등

(1) 재해빈발자(재해누발자, 사고경향성자)의 유형

　① 상황성 누발자 : 작업의 어려움, 기계설비의 결함, 환경상 주의력의 집중 곤란, 심신의 근심 등 때문에 재해를 누발하는 자이다.

② 습관성 누발자 : 재해의 경험으로 겁쟁이가 되거나 신경과민이 되어 재해를 누발하는 자와 일종의 슬럼프상태에 빠져서 재해를 누발하는 자이다.
③ 소질성 누발자 : 재해의 소질적 요인을 가지고 있고 때문에 재해를 누발하는 자이다.
④ 미숙성 누발자 : 기능 미숙이나 환경에 익숙하지 못하기 때문에 재해를 누발하는 자이다.

(2) 재해빈발설

① 기회설 : 재해가 다발하는 것은 개인의 영향이 아니라 위험한 작업을 담당하고 있거나 작업조건 자체에 위험성이 많기 때문이라는 설이다.(상황성 누발자)
② 재해빈발 경향자설 : 재해를 빈발하는 소질적인 결함자가 있다는 설이다.(소질성 누발자)
③ 암시설 : 한 번 재해를 당하면 겁쟁이가 되거나 신경과민이 되어 그 사람이 갖는 대응능력이 열화되기 때문에 재해가 빈발한다는 설이다.

05 노동과 피로

(1) 피로의 3표지(피로의 종류)

① 주관적 피로 : 스스로 피곤함을 느끼고 권태감이나 단조감 또는 포화감 등이 따른다.
② 객관적 피로 : 생산된 제품의 양과 질의 저하를 지표로 한다.
③ 생리적 피로(기능적 피로) : 인체의 생리적 상태에 의해 피로를 알 수 있다.

(2) 작업에 수반되는 피로의 예방대책

① 작업부하를 작게 할 것
② 근로시간과 휴식을 적정하게 할 것
③ 작업속도 및 작업정도 등을 적당하게 할 것
④ 불필요한 마찰을 배재할 것
⑤ 정적동작을 피할 것
⑥ 직장체조를 통한 혈액순환을 촉진할 것(운동을 적당히 할 것)
⑦ 충분한 영양을 섭취할 것(건강식품의 준비, 비타민 B, C 등의 적정한 영양제 보급 등)

(3) 휴식시간 산출

$$R = \frac{60(E-4)}{E-1.5}$$

여기서, R : 휴식시간(분)
E : 작업 시 평균에너지소비량(kcal/분)
총 작업시간 : 60분, 휴식시간 중의 에너지소비량 : 1.5kcal/분

06 동기부여이론

(1) 레빈(Lewin)의 법칙

$B = f(P \cdot E)$

여기서,
- B(behavior) : 인간의 행동
- f(function) : 함수관계(적성 기타 P와 E에 영향을 미치는 조건)
- P(person) : 개체(연령, 경험, 심신상태, 성격, 지능 등)
- E(environment) : 심리적 환경(인간관계, 작업환경 등)

(2) 데이비스(Davis)의 경영성과 이론

인간성과 × 물리적성과 = 경영성과

① 인간성과 = 능력 × 동기유발
② 능력 = 지식 × 기능
③ 동기유발 = 상황 × 태도

(3) 매슬로우(Maslow)의 욕구 5단계

① 1단계 - 생리적 욕구(신체적 욕구) : 기아, 갈등, 호흡, 배설, 성욕 등 기본적 욕구
② 2단계 - 안전의 욕구 : 안전을 구하려는 욕구
③ 3단계 - 사회적 욕구(친화욕구) : 애정, 소속에 대한 욕구
④ 4단계 - 인정받으려는 욕구(자기존경의 욕구, 승인욕구) : 자존심, 명예, 성취, 지위 등에 대한 욕구
⑤ 5단계 - 자아실현의 욕구(성취욕구) : 잠재적인 능력을 실현하고자 하는 욕구

(4) 알더퍼(Alderfer)의 ERG 이론

① 생존(Existence)욕구(존재욕구) : 신체적인 차원에서 유기체의 생존과 유지에 관련된 욕구
② 관계(Relatedness)욕구 : 타인과의 상호작용을 통해 만족되는 대인욕구
③ 성장(Growth)욕구 : 개인적인 발전과 증진에 관한 욕구

(5) 맥그리거(McGregor)의 X · Y 이론

① 맥그리거의 X · Y 이론
　㉠ X이론 : 저차적 욕구이론
　㉡ Y이론 : 고차적 욕구이론

② X이론과 Y이론의 비교

X이론	Y이론
인간의 불신감	상호신뢰감
성악설	성선설
인간은 본래 게으르고 태만하여 남의 지배 받기를 즐긴다.	인간은 부지런하고 근면·적극적이며, 자주적이다.
물질욕구(저차적 욕구)	정신욕구(고차적 욕구)
명령통제의 의한 관리	목표통합과 자기통제에 의한 자율관리
저개발국형	선진국형

(6) 허즈버그(Herzberg)

① 위생요인 : 「직무환경」에 관계된 내용으로 기업정책, 개인상호간의 관계(친교, 대인관계), 감독형태, 작업조건, 임금(급료), 보수지위, 안전 등이 있다.
② 동기요인 : 「직무내용」(일의 내용)에 관한 것으로 목표달성에 대한 성취감, 안정감, 도전감, 책임감, 성장과 발전, 작업자체 등이 있다.(자아실현을 하려는 인간의 독특한 경향 반영)

(7) 안전동기의 유발방법

① 안전의 기본이념을 인식시킬 것
② 안전목표를 명확히 할 것
③ 결과를 알려줄 것(KR법, Knowledge Results)
④ 상과 벌을 줄 것(상벌제도를 합리적으로 시행)
⑤ 경쟁과 협동을 유도할 것
⑥ 동기유발의 최적수준(적정수준)을 유지할 것

06 무재해운동 및 위험예지훈련

(1) 무재해운동 이념의 3원칙

① 무의 원칙
② 참가의 원칙
③ 선취해결의 원칙

(2) 무재해운동 추진 3기둥(무재해운동 3요소)

① 최고경영자의 엄격한 안전경영자세
② 관리감독자에 의한 안전보건의 추진(라인화의 철저)
③ 직장 소집단 자주활동의 활발화

(3) 브레인스토밍(BS, brain storming)의 4원칙

① 비평금지 : 좋다, 나쁘다를 비판하지 않는다.
② 자유분방 : 마음대로 편안히 발언하게 한다.
③ 대량발언 : 무엇이든 좋으니 많이 발언하게 한다.
④ 수정발언 : 타인의 아이디어에 수정하거나 덧붙여 말하게 한다.

(4) 위험예지훈련의 안전선취를 위한 방법

① 감수성 훈련
② 단시간 미팅훈련
③ 문제해결 훈련

(5) 위험예지훈련의 4Round(4단계)

① 1R - 현상파악 : 잠재위험요인을 발견하는 단계(BS 적용)
② 2R - 본질추구 : 가장 위험한 요인(위험포인트)을 합의로 결정하는 단계(요약)
③ 3R - 대책수립 : 대책을 수립하는 단계(BS 적용)
④ 4R - 행동목표 : 행동계획을 정하고 수립한 대책 가운데서 질이 높은 항목에 합의하는 단계(요약)

(6) TBM 실시 5단계

① 1단계 : 도입
② 2단계 : 점검정비
③ 3단계 : 작업지시
④ 4단계 : 위험예지
⑤ 5단계 : 확인

chapter 03 인간공학 및 시스템 위험분석

 1. 인간공학

01 인간·기계체계의 기능

① 감지(정보수용)
② 정보저장(보관)
③ 정보처리 및 의사결정
④ 행동기능

02 인간과 기계의 성능비교

인간이 우수한 기능	기계가 우수한 기능
① 저에너지 자극(시각, 청각, 후각 등) 감지 ② 복잡 다양한 자극형태 식별 ③ 예기치 못한 사전감지(예감, 느낌) ④ 다량정보를 오래 보관 ⑤ 귀납적 추리 ⑥ 과부하 상황에서는 주요한 일에만 전념 ⑦ 임기응변, 융통성, 원칙적용, 주관적 추산, 독창력 발휘 등의 기능	① 인간 감지범위 밖의 자극감지 　(X선, 초음파 등) ② 인간 및 기계에 대한 모니터 기능 ③ 드물게 발생하는 사상 감지 ④ 암호화된 정보를 신속하게 대량보관 ⑤ 연역적 추리 ⑥ 과부하시 효율적으로 작동 ⑦ 정량적 정보처리, 장시간 중량작업, 반복작업, 동시에 여러 가지 작업수행

03 인간기준

(1) 인간기준의 유형

① 인간성능척도
② 생리학적 지표
③ 주관적인 반응
④ 사고빈도

(2) 기준의 요건

　① 적절성(relevance)
　② 무오염성
　③ 신뢰성

04 휴먼에러(human error)

(1) 휴먼에러의 심리적인 분류(Swain)

　① Omission error(생략과오, 부작위실수) : 필요한 task 또는 절차를 수행하지 않는데 기인한 error
　② Time error(시간적 과오, 지연오류) : 필요한 task 또는 절차의 수행지연으로 인한 error
　③ Commission error(작위실수, 수행적 과오) : 필요한 task 또는 절차의 불확실한 수행으로 인한 error
　④ Sequential error(순서적 과오) : 필요한 task 또는 절차의 순서착오로 인한 error
　⑤ Extraneous error(불필요한 과오) : 불필요한 task 또는 절차를 수행함으로써 기인한 error

(2) 휴먼에러 원인의 Level적 분류

　① Primary error(주과오) : 작업자 자신으로부터 error(안전교육을 통하여 제거)
　② Secondary error(2차 과오) : 작업형태나 작업조건 중에서 다른 문제가 생겨 그 때문에 필요한 사항을 실행할 수 없는 error. 어떤 결함으로부터 파생되어 발생하는 error
　③ command error(지시과오) : 요구된 것을 실행하고자 하여도 필요한 물건, 정보, 에너지 등의 공급이 없는 것처럼 작업자가 움직이려 해도 움직일 수 없으므로 발생하는 error

(3) 인간과오의 배후요인 4요소(4M)

　① 맨(man) : 본인 이외의 사람(팀워크, 커뮤니케이션)
　② 머신(machine) : 장치나 기계 등의 물적 요인(본질안전화, 표준화, 점검, 장비)
　③ 미디어(media) : 인간과 기계를 잇는 매체라는 뜻으로 작업방법이나 순서, 작업정보의 실태나 환경과의 관계, 정리정돈 등이 포함된다.(환경개선, 작업방법개선 등)
　④ 매니지먼트(management) : 안전법규의 준수방법, 단속, 점검관리 외에 지휘감독, 교육훈련 등이 여기에 속한다.(적성배치, 교육 및 훈련)

05 신뢰의 요인

(1) 인간의 신뢰성 요인

　① 주의력
　② 긴장수준

③ 의식수준(경험연수, 지식수준, 기술수준)

(2) 기계의 신뢰성 요인

① 재질
② 기능
③ 작동방법

06 설비의 신뢰도

(1) 직렬연결 : 자동차 운전

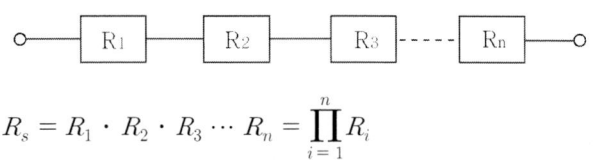

$$R_s = R_1 \cdot R_2 \cdot R_3 \cdots R_n = \prod_{i=1}^{n} R_i$$

(2) 병렬연결 : 열차나 항공기의 제어장치

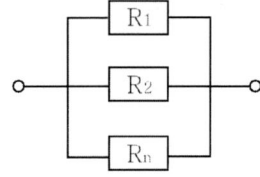

$$R_p = 1 - (1 - R_1)(1 - R_2) \cdots (1 - R_n) = 1 - \prod_{i=1}^{n}(1 - R_i)$$

07 리던던시

(1) 리던던시(redundancy) : 리던던시는 일부에 고장이 나더라도 전체가 고장나지 않도록 기능적으로 여력(redundant)인 부분을 부가해서 신뢰도를 향상시키려는 중복설계를 의미한다.

(2) 리던던시 방식

① 병렬 리던던시
② 대기 리던던시
③ M out of N 리던던시(N개 중 M개 동작시 계는 정상)
④ 스페어에 의한 교환
⑤ 페일 세이프(fail safe)

08 고장률의 유형

(1) **초기고장(감소형)** : 불량제조나 생산과정에서의 품질관리 미비로 생기는 고장으로 점검작업이나 시운전 등에 의해 사전에 방지할 수 있는 고장

  ① 디버깅(debugging) 기간 : 결함을 찾아내 고장률을 안정시키는 기간
  ② 번인(burn in) 기간 : 실제로 장시간 움직여 보고 그 동안 고장난 것을 제거하는 공정 기간

(2) **우발고장(일정형)** : 예측할 수 없을 때 생기는 고장으로 시운전이나 점검작업으로는 방지할 수 없는 고장

(3) **마모고장(증가형)** : 수명이 다해 생기는 고장으로, 안전진단 및 적당한 보수(정비)에 의해서 방지할 수 있는 고장

09 신뢰도 및 불신뢰도

(1) **신뢰도(R_t)** : 고장 없이 작동할 확률

$$R_t = e^{-\lambda t} = e^{-t/t_o}$$

여기서, λ : 고장률
  t : 가동(작동)시간
  t_o : 평균수명(MTTF)

(2) **불신뢰도(F_t)** : 고장을 일으킬 확률

$$F_t = 1 - R_t = 1 - e^{-\lambda t} = e^{-t/t_o}$$

10 페일세이프

(1) **페일세이프(fail safe)** : 인간이나 기계에 과오(error)나 동작상의 실수가 있더라도 사고방지를 위해서 2중, 3중으로 통제를 가하도록 한 체계를 말함

(2) **페일세이프 구조의 기능면에서의 분류**

  ① fail passive : 성분의 고장시 기계·장치는 정지상태로 돌아간다.
  ② fail operational : 병렬 여분계의 성분을 구성한 경우이며, 성분의 고장이 있어도 다음 정기 점검까지는 운전이 가능하다.
  ③ fail active : 성분의 고장시 기계·장치는 경보를 나타내며 단시간에 역전이 된다.

(3) **구조적 페일세이프(항공기의 엔진, 압력용기의 안전밸브)**

  ① 저균열속도 구조

② 조합구조
③ 다경로하중 구조
④ 하중해방 구조

11 인간계측자료의 응용원칙

① 최대치수와 최소치수 : 최대치수 또는 최소치수를 기준으로 하여 설계한다. (극단에 속하는 사람을 위한 설계)
② 조절범위(조절식) : 체격이 다른 여러 사람에게 맞도록 만드는 것이다. (조정할 수 있도록 범위를 두는 설계)
③ 평균치를 기준으로 한 설계 : 최대치수나 최소치수, 조절식으로 하기가 곤란할 때 평균치를 기준으로 하여 설계한다.(평균적인 사람을 위한 설계)

12 의자설계원칙 및 부품배치의 4원칙

(1) 의자 설계원칙

① 체중분포 : 체중이 좌골 결절에 실려야 편안하다.
② 의자 좌판의 높이 : 좌판 앞부분이 오금의 높이보다 높지 않아야 한다.
③ 의자 좌판의 깊이와 폭 : 폭은 큰 사람에게, 깊이는 작은 사람에게 맞도록 해야한다.
④ 몸통의 안정 : 의자의 좌판각도는 3°, 좌판 등판간의 각도는 100°가 몸통안정에 효과적이다.

(2) 부품배치의 4원칙

① 중요성의 원칙 : 부품을 작동하는 성능이 체계의 목표도달에 긴요한 정도에 따라 우선순위를 설정한다.
② 사용빈도의 원칙 : 부품을 사용하는 빈도에 따라 우선순위를 설정한다.
③ 기능별 배치의 원칙 : 기능적으로 관련된 부품들(표시장치, 조정장치 등)을 모아서 배치한다.
④ 사용순서의 원칙 : 사용되는 순서에 따라 장치들을 가까이에 배치한다.

13 통제표시비(통제비)

(1) 통제표시비(C/D)

$$\frac{C}{D} = \frac{X}{Y}$$

여기서, X : 통제기기의 변위량(cm)
Y : 표시장치의 변위량(cm)

(2) 조종구(ball control)에서의 C/D

$$\frac{C}{D}비 = \frac{\frac{a}{360} \times 2\pi L}{표시계기의 이동거리}$$

여기서, a : 조정장치가 움직인 각도
L : 반경(지레의 길이)

14 통제장치 및 표시장치

(1) 통제장치의 유형

① 양의 조절에 의한 통제 : 연속조절(knob, crank, handle, lever, pedal 등)
② 개폐에 의한 통제 : 불연속 조절(수동식 푸시버튼, 발 푸시버튼, 토글스위치, 로터리 스위치 등)
③ 반응에 의한 통제 : 자동경보 시스템

(2) 표시장치의 선택(청각장치와 시각장치의 선택)

청각장치 사용	시각장치 사용
① 전언이 간단하고 짧다.	① 전언이 복잡하고 길다.
② 전언이 후에 재참조되지 않는다.	② 전언이 후에 재참조된다.
③ 전언이 즉각적인 사상을 이룬다.	③ 전언이 공간적인 위치를 이룬다.
④ 전언이 즉각적인 행동을 요구한다.	④ 전언이 즉각적인 행동을 요구하지 않는다.
⑤ 수신자의 시각계통이 과부하 상태일 때	⑤ 수신자의 청각계통이 과부하 상태일 때
⑥ 수신장소가 너무 밝거나 암조응 유지가 필요할 때	⑥ 수신장소가 너무 시끄러울 때
⑦ 직무상 수신자가 자주 움직이는 경우	⑦ 직무상 수신자가 한 곳에 머무르는 경우

(3) 정량적 동적표시장치의 기본형

① 정목동침형(moving pointer) : 눈금이 고정되고 지침이 움직이는 형
② 정침동목형(moving scale) : 지침이 고정되고 눈금이 움직이는 형
③ 계수형(digital) : 전력계나 택시요금 계기와 같이 기계, 전자적으로 숫자가 표시되는 형

(4) 시각적 암호, 부호 및 기호의 유형

① 묘사적 부호 : 사물의 행동을 단순하고 정확하게 묘사한 것(예 : 위험표지판의 해골과 뼈, 도보표지판의 걷는 사람)
② 추상적 부호 : 전언의 기본요소를 도식적으로 압축한 부호로써, 원 개념과는 약간의 유사성이 있을 뿐이다.
③ 임의적 부호 : 부호가 이미 고안되어 있으므로 이를 배워야 하는 부호
　　(예 : 교통표지판의 삼각형 - 주의, 원형 - 규제, 사각형 - 안내표시)

(5) 양립성

  ① 공간적 양립성 : 표시장치나 조종장치에서 물리적 형태나 공간적인 배치의 양립성
  ② 운동 양립성 : 표시 및 조종장치, 체계반응에 대한 운동방향의 양립성
  ③ 개념적 양립성 : 사람들이 가지고 있는 개념적 연상(어떤 암호체계에서 청색이 정상을 나타내듯이)의 양립성

15 실효온도(ET)

(1) 실효온도(체감온도 또는 감각온도)에 영향을 주는 요인 : 온도, 습도, 기류(공기 유동)

(2) 허용한계 : 정신(사무작업)(60~64°F), 중작업(50~55°F)

16 조도

(1) 반사율 산정식

$$반사율(\%) = \frac{광속발산도(fL)}{조명(fc)} \times 100$$

(2) 옥내 최적 반사율

  ① 천장 : 80~90%
  ② 벽, 창문 발(blind) : 40~60%
  ③ 가구, 사무기기, 책상 : 25~45%
  ④ 바닥 : 20~40%

(3) 대비(對比) : 표적의 광속발산도(L_t)와 배경의 광속발산도(L_b)의 차를 나타내는 척도

$$대비 = \frac{L_b - L_t}{L_b} \times 100$$

  ① 표적이 배경보다 어두울 경우 : 대비는 ±100%에서 0 사이
  ② 표적이 배경보다 밝을 경우 : 대비는 0에서 -∞ 사이

(4) 법상 작업면의 조명도

  ① 초정밀작업 : 750Lux 이상
  ② 정밀작업 : 300Lux 이상
  ③ 보통작업 : 150Lux 이상
  ④ 기타 작업 : 75Lux 이상

17 음의 크기의 수준

(1) **phon에 의한 음량수준** : 1,000Hz 순음의 음압수준(dB)을 1phon이라 한다.

(2) **sone에 의한 음량** : 40phon(1,000Hz, 40dB의 음압수준을 가진 순음의 크기)을 1sone이라 한다.

2. 시스템 위험분석

01 시스템의 안전설계원칙

(1) **1순위** : 위험상태 존재의 최소화(페일세이프나 용장성 도입)

(2) **2순위** : 안전장치 채용(안전장치를 기계 속에 내장시켜 일체화시킬 것)

(3) **3순위** : 경보장치 채용(이상상태를 검출해서 경보를 발생하는 장치의 설치)

(4) **4순위** : 특수한 수단 강구(표식 등의 규격화도 필요)

02 시스템 위험분석기법

(1) **PHA(예비사고(위험)분석)**

① PHA : 시스템안전프로그램에 있어서 최초단계의 분석으로 시스템 내의 위험요소가 얼마나 위험한 상태에 있는가를 정성적으로 평가하는 것이다.

② PHA의 목적 : 시스템의 개발단계에 있어서 시스템 고유의 위험상태를 식별하고 예상되는 재해의 위험수준을 결정하는데 있다.

(2) **FMEA(고장의 형과 영향분석)**

1) FMEA : 시스템 각 요소의 고장유형과 그 고장이 시스템에 미치는 영향을 귀납적·정성적으로 분석하는 안전해석기법이다.

2) FMEA의 장·단점

① 장점
  ㉠ 서식이 간단하다.
  ㉡ 특별한 훈련 없이 쉽게 분석할 수 있다.

② 단점
  ㉠ 논리성이 부족하다.
  ㉡ 2가지 이상의 요소가 고장날 경우 분석이 곤란하다.
  ㉢ 인적원인의 분석이 곤란하다.

3) 위험성의 분류

① category 1 : 생명 또는 가옥의 상실
② category 2 : 작업수행의 실패
③ category 3 : 활동의 지연
④ category 4 : 영향 없음

(3) DT(decision tree)와 ETA

1) DT(의사결정나무) : 요소의 신뢰도를 이용하여 시스템의 신뢰도를 나타내는 시스템 모델의 하나로서, 귀납적이고 정량적인 분석방법이다.

2) ETA(사상수분석법) : 사상의 안전도를 사용한 시스템의 안전도를 나타내는 시스템 모델의 하나로서 귀납적이고, 정량적인 분석방법으로 재해의 확대요인을 분석하는데 적합한 방법이다.

㈜ ETA : DT를 재해사고의 분석에 이용할 경우의 분석법을 ETA라 한다.

(4) THERP(인간과오율 예측기법) : 인간의 과오를 정량적으로 평가하기 위한 안전분석기법이다.

(5) MORT(경영소홀과 위험수분석) : 관리, 설계, 생산, 보존 등으로 광범위하게 안전을 도모하는 것으로서, 고도의 안전을 달성하는 것을 목적으로 한다.

03 FTA(결함수분석법)

(1) FTA의 특징

① 정량적 해석(재해발생확률 계산)
② 연역적 해석(TOP down 형식)

(2) FTA 도표에 사용하는 논리기호

명칭	기호	해설
① 결함사상	(직사각형)	FT도표의 정상에 선정되는 사상, 즉 이제부터 해석하고자 하는 사상인 정상사상(top 사상)과 중간사상에 사용한다.
② 기본사상	(원)	더 이상 해석을 할 필요가 없는 기본적인 기계의 결함 또는 작업자의 오동작을 나타낸다. (말단사상)
③ 이하 생략의 결함사상 (추적 불가능한 최후사상)	(마름모)	사상과 원인과의 관계를 충분히 알 수 없거나 또는 필요한 정보를 얻을 수 없기 때문에 이것 이상 전개할 수 없는 최후적 사상을 나타낼 때 사용한다. (말단사상)
④ 통상사상	(집모양)	결함사상이 아닌 발생이 예상되는 사상을 나타낸다. (말단사상)

명칭	기호	해설
⑤ 전이기호(이행기호)	(in) (out)	FT도상에서 다른 부분에의 이행 또는 연결을 나타내는 기호로 사용한다. 좌측은 전입, 우측은 전출을 뜻한다.
⑥ AND gate	출력 / 입력	출력 X의 사상이 일어나기 위해서는 모든 입력 A, B, C의 사상이 일어나지 않으면 안된다는 논리조작을 나타낸다.
⑦ OR gate	출력 / 입력	입력사상 A, B 중 어느 하나가 일어나도 출력 X의 사상이 일어난다고 하는 논리조작을 나타낸다.
⑧ 수정기호	출력 / 조건 / 입력	제약 gate 또는 제지 gate라고도 하며, 이 gate는 입력사상이 생김과 동시에 어떤 조건을 나타내는 사상이 발생할 때에만 출력 사상이 생기는 것을 나타내고 또한 AND gate와 OR gate에 여러 가지 조건부 gate를 나타낼 경우 이 수정기호를 사용한다.

(3) FTA에 의한 재해사례 연구순서

① 1단계 : 톱사상(정상수상) 선정
② 2단계 : 사상의 재해원인 규명
③ 3단계 : FT도 작성
④ 4단계 : 개선계획의 작성

(4) 논리적과 논리화의 확률

① 논리적(곱)의 확률 : AND 게이트

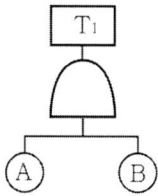

$$\therefore T_1 = A \times B$$

② 논리화(합)의 확률 : OR 게이트

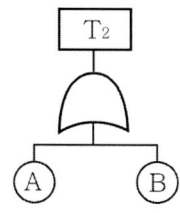

$$\therefore T_2 = 1 - (1-A)(1-B)$$

(5) 컷과 패스

1) 컷셋과 미니멀 컷
    ① 컷셋(cut set) : 정상사상을 일으키는 기본사상(통상사상, 생략사상 포함)의 집합을 컷이라 한다.
    ② 미니멀 컷(minimal cut) : 정상사상을 일으키기 위한 필요 최소한의 컷을 말한다. (시스템의 위험성을 나타냄)

2) 패스셋과 미니멀 패스
    ① 패스셋(path set) : 정상사상이 일어나지 않는 기본사상의 집합을 말한다.
    ② 미니멀 패스(minimal path sets) : 필요 최소한의 패스를 말한다. (시스템의 신뢰성을 나타냄)

04 안전성 평가

(1) 안전성 평가의 기본원칙(6단계)
① 1단계 : 관계자료의 정비검토
② 2단계 : 정성적 평가
③ 3단계 : 정량적 평가
④ 4단계 : 안전대책
⑤ 5단계 : 재해정보에 의한 재평가
⑥ 6단계 : FTA에 의한 재평가

(2) 리스크 처리기술
① 회피
② 경감
③ 보류
④ 전가

(3) 화학공장 설비의 안전성 평가

1) 공장설비의 안전성 평가의 5단계
    ① 1단계 : 관계자료의 작성준비
    ② 2단계 : 정성적 평가
    ③ 3단계 : 정량적 평가
    ④ 4단계 : 안전대책
    ⑤ 5단계 : 재평가

2) 정성적 평가

설계관계	2. 운전관계
① 입지조건 ② 공장 내 배치 ③ 건조물 ④ 소방설비	① 원재료, 중간체제품 ② 공정 ③ 수송, 저장 등 ④ 공정기기

3) 정량적 평가

① 정량적 평가 5항목 : 화학설비의 취급물질, 용량, 온도, 압력, 조작
② 급수에 따른 점수 : A급 : 10점, B급 : 5점, C급 : 2점, D급 : 0점
③ 합산결과에 의한 위험도의 등급

등급	점수	내용
등급 Ⅰ	16점 이상	위험도가 높다.
등급 Ⅱ	11~15점 이하	주의상황, 다른 설비와 관련해서 평가 위험도가
등급 Ⅲ	10점 이하	낮다.

건설공사 안전

chapter 04

 1. 건설안전 일반

01 건설업의 유해·위험 방지계획서의 제출 등

(1) 건설업의 유해·위험 방지계획서의 제출 대상공사의 종류

① 지상 높이가 31m 이상인 건축물 또는 인공구조물, 연면적 3만m² 이상인 건축물 또는 연면적 5천m² 이상의 문화 및 집회시설(전시장인 동물원·식물원은 제외), 판매시설, 운수시설(고속철도의 역사 및 집배송시설은 제외), 종교시설, 의료시설 중 종합병원, 숙박시설 중 관광숙박시설 또는 지하도상가 또는 냉동·냉장창고시설의 건설·개조 또는 해체(이하 "건설 등"이라 함)
② 연면적 5천m² 이상의 냉동·냉장창고시설의 설비공사 및 단열공사
③ 최대지간길이가 50m 이상인 교량건설 등 공사
④ 터널건설 등의 공사
⑤ 다목적댐, 발전용댐 및 저수용량 2천만 톤 이상의 용수전용댐, 지방상수도 전용댐건설 등의 공사
⑥ 깊이 10m 이상인 굴착공사

(2) 유해·위험 방지계획서 제출시기 : 해당 공사의 착공 전날까지 2부를 공단에 제출

(3) 심사결과의 구분

① 적정 : 근로자의 안전과 보건상 필요한 조치가 구체적으로 확보되었다고 인정될 때
② 조건부적정 : 근로자가 안전과 보건을 확보하기 위하여 일부 개선이 필요하다고 인정될 때
③ 부적정 : 기계설비 또는 건설물이 심사기준에 위반되어 공사 착공시 중대한 위험발생의 우려가 있거나 계획에 근본적 결함이 있다고 인정될 때

02 산업안전보건관리비

(1) 산업안전보건관리비의 계상 : 산업재해예방을 위한 안전관리비를 도급금액 또는 사업비에 계상하여야 할 사업의 종류

① 건설업
② 선박건조·수리업
③ 그 밖에 대통령령으로 정하는 사업 : 유해 또는 위험한 사업으로서 산업재해보상보험 및 예방심의위원회의 심의를 거쳐 고용노동부장관이 정하는 사업(시행령)

(2) 산업안전보건관리비 사용시 재해예방전문지도기관의 지도를 받아야 할 공사의 규모

1) 공사금액 3억 원(전기공사 및 정보통신공사는 1억 원) 이상 120억 원(토목공사업은 150억 원)미만인 공사

2) 재해예방전문지도기관의 지도 제외대상 공사
① 공사기간이 3개월 미만인 공사
② 육지와 연결되지 아니한 섬지역(제주특별자치도는 제외)에서 이루어지는 공사
③ 사업주가 안전관리자를 선임[같은 광역자치단체의 지역 내에서 같은 사업주가 경영하는 셋(3) 이하의 공사에 대하여 공동으로 안전관리자 1명을 선임한 경우 포함]하여 안전관리자의 업무만을 전담하도록 하는 공사[이 경우 사업주는 안전관리자 선임 등 보고서(건설업)를 관할지방고용노동관서의 장에게 제출하여야 함]
④ 유해·위험 방지계획서를 제출하여야 하는 공사

(3) 안전관리비 계상기준 (고용노동부 고시)

① 대상액 = 재료비 + 직접노무비
② 대상액이 5억원 미만 또는 50억원 이상일 때
  ∴ 안전관리비 = 대상액 × 법정요율(비율)
③ 대상액이 5억원 이상~50억원 미만일 때
  ∴ 안전관리비 = 대상액 × 법정요율(비율 : X) + 기초액(C)
④ 발주자가 재료를 제공한 경우 해당금액을 대상액에 포함시킬 때의 안전관리비를 해당금액을 포함시키지 않은 대상액을 기준으로 계상한 안전관리비의 1.2배를 초과할 수 없음
⑤ 공사종류별 규모 및 안전관리비 계상기준표(별표1)

공사종류 \ 대상액	5억원 미만	5억원 이상 50억원 미만 비율(X)	5억원 이상 50억원 미만 기초액(C)	50억 이상
일반건설공사(갑)	2.93%	1.86%	5,349,000원	1.97%
일반건설공사(을)	3.09%	1.99%	5,499,000원	2.10%
중건설공사	3.43%	2.35%	5,400,000원	2.44%
철도·궤도신설공사	2.45%	1.27%	4,411,000원	1.66%
특수 및 기타 건설공사	1.85%	1.20%	3,250,000원	1.27%

(4) 공사의 종류(건설공사의 종류예시표)
   ① 일반건설공사(갑) : 건축건설공사, 도로신설공사, 기타 이에 부대하여 해당 공사 현장 내에서 행하는 건설공사
   ② 일반건설공사(을) : 각종 기계·기구장치 등을 설치하는 공사
   ③ 중건설공사 : 고제방(댐) 등 신설공사, 수력발전시설 설비공사, 터널 신설공사
   ④ 철도·궤도 신설공사 : 철도 또는 궤도 신설공사, 고가 및 지하철도 신설공사
   ⑤ 특수 및 기타 건설공사 : 타공사와 분리 발주되어 시간, 장소적으로 독립하여 행하는 다음의 공사(타공사와 병행하여 행하는 경우는 일반건설공사(갑)로 분류)
      ㉠ 준설공사, 조경공사, 택지조성공사(경지 정리공사 포함), 포장공사
      ㉡ 전기공사 및 정보통신공사

(5) 안전관리비 항목
   ① 안전관리자 등의 인건비 및 각종 업무수당 등
   ② 안전시설비 등
   ③ 개인보호구 및 안전장구 구입비 등
   ④ 사업장의 안전진단비 등
   ⑤ 안전보건교육비 및 행사비 등
   ⑥ 근로자의 건강관리비 등
   ⑦ 건설재해예방 기술지도비
   ⑧ 본사 사용비

(6) 안전관리비의 사용내역에서 제외되는 항목
   ① 관리감독자의 업무수당 외의 인건비
   ② 경비원, 청소원, 폐자재처리원, 사무보조원의 인건비
   ③ 외부비계, 작업발판, 가설계단 등의 시설비
   ④ 도로확장·포장공사 등에서 공사용 외의 차량의 원활한 흐름 및 경계표시를 위한 교통안전 시설물
   ⑤ 기성제품에 부착된 안전장치 비용
   ⑥ 가설전기설비, 분전반, 전신주 이설비용
   ⑦ 타법 적용사항(대기환경보전법에 의한 대기오염 방지시설 등)
   ⑧ 일반근로자의 작업복의 구입비
   ⑨ 순시선·구명정 등의 구명조끼, 튜브 등 구입비
   ⑩ 면장갑, 코팅장갑 구입비
   ⑪ 건설기술관리법에 의한 안전점검비, 전기안전 대행수수료 등
   ⑫ 매설물 탐지, 계측, 지하수개발, 지질조사, 구조안전검토 비용

⑬ 안전관계자(안전보건관리책임자, 안전보건총괄책임자, 안전관리자, 관리감독자, 명예산업안전감독관, 본사 안전전담부서 안전전담직원) 외의 해외견학·연수비
⑭ 안전교육장 대지구입비
⑮ 안전교육장 외의 냉난방 관련비용
⑯ 기공식, 준공식 등 무재해 기원과 관계없는 행사
⑰ 안전보건의식 고취 명목의 회식비
⑱ 국민건강보험에 의해 실시되는 비용
⑲ 기숙사 또는 현장사무소 내의 휴게시설비
⑳ 이동식 화장실, 급수, 세면, 샤워시설, 병·의원 등에 지불되는 진료비

03 관리감독자의 유해·위험방지업무(직무수행내용)

(건설업의 관리감독자 : 직장·조장 및 반장의 지위에서 그 작업을 직접 지휘·감독하는 자)

작업의 종류	직무수행내용
1. 크레인을 사용하는 작업	① 작업방법과 근로자의 배치를 결정하고 그 작업을 지휘하는 일 ② 재료의 결함유무 또는 기구 및 공구의 기능을 점검하고 불량품을 제거 하는 일 ③ 작업 중 안전대 또는 안전모의 착용상황을 감시하는 일
2. 거푸집동바리의 고정·조립 또는 해체 작업, 지반의 굴착작업, 흙막이 지보공의 고정·조립 또는 해체작업, 터널의 굴착작업, 건물 등의 해체작업	① 안전한 작업방법을 결정하고 작업을 지휘하는 일 ② 재료·기구의 결함유무를 점검하고 불량품을 제거하는 일 ③ 작업 중 안전대 및 안전모 등 보호구 착용상황을 감시하는 일
3. 달비계 또는 높이 5m 이상의 비계를 조립·해체 하거나 변경하는 작업 (해체작업의 경우 ① 목의 규정 적용 제외)	① 재료의 결함유무를 점검하고 불량품을 제거하는 일 ② 기구·공구·안전대 및 안전모 등의 기능을 점검하고 불량품을 제거하는 일 ③ 작업방법 및 근로자의 배치를 결정하고 작업진행상태를 감시하는 일 ④ 안전대 및 안전모 등의 착용상황을 감시하는 일
4. 발파작업	① 점화 전에 점화작업에 종사하는 근로자 외의 자의 대피를 지시하는 일 ② 점화작업에 종사하는 근로자에 대하여 대피장소 및경로를 지시하는 일 ③ 점화 전에 위험구역 내에서 근로자가 대피한 것을 확인하는 일 ④ 점화순서 및 방법에 대하여 지시하는 일 ⑤ 점화신호를 하는 일 ⑥ 점화작업에 종사하는 근로자에 대하여 대피신호를 하는 일 ⑦ 발파 후 터지지 아니한 장약이나 남은 장약의 유무, 용수의 유무 및 암석·토사의 낙하 여부 등을 점검하는 일 ⑧ 점화하는 사람을 정하는 일 ⑨ 공기압축기의 안전밸브 작동유무를 점검하는 일 ⑩ 안전모 등 보호구의 착용상황을 감시하는 일
5. 채석을 위한 굴착작업	① 대피방법을 미리 교육하는 일 ② 작업을 시작하기 전 또는 폭우가 내린 후에는 암석·토사의 낙하·균열의 유무 또는 함수(含水)·용수 및 동결의 상태를 점검하는 일 ③ 발파한 후에는 발파장소 및 그 주변의 암석·토사의 낙하·균열의 유무를 점검하는 일

작업의 종류	직무수행내용
6. 화물취급작업	① 작업방법 및 순서를 결정하고 작업을 지휘하는 일 ② 기구 및 공구를 점검하고 불량품을 제거하는 일 ③ 그 작업장소에는 관계근로자가 아닌 사람의 출입을 금지하는 일 ④ 로프 등의 해체작업을 하는 때에는 하대(荷臺) 위의 화물의 낙하위험 유무를 확인하고 작업의 착수를 지시하는 일
7. 부두 및 선박에서의 하역작업	① 작업방법을 결정하고 작업을 지휘하는 일 ② 통행설비·하역기계·보호구 및 기구·공구를 점검·정비하고 이들의 사용 상황을 감시하는 일 ③ 주변 작업자간의 연락 조정을 행하는 일
8. 밀폐공간 작업	① 산소가 결핍된 공기나 유해가스에 노출되지 않도록 작업시간 전에 해당 근로자의 작업을 지휘하는 업무 ② 작업을 하는 장소의 공기가 적절한지를 작업시작 전에 점검하는 어부 ③ 측정장비·환기장치 또는 공기호흡기 또는 송기마스크를 작업시작 전에 점검하는 업무 ④ 근로자에게 공기마스크 또는 송기마스크의 착용을 지도하고 착용상황을 점검하는 업무

04 작업시작 전 점검사항(안전보건규칙)(점검자 - 관리감독자)

작업의 종류	점검내용
1. 크레인을 사용하여 작업을 하는 때	① 권과방지장치·브레이크·클러치 및 운전장치의 기능 ② 주행로의 상측 및 트롤리가 횡행(橫行)하는 레일의 상태 ③ 와이어로프가 통하고 있는 곳의 상태
2. 이동식 크레인을 사용하여 작업을 하는 때	① 권과방지장치나 그 밖의 경보장치의 기능 ② 브레이크·클러치 및 조정장치의 기능 ③ 와이어로프가 통하고 있는 곳 및 작업장소의 지반상태
3. 리프트(간이리프트를 포함)를 사용하여 작업을 하는 때	① 방호장치·브레이크 및 클러치의 기능 ② 와이어로프가 통하고 있는 곳의 상태
4. 곤돌라를 사용하여 작업을 하는 때	① 방호장치·브레이크의 기능 ② 와이어로프·슬링와이어 등의 상태
5. 양중기의 와이어로프·달기체인·섬유로프·섬유벨트 또는 훅·샤클·링 등의 철구(이하 "와이어 로프 등")를 사용하여 고리걸이 작업을 하는 때	와이어로프 등의 이상유무
6. 지게차를 사용하여 작업을 하는 때	① 제동장치 및 조종장치 기능의 이상유무 ② 하역장치 및 유압장치 기능의 이상유무 ③ 바퀴의 이상유무 ④ 전조등·후미등·방향지시기 및 경보장치 기능의 이상유무
7. 구내운반차를 사용하여 작업을 하는 때	① 제동장치 및 조종장치 기능의 이상유무 ② 하역장치 및 유압장치 기능의 이상유무 ③ 바퀴의 이상유무 ④ 전조등·후미등·방향지시기 및 경음기 기능의 이상유무 ⑤ 충전장치를 포함한 홀더 등의 결합상태의 이상유무

작업의 종류	점검내용
8. 고소작업대를 사용하여 작업을 하는 때	① 비상정지장치 및 비상하강방지장치 기능의 이상유무 ② 과부하방지장치의 직동 유무(와이어로프 또는 체인구동방식의 경우) ③ 아웃트리거 또는 바퀴의 이상유무 ④ 작업면의 기울기 또는 요철 유무
9. 화물자동차를 사용하는 작업을 행하게 하는 때	① 제동장치 및 조종장치의 기능 ② 하역장치 및 유압장치의 기능 ③ 바퀴의 이상유무
10. 컨베이어 등을 사용하여 작업을 하는 때	① 원동기 및 풀리 기능의 이상유무 ② 이탈 등의 방지장치기능의 이상유무 ③ 비상정지장치 기능의 이상유무 ④ 원동기·회전축·기어 및 풀리 등의 덮개 또는 울 등의 이상유무
11. 차량계 건설기계를 사용하여 작업을 하는 때	브레이크 및 클러치 등의 기능
12. 이동식 방폭구조 전기기계·기구를 사용하는 때	전선 및 접촉부 상태
13. 근로자가 반복하여 계속적으로 중량물을 취급하는 작업을 하는 때	① 중량물 취급의 올바른 자세 및 복장 ② 위험물이 흩어짐에 따른 보호구의 착용 ③ 카바이드·생석회 등과 같이 온도상승이나 습기에 의하여 위험성이 존재하는 중량물의 취급방법 ④ 그 밖에 하역운반기계 등의 적절한 사용방법
14. 양화장치를 사용하여 화물을 싣고 내리는 작업을 하는 때	① 양화장치(陽貨裝置)의 작동상태 ② 양화장치에 제한하중을 초과하는 하중을 실었는지 여부
15. 슬링 등을 사용하여 작업을 하는 때	① 훅이 붙어 있는 슬링·와이어슬링 등의 매달린 상태 ② 슬링·와이어슬링 등의 상태(작업시작 전 및 작업 중 수시로 점검)

05 사전조사 및 작업계획서의 작성 내용

작업명	사전조사 내용	작업계획서 내용
1. 타워크레인을 설치·조립·해체하는 작업	-	① 타워크레인의 종류 및 형식 ② 설치·조립 및 해체순서 ③ 작업도구·장비·가설(假設設備) 및 방호설비 ④ 작업인원의 구성 및 작업근로자의 역할 범위 ⑤ 지지 방법(제142조)
2. 차량계 하역운반기계 등을 사용하는 작업	-	① 해당 작업에 따른 추락·낙하·전도·협착 및 붕괴 등의 위험 예방대책 ② 차량계 하역운반기계 등의 운행경로 및 작업방법
3. 차량계 건설기계를 사용하는 작업	해당 기계의 전락(轉落), 지반의 붕괴 등으로 인한 근로자의 위험을 방지하기 위한 해당 작업장소의 지형 및 지반상태	① 사용하는 차량계 건설기계의 종류 및 성능 ② 차량계 건설기계의 운행경로 ③ 차량계 건설기계에 의한 작업방법

작업명	사전조사 내용	작업계획서 내용
4. 굴착작업	① 형상·지질 및 지층의상태 ② 균열·함수(含水)·용수 및 동결의 유무 또는 상태 ③ 매설물 등의 유무또는 상태 ④ 지반의 지하수위 상태	① 굴착방법 및 순서, 토사 반출방법 ② 필요한 인원 및 장비 사용계획 ③ 매설물 등에 대한 이설·보호대책 ④ 사업장 내 연락방법 및 신호방법 ⑤ 흙막이지보공 설치방법 및 계측계획 ⑥ 작업지휘자의 배치계획 ⑦ 그 밖에 안전·보건에 관련된사항
5. 터널굴착작업	보링(boring) 등 적절한 방법으로 낙반·출수(出水) 및 가스폭발 등으로 인한 근로자의 위험을 방지하기 위하여 미리 지형·지질 및 지층상태를 조사	① 굴착의 방법 ② 터널지보공 및 복공(覆工)의 시공방법과 용수(湧水)의 처리방법 ③ 환기 또는 조명시설을 설치할 때에는 그 방법
6. 교량작업	-	① 작업방법 및 순서 ② 부재(部材)의 낙하·전도 또는 붕괴를 방지하기 위한 방법 ③ 작업에 종사하는 근로자의 추락위험을 방지하기 위한 안전조치방법 ④ 공사에 사용되는 가설 철구조물등의 설치·사용·해체시 안전성 검토 방법 ⑤ 사용하는 기계 등의 종류 및 성능, 작업방법 ⑥ 작업지휘자 배치계획 ⑦ 그 밖에 안전·보건에 관련된사항
7. 채석작업	지반의 붕괴·굴착기계의 전락(轉落) 등에 의한 근로자에게 발생할 위험을 방지하기 위한 해당 작업장의 지형·지질 및 지층의 상태	① 노천굴착과 갱내굴착의 구별 및 채석 방법 ② 굴착면의 높이와 기울기 ③ 굴착면 소단(小段)의 위치와 넓이 ④ 갱내에서의 낙반 및 붕괴방지 방법 ⑤ 발파방법 ⑥ 암석의 분할방법 ⑦ 암석의 가공장소 ⑧ 사용하는 굴착기계·분할기계·적재기계 또는 운반기계(이하 "굴착기계 등"이라 함)의 종류 및 성능 ⑨ 토석 또는 암반의 적재 및 운반 방법과 운반경로 ⑩ 표토 또는 용수(湧水)의 처리방법
8. 건물 등의 해체작업	해체건물 등의 구조, 주변상황 등	① 해체의 방법 및 해체 순서도면 ② 가설설비·방호설비·환기설비·및 살수·방화설비 등의 방법 ③ 사업장 내 연락방법 ④ 해체물의 처분계획 ⑤ 해체작업용 기계·기구 등의 작업계획서 ⑥ 해체작업용 화약류 등의 사용계획서 ⑦ 그 밖에 안전·보건에 관련된사항
중량물의 취급작업	-	① 추락위험을 예방할 수 있는 안전대책 ② 낙하위험을 예방할 수 있는안전대책 ③ 전도위험을 예방할 수 있는안전대책 ④ 협착위험을 예방할 수 있는안전대책 ⑤ 붕괴위험을 예방할 수 있는안전대책
궤도와 그 밖의 관련 설비의 보수·점검작업입환작업(入煥作業)	-	① 적절한 작업인원 ② 작업량 ③ 작업순서 ④ 작업방법 및 위험요인에 대한 안전조치방법 등

06 운전위치의 이탈을 금지해야 할 기계·기구

① 양중기
② 항타기 또는 항발기(권상장치에 하중을 건 상태)
③ 양화장치(화물을 적재한 상태)

2. 가설공사 안전

01 가설통로

(1) 통로의 조명 : 75Lux 이상

(2) 가설통로의 구조(가설통로 설치시 준수사항)
① 견고한 구조로 할 것
② 경사는 30° 이하로 할 것(계단을 설치하거나 높이 2m 미만의 가설통로로서 튼튼한 손잡이를 설치한 경우에는 그러하지 아니하다.)
③ 경사가 15°를 초과하는 경우에는 미끄러지지 아니하는 구조로 할 것
④ 추락이 위험이 있는 장소에는 안전난간을 설치할 것(작업상 부득이한 때에는 필요한 부분에 한하여 임시로 이를 해체할 수 있음)
⑤ 수직갱에 가설된 통로의 길이가 15m 이상인 경우에는 10m 이내마다 계단참을 설치할 것
⑥ 건설공사에 사용하는 높이 8m 이상인 비계다리에는 7m 이내마다 계단참을 설치할 것

(3) 사다리식 통로 등의 구조(사다리식 통로 등의 설치시 준수사항)
① 견고한 구조로 할 것
② 심한 손상·부식 등이 없는 재료를 사용할 것
③ 발판의 간격은 일정하게 할 것
④ 발판과 벽과의 거리는 15cm 이상의 간격을 유지할 것
⑤ 폭은 30cm 이상으로 할 것
⑥ 사다리가 넘어지거나 미끄러지는 것을 방지하기 위한 조치를 할 것
⑦ 사다리의 상단은 걸쳐놓은 지점으로부터 60cm 이상 올라가도록 할 것
⑧ 사다리식 통로의 길이가 10m 이상인 경우에는 5m 이내마다 계단참을 설치할 것
⑨ 사다리식 통로의 기울기는 75°이하로 할 것(다만, 고정식 사다리식 통로의 기울기는 90°이하로 하고, 그 높이가 7m 이상인 경우에는 바닥으로부터 높이가 2.5m 되는 지점부터 등받이울을 설치할 것)
⑩ 접이식 사다리 기둥은 사용 시 접혀지거나 펼쳐지지 않도록 철물 등을 사용하여 견고하게 조치할 것

02 가설 계단 등

(1) **계단의 강도** : 계단 및 계단참 설치시는 500kg/m²(매 m²당 500kg) 이상의 하중에 견딜 수 있는 강도를 가진 구조로 설치할 것(안전율 : 4 이상)

(2) **계단의 폭** : 계단을 설치하는 경우 그 폭을 1m 이상으로 할 것(다만, 급유용·보수용·비상용 계단 및 나선형 계단이거나 높이 1m미만의 이동식 계단은 제외)

(3) **계단참의 높이** : 높이가 3m를 초과하는 계단에 높이 3m 이내마다 너비 1.2m 이상 계단참을 설치할 것

(4) **천장의 높이** : 계단을 설치하는 경우 바닥면으로부터 높이 2m 이내의 공간에 장애물이 없도록 할 것(다만, 급유용·보수용·비상용 계단 및 나선형 계단은 제외)

(5) **계단의 난간** : 높이가 1m 이상인 계단의 개방된 측면에 안전난간을 설치할 것

03 경사로(고용노동부 고시)

(1) **경사로의 설치·사용시 준수사항**
  ① 비탈면의 경사각은 30° 이내로 할 것
  ② 경사로의 폭은 최소 90cm 이상일 것
  ③ 높이 7m 이내마다 계단참을 설치할 것
  ④ 경사로의 지지기둥은 3m 이내마다 설치할 것
  ⑤ 발판의 폭은 40cm 이상으로 하고 틈은 3cm 이내로 설치할 것

(2) **이동식 사다리 설치·사용시 준수사항**
  ① 길이가 6m를 초과하지 않도록 할 것
  ② 다리의 벌림은 벽 높이의 1/4 정도로 할 것
  ③ 벽면 상부로부터 최소한 1m 이상의 연장길이가 있도록 할 것

(3) **미끄럼방지장치 : 사다리의 설치·사용시 준수사항**
  ① 미끄럼방지장치 : 사다리 지주의 끝에 고무, 코르크, 가죽, 강스파이크 등을 부착시켜 바닥과의 미끄럼을 방지하는 안전장치가 있어야 한다.
  ② 쐐기형 강스파이크 : 지반이 평탄한 맨땅 위에 세울 때 사용하여야 한다.
  ③ 미끄럼방지 판자 및 미끄럼방지 고정쇠 : 돌마무리 또는 인조석 깔기로 마감한 바닥용으로 사용하여야 한다.
  ④ 미끄럼방지 발판 : 인조고무 등으로 마감한 실내용으로 사용하여야 한다.

04 비계의 설치기준

(1) 비계의 종류 등

1) 비계의 종류
① 통나무비계   ② 강관비계   ③ 강관틀비계
④ 달비계   ⑤ 달대비계   ⑥ 이동식비계
⑦ 말비계(인장비계, 각주비계)   ⑧ 시스템비계

2) 비계가 갖추어야 할 3요소
① 안전성
② 작업성
③ 경제성

(2) 비계의 재료 및 구조 등

1) 비계의 재료 : 변형·부식 또는 심하게 손상된 것을 사용하지 않을 것

2) 달비계(곤돌라의 달비계는 제외)의 최대적재하중을 정함에 있어서의 안전계수

$$\therefore \text{안전계수} = \frac{\text{절단하중}}{\text{최대사용하중}}$$

① 달기와이어로프 및 달기강선의 안전계수 : 10 이상
② 달기체인 및 달기훅의 안전계수 : 5 이상
③ 달기강대와 달비계의 하부 및 상부지점의 안전계수 : 강재의 경우 2.5 이상, 목재의 경우 5 이상

3) 작업발판의 구조
① 발판재료는 작업시의 하중에 견딜 수 있도록 견고한 것으로 할 것
② 작업발판의 폭은 40cm 이상으로 하고, 발판재료간의 틈은 3cm 이하로 할 것
③ 추락의 위험성이 있는 장소에는 안전난간을 설치할 것(작업의 성질상 안전난간을 설치하는 것이 곤란할 때 및 작업의 필요상 임시로 안전난간을 해체함에 있어서 안전방망을 치거나 근로자로 하여금 안전대를 사용하도록 하는 등 추락에 의한 위험방지 조치를 할 때에는 제외)
④ 작업발판의 지지물은 하중에 의하여 파괴될 우려가 없는 것을 사용할 것
⑤ 작업발판의 재료는 뒤집히거나 떨어지지 아니하도록 2 이상의 지지물에 연결하거나 고정시킬 것
⑥ 작업발판을 작업에 따라 이동시킬 때에는 위험방지에 필요한 조치를 할 것

(3) 비계의 조립·해체 및 점검 등(안전보건규칙)

1) 달비계 또는 높이 5m 이상의 비계를 조립·해체 및 변경작업시 준수사항

① 근로자는 관리감독자의 지휘에 따라 작업하도록 할 것
② 조립·해체 또는 변경의 시기·범위 및 절차를 그 작업에 종사하는 근로자에게 주지시킬 것
③ 조립·해체 또는 변경 작업구역에는 해당 작업에 종사하는 근로자가 아닌 사람의 출입을 금지하고 그 내용을 보기 쉬운 장소에 게시할 것
④ 비, 눈 그 밖의 기상상태의 불안정으로 인하여 날씨가 몹시 나쁜 경우에는 그 작업을 중지시킬 것
⑤ 비계재료의 연결·해체작업을 하는 경우에는 폭 20cm 이상의 발판을 설치하고, 근로자로 하여금 안전대를 사용하도록 하는 등 추락방지를 위한 조치를 할 것
⑥ 재료·기구 또는 공구 등을 올리거나 내리는 경우에는 근로자가 달줄 또는 달포대 등을 사용하도록 할 것

㈜ 강관비계 또는 통나무비계를 조립하는 경우 쌍줄로 할 것. 다만, 별도의 작업발판을 설치할 수 있는 시설을 갖춘 경우에는 외줄로 할 수 있음

2) 악천후로 작업을 중지시킨 후 또는 비계를 조립·해체·변경한 후 그 비계에서 작업을 할 때 작업시작 전 점검사항

① 발판재료의 손상 여부 및 부착 또는 걸림상태
② 해당 비계의 연결부 또는 접속부의 풀림상태
③ 연결재료 및 연결철물의 손상 또는 부식상태
④ 손잡이의 탈락 여부
⑤ 기둥의 침하, 변형, 변위 또는 흔들림 상태
⑥ 로프의 부착상태 및 매단장치의 흔들림 상태

(4) 강관비계 및 강관틀비계

1) 강관비계 조립시의 준수사항

① 비계기둥에는 미끄러지거나 침하하는 것을 방지하기 위하여 밑받침철물을 사용하거나 깔판·깔목 등을 사용하여 밑둥잡이를 설치하는 등의 조치를 할 것
② 강관의 접속부 또는 교차부(交叉部)는 적합한 부속철물을 사용하여 접속하거나 단단히 묶을 것
③ 교차가새로 보강할 것
④ 외줄비계·쌍줄비계 또는 돌출비계에 대해서는 다음 각 목에서 정하는 바에 따라 벽이음 및 버팀을 설치할 것.
  ㉠ 강관비계의 조립 간격은 다음 [표]의 기준에 적합하도록 할 것

강관비계의 종류	조립간격 (단위 : m)	
	수직방향	수평방향
1. 단관비계	5	5
2. 틀비계(높이 5m 미만은 제외)	6	8
3. 통나무비계	5.5	7.5

　　ⓒ 강관·통나무 등의 재료를 사용하여 견고한 것으로 할 것
　　ⓓ 인장재(引張材)와 압축재로 구성된 경우에는 인장재와 압축재의 간격을 1m 이내로 할 것
　⑤ 가공전로(架空電路)에 근접하여 비계를 설치하는 경우에는 가공전로를 이설(移設) 하거나 가공전로에 절연용 방호구를 장착하는 등 가공전로와의 접촉을 방지하기 위한조치를 할 것

2) 강관비계의 구조(강관을 사용하여 비계를 구성하는 경우 준수사항)
　① 비계기둥의 간격은 띠장 방향에서는 1.85m 이하, 장선(長線)방향에서는 1.5m 이하로 할 것
　② 띠장 간격은 2m 이하로 할 것
　③ 비계기둥의 제일 윗부분으로부터 31m 되는 지점 밑부분의 비계기둥은 2개의 강관으로 묶어 세울 것. 다만 브래킷(bracket) 등으로 보강하여 2개의 강관으로 묶을 경우 이상의 강도가 유지되는 경우에는 제외
　④ 비계기둥 간의 적재하중은 400kg을 초과하지 않도록 할 것

3) 강관틀비계를 조립하여 사용하는 경우 준수사항
　① 비계기둥의 밑둥에는 밑받침철물을 사용하여야 하며 밑받침에 고저차(高低差)가 있는 경우에는 조절형 밑받침철물을 사용하여 각각의 강관틀비계가 항상 수평 및 수직을 유지하도록 할 것
　② 높이가 20m를 초과하거나 중량물의 적재를 수반하는 작업을 할 경우에는 주틀간의 간격을 1.8m 이하로 할 것
　③ 주틀 간에 교차가새를 설치하고 최상층 및 5층 이내마다 수평재를 설치할 것
　④ 수직방향으로 6m, 수평방향으로 8m 이내마다 벽이음을 할 것
　⑤ 길이가 띠장 방향으로 4m 이하이고 높이가 10m를 초과하는 경우에는 10m 이내마다 띠장 방향으로 버팀기둥을 설치할 것

(5) 달비계 및 달대비계

1) 달비계 및 달대비계

① 달비계 : 와이어로프나 철선 등을 이용하여 상부지점에 승강할 수 있는 작업용 발판을 매다는 형식의 비계로써 건물외벽의 도장이나 청소 등의 작업에 사용

② 달대비계 : 철골공사의 리벳치기, 볼트 작업시에 주로 이용되는 것으로 주체인철골에 매달아서 작업발판을 만드는 비계로서 상하이동을 시킬 수 없는 것

2) 달비계에 사용하는 와이어로프의 사용금지사항

① 이음매가 있는 것

② 와이어로프의 한 꼬임[스트랜드(strand)를 말함]에서 끊어진 소선(素線)[필러(pillar)선은 제외]의 수가 10% 이상(비자전로프의 경우에는 끊어진 소선의 수가 와이어로프 호칭지름의 6배 길이 이내에서 4개 이상이거나 호칭지름 30배 길이 이내에서 8개 이상)인 것

③ 지름의 감소가 공칭지름의 7%를 초과하는 것

④ 꼬인 것

⑤ 심하게 변형되거나 부식된 것

⑥ 열과 전기충격에 의해 손상된 것

3) 달비계에 사용하는 달기체인의 사용금지사항

① 달기체인의 길이가 달기체인이 제조된 때의 길이의 5%를 초과한 것

② 링의 단면지름이 달기체인이 제조된 때의 해당 링의 지름의 10%를 초과하여 감소한 것

③ 균열이 있거나 심하게 변형된 것

4) 달비계에 사용하는 섬유로프 또는 섬유벨트의 사용금지사항

① 꼬임이 끊어진 것

② 심하게 손상되거나 부식된 것

(6) 말비계 및 이동식비계

1) 말비계를 조립하여 사용하는 경우 준수사항

① 지주부재(支柱部材)의 하단에는 미끄럼방지장치를 하고, 근로자가 양측 끝부분에 올라서서 작업하지 않도록 할 것

② 지주부재와 수평면의 기울기를 75°이하로 하고, 지주부재와 지주부재 사이를 고정시키는 보조부재를 설치할 것

③ 말비계의 높이가 2m를 초과하는 경우에는 작업발판의 폭을 40cm 이상으로 할 것

2) 이동식비계를 조립하여 작업을 하는 경우 준수사항

① 이동식비계의 바퀴에는 뜻밖의 갑작스러운 이동 또는 전도를 방지하기 위하여 브레이크·

쐐기 등으로 바퀴를 고정시킨 다음 비계의 일부를 견고한 시설물에 고정하거나 아웃트리거(outrigger)를 설치하는 등 필요한 조치를 할 것
② 승강용 사다리는 견고하게 설치할 것
③ 비계의 최상부에서 작업을 하는 경우에는 안전난간을 설치할 것
④ 작업발판은 항상 수평을 유지하고 작업발판 위에서 안전난간을 딛고 작업을 하거나 받침대 또는 사다리를 사용하여 작업하지 않도록 할 것
⑤ 작업발판의 최대적재하중은 250kg을 초과하지 않도록 할 것

(7) 시스템계의 구조(시스템비계를 사용하여 비계를 구성하는 경우 준수사항)

① 수직재·수평재·가새재를 견고하게 연결하는 구조가 되도록 할 것
② 비계 밑단의 수직재와 받침철물은 밀착되도록 설치하고, 수직재와 받침철물의 연결부의 겹침길이는 받침철물 전체길이의 3분의 1 이상이 되도록 할 것
③ 수평재는 수직재와 직각으로 설치하여야 하며, 체결 후 흔들림이 없도록 견고하게 설치할 것
④ 수직재와 수직재의 연결철물은 이탈되지 않도록 견고한 구조로 할 것
⑤ 벽 연결재의 설치간격은 제조사가 정한 기준에 따라 설치할 것

(8) 통나무비계

1) 통나무비계의 구조(통나무비계를 조립하는 경우 준수사항)

① 비계기둥의 간격은 2.5m 이하로 하고 지상으로부터 첫 번째 띠장은 3m 이하의 위치에 설치할 것. 다만, 작업의 성질상 이를 준수하기 곤란하여 쌍기둥 등에 의하여 해당 부분을 보강한 경우에는 그러하지 아니하다.
② 비계기둥이 미끄러지거나 침하하는 것을 방지하기 위하여 비계기둥의 하단부를 묻고 밑둥잡이를 설치하거나 깔판을 사용하는 등의 조치를 할 것
③ 비계기둥의 이음이 겹침이음인 경우에는 이음부분에서 1m 이상을 서로 겹쳐서 두 군데 이상을 묶고, 비계기둥의 이음이 맞댄이음인 경우에는 비계기둥을 쌍기둥틀로 하거나 1.8m 이상의 덧댐목을 사용하여 네 군데 이상을 묶을 것
④ 비계기둥·띠장·장선 등의 접속부 및 교차부는 철선이나 그 밖의 튼튼한 재료로 견고하게 묶을 것
⑤ 교차가새로 보강할 것
⑥ 외줄비계·쌍줄비계 또는 돌출비계에 대해서는 다음 각 목에 따른 벽이음 및 버팀을 설치할 것.
  ㉠ 간격은 수직방향에서 5.5m 이하, 수평방향에서는 7.5m 이하로 할 것
  ㉡ 강관·통나무 등의 재료를 사용하여 견고한 것으로 할 것
  ㉢ 인장재와 압축재로 구성되어 있는 경우에는 인장재와 압축재의 간격은 1m 이내로 할 것

2) 통나무비계는 지상높이 4층 이하 또는 12m 이하인 건축물·공작물 등의 건조·해체 및 조립 등의 작업에만 사용할 수 있음

05 공사용 가설도로를 설치하는 경우 준수사항

① 도로는 장비와 차량이 안전하게 운행할 수 있도록 견고하게 설치할 것
② 도로와 작업장이 접하여 있을 경우에는 방책 등을 설치할 것
③ 도로는 배수를 위하여 경사지게 설치하거나 배수시설을 설치할 것
④ 차량의 속도제한 표지를 부착할 것

3. 토공사 안전

01 흙의 성질

(1) 흙 = 토립자 + 간극(물, 공기, 가스)

(2) 공극률과 포화도

① 공극률 = $\dfrac{공극의\ 용적}{토립자의\ 용적} \times 100(\%)$

② 포화도 = $\dfrac{물의\ 용적}{공극의\ 용적} \times 100(\%)$

(3) 함수비와 함수율

① 함수비 : 습윤토 중에 함유된 물의 중량(공극중의 물의 무게)과 그 토립자의 절대건조상태의 중량(흙입자만의 건조무게)과의 중량비를 백분율로 나타낸 것이다.

함수비 = $\dfrac{물의\ 중량}{흙의\ 건조중량} \times 100(\%)$

② 함수율 : 흙의 전체중량(흙 + 물의 중량)에 대한 흙 속의 물의중량과의 비를 백분율로 나타낸 것이다.

함수율 = $\dfrac{물의\ 중량}{흙의\ 전체중량} \times 100(\%)$

(4) 흙의 전단강도(Coulomb식)

$S = C + \sigma \tan\phi$

여기서, S : 흙의 전단강도(kg/cm²)
C : 점착력(kg/cm²)
σ : 전단면(파괴면)에 작용하는 수직응력(kg/cm²)
ϕ : 내부마찰각

02 지반조사 및 현장 토질시험방법

(1) 보링(Boring)

  1) **기계식 보링** : 충격식, 수세식, 회전식(가장 정확한 방법)

  2) **오거 보링** : 작업현장에서 인력으로 간단하게 실시할 수 있는 방법

(2) 현장의 토질시험방법

  1) **베인 테스트(vane test)** : 십자형 날개의 vane test를 지반에 때려 박고 회전시켜서 그 회전력에 의해 점토의 점착력을 판별하는 방법(연한 점토질에 주로 쓰이는 방법)

  2) **표준관입시험** : 63.5kg의 추를 76cm의 높이에서 자유 낙하시켜 30cm 관입시킬 때의 타격횟수 (N)를 측정하여 흙의 경·연도의 정도를 판정하는 방법

   ① 사질지반의 상대밀도 등 토질조사시 신뢰성 높음
   ② N값과 모래의 상태

N값	모래의 상태
0~5	몹시 느슨하다.
5~10	느슨하다.
10~30	보통
50 이상	다진 상태(밀실 상태)

  3) **지내력 시험(평판재하시험)** : 지반면에 직접 재하하여 허용지내력을 구하기 위한 시험방법

   ① 시험은 원칙적으로 예정기초면에서 행한다.
   ② 하중시험용 재하판은 정방향 또는 원형의 두께 약 25mm 절판재, 면적 0.2m², 보통 30cm의 각이나 45cm 각의 것이 사용된다.
   ③ 매회의 재하는 1톤 이하 또는 예정파괴하중의 1/5 이하로 한다.
   ④ 침하의 증가는 2시간에 0.1mm의 비율 이하가 될 때에는 침하가 정지된 것으로 간주한다.
   ⑤ 단기하중에 대한 허용지내력은 총침하량이 20mm에 도달하였을 때, 침하량이 20mm 이하더라도 침하곡선이 항복상황을 나타낼 때로 한다.
   ⑥ 장기하중에 대한 허용지내력은 단기하중에 대한 허용지내력의 1/2이다.

03 지반의 이상현상

(1) 보일링 현상

  1) **보일링(boiling)** : 사질토 지반을 굴착시 굴착부와 지하수위차가 있을 경우, 수두차(水頭差)에 의하여 침투압이 생겨 흙막이벽 근입부분을 침식하는 동시에, 굴착부 저면의 모래가 액상화(液狀化)되어 솟아오르는 현상이다.

2) 대책
① 주변수위를 저하시킨다.(지하수위 감소)
② 흙막이벽 근입도를 증가하여 동수구배를 저하시킨다.(흙막이 벽을 깊게 박음)
③ 굴착토를 즉시 원상 매립한다.
④ 작업을 중지시킨다.

(2) 히빙현상

1) 히빙(heaving)
연약성 점토지반에서 굴착이 진행됨에 따라 흙막이벽 뒤쪽 흙의 중량이 굴착부 바닥의 지지력 이상이 되면 흙막이벽 근입(根入)부분의 지반이동이 발생하여 굴착부 저면이 솟아오르는 현상이다.

2) 대책
① 굴착주변의 상재하중을 제거한다.
② 시트 파일(Sheet Pile) 등의 근입심도를 검토한다.(흙막이벽을 깊게 박음)
③ 버팀대, 브래킷, 흙막이를 점검한다.
④ 굴착방식을 개선(Island Cut 공법 등)한다.

(3) 점토의 비화작용
액상상태에 있는 흙을 건조시키면 고체로 되었다가 재차 흡수하면 토립자간의 결합력이 감쇠되어 붕괴되는 현상

04 흙막이 공법

(1) 흙막이벽 오픈컷 공법
널말뚝을 건물의 주위에 박고 소정의 깊이까지 파내어 기초를 구축하는 공법이다.

① **타이로드(tie rod)공법** : 흙막이 후변에 구멍에 뚫고 로드(rod)를 앵커시켜 흙막이와 연결시키는 공법으로 타이로드(tie rod, 지지봉)는 되도록 경질 지반에 정착시켜야 안전하다.
② **버팀대공법** : 굴착부 주위에 타입된 흙막이벽을 활용하여 굴착을 진행하면서 내부에 버팀대를 가설하고 흙막이벽에 가해지는 토압에 대응하도록 하는 공법이다.
③ **자립흙막이벽공법** : 굴착부 주위에 흙막이벽을 타입하여 토사의 붕괴를 흙막이벽 자체의 저항력으로 방지하며 굴착한다.

(2) 버팀대 공법

① **빗 버팀대식 공법** : 넓은 면적에서 비교적 얕은 기초파기를 할 때 이용되는 공법

[빗 버팀대식 흙막이 공법]

① 줄파기
② 규준대 대기
③ 널말뚝 박기
④ 중앙부 흙파기
⑤ 띠장 대기
⑥ 버팀말뚝 및 버팀대 대기
⑦ 주변부 흙파기

② 수평버팀대식 공법 : 좁은 면적에서 깊은 기초파기를 할 때나, 폭이 좁고 길이가 길 경우에 이용되는 공법

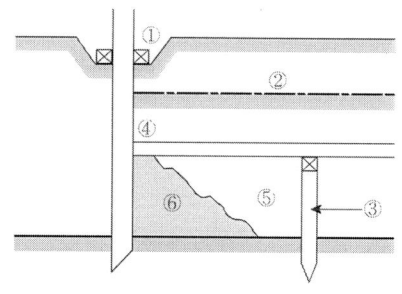

① 줄파기, 규준대 대기, 널말뚝 박기
② 흙파기
③ 받침기둥 박기
④ 띠장, 버팀대 대기
⑤ 중앙부 흙파기
⑥ 주변부 흙파기

[수평 버팀대식 흙막이 공법]

05 굴착작업 등의 위험방지

(1) 지반 등의 굴착시 굴착면의 기울기 기준 : 다음 [표]의 기준에 맞도록 할 것.

구분	지반의 종류	구배
보통흙	습지	1 : 1 ~ 1 : 1.5
	건지	1 : 0.5 ~ 1 : 1
암반	풍화암	1 : 1.0
	연암	1 : 1.0
	경암	1 : 0.5

(2) 관리감독자의 작업시작 전 점검사항 : 굴착작업시 지반의 붕괴 또는 토석의 낙하에 의한 위험을 방지하기 위하여 관리 감독자가 작업시작 전에 작업장소 및 그 주변에 대하여 점검해야 할 사항
  ① 부석·균열의 유무
  ② 함수·용수 및 동결상태의 변화

(3) 지반의 붕괴 등에 의한 위험방지

  1) 굴착작업시 지반의 붕괴 또는 토석의 낙하에 의한 위험방지 조치사항
    ① 흙막이지보공 설치
    ② 방호망 설치
    ③ 근로자의 출입금지

  2) 비가 올 경우 빗물 등의 침투에 의한 붕괴재해방지 조치사항
    ① 측구 설치
    ② 굴착사면에 비닐을 덮음

(4) 흙막이지보공

  1) 흙막이지보공 조립시 조립도의 내용
    ① 부재(흙막이판 · 말뚝 · 버팀대 및 띠장 등)의 배치 · 치수
    ② 부재의 재질 및 설치방법과 순서

  2) 흙막이지보공 설치시 정기점검사항
    ① 부재의 손상 · 변형 · 부식 · 변위 및 탈락의 유무와 상태
    ② 버팀대의 긴압(緊壓)의 정도
    ③ 부재의 접속부 · 부착부 및 교차부의 상태
    ④ 침하의 정도

(5) 발파에 의한 굴착(표준안전작업지침)

  1) **암질 판별방식** : 암질 변화구간 및 이상암질의 출현시 반드시 암질 판별을 실시하여야 하며, 암질 판별은 아래 각 목을 기준으로 하여야 한다.
    ① RQD(%)
    ② 탄성파속도(m/sec)
    ③ RMR(%)
    ④ 일축압축강도(kg/cm²)
    ⑤ 진동치 속도(cm/sec=kine)

  2) **터널의 경우(NATM 기준) 계측관리사항 기준** : 다음 각 목의 사항을 적용하며 지속적 관찰에 의한 보강대책을 강구하여야 한다. 또한 이상변위가 나타나면 즉시 작업중단 및 장비 · 인력 대피조치를 하여야 한다.
    ① 내공변위 측정
    ② 천단침하 측정
    ③ 지중 · 지표침하 측정

④ 록볼트 축력 측정
⑤ 숏크리트 응력 측정

(6) 계측기의 설치 : 깊이 10.5m 이상의 굴착의 경우 아래 각 목의 계측기의 설치에 의하여 흙막이 구조의 안전을 예측하여야 하며, 설치가 불가능한 경우 트랜싯 및 레벨 측량기에 의해 수직·수평 변위측정을 실시하여야 한다.
① 수위계
② 경사계
③ 하중 및 침하계
④ 응력계

(7) 발파의 작업기준(발파작업시 준수사항)
① 얼어붙은 다이너마이트는 화기에 접근시키거나 그 밖의 고열물에 직접 접촉시키는 등 위험한 방법으로 융해되지 않도록 할 것
② 화약이나 폭약을 장전하는 경우에는 그 부근에서 화기를 사용하거나 흡연을 하지 않도록 할 것
③ 장전구(裝塡具)는 마찰·충격·정전기 등에 의한 폭발의 위험이 없는 안전한 것을 사용할 것
④ 발파공의 충진재료는 점토·모래 등 발화성 또는 인화성의 위험이 없는 재료를 사용할 것
⑤ 점화 후 장전된 화약류가 폭발하지 아니한 경우 또는 장전된 화약류의 폭발여부를 확인하기 곤란한 경우에는 다음 각 목의 사항을 따를 것
　㉠ 전기뇌관에 의한 경우 : 발파모선을 점화기에서 떼어 그 끝을 단락시켜 놓는 등 재점화되지 않도록 조치하고 그 때부터 5분 이상 경과한 후가 아니면 화약류의 장전장소에 접근시키지 않도록 할 것
　㉡ 전기뇌관 외의 것에 의한 경우 : 점화한 때부터 15분 이상 경과한 후가 아니면 화약류의 장전장소에 접근시키지 않도록 할 것
⑥ 전기뇌관에 의한 발파의 경우 : 점화하기 전에 화약류를 장전한 장소로부터 30m 이상 떨어진 안전한 장소에서 전선에 대하여 저항측정 및 도통(道通)시험을 할 것

06 터널작업의 위험방지

(1) 인화성가스의 농도측정 등

1) 인화성 가스가 발생할 위험이 있는 장소에 대하여 인화성가스의 농도를 측정하도록 할 것
2) 인화성가스 농도의 이상상승을 조기에 파악하기 위하여 그 장소에 자동경보장치를 설치할 것

3) 자동경보장치의 작업시작 전 점검사항
   ① 계기의 이상유무
   ② 검지부의 이상유무
   ③ 경보장치의 작동상태

(2) 터널건설작업시 낙반 등에 의한 위험방지 조치사항 [18/3 기]
   ① 터널지보공 설치
   ② 록볼트의 설치
   ③ 부석의 제거

(3) 터널 등의 출입구 부근의 지반붕괴 및 토석낙하에 의한 위험방지 조치사항
   ① 흙막이지보공 설치
   ② 방호망 설치

(4) 터널작업시 터널 내부의 시계를 유지하기 위한 조치사항
   ① 환기를 시킬 것
   ② 물을 뿌릴 것

07 터널지보공의 위험방지

(1) 터널지보공 조립시 조립도에 명시해야 할 내용
   ① 재료의 재질
   ② 재료의 단면규격
   ③ 재료의 설치간격 및 이음방법

(2) 터널지보공의 조립·변경시 조치사항
   ① 주재(主材)를 구성하는 1세트의 부재는 동일 평면 내에 배치할 것
   ② 목재의 터널지보공은 그 터널지보공의 각 부재의 긴압 정도가 균등하게 되도록 할 것
   ③ 기둥에는 침하를 방지하기 위하여 받침목을 사용하는 등의 조치를 할 것
   ④ 강(鋼)아치 지보공의 조립 : 다음 각 목의 사항을 따를 것
      ㉠ 조립간격은 조립도에 따를 것
      ㉡ 주재가 아치작용을 충분히 할 수 있도록 쐐기를 박는 등 필요한 조치를 할 것
      ㉢ 연결볼트 및 띠장 등을 사용하여 주재 상호간을 튼튼하게 연결할 것
      ㉣ 터널 등의 출입구 부분에는 받침대를 설치할 것
      ㉤ 낙하물의 근로자에게 위험을 미칠 우려가 있는 경우에는 널판 등을 설치할 것

(3) 터널지보공 설치시 수시점검사항

① 부재의 손상·변형·부식·변위·탈락의 유무 및 상태
② 부재의 긴압 정도
③ 부재의 접속부 및 교차부의 상태
④ 기둥침하의 유무 및 상태

08 잠함 내 굴착작업시의 위험방법

(1) 잠함 또는 우물통의 내부에서 굴착작업시 잠함·우물통의 급격한 침하에 의한 위험방지를 위한 준수사항

① 침하관계도에 따라 굴착방법 및 재하량(載荷量) 등을 정할 것
② 바닥으로부터 천장 또는 보까지의 높이는 1.8m 이상으로 할 것

(2) 잠함·우물통·수직갱 등의 내부에서 굴착작업시 준수사항

① 산소결핍 우려가 있는 경우에는 산소농도 측정자를 지명하여 산소농도를 측정하도록 할 것
② 근로자가 안전하게 오르내리기 위한 설비를 설치할 것
③ 굴착 깊이가 20m를 초과하는 경우에는 해당 작업장소와 외부와의 연락을 위한 통신설비 등을 설치할 것
④ 산소농도 측정결과 산소결핍이 인정되거나 굴착 깊이가 20m를 초과하는 경우에는 송기(送氣)를 위한 설비를 설치하여 필요한 양의 공기를 공급할 것

(3) 잠함 등의 내부에서 굴착작업을 금지해야 할 경우

① 승강설비, 통신설비, 송기설비 등 설비에 고장이 있는 경우
② 잠함 등의 내부에 많은 양의 물 등이 스며들 우려가 있는 경우

4. 구조물공사 안전

01 거푸집 동바리 및 거푸집

(1) 거푸집 및 동바리(지보공) 설계시 고려해야 할 하중 콘크리트공사(표준안전작업지침)

① 연직방향 하중 : 거푸집, 지보공(동바리), 콘크리트, 철근, 작업원, 타설용 기계기구, 가설설비 등의 중량 및 충격하중
② 횡방향 하중 : 작업할 때의 진동, 충격, 시공오차 등에 기인되는 횡방향 하중, 이외에 필요에 따라 풍압, 유수압, 지진 등

③ 콘크리트의 측압 : 굳지 않은 콘크리트의 측압
④ 특수하중 : 시공 중에 예상되는 특수한 하중
⑤ 상기 1~4호의 하중에 안전율을 고려한 하중

(2) 거푸집 동바리 등 조립시의 조립도에 명시하여야 할 내용

① 동바리 · 멍에 등 부재의 재질
② 단면규격
③ 설치간격 및 이음방법

(3) 거푸집 동바리 등의 안전조치(거푸집 동바리 등을 조립하는 경우 준수사항)

① 깔목의 사용, 콘크리트 타설, 말뚝박기 등 동바리의 침하를 방지하기 위한 조치를 할 것
② 개구부 상부에 동바리를 설치하는 경우에는 상부하중을 견딜 수 있는 견고한 받침대를 설치할 것
③ 동바리의 상하 고정 및 미끄러짐 방지 조치를 하고, 하중의 지지상태를 유지할 것
④ 동바리의 이음은 맞댄이음이나 장부이음으로 하고 같은 품질의 재료를 사용할 것
⑤ 강재와 강재의 접속부 및 교차부는 볼트 · 클램프 등 전용철물을 사용하여 단단히 연결할 것
⑥ 거푸집이 곡면인 경우에는 버팀대의 부착 등 그 거푸집의 부상(浮上)을 방지하기 위한 조치를 할 것

(4) 거푸집 동바리로 사용하는 강관 등 설치기준

1) 동바리로 사용하는 강관(파이프 서포트, pipe support)의 설치기준

① 높이 2m 이내마다 수평연결재를 2개 방향으로 만들고 수평연결재의 변위를 방지할 것
② 멍에 등을 상단에 올릴 경우에는 해당 상단에 강재의 단판을 붙여 멍에 등을 고정시킬 것

2) 동바리로 사용하는 파이프 서포트의 설치기준

① 파이프 서포트를 3개 이상 이어서 사용하지 않도록 할 것
② 파이프 서포트를 이어서 사용하는 경우에는 4개 이상의 볼트 또는 전용철물을 사용하여 이을 것
③ 높이가 3.5m를 초과하는 경우에는 높이 2m 이내마다 수평연결재를 2개 방향으로 만들고 수평연결재의 변위를 방지할 것

3) 동바리로 사용하는 강관틀의 설치기준

① 강관틀과 강관틀 사이에 교차가새를 설치할 것
② 최상층 및 5층 이내마다 거푸집 동바리의 측면과 틀면의 방향 및 교차가새의 방향에서 5개 이내마다 수평연결재를 설치하고 수평연결재의 변위를 방지할 것

③ 최상층 및 5층 이내마다 거푸집 동바리의 틀면의 방향에서 양단 및 5개틀 이내마다 교차가 새의 방향으로 띠장틀을 설치할 것

④ 멍에 등을 상단에 올린 경우에는 해당 상단에 강재의 단판을 붙여 멍에 등을 고정시킬 것

4) 동바리로 사용하는 조립강주의 설계기준

① 멍에 등을 상단에 올린 경우에는 해당 상단에 강재의 단판을 붙여 멍에 등을 고정시킬 것

② 높이가 4m를 초과하는 경우에는 높이 4m 이내마다 수평연결재를 2개 방향으로 설치하고 수평연결재의 변위를 방지할 것

5) 시스템 동바리(규격화·부품화된 수직재, 수평재 및 가새재 등의 부재를 현장에서 조립하여 거푸집으로 지지하는 동바리 형식을 말함)의 설치기준

① 수평재는 수직재와 직각으로 설치하여야 하며, 흔들리지 않도록 견고하게 설치할 것

② 연결철물을 사용하여 수직재를 견고하게 연결하고, 연결 부위가 탈락 또는 꺾어지지 않도록 할 것

③ 수직 및 수평하중에 의한 동바리 본체의 변위가 발생하지 않도록 각각의 단위수직재 및 수평재에는 가새재를 견고하게 설치하도록 할 것

④ 동바리 최상단과 최하단의 수직재와 받침철물은 서로 밀착되도록 설치하고 수직재와 받침철물의 연결부의 겹침길이는 받침철물 전체길이의 3분의 1 이상 되도록 할 것

6) 동바리로 사용하는 목재의 설치기준

① 멍에 등을 상단에 올릴 경우에는 해당 상단에 강재의 단판을 붙여 멍에 등을 고정시킬 것

② 목재를 이어서 사용하는 경우에는 2개 이상의 덧댐목을 대고 네 군데 이상 견고하게 묶은 후 상단을 보나 멍에에 고정시킬 것

(5) 조립 등 작업시의 준수사항

1) 기둥·보·벽체·슬래브 등의 거푸집 동바리 등을 조립하거나 해체하는 작업을 하는 경우 준수사항

① 해당 작업을 하는 구역에는 관계 근로자가 아닌 사람의 출입을 금지할 것

② 비, 눈, 그 밖의 기상상태의 불안정으로 날씨가 몹시 나쁜 경우에는 그 작업을 중지할 것

③ 재료, 기구 또는 공구 등을 올리거나 내리는 경우에는 근로자로 하여금 달줄·달포대 등을 사용하도록 할 것

④ 낙하·충격에 의한 돌발적 재해를 방지하기 위하여 버팀목을 설치하고 거푸집 동바리

등을 인양장비에 매단 후에 작업을 하도록 하는 등 필요한 조치를 할 것

2) 철근조립 등의 작업을 하는 경우 준수사항
① 양중기로 철근을 운반할 경우에는 두 군데 이상 묶어서 수평으로 운반할 것
② 작업위치의 높이가 2m 이상일 경우에는 작업발판을 설치하거나 안전대를 착용하게 하는 등 위험방지를 위하여 필요한 조치를 할 것

02 작업발판 일체형 거푸집의 정의 및 종류

(1) 작업발판 일체형 거푸집 : 거푸집의 설치·해체, 철근 조립, 콘크리트 타설, 콘크리트 면처리 작업 등을 위하여 거푸집을 작업발판과 일체로 제작하여 사용하는 거푸집

(2) 종류
① 갱 폼(gang form)
② 슬립 폼(slip form)
③ 클라이밍 폼(climbing form)
④ 터널 라이닝 폼(tunnel lining form)
⑤ 그 밖에 거푸집과 작업발판이 일체로 제작된 거푸집 등

03 거푸집을 해체할 때의 유의사항

① 해체작업을 할 때에는 안전모 등 안전보호장구를 착용토록 하여야 한다.
② 거푸집 해체작업장 주위에는 관계자를 제외하고는 출입을 금지시켜야 한다.
③ 상하 동시작업은 원칙적으로 금지하여 부득이한 경우에는 긴밀히 연락을 취하며 작업을 하여야 한다.
④ 거푸집 해체 때 구조체에 무리한 충격이나 큰 힘에 의한 지렛대 사용은 금지하여야 한다.
⑤ 보 또는 슬래브 거푸집을 제거할 때에는 거푸집의 낙하충격으로 인한 작업원의 돌발적 재해를 방지하여야 한다.
⑥ 해체된 거푸집이나 각목 등에 박혀 있는 못 또는 날카로운 돌출물은 즉시 제거하여야 한다.
⑦ 해체된 거푸집이나 각목은 재사용 가능한 것과 보수하여야 할 것을 선별, 분리하여 적치하고 정리정돈을 하여야 한다.

04 콘크리트 타설작업(안전보건규칙)

(1) 콘크리트의 타설작업(콘크리트 타설작업을 하는 경우 준수사항)
① 당일의 작업을 시작하기 전에 해당 작업에 관한 거푸집 동바리 등의 변형·변위 및 지반의 침하유무 등을 점검하고 이상이 있으면 보수할 것

② 작업 중에는 거푸집 동바리 등의 변형·변위 및 침하유무 등을 감시할 수 있는 감시자를 배치하여 이상이 있으면 작업을 중지하고 근로자를 대피시킬 것
③ 콘크리트 타설작업시 거푸집 붕괴의 위험이 발생할 우려가 있으면 충분한 보강조치를 할 것
④ 설계도서상의 콘크리트 양생기간을 준수하여 거푸집동바리등을 해체할 것
⑤ 콘크리트를 타설하는 경우에는 편심이 발생하지 않도록 골고루 분산하여 타설할 것

(2) 콘크리트 펌프 또는 펌프카 등 사용시 준수사항

① 작업을 시작하기 전에 콘크리트 펌프용 비계를 점검하고 이상을 발견하였으면 즉시 보수할 것
② 건축물의 난간 등에서 작업하는 근로자가 호스의 요동·선회로 인하여 추락하는 위험을 방지하기 위하여 안전난간 설치 등 필요한 조치를 할 것
③ 콘크리트 펌프카의 붐을 조정하는 경우에는 주변의 전선 등에 의한 위험을 예방하기 위한 적절한 조치를 할 것
④ 작업 중에 지반의 침하, 아웃트리거의 손상 등에 의하여 콘크리트 펌프카가 넘어질 우려가 있는 경우에는 이를 방지하기 위한 적절한 조치를 할 것

05 철골공사

(1) 철골건립 중 강풍에 의한 풍압 등 외압에 대한 내력이 설계에 고려되었는지 확인해야 할 철골구조물(표준안전작업지침)

① 높이 20m 이상의 구조물
② 구조물의 폭과 높이의 비가 1 : 4 이상인 구조물
③ 단면구조에 현저한 차이가 있는 구조물
④ 연면적당 철골량이 50kg/m² 이하인 구조물
⑤ 기둥이 타이 플레이트(tie plate)형인 구조물
⑥ 이음부가 현장용접인 구조물

(2) 철골작업을 중지해야 할 기상조건

① 풍속이 초당 10m 이상인 경우
② 강우량이 시간당 1mm 이상인 경우
③ 강설량이 시간당 1cm 이상인 경우

(3) 철골공사의 재해방지설비

구분	기능	용도, 사용장소, 조건	설비
추락방지	안전한 작업대 가능한 작업대	높이 2m 이상의 장소로서 추락의 우려가 있는 작업	비계, 달비계, 수평통로, 안전난간대
	추락자를 보호할 수 있는 것	작업대 설치가 어렵거나 개구부 주위로 난간설치가 어려운 곳	추락방지용 방망
	추락의 우려가 있는 위험 장소에서 작업자의 행동을 제한하는 것	개구부 및 작업대의 끝	난간, 울타리
	작업자의 신체를 유지시키는 것	안전한 작업대나 난간설비를 할 수 없는 곳	안전대 부착 설비, 안전대, 구명줄
낙하·비래 및 비산 방지	위에서 낙하된 것을 막는 것	철골 건립, 볼트 체결 및 기타 상하 작업	방호철망, 방호울타리, 가설앵커설비
	제3자의 위해 방지	볼트, 콘크리트 덩어리, 형틀재, 일반자재, 먼지 등이 낙하·비산할 우려가 있는 작업	방호철망, 방호시트, 방호울타리, 방호선반, 안전망
	불꽃의 비산 방지	용접, 용단을 수반하는 작업	석면포

5. 건설기계·기구 안전

01 굴착용 기계

(1) 파워쇼벨(power shovel)

① 중기가 위치한 지면보다 높은 곳의 땅을 굴착하는데 적합하다.
② 용도 : 굳은 점토, 암석, 토사 등의 굴착, 쇄석 옮겨쌓기, 토사의 처리 등에 널리 쓰인다.

(2) 드래그쇼벨(drag shovel)=백호우(back hoe)

① 중기가 위치한 지면보다 낮은 곳의 땅을 굴착하는데 적합하다.
② 용도 : 지하층이나 기초의 굴착, 도랑파기굴착, 수중굴착 등에 쓰인다.

(3) 드래그라인(drag line)

① 지반보다 낮은 연질지반의 넓은 굴착에 적합하다.(힘이 약함)
② 용도 : 8m 정도의 기초흙파기 등 깊은 곳 굴착 등에 쓰인다.

(4) 크램셀(clam shell)

① 붐의 선단에서 크램셀버킷을 와이어로프에 매달아 바로 아래로 떨어뜨려 흙을 퍼올리는

토공기계이다.
　② 용도 : 깊은 흙파기용, 흙막이 버팀대가 있는 좁은 곳, 케이슨(caisson) 내의 굴착 등 좁은 곳의 수직굴착, 자갈 등의 적재, 연약한 지반이나 수중굴착 등에 쓰인다.

02 정지용 기계

(1) **도저(dozer)** : 트랙터에 블레이드(blade, 배토판, 토공판)를 장치하여 송토(淞土), 절토(切土), 성토(盛土)작업을 할 수 있는 토공기계이다.

　① 불도저(bull dozer)
　② 앵글도저(angle dozer)
　③ 틸트도저(tilt dozer)

(2) **스크레이퍼(scraper)** : 흙의 굴착, 싣기, 운반, 하역 등의 일관작업을 연속적으로 행할 수 있는 토공만능기이다.

(3) **모터그레이더(motor grader)** : 토공기계의 대패라고도 하며 지면을 절삭하여 평활하게 다듬는 정지용 기계이다.

(4) **로더(loader)**

　1) 트랙터의 앞 작업장치에 버킷을 붙인 것으로 쇼벨도저(shovel dozer) 또는 트랙터 쇼벨(tractor shovel)이라고도 한다.

　2) 로더의 작업
　　① 굴착작업
　　② 송토작업
　　③ 지면고르기 작업
　　④ 토사 깎아내기 작업

03 차량계 건설기계 위험방지

(1) **차량계 건설기계의 정의 및 종류**

　1) **차량계 건설기계 정의** : 동력원을 사용하여 특정되지 아니한 장소로 스스로 이동할 수 있는 건설기계

　2) **종류**
　　① 도저형 건설기계(불도저, 스트레이트도저, 틸트도저, 앵글도저, 버킷도저 등)
　　② 모터그레이더

③ 로더(포크 등 부착물 종류에 따른 용도변경 형식을 포함)
④ 스크레이퍼
⑤ 크레인형 굴착기계(크램쉘, 드래그라인 등)
⑥ 굴삭기(브레이커, 크러셔, 드릴 등 부착물 종류에 따른 용도변경 형식을 포함)
⑦ 항타기 및 항발기
⑧ 천공용 건설기계(어스드릴, 어스오거, 크롤러드릴, 점보드릴 등)
⑨ 지반 압밀침하용 건설기계(샌드드레인머신, 페이퍼드레인머신, 팩트드레인머신 등)
⑩ 지반 다짐용 건설기계(타이어롤러, 매커덤롤러, 탠덤롤러 등)
⑪ 준설용 건설기계(버킷준설선, 그래브준설선, 펌프준설선 등)
⑫ 콘크리트 펌프카
⑬ 덤프트럭
⑭ 콘크리트 믹서 트럭
⑮ 도로포장용 건설기계(아스팔트 살포기, 콘크리트 살포기, 아스팔트 피니셔, 콘크리트 피니셔 등)
⑯ 제1호부터 제15호까지와 유사한 구조 또는 기능을 갖는 건설기계로서 건설작업에 사용하는 것

(2) 헤드가드를 갖추어야 할 차량계 건설기계

① 불도저
② 트랙터
③ 쇼벨(shovel)
④ 로더(loader)
⑤ 파우더 쇼벨(powder shovel)
⑥ 드래그 쇼벨(drag shovel)

(3) 차량계 건설기계의 전도·전락에 의한 근로자의 위험방지 조치사항

① 유도자 배치
② 지반의 부동침하 방지
③ 갓길의 붕괴방지
④ 도로 폭의 유지

(4) 차량계 건설기계의 이송시 준수사항 : 차량계 건설기계를 이송하기 위하여 자주(自走) 또는 견인에 의하여 화물자동차 등에 싣거나 내리는 작업을 할 때에 발판·성토 등을 사용하는 경우에는 해당 차량계 건설기계의 전도 또는 전락에 의한 위험 방지를 위해 준수할 사항

① 싣거나 내리는 작업은 평탄하고 견고한 장소에서 할 것
② 발판을 사용하는 경우에는 충분한 길이·폭 및 강도를 가진 것을 사용하고 적당한 경사를

유지하기 위하여 견고하게 설치할 것
③ 마대·가설대 등을 사용하는 경우에는 충분한 폭 및 강도와 적당한 경사를 확보할 것

(5) 차량계 건설기계의 붐·암 등의 불시하강에 의한 위험방지 조치사항
① 안전지주 사용
② 안전블록 사용

(6) 수리 등의 작업시 조치사항(작업지휘자 지정·준수사항)
① 작업순서를 결정하고 작업을 지휘할 것
② 안전지주 또는 안전블록 등의 사용상황 등을 점검할 것

04 항타기 및 항발기의 위험방지

(1) 항타기 또는 항발기를 조립하는 경우 점검사항
① 본체 연결부의 풀림 또는 손상의 유무
② 권상용 와이어로프·드럼 및 도르래의 부착상태의 이상 유무
③ 권상장치의 브레이크 및 쐐기장치 기능의 이상 유무
④ 권상기의 설치상태의 이상 유무
⑤ 버팀의 방법 및 고정상태의 이상 유무

(2) 항타기·항발기의 도괴(倒壞)방지를 위해 준수해야 할 사항
① 연약한 지반에 설치하는 경우에는 각부(脚部)나 가대(架臺)의 침하를 방지하기 위하여 깔판·깔목 등을 사용할 것
② 시설 또는 가설물 등에 설치하는 경우에는 그 내력을 확인하고 내력이 부족하면 그 내력을 보강할 것
③ 각부나 가대가 미끄러질 우려가 있는 경우에는 말뚝 또는 쐐기 등을 사용하여 각부나 가대를 고정시킬 것
④ 궤도 또는 차로 이동하는 항타기 또는 항발기에 대해서는 불시에 이동하는 것을 방지하기 위하여 레일 클램프(rail clamp) 및 쐐기 등으로 고정시킬 것
⑤ 버팀대만으로 상단부분을 안정시키는 경우에는 버팀대는 3개 이상으로 하고 그 하단 부분은 견고한 버팀말뚝 또는 철골 등으로 고정시킬 것
⑥ 버팀줄만으로 상단부분을 안정시키는 경우에는 버팀줄을 3개 이상으로 하고 같은 간격으로 배치할 것
⑦ 평형추를 사용하여 안정시키는 경우에는 평형추의 이동을 방지하기 위하여 가대에 견고하게 부착시킬 것

(3) 항타기 또는 항발기의 권상용 와이어로프의 안전계수 : 5 이상

(4) 권상용 와이어로프의 길이 등

① 권상용 와이어로프는 추 또는 해머가 최저의 위치에 있을 때 또는 널말뚝을 빼내기 시작할 때를 기준으로 권상장치의 드럼에 적어도 2회 감기고 남을 수 있는 충분한 길이일 것
② 권상용 와이어로프는 권상장치의 드럼에 클램프·클립 등을 사용하여 견고하게 고정할 것

(5) 도르래의 부착 등

① 항타기 또는 항발기의 권상장치의 드럼축과 권상장치로부터 첫 번째 도르래의 축 간의 거리를 권상장치 드럼폭의 15배 이상으로 하여야 한다.
② 도르래는 권상장치의 드럼 중심을 지나야 하며 축과 수직면상에 있어야 한다.

05 차량계 하역운반기계의 위험방지

(1) 차량계 하역운반기계의 종류

① 지게차
② 구내운반차
③ 화물자동차

(2) 차량계 하역운반기계의 전도·전락에 의한 위험방지 조치사항

① 유도자 배치
② 지반의 부동침하 방지
③ 갓길(노견)의 붕괴 방지

(3) 차량계 하역운반기계 등의 접촉에 의한 위험방지 조치사항

① 위험장소에 출입금지
② 작업지휘자 또는 유도자 배치

(4) 차량계 하역운반기계 등에 화물을 적재하는 경우 준수사항

① 하중이 한쪽으로 치우치지 않도록 적재할 것
② 구내운반차 또는 화물자동차의 경우 화물의 붕괴 또는 낙하에 의한 위험을 방지하기 위하여 화물에 로프를 거는 등 필요한 조치를 할 것
③ 운전자의 시야를 가리지 않도록 화물을 적재할 것

(5) **차량계 하역운반기계 등의 이송** : 차량계 하역운반기계 등을 이송하기 위하여 자주(自走) 또는 견인에 의하여 화물자동차에 싣거나 내리는 작업을 할 때에 발판·성토 등을 사용하는 경우에는 해당 차량계 하역운반기계 등의 전도 또는 전락에 의한 위험방지를 위해 준수해야 할 사항

① 싣거나 내리는 작업은 평탄하고 견고한 장소에서 할 것

② 발판을 사용하는 경우에는 충분한 길이·폭 및 강도를 가진 것을 사용하고 적당한 경사를 유지하기 위하여 견고하게 설치할 것
③ 가설대 등을 사용하는 경우에는 충분한 폭 및 강도와 적당한 경사를 확보할 것
④ 지정운전자의 성명·연락처 등을 보기 쉬운 곳에 표시하고 지정운전자 외에는 운전하지 않도록 할 것

(6) **싣거나 내리는 작업** : 차량계 하역운반기계 등에 단위화물의 무게가 100kg 이상인 화물을 싣는 작업(로프걸이 작업 및 덮개 덮기 작업을 포함) 또는 내리는 작업(로프 풀기작업 또는 덮개 벗기기 작업을 포함)을 하는 경우에 해당 작업 지휘자의 준수사항
① 작업순서 및 그 순서마다의 작업방법을 정하고 작업을 지휘할 것
② 기구와 공구를 점검하고 불량품을 제거할 것
③ 해당 작업을 하는 장소에 관계 근로자가 아닌 사람이 출입하는 것을 금지할 것
④ 로프 풀기작업 또는 덮개 벗기기 작업은 적재함의 화물이 떨어질 위험이 없음을 확인한 후에 하도록 할 것

06 지게차 및 구내운반차의 위험방지

(1) **지게차 헤드가드(head guard)의 구비조건**
① 강도는 지게차의 최대하중의 2배값(4톤을 넘는 값에 대해서는 4톤으로 함)의 등분포정하중(等分布靜荷重)에 견딜 수 있을 것
② 상부틀의 각 개구의 폭 또는 길이가 16cm 미만일 것
③ 운전자가 앉아서 조작하거나 서서 조작하는 지게차의 헤드가드는 산업표준화법에 따른 한국산업표준에서 정하는 높이기준 이상일 것
  ㉠ 입식 : 1.88m
  ㉡ 좌석 : 0.903m
④ 운전자가 서서 조작하는 방식의 지게차의 경우에는 운전석의 바닥면에서 헤드가드의 상부틀 하면까지의 높이가 2m 이상일 것

(2) **구내운반차 사용시 준수사항(작업장 내 운반을 주목적으로 하는 차량으로 한정)**
① 주행을 제동하거나 정지상태를 유지하기 위하여 유효한 제동장치를 갖출 것
② 경음기를 갖출 것
③ 핸들의 중심에서 차체 바깥측까지의 거리가 65cm 이상일 것
④ 운전석이 차 실내에 있는 것은 좌우에 한 개씩 방향지시기를 갖출 것
⑤ 전조등과 후미등을 갖출 것. 다만, 작업을 안전하게 하기 위하여 필요한 조명이 있는 장소에서 사용하는 구내운반차의 대해서는 제외

07 화물자동차

(1) 섬유로프 등의 점검 등 : 섬유로프 등을 화물자동차의 짐걸이에 사용하는 경우 해당 작업시작 전 조치사항

① 작업순서와 순서별 작업방법을 결정하고 작업을 직접 지휘하는 일
② 기구와 공구를 점검하고 불량품을 제거하는 일
③ 해당 작업을 하는 장소에 관계 근로자가 아닌 사람의 출입을 금지하는 일
④ 로프 풀기작업 및 덮개 벗기기 작업을 하는 경우에는 적재함의 화물에 낙하 위험이 없음을 확인한 후에 해당 작업의 착수를 지시하는 일

(2) 화물 중간에서 빼내기 금지 : 화물자동차에서 화물을 내리는 작업을 하는 경우에는 그 작업을 하는 근로자에게 쌓여있는 화물의 중간에서 화물을 빼내도록 해서는 안 됨

08 고소작업대를 설치하는 경우 설치조건

① 작업대를 와이어로프 또는 체인으로 올리거나 내릴 경우에는 와이어로프 또는 체인이 끊어져 작업대가 떨어지지 아니하는 구조여야 하며, 와이어로프 또는 체인의 안전율은 5 이상일 것
② 작업대를 유압에 의해 올리거나 내릴 경우에는 작업대를 일정한 위치에 유지할 수 있는 장치를 갖추고 압력의 이상저하를 방지할 수 있는 구조일 것
③ 권과방지장치를 갖추거나 압력의 이상상승을 방지할 수 있는 구조일 것
④ 붐의 최대 지면경사각을 초과 운전하여 전도되지 않도록 할 것
⑤ 작업대에 정격하중(안전율 5 이상)을 표시할 것
⑥ 작업대에 끼임·충돌 등 재해를 예방하기 위한 가드 또는 과상승방지장치를 설치할 것
⑦ 조작반의 스위치는 눈으로 확인할 수 있도록 명칭 및 방향표시를 유지할 것

09 컨베이어의 방호장치

① 이탈 및 역주행 방지장치 : 정전·전압강하 등에 따른 화물 또는 운반구의 이탈 및 역주행을 방지하는 장치
② 덮개 또는 울 : 컨베이어 등으로부터 화물의 낙하로 인한 위험을 방지하기 위해 설치
③ 비상정지장치 : 컨베이어 등에 근로자의 신체의 일부가 말려들 우려가 있는 경우 및 비상시에 설치
④ 건널다리 : 운전 중인 컨베이어 등의 위로 근로자를 넘어가도록 하는 경우 위험을 방지하기 위해 설치

10 양중기의 위험방지

(1) 양중기의 종류

① 크레인[호이스트(hoist) 포함]
② 이동식 크레인
③ 리프트(이삿짐운반용 리프트의 경우에는 적재하중이 0.1톤 이상인 것으로 한정)
④ 곤돌라
⑤ 승강기

(2) 양중기(승강기 제외) 및 달기구의 운전자 또는 작업자가 보기 쉬운 곳에 표시할 사항

① 정격하중   ② 운전속도   ③ 경고표시

(3) 양중기의 종류에 따른 방호장치

1) **양중기의 종류**

① 크레인
② 이동식 크레인
③ 리프트
④ 곤돌라
⑤ 승강기

2) **양중기의 방호장치의 종류** : 상기 양중기 1)의 방호장치는 다음 각 호와 같으며, 방호장치가 정상적으로 작동될 수 있도록 미리 조정해 둘 것

① 과부하방지장치   ② 권과방지장치
③ 비상정지장치   ④ 제동장치

3) **승강기의 방호장치**

① 파이널 리미트 스위치(final limit switch)
② 속도조절기[조속기(調速機)]
③ 출입문 인터록(inter lock)

(4) 크레인

1) **조립 등의 작업 시 조치사항** : 크레인의 설치·조립·수리·점검 또는 해체작업을 하는 경우 조치사항

① 작업순서를 정하고 그 순서에 따라 작업을 할 것
② 작업을 할 구역에 관계 근로자가 아닌 사람의 출입을 금지하고 그 취지를 보기 쉬운 곳에 표시할 것

③ 비·눈, 그 밖에 기상상태의 불안정으로 날씨가 몹시 나쁜 경우에는 그 작업을 중지시킬 것
④ 작업장소는 안전한 작업이 이루어질 수 있도록 충분한 공간을 확보하고 장애물이 없도록 할 것
⑤ 들어 올리거나 내리는 기자재는 균형을 유지하면서 작업을 하도록 할 것
⑥ 크레인의 성능, 사용조건 등에 따라 충분한 응력(應力)을 갖는 구조로 기초를 설치하고 침하 등이 일어나지 않도록 할 것
⑦ 규격품인 조립용 볼트를 사용하고 대칭되는 곳을 차례로 결합하고 분해할 것

2) **폭풍에 의한 이탈방지** : 순간풍속이 30m/sec를 초과하는 바람이 불어올 우려가 있는 경우 옥외에 설치되어 있는 주행 크레인에 대하여 이탈방지장치를 작동시키는 등 이탈방지를 위한 조치를 하여야 한다.

3) **폭풍 등으로 인한 이상유무 점검** : 순간풍속이 30m/sec를 초과하는 바람이 불거나 중진(中震) 이상 진도의 지진이 있은 후에 옥외에 설치되어 있는 양중기를 사용하여 작업을 하는 경우에는 미리 기계 각 부위에 이상이 있는지를 점검하여야 한다.

4) **건설물 등과의 사이 통로**
① 주행 크레인 또는 선회 크레인과 건설물 또는 설비와의 사이에 통로를 설치하는 경우 그 폭을 0.6m 이상으로 하여야 한다. 다만, 그 통로 중 건설물의 기둥에 접촉하는 부분에 대해서는 0.4m 이상으로 할 수 있다.
② (제1항에 따른) 통로 또는 주행궤도 상에서 정비·보수·점검 등의 작업을 하는경우 그 작업에 종사하는 근로자가 주행하는 크레인에 접촉될 우려가 없도록 크레인의 운전을 정지시키는 등 필요한 안전조치를 하여야 한다.

5) **건설물 등의 벽체와 통로의 간격 등** : 다음 각 호의 간격을 0.3m 이하로 하여야 한다. 다만, 근로자가 추락할 위험이 없는 경우에는 그 간격을 0.3m 이하로 유지하지 아니할 수 있다.
① 크레인의 운전실 또는 운전대를 통하는 통로의 끝과 건설물 등의 벽체의 간격
② 크레인 거더(girder)의 통로 끝과 크레인 거더의 간격
③ 크레인 거더의 통로로 통하는 통로의 끝과 건설물 등의 벽체의 간격

(5) 리프트의 위험방지

1) **리프트의 방호장치** : 리프트(간이 리프트는 제외)는 운반구의 이탈 등의 위험방지를 위해 다음의 방호장치를 설치할 것
① 권과방지장치
② 과부하방지장치
③ 비상정지장치

2) **붕괴 등의 방지** : 순간풍속이 35m/sec를 초과하는 바람이 불어올 우려가 있는 경우 건설작업용 리프트(지하에 설치되어 있는 것은 제외)에 대하여 받침의 수를 증가시키는 등 그 붕괴 등을 방지하기 위한 조치를 할 것

3) **리프트의 설치 · 조립 · 수리 · 점검 또는 해체작업을 하는 경우 조치사항**
   ① 작업을 지휘하는 사람을 선임하여 그 사람의 지휘하에 작업을 실시할 것
   ② 작업을 할 구역에 관계 근로자가 아닌 사람의 출입을 금지하고 그 취지를 보기 쉬운 장소에 표시할 것
   ③ 비 · 눈, 그밖에 기상상태의 불안정으로 날씨가 몹시 나쁜 경우에는 그 작업을 중지시킬 것

4) **작업을 지휘하는 사람의 이행사항**
   ① 작업방법과 근로자의 배치를 결정하고 해당 작업을 지휘하는 일
   ② 재료의 결함 유무 또는 기구 및 공구의 기능을 점검하고 불량품을 제거하는 일
   ③ 작업 중 안전대 등 보호구의 착용 상황을 감시하는 일

5) **화물의 낙하 방지** : 이삿짐 운반용 리프트 운반구로부터 화물이 빠짐 및 낙하방지 조치사항
   ① 화물을 적재시 하중이 한쪽으로 치우치지 않도록 할 것
   ② 적재화물이 떨어질 우려가 있는 경우에는 화물에 로프를 거는 등 낙하방지 조치를 할 것

(6) **승강기**

1) **폭풍에 의한 도괴 방지** : 순강풍속이 35m/sec를 초과하는 바람이 불어올 우려가 있는 경우 옥외에 설치되어 있는 승강기에 대하여 받침의 수를 증가시키는 등 그 도괴를 방지하기 위한 조치를 할 것

2) **승강기의 설치 · 조립 · 수리 · 점검 또는 해체작업을 하는 경우 조치사항**
   ① 작업을 지휘하는 사람을 선임하여 그 사람의 지휘하에 작업을 실시할 것
   ② 작업을 할 구역에 관계 근로자가 아닌 사람의 출입을 금지하고 그 취지를 보기 쉬운 장소에 표시할 것
   ③ 비 · 눈, 그 밖에 기상상태의 불안정으로 날씨가 몹시 나쁜 경우에는 그 작업을 중지시킬 것

(7) **와이어로프 등 달기구의 안전계수**
   ① 근로자가 탑승하는 운반구를 지지하는 달기와이어로프 또는 달기체인의 경우 : 10 이상
   ② 화물의 하중을 직접 지지하는 달기와이어로프 또는 달기체인의 경우 : 5 이상
   ③ 훅, 샤클, 클램프, 리프팅 빔의 경우 : 3 이상

④ 그 밖의 경우 : 4 이상

 6. 사고형태별 안전

01 추락에 의한 안전방지

(1) 추락하거나 넘어질 위험이 있는 장소(작업발판끝·개구부 등은 제외) 또는 기계·설비·선박블록 등에서 작업시 추락위험방지 조치사항

    ① (비계를 조립하여) 작업발판 설치
    ② 추락방호망 설치
    ③ 안전대 착용

(2) 추락방호망 설치기준

    ① 설치위치 : 가능하면 작업면으로부터 가까운 지점에 설치하여야 하며, 작업면으로부터 망의 설치지점까지의 수직거리는 10m를 초과하지 아니할 것
    ② 추락방호망 수평으로 설치할 것
    ③ 추락방호망의 처짐 : 짧은 변 길이의 12% 이상이 되도록 할 것
    ④ 추락방호망의 내민 길이 : 벽면으로부터 3m 이상, 다만 그물코가 20mm 이하인 망을 사용한 경우에는 낙하물방지망을 설치한 것으로 봄

(3) 작업발판 및 통로의 끝이나 개구부 등의 추락위험방지 조치사항

    ① 안전난간·울타리·수직형 추락방망 또는 덮개 설치(덮개는 뒤집히거나 떨어지지 않도록 설치하고, 어두운 장소에서도 알아볼 수 있도록 개구부임을 표시할 것)
    ② 추락방호망 설치
    ③ 안전대 착용

(4) 슬레이트, 선라이트 등 지붕 위에서의 위험방지(강도가 약한 재료로 덮은 지붕)

    ① 폭 30cm 이상의 발판을 설치
    ② 추락방호망 설치

02 낙하물 등에 의한 위험방지

(1) 물체의 낙하·비래에 의한 위험방지 조치사항

    ① 낙하물 방지망, 수직보호망 또는 방호선반의 설치
    ② 출입금지구역의 설정

③ 보호구의 착용 등

(2) 낙하물 방지망 또는 방호선반 등의 설치시 준수사항
① 높이 10m 이내마다 설치하고, 내민 길이는 벽면으로부터 2m 이상으로 할 것
② 수평면과의 각도는 20° 이상 30° 이하를 유지할 것

(3) 투하설비 설치 등 : 높이가 3m 이상인 장소로부터 물체를 투하하는 경우 위험방지 조치사항
① 투하설비를 설치할 것
② 감시인을 배치할 것

03 붕괴 등에 의한 위험방지

(1) 붕괴·낙하에 의한 위험방지 : 지반의 붕괴, 구축물의 붕괴 또는 토석의 낙하 등에 의하여 근로자가 위험해질 우려가 있는 경우 위험방지 조치사항
① 지반은 안전한 경사로 하고 낙하의 위험이 있는 토석을 제거하거나 옹벽, 흙막이 지보공 등을 설치할 것
② 지반의 붕괴 또는 토석의 낙하 원인이 되는 빗물이나 지하수 등을 배제할 것
③ 갱내의 낙반·측벽(側壁) 붕괴의 위험이 있는 경우에는 지보공을 설치하고 부석을 제거하는 등 필요한 조치를 할 것

(2) 구축물 또는 이와 유사한 시설물의 안전성 평가 : 구축물 또는 이와 유사한 시설물이 다음 각 호의 어느 하나에 해당하는 경우 안전진단 등 안전성 평가를 하여 근로자에게 미칠 위험성을 미리 제거하도록 할 것
① 구축물 또는 이와 유사한 시설물의 인근에서 굴착·항타작업 등으로 침하·균열 등이 발생하여 붕괴의 위험이 예상될 경우
② 구축물 또는 이와 유사한 시설물에 지진, 동해(凍害), 부동침하(不同沈下) 등으로 균열·비틀림 등이 발생하였을 경우
③ 구조물, 건축물, 그 밖의 시설물이 그 자체의 무게·적설·풍압 또는 그 밖에 부가되는 하중 등으로 붕괴 등의 위험이 있을 경우
④ 화재 등으로 구축물 또는 이와 유사한 시설물의 내력(耐力)이 심하게 저하되었을 경우
⑤ 오랜 기간 사용하지 아니하던 구축물 또는 이와 유사한 시설물을 재사용하게 되어 안전성을 검토하여야 하는 경우
⑥ 그 밖의 잠재위험이 예상될 경우

04 토사붕괴의 원인 및 안전기준(굴착공사 표준안전작업지침)

(1) 토사붕괴의 원인

　1) 외적 원인

　　① 사면, 법면의 경사 및 기울기의 증가
　　② 절토 및 성토 높이의 증가
　　③ 공사에 의한 진동 및 반복하중의 증가
　　④ 지표수 및 지하수의 침투에 의한 토사 중량의 증가
　　⑤ 지진, 차량, 구조물의 하중작용
　　⑥ 토사 및 암석의 혼합층 두께

　2) 내적 원인

　　① 절토사면의 토질·암질
　　② 성토사면의 토질 구성 및 분포
　　③ 토석의 강도 저하

(2) 토사붕괴의 발생을 예방하기 위한 조치사항

　① 적절한 경사면의 기울기를 계획하여야 한다.
　② 경사면의 기울기가 당초 계획과 차이가 발생되면 즉시 재검토하여 계획을 변경시켜야 한다.
　③ 활동할 가능성이 있는 토석을 제거하여야 한다.
　④ 경사면의 하단부에 압성토 등 보강공법으로 활동에 대한 저항 대책을 강구하여야 한다.
　⑤ 말뚝(강관, H형강, 철근 콘크리트)을 타입하여 지반을 강화시킨다.

(3) 토사붕괴의 발생을 예방하기 위한 점검사항

　① 전 지표면의 답사
　② 경사면의 지층 변화부 상황 확인
　③ 부석의 상황 변화의 확인
　④ 용수의 발생 유무 또는 용수량의 변화 확인
　⑤ 결빙과 해빙에 대한 상황의 확인
　⑥ 각종 경사면 보호공의 변위, 탈락 유무
　⑦ 점검시기는 작업 전·중·후, 비온 후, 인접 작업구역에서 발파한 경우에 실시한다.

PART 02

실기 필답형
건설안전기사

01

건설업 기초안전·보건교육에 대한 다음 물음에 답하시오.
(1) 교육시간을 쓰시오
(2) 교육내용을 공통과 교육대상별로 구분하여 각각 2가지 쓰시오.
(3) 교육시간중 시청각 또는 체험·가상실습교육 시간을 쓰시오.

① 교육시간 : 4시간
② 교육내용

구분	교육내용
공통	1. 산업안전보건법 주요내용 (건설일용근로자 관련부분)
	2. 안전의식 제고에 관한 사항
교육 대상별	1. 작업별 위험요인과 안전작업방법 (재해사례 및 예방대책)
	2. 건설직종별 건강장해 위험요인과 건강관리

③ **시청각 또는 체험·가상실습** : 교육대상별 교육시간 중 1시간 이상

02

다음 [표]는 안전·보건표지의 종류별 색채를 나타내고 있다. (   )안에 알맞은 내용을 쓰시오.

종류	바탕	기본 모형	관련부호 및 그림
금연	흰색	(①)	검정색
폭발성물질 경고	무색	(②)	–
안전복 착용	(③)	–	흰색
비상용 기구	(④)	–	흰색

① 빨간색 ② 빨간색
③ 파란색 ④ 녹색

안전·보건표지의 종류별 색채(시행규칙 별표2)

분류	종류	색채
금지표지	① 출입금지 ② 보행금지 ③ 차량통행금지 ④ 사용금지 ⑤ 탑승금지 ⑥ 금연 ⑦ 화기금지 ⑧ 물체이동금지	· 바탕은 흰색 · 기본모형은 빨간색 · 관련부호 및 그림은 검은색

분류	종류	색채
경고표지	① 인화성물질 경고 ② 산화성물질 경고 ③ 폭발성물질 경고 ④ 급성독성물질 경고 ⑤ 부식성물질 경고 ⑥ 발암성·변이원성· 생식독성·전신독성· 호흡기과민성물질 경고	· 바탕은 무색 · 기본모형은 빨간색 (검은색도 가능)
	⑦ 방사성물질 경고 ⑧ 고압전기 경고 ⑨ 매달린 물체 경고 ⑩ 낙하물 경고 ⑪ 고온 경고 ⑫ 저온 경고 ⑬ 몸균형상실 경고 ⑭ 레이저광선 경고 ⑮ 위험장소 경고	· 바탕은 노란색 · 기본모형·관련부호 및 그림은 검은색
지시표지	① 보안경 착용 ② 방독마스크 착용 ③ 방진마스크 착용 ④ 보안면 착용 ⑤ 안전모 착용 ⑥ 귀마개 착용 ⑦ 안전화 착용 ⑧ 안전장갑 착용 ⑨ 안전복 착용	· 바탕은 파란색 · 관련그림은 흰색
안내표지	① 녹십자표지 ② 응급구호표지 ③ 들것 ④ 세안장치 ⑤ 비상구 ⑥ 좌측비상구 ⑦ 우측비상구 ⑧ 비상용구	· 바탕은 흰색, 기본모 형 및 관련부호는 녹색 · 바탕은 녹색, 관련부 호 및 그림은 흰색
관계자외출입금지	① 허가대상 유해물질 취급 ② 석면취급 및 해체·제거 ③ 금지유해물질 취급	· 글자는 흰색바탕에 흑색 · 다음 글자는 적색 – ○○○제조/사용/보 관 중 – 석면취급/해체 중 – 발암물질 취급 중

Guide

• 「안전·보건표지」는 출제율이 높고, 중요도가 매우 높은 내용이므로 다음 사항에 대해서 반드시 숙지하여야 합니다.
  ① 표지별 종류와 형상
  ② 색채 및 색도기준

03

철골구조물의 건립 중 강풍에 의한 풍압 등 외압에 대한 내력이 설계에서 고려되었는지를 확인해야 할 구조안전에 위험이 큰 철골구조물의 종류 4가지를 쓰시오.

해답

① 높이 20m 이상의 구조물
② 이음부가 현장용접인 구조물
③ 구조물의 폭과 높이의 차이가 1 : 4이상인 구조물
④ 단면구조에 현저한 차이가 있는 구조물
⑤ 연면적당 철골량이 50kg/m² 이하인 구조물
⑥ 기둥이 타이 플레이트(tie plate)형인 구조물

주 철골검사 전 검토사항 중 설계도 및 공작도 확인사항 : 고용노동부 고시

04

터널 굴착작업 시 지형·지질 및 지층 상태를 파악하기 위한 작업계획서에 포함되는 사항을 2가지만 쓰시오.

해답

① 굴착의 방법
② 터널지보공 및 복공의 시공방법과 용수의 처리방법
③ 환기 또는 조명시설을 설치할 때에는 그 방법

> **길잡이**
>
> (1) 터널 굴착작업 시 사전조사 및 작업계획서 내용(안전보건규칙 별표4)
> · 사전조사내용 : 보링(boring) 등 적절한 방법으로 낙반·출수 및 가스폭발 등으로 인한 근로자의 위험을 방지하기 위하여 미리 지형·지질 및 지층상태를 조사
> (2) 굴착작업 시 사전조사 및 작업계획서 내용(안전보건규칙 별표4)
> 1) 사전조사 내용
>   ① 형상·지질 및 지층의 상태
>   ② 균열·함수·용수 및 동결의 유무 또는 상태
>   ③ 매설물 등의 유무 또는 상태
>   ④ 지반의 지하수위 상태
> 2) 작업계획서 내용
>   ① 굴착방법 및 순서, 토사 반출방법
>   ② 필요한 인원 및 장비 사용계획
>   ③ 매설물 등에 대한 이설·보호대책
>   ④ 사업장내 연락방법 및 신호방법
>   ⑤ 흙막이 지보공 설치방법 및 계측계획
>   ⑥ 작업지휘자의 배치계획
>   ⑦ 그 밖에 안전·보건에 관련된 사항

05

달비계 또는 높이 5m 이상의 비계를 조립·해체하거나 변경하는 작업을 하는 경우에 관리감독자가 수행해야 할 직무내용을 4가지 쓰시오.

해답

① 재료의 결함유무를 점검하고 불량품을 제거하는 일
② 기구·공구·안전대 및 안전모 등의 기능을 점검하고 불량품을 제거하는 일
③ 작업방법 및 근로자 배치를 결정하고 작업진행 상태를 감시하는 일
④ 안전대와 안전모 등의 착용 상황을 감시하는 일

[주] 관리감독자의 유해·위험방지를 위한 직무수행내용 : 안전보건규칙 별표2

06

차량계하역운반기계인 지게차가 갖추어야 할 장치 3가지를 쓰시오. ▶ 18/4 기

해답

① 전조등 및 후미등
② 헤드가드(head guard)
③ 백레스트(backrest)
④ 팔레트(pallet) 또는 스키드(skid)

[주] 지게차가 갖추어야 할 장치 : 안전보건규칙 제179조 ~ 제182조

07

어느 건설업 사업장의 근로자가 500명이고 연간재해건수가 8건, 재해로 인한 휴업일수가 300일, 1일 9시간 작업, 연간 300일간 근무시 종합재해지수를 구하시오.

해답

① 도수율 $= \dfrac{재해건수}{총근로시간수} \times 10^6$

$= \dfrac{8}{500 \times 9 \times 300} \times 10^6 = 5.93$

② 강도율 $= \dfrac{근로손실일수}{총근로시간수} \times 10^3$

$= \dfrac{300 \times \dfrac{300}{365}}{500 \times 9 \times 300} \times 10^3 = 0.18$

③ 종합재해지수 $= \sqrt{도수율 \times 강도율}$
$= \sqrt{5.93 \times 0.18} = 1.03$

08

비·눈, 그 밖의 기상상태의 불안정으로 인하여 날씨가 몹시 나빠서 작업을 중지시킨 후 그 비계에서 작업을 재개할 때의 작업시작 전 점검사항을 4가지만 쓰시오.

해답

① 발판재료의 손상여부 및 부착 또는 걸림 상태
② 해당비계의 연결부 또는 접속부의 풀림상태
③ 연결재료 및 연결철물의 손상 또는 부식상태
④ 손잡이의 탈락여부
⑤ 기둥의 침하·변형·변위 또는 흔들림 상태
⑥ 로프의 부착상태 및 매단장치의 흔들림 상태

[주] 비계의 점검보수 : 안전보건규칙 제58조

09

통나무비계의 구조에 관한 다음 ( )안에 알맞은 내용을 쓰시오.

(가) 비계기둥의 간격은 (①) 이하로 할 것
(나) 지상으로부터 첫 번째 띠장은 (②)이하의 위치에 설치할 것
(다) 비계기둥의 이음이 겹침 이음인 경우에는 이음부분에서 (③)이상을 서로 겹쳐서 두 군데 이상을 묶을 것
(라) 통나무비계는 지상높이가 4층 이하 또는 (④)이하인 건축물·공작물 등의 건조·해체 및 조립 등의 작업에만 사용할 것

해답

① 2.5m
② 3m
③ 1m
④ 12m

[주] 통나무비계의 구조 : 안전보건규칙 제71조

10

흙막이공사는 건축기초나 교각 등의 기초공사를 위한 굴착공사(흙파기 공사)를 하는 경우 굴착주변이 붕괴되지 않도록 공사를 하는 것을 말한다. 다음 물음에 답하시오.

(1) 흙막이 지지방식에 의한 흙막이 공법의 종류를 3가지 쓰시오.
(2) 흙막이 구조방식에 의한 흙막이 공법의 종류를 3가지 쓰시오.

해답

(1) 지지방식에 의한 흙막이 공법의 종류
   ① 자립식 공법
   ② 버팀대식 공법
   ③ 어스앵커(earth anchor) 공법
   ④ 타이로드 공법(tie rod, 당김줄 공법)

(2) 구조방식에 의한 흙막이 공법의 종류
   ① 널말뚝 공법
   ② 지하 연속벽 공법(slurry wall)
   ③ 역타 공법(top-down 공법)

11

도급 사업 시 도급인인 사업주가 합동 안전·보건점검을 할 때에는 점검반을 구성하여야 한다. 점검반의 구성인원 3명을 쓰시오.

해답

① 도급인인 사업주(같은 사업 내에 지역을 달리하는 사업장이 있는 경우에는 그 사업장의 최고 책임자)
② 수급인인 사업주(같은 사업 내에 지역을 달리하는 사업장이 있는 경우에는 그 사업장의 최고 책임자)
③ 도급인 및 수급인의 근로자 각 1명(수급인 근로자의 경우는 해당공정에만 해당)

[주] 도급사업의 합동 안전·보건점검반 구성 : 시행규칙 제30조의2 제 ① 항

길잡이

▶ 정기안전·보건점검 실시 횟수(시행규칙 제30조의2 제 ② 항)

1) 2개월에 1회 이상 실시 사업의 경우
   ① 건설업
   ② 선박 및 보트건조업

2) 분기별 1회 이상 실시 사업의 경우
   ① 토사석 광업
   ② 제조업(선박 및 보트건조업은 제외)
   ③ 서적, 잡지 및 기타 인쇄물 출판업
   ④ 음악 및 기타 오디오물 출판업
   ⑤ 금속 및 비금속 원료 재생업

12
다음 물음에 답하시오.
(1) 크레인의 작업으로 크레인이 들어올릴 수 있는 최대하중은?
(2) 크레인의 권상하중에서 훅크, 그래브 또는 버킷 등 달기기구의 중량에 상당하는 하중을 공제한 하중은?
(3) 승강기 및 리프트 등 사람 또는 화물을 실어 올릴 수 있는 최대하중은?

해답
① 달아올리기 하중
② 정격하중
③ 적재하중

14
교량건설 공법 중 ① PSM 공법과 ② PGM 공법에 대해서 간략히 설명하시오.

해답
① PSM 공법(Precast Segment method) : 세그먼트(segment, 분절상판)를 가로보(cross beam)에 의해 지지되는 런칭거더(launching girder, 수연식 거더)위에 거치, 이동 및 배열한 후 종방향 인장작업으로 하나의 스팬(span)이 완성되며 이와 같은 작업을 반복수행하여 전체교량을 완성 하는 공법이다.
② PGM 공법(precast girder method) : 상부구조를 제작상에서 제작·운반하여 교량공사를 하는 공법으로 소규모 교량공사에 사용된다.

13
다음 노사협의체에 대한 물음에 답하시오.
(1) 노사협의체 설치대상 공사금액은?
(2) 노사협의체의 근로자위원과 사용자위원은 합의를 통해 노사협의체에 공사금액이 얼마 미만인 경우에 도급 또는 하도급 사업주 및 근로자대표를 위원으로 위촉할 수 있는가?
(3) 노사협의체에의 정기회의의 주기는?

해답
① 120억원 이상(토목공사업은 150억원 이상)
② 20억원
③ 2개월마다

[주] 노사협의체의 설치대상·구성·운영 등 : 시행령 제26조의 3, 제26조의4, 제26조의 5

01
철골공사 작업시 작업을 중지해야 할 기상조건을 2가지 쓰시오. (단, 단위를 명확히 쓰시오.)

해답
① 풍속 : 초당 10m 이상인 경우
② 강우량 : 시간당 1mm 이상인 경우
③ 강설량 : 시간당 1cm 이상인 경우
[주] 철골 작업의 제한 : 안전보건규칙 제383조

02
거푸집 동바리의 고정, 조립 또는 해체 작업 및 지반의 굴착작업시의 관리감독자의 직무수행내용을 2가지 쓰시오.

해답
① 안전한 작업방법을 결정하고 작업을 지휘하는 일
② 재료·기구의 결함 유무를 점검하고 불량품을 제거하는 일
③ 작업 중 안전대 및 안전모 등 보호구 착용 상황을 감시하는 일
[주] 관리감독자의 직무수행내용 : 안전보건규칙 별표2

03
구축물 또는 이와 유사한 시설물에 대하여 근로자에게 미칠 위험성을 사전에 제거하기 위해 안전진단 등 안전성 평가를 실시하여야 하는 경우 2가지를 쓰시오. (단, 그 밖의 잠재위험이 예상될 경우 제외)

해답
① 화재 등으로 구축물 또는 이와 유사한 시설물에 내력이 심하게 저하되었을 경우
② 구축물 또는 이와 유사한 시설물에 지진, 동해, 부동침하 등으로 균열·비틀림 등이 발생하였을 경우
③ 오랜 기간 사용하지 아니하던 구축물 또는 이와 유사한 시설물을 재사용하게 되어 안전성을 검토하여야 하는 경우
④ 구축물 또는 이와 유사한 시설물의 인근에서 굴착·항타작업 등으로 침하·균열 등이 발생하여 붕괴의 위험이 예상될 경우
⑤ 구조물, 건축물, 그 밖의 시설물이 그 자체의 무게·적설·풍압 또는 그 밖에 부가되는 하중 등으로 붕괴 등의 위험이 있을 경우
[주] 구조물 또는 이와 유사한 시설물의 안전성 평가 : 안전보건규칙 제52조

04
지반의 연화현상(frost boil) 방지대책을 2가지 쓰시오.

① 고결안정공법 채용
② 샌드드레인공법 채용
③ 구조물 강성확보

05
산업안전보건법상 안전보건표지 중 "위험장소" 표지를 그리시오. (단, 색상표지는 글자로 나타내도록 하고 크기에 대한 기준은 표시하지 않아도 된다.)

① 위험장소 표지

② 색채 : 바탕은 노란색, 기본모형·관련부호 및 그림은 검은색

06
강재말뚝의 부식방지 대책을 3가지 쓰시오.

① 콘크리트 피복에 의한 방법
② 도장에 의한 방법
③ 말뚝 두께를 증가하는 방법
④ 전기방식 방법

07
위험조정 기술 4가지 쓰시오.

① 회피
② 보유
③ 감소 및 제거
④ 통제
⑤ 분담

08
인간과오(human error)의 분류 중 원인에 의한 분류 3가지를 쓰시오.

① 실수
② 착오
③ 위반

> **길잡이**
>
> ▶ 휴먼에러(human error)의 원인적 분류
> ① 실수(slip and lapse) : 주의를 집중하지 않은 상태에서 작업을 수행함으로써 의도와 다르게 작업이 수행되는 에러
> ② 착오(mistake) : 의도한 대로 작업을 수행하였으나, 실제로는 지식이나 정보, 경험 등의 부족으로 인해 작업이 잘못 수행되어 원치 않는 결과가 얻어지는 에러
> ③ 위반(violation) : 작업 수행 방법과 절차를 알고 있으면서도 의식적으로 이를 따르지 않는 에러

09
하역작업을 할 때 화물운반용 또는 고정용으로 사용할 수 없는 섬유로프의 사용제한 조건 2가지를 쓰시오.

① 꼬임이 끊어진 것
② 심하게 손상 또는 부식된 것

[주] 꼬임이 끊어진 섬유로프 등의 사용금지 : 안전보건규칙 제357조

10
무재해 1배수 목표시간 계산식은 2가지 쓰시오. (단, 재해율을 기준으로 한다.)

① 무재해 목표시간(1배수) = $\dfrac{\text{연간총근로시간}}{\text{연간총재해자수}}$

② 무재해 목표시간(1배수) = $\dfrac{\text{연평균근로자수} \times \text{1인당 연평균근로시간}}{\text{연간총재해자수}}$

③ 무재해 목표시간(1배수) = $\dfrac{\text{1인당 연평균 근로시간} \times 100}{\text{재해율}}$

11
다음 [보기]는 추락방호망 설치기준에 대한 내용이다. (   )안에 알맞은 내용을 쓰시오.

[보기]
① 추락방호망의 설치위치는 가능하면 작업면으로부터 가까운 지점에 설치하여야 하며, 작업면으로부터 망의 설치지점까지의 수직거리는 (①)m를 초과하지 아니할 것
② 추락방호망은 수평으로 설치하고, 망의 처짐은 짧은 변 길이의 (②)% 이상이 되도록 할 것
③ 건축물 등의 바깥쪽으로 설치하는 경우 망의 내민 길이는 벽면으로부터 (③)m 이상 되도록 할 것

① 10   ② 12   ③ 3

12
다음 [보기]의 건설업 산업안전·보건 관리비를 계산 하시오.

[보기]
① 일반건설공사(을)
② 낙찰률 : 75%
③ 예정가격 내역서상의 재료비 : 180억 원(사업주의 재료비 제외한 금액)
④ 예정가격 내역서상의 직접 노무비 : 80억 원
⑤ 사업주가 제공한 재료비 45억 원에서 산업안전보건관리비를 산출함
⑥ 법정요율 : 2.10%

안전관리비 = 대상액(재료비+직접노무비) ×법정요율 × 낙찰률 × 1.2

= (180억+80억) × $\dfrac{2.10}{100}$ × 0.75 × 1.2

= 491,400,000원(4억9천1백4십만 원)

> **길잡이**
> ① 안전관리비
> = [(180억+80억)×0.75×45억] × $\dfrac{2.10}{100}$
> = 504,000,000원
> ② 상기 [해답]에서 구한 안전관리비와 [길잡이]에서 구한 안전관리비를 비교하였을 때 「발주자가 재료를 제공한 경우 해당금액을 대상액에 포함시킬 때의 안전관리비를 해당금액을 포함하지 않은 대상액을 기준으로 계상한 안전관리비의 1.2배를 초과할 수 없음」 규정에 따라 [정답]은 491,400,00원이 된다.

13
다음 [보기]에 관련된 안전관리자의 최소인원을 쓰시오.

[보기]
(1) 총 공사금액 1000억원 이상인 건설업에서 안전관리자 수를 쓰시오
(2) 총 공사금액 2000억원 이상인 건설업에서 안전관리자 수를 쓰시오
(3) 선임하여야 할 안전관리자의 수가 3명 이상인 사업장의 경우에는 3명중에 1명은 필수로 선임하여야 하는 자격을 쓰시오

[비고] 안전관리자의 수가 3명 이상인 경우 산업안전지도사 등(건설안전기술사:건설안전기사 산업안전기사 자격 취득 후 7년 이상 건설안전업무를 수행한자니 건설안전산업기사 또는 산업안전산업기사 자격취득 후 10년 이상 건설안전업무를 수행한다.) 자격취득자 1명 이상 포함되어야 함.

해답
① 2명
② 3명
③ 건설안전기술사

▶ 건설업의 안전관리자 수

공사규모	안전관리자수	
	다만, 전체공사기간 중 전후 15에 해당하는 기간은 제외하고 할 경우	다만, 전체공사기간 중 전후 15에 해당하는 기간인 경우
1. 공사금액 50억 원 이상(관계수료인은 100억원이상) 120억원 미만(토목공사업은 150억원 미만)	1명 이상	
2. 공사금액 120억원 이상 (토목공사업은 150억원 이상)800억원 미만		
3. 공사금액 800억원 이상 1500억원 미만	2명 이상	1명 이상
4. 공사금액 1500억원 이상 2200억원 미만	3명 이상	2명 이상
5. 공사금액 2200억원 이상 3000억원 미만	4명 이상	2명 이상

14
다음 [보기]는 강관비계에 설치기준에 관한 내용이다. (　)안에 알맞은 수치를 쓰시오.

[보기]
(1) 띠장간격은 (①)m 이하로 설치할 것
(2) 비계기둥의 간격은 띠장 방향에서는 1.85m 이하, 장선방향에서는 (②)m 이하로 할 것
(3) 비계기둥의 제일 윗부분으로부터 31m 되는 지점밑 부분의 비계기둥은 (③)개의 강관으로 묶어세울 것
(4) 비계기둥 간의 적재하중은 (④)kg을 초과하지 않도록 할 것

해답
① 2　　② 1.5
③ 2　　④ 400

주 강관비계의 구조 : 안전보건규칙 제60조

01
명예감독관의 업무내용을 4가지 쓰시오.

① 사업장에서 하는 자체점검 참여 및 근로감독관이 하는 사업장 감독 참여
② 사업장 산업재해 예방계획 수립 참여 및 사업장에서 하는 기계·기구 자체검사 입회
③ 법령을 위반한 사실이 있는 경우 사업주에 대한 개선요청 및 감독기관에의 신고
④ 산업재해 발생의 급박한 위험이 있는 경우 사업주에 대한 작업 중지 요청
⑤ 작업환경 측정, 근로자 건강진단시의 입회 및 그 결과에 대한 설명회 참여
⑥ 직업성질환의 증상이 있거나 질병에 걸린 근로자가 여럿 발생한 경우 사업주에 대한 임시건강진단 실시 요청
⑦ 근로자에 대한 안전수칙 준수지도
⑧ 법령 및 산업재해 예방정책 개선 건의
⑨ 안전·보건 의식을 북돋우기 위한 활동과 무재해운동 등에 대한 참여와 지원

[주] 명예감독관 위촉 대상 등 : 시행령 제45조의2

02
"출입금지표지"를 그리고 표지판과 문자의 색을 쓰시오.

① 바탕 : 흰색
② 도형 : 빨간색
③ 화살표 : 검정색

03
흙의 동상방지대책을 4가지 쓰시오.

① 단열재료를 삽입한다.
② 지하수위를 저하시킨다.
③ 동결깊이 상부의 흙을 동결이 잘되지 않는 재료로 치환한다.
④ 보온시공을 한다.
⑤ 지표의 흙을 화학약품으로 처리한다.
⑥ 동결심도 아래에 배수층을 설치한다.

04

다음 내용은 거푸집동바리 등을 조립하는 경우 준수사항이다. ( )안에 알맞은 수치를 쓰시오.

(가) 동바리로 사용하는 강관에 대해서는 높이 (①)m 이내마다 수평연결재를 (②)개 방향을 만들고 수평연결재의 변위를 방지할 것
(나) 동바리로 사용하는 파이프 서포트에 대해서는 높이가 (③)m를 초과하는 경우에는 높이 2m 이내마다 수평연결재를 (④)개 방향으로 만들고 수평연결재의 변위를 방지할 것
(다) 동바리로 사용하는 조립강주에 대해서는 높이가 (⑤)m를 초과하는 경우에는 높이 4m 이내마다 수평연결재를 (⑥)개 방향으로 설치하고 수평연결재를 변위를 방지할 것
(라) 동바리로 사용하는 목재에 대해서는 높이 (⑦)m 이내마다 수평연결재를 (⑧)개 방향으로 만들고 수평연결재의 변위를 방지할 것

해답

① 2   ② 2
③ 3.5 ④ 2
⑤ 4   ⑥ 2
⑦ 2   ⑧ 2

[주] 거푸집동바리 등의 안전조치 : 안전보건규칙 제332조

05

꽂음접속기를 설치하거나 사용하는 경우 준수사항 4가지를 쓰시오.

해답

① 서로 다른 전압의 꽂음 접속기는 서로 접속되지 아니한 구조의 것을 사용할 것
② 습윤한 장소에 사용되는 꽂음 접속기는 방수형 등 그 장소에 적합한 것을 사용할 것
③ 근로자가 해당 꽂음 접속기를 접속시킬 경우에는 땀 등으로 젖은 손으로 취급하지 않도록 할 것
④ 해당 꽂음 접속기에 잠금장치가 있는 경우에는 접속 후 잠그고 사용할 것

[주] 꽂음접속기의 설치 · 사용 시 준수사항 : 안전보건규칙 제316조

06

섬유로프 등을 화물자동차의 짐걸이에 사용하는 경우 해당 작업을 시작하기 전에 조치하여야 할 사항 3가지를 쓰시오.

해답

① 작업순서와 순서별 작업방법을 결정하고 작업을 직접 지휘하는 일
② 기구와 공구를 점검하고 불량품을 제거하는 일
③ 해당 작업을 하는 장소에 관계 근로자가 아닌 사람의 출입을 금지하는 일
④ 로프 풀기작업 및 덮개 벗기기 작업을 하는 경우에는 적재함의 화물에 낙하 위험이 없음을 확인한 후에 해당 작업의 착수를 지시하는 일

[주] 섬유로프 등의 점검 등 : 안전보건규칙 제189조

07
다음 [표]는 공정진행에 따른 안전관리비 사용 기준이다. ( )안에 알맞은 내용을 쓰시오.

공정률	50%~70%미만	70%~90%미만	90% 이상
사용 기준	(①)% 이상	(②)% 이상	(③)% 이상

① 50% 이상
② 70% 이상
③ 90% 이상

[주] 산업안전보건관리비 계상 및 사용기준 : 고용노동부 고시

08
공기압축기의 작업시작 전 점검사항 3가지를 쓰시오.

① 공기저장 압력용기의 외관상태
② 드레인밸브의 조작 및 배수
③ 압력방출장치의 기능
④ 언로드밸브의 기능
⑤ 윤활유의 상태
⑥ 회전부의 덮개 또는 울

[주] 작업시작 전 점검사항 : 안전보건규칙 별표3

09
근로감독관이 사업장에서 관련 서류 등을 요구할 수 있는 경우 3가지를 쓰시오.

① 정기 감독
② 수시 감독
③ 특별 감독

길잡이

▶ **근로감독관의 권한 등**(근로기준법 제102조)
1) **근로감독관의 권한** : 근로감독관은 사업장, 기숙사, 그 밖의 부속 건물에 임검하고 장부와 서류의 제출을 요구할 수 있으며 사용자와 근로자에 대하여 심문할 수 있다.
   ※ 임검 : 현장에 가서 검사하는 것
2) **사업장 감독의 종류**(근로감독관집무규정 제12조)
   ① **정기감독** : 사업장근로감독종합(세부)시행계획에 따라 실시하는 근로감독
   ② **수시감독** : 사업장근로감독종합(세부)시행계획이 확정된 이후 법령의 제·개정, 사회적 요구 등으로 정기 감독계획에 반영하지 못한 사항에 대하여 별도의 계획을 수립하여 실시하는 근로감독
   ③ **특별감독** : 근로계약에 의한 노사분규, 임금 상습체불, 파견근로자 차별적 대우 등에 해당하는 사업장에 대하여 노동관계법령 위반사실을 수사하기 위해 실시하는 근로 감독

10

잠함 등의 내부에서 굴착작업을 중지해야 하는 경우 2가지를 쓰시오.

해답

① 근로자가 안전하게 오르내리기 위한 설비에 고장이 있는 경우
② 잠함 등의 내부에 많은 양의 물 등이 스며들 우려가 있는 경우
③ 굴착 깊이가 20m를 초과하는 경우에는 해당 작업장소와 외부와의 연락을 위한 통신설비 등에 고장이 있는 경우

[주] 굴착작업의 금지 : 안전보건규칙 제378조

11

근로자 500명이 근무하는 A회사에 산업재해가 연간 12건이 발생하였고, 재해자수가 15명이 발생하여 600일의 근로손실이 발생하였다. ① 연천인율 ② 도수율 ③ 강도율을 구하시오. (단, 연간근무일수는 270일, 근로시간은 1일 9시간 근무한다.)

해답

① 연천인율 $= \dfrac{\text{사상자수}}{\text{연평균근로자수}} \times 1000$

$= \dfrac{15}{500} \times 1000 = 30$

② 도수율 $= \dfrac{\text{재해건수}}{\text{연근로시간수}} \times 10^6$

$= \dfrac{12}{500 \times 270 \times 9} \times 10^6 = 9.88$

③ 강도율 $= \dfrac{\text{근로손실일수}}{\text{연근로시간수}} \times 1000$

$= \dfrac{600}{500 \times 270 \times 9} \times 1000 = 0.49$

12

작업발판 일체형 거푸집인 갱 폼의 조립·이동·양중·해체작업을 하는 경우 준수사항을 4가지 쓰시오.

해답

① 조립 등의 범위 및 작업절차를 미리 그 작업에 종사하는 근로자에게 주지시킬 것
② 근로자가 안전하게 구조물 내부에서 갱 폼의 작업발판으로 출입할 수 있는 이동통로를 설치할 것
③ 갱 폼의 지지 또는 고정철물의 이상 유무를 수시점검하고 이상이 발견된 경우에는 교체하도록 할 것
④ 갱 폼 인양시 작업발판용 케이지에 근로자가 탑승한 상태에서 갱 폼의 인양작업을 하지 아니할 것
⑤ 갱 폼을 조립하거나 해체하는 경우에는 갱 폼을 인양장비에 매단 후에 작업을 실시하도록 하고, 인양장비에 매달기 전에 지지 또는 고정철물을 미리 해체하지 않도록 할 것

[주] 작업발판 일체형 거푸집의 안전조치 : 안전보건규칙 제337조

13
발파작업시 관리감독자의 직무수행내용 5가지를 쓰시오.

해답
① 점화신호를 하는 일
② 점화하는 사람을 정하는 일
③ 점화순서 및 방법에 대하여 지시하는 일
④ 점화작업에 종사하는 근로자에게 대피신호를 하는 일
⑤ 점화전에 위험구역 내에서 근로자가 대피한 것을 확인하는 일
⑥ 점화작업에 종사하는 근로자에게 대피장소 및 경로를 지시하는 일
⑦ 점화전에 점화작업에 종사하는 근로자가 아닌 사람에게 대피를 지시하는 일
⑧ 공기압축기의 안전밸브 작동유무를 점검하는 일
⑨ 안전모 등 보호구의 착용상황을 감시하는 일
⑩ 발파 후 터지지 아니한 장약이나 남은 장약의 유무, 용수의 유두 및 암석·토사의 낙하여부 등을 점검하는 일

[주] 관리감독자의 유해·위험방지업무 : 안전보건규칙 별표2

14
시트 파일 흙막이 공사 시 재해예방 대책을 위한 유의사항 3가지를 쓰시오.

해답
① 지하수위의 변화를 수시로 측정하여 지하수위의 변동에 대처한다.
② 보일링현상에 대처한다.
③ 히빙현상에 대처한다.

건설안전기사 2014년 제1회 실기 필답형

01
건설현장의 지난 한해 동안 근무상황 및 재해상황이 다음 [보기]와 같은 경우에 (1) 도수율, (2) 강도율, (3) 종합재해지수를 구하시오.

[보기]
1) ① 연평균근로자수 : 250명
   ② 1일 작업시간 : 8시간
   ③ 출근율 : 90%
   ④ 시간외 작업시간합계 : 20000시간
   ⑤ 지각 및 조퇴시간 합계 : 2000시간
2) 연간재해발생건수 : 12건
3) 휴업일수 : 225일

1) 도수율 $= \dfrac{재해건수}{연근로시간수} \times 10^6$

$= \dfrac{12}{(250 \times 8 \times 300 \times 0.9)+(20000-2000)} \times 10^6$

$= 21.5$

2) 강도율 $= \dfrac{근로손실일수}{연근로시간수} \times 1000$

$= \dfrac{225 \times 300/365}{(250 \times 8 \times 300 \times 0.9)+(20000-2000)} \times 1000$

$= 0.33$

3) 종합재해지수 $= \sqrt{도수율 \times 강도율}$
$= \sqrt{21.5 \times 0.33} = 2.66$

02
다음 안전보건표지의 명칭을 쓰시오.

① 사용금지
② 인화성물질경고
③ 폭발성물질경고
④ 낙하물경고

주 안전보건표지의 종류와 형태 : 시행규칙 별표1의2

03
건설업에서 공사금액이 1800억 원일 경우 선임해야 할 안전관리자의 수와 이유를 쓰시오.

 해답

1) 안전관리자수 : 3명
2) 이유
   1,500억원 이상 2,200억원 미만 안전관리자 수 : 3명 이상

[주] 안전관리자를 두어야 할 사업의 종류·규모, 안전관리자의 수 : 시행령 별표3

 길잡이

▶ 건설업의 공사금액에 따른 안전관자의 수

공사금액	안전관리자 수
1. 50억원 이상 (관계수급인은 100억원 이상) 120억원 미만(토목공사업은 150억원 미만)	1명 이상
2. 120억원 이상(토목공사업은 150억원 이상) 800억원 미만	
3. 800억원 이상 1500억원 미만	2명 이상 (다만, 전체공사기간 중 전후 15에 해당하는 기간은 1명 이상)
4. 1500억원 이상 2200억원 미만	3명 이상 (다만, 전체공사기간 중 전후 15에 해당하는 기간은 2명 이상)
5. 2200억원 이상 3천억원 미만 ⋮	4명 이상 (다만, 전체공사기간 중 전후 15에 해당하는 기간은 2명 이상)
12. 1조원 이상	11명 이상[매 2천억원(2조원이상부터는 매 3천억원)마다 1명씩 추가] [다만, 전체공사기간 중 전후 15에 해당하는 기간은 안전관리자의 수의 2분의 1(소수점 이하는 올림)이상으로 함]

[비고] 안전관리자의 수가 3명 이상인 경우 : 산업안전지도사 또는 건설안전기술사(건설안전기사·산업안전기사 자격 취득 후 7년 이상 건설안전업무를 수행한 자나 건설안전산업기사·산업안전산업기사 자격 취득 후 10년 이상 건설안전 업무를 수행한 사람 포함) 1명 이상 포함되어야 함.

04
흙의 동결(동상)방지대책 3가지 쓰시오.

 해답

① 지표의 흙을 화학약품으로 처리한다.
② 지하수위를 저하시킨다.
③ 동결깊이 상부의 흙을 동결이 잘 되지 않는 재료로 치환한다.
④ 단열 재료를 삽입한다.
⑤ 보온시공을 한다.

05
작업발판에 대한 다음 (   )안에 알맞은 수치를 쓰시오.

(가) 비계의 높이가 2m 이상인 작업 장소에 설치하는 작업발판의 폭은 (①)cm 이상으로 하고, 발판재료간의 틈은 (②)cm 이하로 할 것
(나) 선박 및 보트 건조작업의 경우 선박블록 또는 엔진실 등의 좁은 작업공간에 작업발판을 설치하기 위하여 필요하면 작업발판의 폭을 (③)cm 이상으로 할 수 있고, 걸침비계의 경우 강관기둥 때문에 발판재료 간의 틈을 3cm 이하로 유지하기 곤란하면 (④)cm 이하로 할 수 있다. 이 경우 그 틈 사이로 물체 등이 떨어질 우려가 있는 곳에는 출입금지 등의 조치를 하여야 한다.
(다) 작업발판재료는 뒤집히거나 떨어지지 않도록 (⑤)이상의 지지물에 연결하거나 고정시킬 것

① 40   ② 3
③ 30   ④ 5
⑤ 2

[주] 작업발판의 구조 : 안전보건규칙 제56조

06
산업안전보건법상 산업안전보건위원회 (1) 위원장 선출방법과 (2) 위원회에서 의결되지 아니한 사항 등의 처리방법을 쓰시오.

(1) 위원장 선출방법 : 산업안전보건위원회의 위원장은 위원 중에서 선출한다. 이 경우 근로자위원과 사용자위원 중 각 1명을 공동위원장으로 선출할 수 있다.
(2) 산업안전보건위원회에서 의결되지 않은 사항 등의 처리방법 : 근로자위원과 사용자위원의 합의에 따라 산업안전보건위원회에 중재기구를 두어 해결하거나 제3자에 의한 중재를 받아야 한다.

[주] (1) 위원회 위원장 선출 : 시행령 제25조의3
(2) 위원회에서 의결되지 아니한 사항 등의 처리 : 시행령 제25조의2

07
산업안전보건법상 특별안전보건교육 대상작업 중 거푸집 동바리의 조립 또는 해체작업시의 교육내용 3가지를 쓰시오. (단, 그 밖의 안전보건관리에 필요한 사항은 제외한다.)

① 동바리의 조립방법 및 작업 절차에 관한 사항
② 조립재료의 취급방법 및 설치기준에 관한 사항
③ 조립 해체시의 사고 예방에 관한 사항
④ 보호구 착용 및 점검에 관한 사항

[주] 특별안전보건교육 대상 작업별 교육내용 : 시행규칙 별표8의2

08
중량물 취급 작업 시 작업계획서에 포함되어야 할 사항 2가지를 쓰시오. ▶ 18/2 산

① 추락위험을 예방할 수 있는 안전대책
② 낙하위험을 예방할 수 있는 안전대책
③ 전도위험을 예방할 수 있는 안전대책
④ 협착위험을 예방할 수 있는 안전대책
⑤ 붕괴위험을 예방할 수 있는 안전대책

[주] 사전조사 및 작업계획서 내용 : 안전보건규칙 별표4

10
다음 [보기]에서 설명하는 현상이 무엇인지 쓰시오.

[보기]
점착성이 있는 흙은 액체상태로부터 점차 함수량을 감소하면 고체상태로 되며, 이와 같이 얻어진 고체상태의 흙을 침수시키면 다시 액체로 되지 않고 흙 입자간의 결합력이 감소되어 붕괴된다.

비화작용(slaking)

09
사업주가 시스템비계를 사용하여 비계를 구성하는 경우 준수사항 3가지를 쓰시오.

① 수직재·수평재·가새재를 견고하게 연결하는 구조가 되도록 할 것
② 수직재와 수직재의 연결철물은 이탈되지 않도록 견고한 구조로 할 것
③ 벽 연결재의 설치간격은 제조사가 정한 기준에 따라 설치할 것
④ 수평재는 수직재와 직각으로 설치하여야 하며, 체결 후 흔들림이 없도록 견고하게 설치할 것
⑤ 비계 밑단의 수직재와 받침철물은 밀착되도록 설치하고, 수직재와 받침철물의 연결부의 겹침 길이는 받침철물 전체길이의 3분의 1이상이 되도록 할 것.

[주] 시스템비계의 구조 : 안전보건규칙 제69조

11
다음 [보기]중에서 안전관리비로 사용할 수 없는 항목 4가지를 골라서 번호를 쓰시오.

[보기]
① 공사장 경계표시를 위한 가설 울타리
② 안전보조원의 인건비
③ 경사법면의 보호망
④ 개인보호구, 개인장구의 보관시설
⑤ 현장사무소의 휴게시설
⑥ 근로자에게 일률적으로 지급하는 보냉·보온장구
⑦ 안전교육장의 설치비
⑧ 작업장 방역 및 소독비, 방충비
⑨ 실내 작업장의 냉·난방 시설 설치비 및 유지비
⑩ 안전보건 정보교류를 위한 모임 사용비

①, ⑤, ⑥, ⑨

[주] 건설업 산업안전보건관리비 계상 및 사용기준 : 고용노동부 고시 제2013-47호

12
흙막이공법의 종류를 3가지 쓰시오.

① 자립식 공법
② 버팀대 공법
③ 당김줄 공법(타이로드)
④ 어스앵커 공법

14
곤돌라 작업 시 운반구에 근로자를 탑승시킬 수 있는 경우 2가지를 쓰시오.

① 운반구가 뒤집히거나 떨어지지 않도록 필요한 조치를 할 것
② 안전대나 구명줄을 설치하고, 안전난간을 설치할 수 있는 구조인 경우이면 안전난간을 설치할 것

[주] 탑승의 제한 : 안전보건규칙 제86조

13
다음 [보기]중에서 파일(pile)타입시 부마찰력이 잘 생기는 지반을 골라 번호를 쓰시오.

[보기]
① 점착력이 있는 압축성 지반일 경우
② 사질토가 점성토 위에 놓일 경우
③ 지반이 압밀 진행중인 연약 점토지반일 경우
④ 지표면 침하에 따른 지하수가 저하되는 지반일 경우

②, ③, ④

[주] **부마찰력** : 지지층에 박힌 말뚝의 주위 지반이 침하하는 경우 말뚝 주변에 하향으로 작용하는 마찰력

건설안전기사 실기 필답형 — 2014년 제2회

01
산업안전보건법상 안전관리자를 정수 이상으로 증원하게 하거나 교체하여 임명할 것을 명할 수 있는 경우 3가지를 쓰시오.

① 해당사업장의 연간재해율이 같은 업종 평균 재해율의 2배 이상인 경우
② 중대재해가 연간 3건 이상 발생한 경우
③ 관리자가 질병 그 밖의 사유로 3개월 이상 직무를 수행할 수 없게 된 경우
④ 화학적 인자로 인한 직업성질병자가 연간 3명 이상 발생한 경우
[주] 안전관리자 등의 증원·교체임명 명령 : 시행규칙 제12조

02
산업안전보건법상 안전보건총괄책임자의 직무 4가지를 쓰시오.

① 작업의 중지 및 재개
② 도급사업시의 안전·보건 조치
③ 수급인의 산업안전보건관리비의 집행 감독 및 그 사용에 관한 수급인 간의 협의·조정
④ 안전인증대상 기계·기구 등과 자율안전확인대상 기계·기구 등의 사용 여부 확인
⑤ 위험성 평가의 실시에 관한 사항
[주] 안전보건총괄책임자의 직무 등 : 시행령 제25조

03
다음 [표]는 안전보건표지의 종류에 대한 색채 기준이다. ( )안에 알맞은 내용을 쓰시오.

표지의 종류	색채	
금지표지	바탕은 흰색	기본모형은 (①)
지시표지	바탕은 (②)	관련그림은 흰색
안내표지 (녹십자)	바탕은 흰색	기본모형은 (③)
출입금지 표지	바탕은 (④)	글자는 흑색

① 빨간색   ② 파란색
③ 녹색   ④ 흰색
[주] 안전보건표지의 종류별 색채 등 : 시행규칙 별표2

04

연평균 300명이 근무하는 A사업장에서 중대재해가 1건 발생하여 사망 1건, 50일의 휴업일수 2명, 30일의 휴업일수 1명이 발생되었다. 강도율을 구하시오. (단, 근로자의 1일 근로시간은 8시간, 연간 근무일수는 305일이다.)

 해답

강도율 =

$$\frac{근로손실일수}{연근로시간수} \times 1000$$

$$= \frac{7500 + (50 \times 2 + 30) \times 305/365}{300 \times 8 \times 305} \times 1000$$

$$= 10.39$$

길잡이

▶ 근로손실일수
① 사망, 영구전노동불능(1~3급) : 7500일
② 근로손실일수 = 휴업일수 × $\frac{연근로일수}{365}$

05

다음 [보기]를 보고 거푸집 조립순서를 쓰시오.

[보기]
① 보　　② 기둥
③ 슬래브　④ 벽

 해답

① 기둥 → ② 벽 → ③ 슬래브 → ④ 보

06

시스템비계를 사용하여 비계를 구성하는 경우 준수사항 3가지를 쓰시오.

 해답

① 수직재·수평재·가새재를 견고하게 연결하는 구조가 되도록 할 것
② 수직재와 수직재의 연결철물은 이탈되지 않도록 견고한 구조로 할 것
③ 벽 연결재의 설치간격은 제조사가 정한 기준에 따라 설치할 것
④ 수평재는 수직재와 직각으로 설치하여야 하며, 체결 후 흔들림이 없도록 견고하게 설치할 것

[주] 시스템비계의 구조 : 안전보건규칙 제69조

07

기상상태의 악화로 작업을 중지시킨 후 또는 비계를 조립·해체하거나 변경 후 그 비계에서 작업하는 경우 해당 작업시작 전 점검사항 4가지를 쓰시오.

 해답

① 발판재료의 손상여부 및 부착 또는 걸림상태
② 해당비계의 연결부 또는 접속부의 풀림상태
③ 연결재료 및 연결철물의 손상 또는 부식상태
④ 손잡이의 탈락여부
⑤ 기둥의 침하·변형·변위 또는 흔들림 상태
⑥ 로프의 부착상태 및 매단장치의 흔들림 상태

[주] 비계의 점검 및 보수 : 안전보건규칙 제58조

08
발파작업 시 관리감독자의 유해·위험방지 직무수행내용 4가지를 쓰시오.

해답
① 점화신호를 하는 일
② 점화순서 및 방법에 대하여 지시하는 일
③ 점화하는 사람을 정하는 일
④ 공기압축기의 안전밸브 작동유무를 점검하는 일
⑤ 안전모 등 보호구의 착용상황을 감시하는 일
⑥ 점화 전에 점화작업에 종사하는 근로자가 아닌 사람에게 대피를 지시하는 일
⑦ 점화작업에 종사하는 근로자에게 대피장소 및 경로를 지시하는 일
⑧ 점화작업에 종사하는 근로자에게 대피신호를 하는 일
⑨ 점화 전에 위험구역 내에서 근로자가 대피한 것을 확인하는 일
⑩ 발파 후 터지지 않는 장약이나 남은 장약의 유무, 용수의 유무 및 암석·토석의 낙하 여부 등을 점검하는 일

[주] 관리감독자 유해·위험방지 직무수행내용 : 안전보건규칙 별표2

09
지게차를 사용하여 작업을 하는 경우 작업시작 전 점검사항 4가지를 쓰시오.

해답
① 제동장치 및 조종장치 기능의 이상 유무
② 하역장치 및 유압장치 기능의 이상 유무
③ 바퀴의 이상 유무
④ 전조등·후미등·방향지시기 및 경보장치 기능의 이상 유무

[주] 작업시작 전 점검사항 : 안전보건규칙 별표3

10
흙의 동상방지 대책 3가지를 쓰시오.

해답
① 지표의 흙을 화학약품으로 처리한다.
② 지하수위를 저하시킨다.
③ 단열 재료를 삽입한다.
④ 보온시공을 한다.
⑤ 동결깊이 상부의 흙을 동결이 잘 되지 않는 재료로 치환한다.
⑥ 모관수 상승을 방지하는 층을 두어 동상을 방지한다.
⑦ 동결심도 아래에 배수층을 설치한다.

11

크레인은 순간풍속이 ( )m/sec를 초과하는 바람이 불어올 우려가 있는 경우 옥외에 설치되어 있는 주행크레인에 대하여 이탈방지를 작동시키는 등 이탈방지를 위한 조치를 하여야 한다. ( )안에 알맞은 수치를 쓰시오.

30

주 크레인의 폭풍에 의한 이탈방지 : 안전보건규칙 제140조

▶ 폭풍 등에 의한 안전조치사항

양중기 종류	순간풍속	조치사항
크레인	30m/sec초과	이탈방지조치
크레인	30m/sec초과 중진 이상 진도의 지진	(기계 각 부위) 이상유무점검
건설작업용 리프트	35m/sec초과	붕괴방지조치 (받침수 증가)
승강기 (옥외용)	35m/sec초과	도괴방지조치 (받침수 증가)

12

채석작업을 하는 경우 작업계획서에 포함되는 사항 3가지를 쓰시오.   18/2 기

① 발파방법
② 암석의 분할방법
③ 암석의 가공장소
④ 굴착면의 높이와 기울기
⑤ 굴착면 소단(小段)의 위치와 넓이
⑥ 갱내에서의 낙반 및 붕괴방지 방법
⑦ 노천굴착과 갱내굴착의 구별 및 채석방법
⑧ 표토 또는 용수의 처리방법
⑨ 토석 또는 암석의 적재 및 운반방법과 운반경로
⑩ 사용하는 굴착기계(굴착기계·분할기계·적재기계 또는 운반기계)등의 종류 및 성능

주 사전조사 및 작업계획서 내용 : 안전보건규칙 별표4

▶ 채석작업 시 사전조사내용
지반의 붕괴·굴착기계의 전락 등에 의한 근로자에게 발생할 위험을 방지하기 위한 해당 작업장의 지형·지질 및 지층의 상태

건설안전기사 실기 필답형 — 2014년 제4회

01
산업안전보건법상 항타기 또는 항발기를 조립하는 경우 점검하여야 할 사항 4가지를 쓰시오.

[해답]
① 본체의 연결부의 풀림 또는 손상의 유무
② 권상용 와이어로프 · 드럼 및 도르래의 부착상태의 이상유무
③ 권상장치의 브레이크 및 쐐기장치 기능의 이상유무
④ 권상기의 설치상태의 이상유무
⑤ 버팀의 방법 및 고정상태의 이상유무

[주] 항타기·항발기 조립시 점검 : 안전보건규칙 제207조

02
컨베이어의 작업시작 전 점검사항 2가지를 쓰시오.

[해답]
① 원동기 및 풀리기능의 이상 유무
② 이탈 등의 방지장치기능의 이상 유무
③ 비상정지장치 기능의 이상 유무
④ 원동기 · 회전축 · 기어 및 풀리 등의 덮개 또는 울 등의 이상 유무

[주] 작업시작 전 점검사항 : 안전보건규칙 별표 3

03
비계 작업 시 비, 눈 그 밖의 기상상태의 불안전으로 날씨가 몹시 나빠서 작업을 중지시킨 후 그 비계에서 작업을 할 때 점검사항을 3가지 쓰시오.

[해답]
① 발판재료의 손상여부 및 부착 또는 걸림 상태
② 해당비계의 연결부 또는 접속부의 풀림 상태
③ 연결재료 및 연결철물의 손상 또는 부식상태
④ 손잡이의 탈락여부
⑤ 기둥의 침하 · 변형 · 변위 또는 흔들림 상태
⑥ 로프의 부착상태 및 매단장치의 흔들림 상태

[주] 비계의 점검 및 보수 : 안전보건규칙 제58조

04
재료 · 기구 또는 공구 등을 올리거나 내리는 경우에 사용하는 것 2가지를 쓰시오.

[해답]
① 달줄
② 달포대

[주] 비계 등의 조립·해체 및 변경 : 안전보건규칙 제57조

05
산업안전보건법상 크레인, 곤돌라, 간이리프트 또는 승강기에 설치할 방호장치의 종류 5가지를 쓰시오.

해답

① 과부하방지장치
② 권과방지장치
③ 비상정지장치
④ 제동장치
⑤ 파이널리미트스위치(승강기만 해당)
⑥ 조속기(승강기만 해당)
⑦ 출입문 인터록(승강기만 해당)

[주] 양중기 방호장치의 조정 : 안전보건규칙 제134조

06
무재해운동의 추진기둥 3요소를 쓰시오.

해답

① 최고 경영자의 엄격한 안전경영자세
② 라인화의 철저(관리감독자에 의한 안전보건 활동 추진)
③ 직장 자주활동의 활발화

07
다음 물음에 답하시오.
(가) 안전보건개선계획 수립대상 사업장 2곳을 쓰시오.
(나) 안전·보건진단을 받아 안전보건개선계획을 수립·제출하도록 명할 수 있는 사업장 2곳을 쓰시오.

해답

(가) 안전보건개선계획 수립대상 사업장
① 산업재해율이 같은 업종의 규모별 평균 산업재해율 보다 높은 사업장
② 사업주가 안전보건조치의무를 이행하지 아니하여 중대재해가 발생한 사업장
③ 유해인자의 노출기준을 초과한 사업장

(나) 안전·보건진단을 받아 안전보건개선계획을 수립·제출하도록 명할 수 있는 사업장
① 중대재해 발생 사업장
② 산업재해율이 같은 업종 평균 산업재해율의 2배 이상인 사업장
③ 직업병에 걸린 사람이 연간 2명 이상 발생한 사업장
④ 작업환경 불량, 화재·폭발 또는 누출사고 등으로 사회적 물의를 일으킨 사업장

[주] (1) 안전보건개선계획 : 법 제50조
(2) 안전보건개선계획 수립대상 사업장 : 시행규칙 제131조

08

다음은 가설통로의 구조에 대한 설치기준이다. ( )안에 알맞은 용어 또는 수치를 쓰시오.

[보기]
(가) 경사가 (①)도를 초과하는 경우에는 미끄러지지 아니하는 구조로 할 것
(나) 수직갱에 가설된 통로의 길이가 (②)m 이상인 경우에는 10m 이내마다 (③)을 설치할 것
(다) 건설공사에 사용하는 높이 8m 이상인 비계다리에는 (④)m 이내마다 계단참을 설치할 것

① 15
② 15
③ 계단참
④ 7

주 가설통로의 구조 : 안전보건규칙 제23조

09

히빙파괴를 간략히 설명하고 방지대책을 3가지만 쓰시오.

1) 히빙파괴
 연약한 점토지반의 굴착시 굴착이 진행됨에 따라 흙막이벽 뒤쪽 흙의 중량이 굴착부 바닥의 지지력 이상이 되면 흙막이벽 근입부분의 지반이동이 발생하여 굴착부 저면이 솟아오르면서 흙막이벽의 근입부분이 파괴되는 현상
2) 방지대책
 ① 굴착부변의 상재하중을 제거한다.
 ② 시트파일 등의 근입심도를 깊게 한다.
 ③ 흙막이 판은 강성이 높을 것을 사용한다.
 ④ 굴착방식을 개선한다.

10

건설공사에 있어서 콘크리트 타설 전에 거푸집 동바리 등에 작용하는 하중을 충분히 검토하지 않으면 붕괴·전도 등의 위험이 유발된다. 거푸집 동바리 설계시 고려해야 할 하중의 종류를 4가지 쓰시오. ▶ 18/2 기

① 연직방향하중
② 횡방향하중
③ 콘크리트 측압
④ 특수하중
⑤ 상기 1~4호 하중에 안전율을 고려한 하중

> 길잡이
> ▶ 거푸집 및 통바리(지보공)의 하중 : 고용노동부 고시
>
> | | | |
> |---|---|---|
> | (1) | 연직방향 하중 | 거푸집, 동바리, 콘크리트, 철근, 타설용 기계·기구, 가설설비 등의 중량 및 충격하중 |
> | (2) | 횡방향 하중 | 작업할 때의 진동, 충격, 시공오차 등에 기인되는 횡방향 하중 이외에 필요에 따라 풍압, 유수압, 지진 등 |
> | (3) | 콘크리트 측압 | 굳지 않은 콘크리트의 측압 |
> | (4) | 특수하중 | 시공중에 예상되는 특수한 하중 |
> | (5) | 상기 (1) ~ (4)호의 하중에 안전율을 고려한 하중 | |

11

콘크리트의 비빔시험 종류 4가지를 쓰시오.

① 공기량시험
② 단위용적중량시험
③ 슬럼프시험
④ 블리딩시험

12

근로자가 작업발판 위에서 전기용접작업을 하다가 바닥으로 떨어져 머리를 다쳤다. 다음의 재해원인 분석에 대한 물음에 답하시오.

(1) 재해형태 :
(2) 기인물 :
(3) 가해물 :

해답

① 재해형태 : 추락
② 기인물 : 작업발판
③ 가해물 : 바닥

14

근로자가 **충전전로**를 취급하거나 그 인근에서 작업하는 경우 위험방지 조치사항 3가지를 쓰시오.

해답

① 작업에 적합한 절연용 보호구를 착용시킬 것
② 충전전로에 근접한 장소에서 전기작업을 하는 경우에는 해당 전압에 적합한 절연용 방호구를 설치할 것
③ 고압 및 특별 고압의 전로에서 전기 작업을 하는 근로자에게 활선작업용 기구 및 장치를 사용하도록 할 것

[주] 충전전로에서의 전기작업 : 안전보건규칙 제321조

13

다음 내용은 TBM에 관한 것이다. (   )안에 알맞은 내용을 쓰시오.   ▶ 18/4 기

(가) 인원은 (①)명 이하로 구성하고 소요시간은 (②)분이 적당하다.
(나) 다음은 TBM의 단계이다.

제1단계	도입
제2단계	(③)
제3단계	작업지시
제4단계	(④)
제5단계	확인

해답

① 10
② 5~15
③ 정비점검
④ 위험예지

건설안전기사 실기 필답형 — 2015년 제1회

01
산업안전보건법상 항타기·항발기를 조립하는 경우 점검사항 4가지를 쓰시오.

① 본체의 연결부의 풀림 또는 손상의 유무
② 권상용 와이어로프·드럼 및 도르래의 부착상태의 이상 유무
③ 권상장치의 브레이크 및 쐐기장치 기능의 이상 유무
④ 권상기의 설치상태의 이상 유무
⑤ 버팀의 방법 및 고정상태의 이상 유무

[주] 항타기·항발기 조립시 점검 : 안전보건규칙 제207조

02
크레인 작업시작 전 점검사항을 3가지 쓰시오.

① 권과방지장치·브레이크·클러치 및 운전장치의 기능
② 주행로의 상측 및 트롤리가 횡행하는 레일의 상태
③ 와이어로프가 통하고 있는 곳의 상태

[주] 작업시작 전 점검사항 : 안전보건규칙 별표3

03
작업자가 작업발판 위에서 전기용접작업을 하다가 지면(바닥)으로 떨어지는 사고가 발생하였다. 재해원인을 분석하시오.
(1) 재해발생형태 :
(2) 기인물 :
(3) 가해물 :

① 추락
② 작업발판
③ 지면(바닥)

04
산업안전보건법상 다음 안전 보건표지별 종류를 각각 2가지씩 쓰시오.

1) 금지표지 : ① 출입금지 ② 보행금지 ③ 차량통행금지
2) 경고표지 : ① 인화성 물질경고 ② 산화성 물질경고 ③ 폭발성 물질경고
3) 안내표지 : ① 녹십자표시 ② 응급구호표지 ③ 들것
4) 지시표지 : ① 보안경착용 ② 방독마스크착용 ③ 방진마스크착용

05

연평균 100인의 근로자를 가진 사업장에서 연간 5건의 재해가 발생하였는데 그 중 사망 1명 장애등급 14급 3명, 1명은 가료 30일, 1명은 가료 10일 일 때, ① 강도율은 구하고 ② 강도율 의미는 무엇인지 쓰시오. (단, 근로자는 1일 8시간, 연간 300일을 근무하였다.)

① 강도율

$$= \frac{\text{근로손실일수}}{\text{연근로시간수}} \times 1000$$

$$= \frac{7500 + (50 \times 3) + (30 + 10) \times \frac{300}{365}}{100 \times 8 \times 300} \times 1000$$

$$= 32.01$$

② 연간 근로일수 시간수 중의 근로손실일수가 32.01일이라는 것을 의미한다.

06

굴착면 토석붕괴의 원인 중 외적요인 4가지를 쓰시오.

① 사면, 법면의 경사 및 기울기의 증가
② 절토 및 성토 높이의 증가
③ 지진, 차량, 구조물의 하중작용
④ 토사 및 암석의 혼합층 두께
⑤ 공사에 의한 진동 및 반복하중의 증가
⑥ 지표수 및 지하수의 침투에 의한 토사중량의 증가

▶ 내적원인
① 절토사면의 토질·암질
② 성토사면의 토질 구성 및 분포
③ 토석의 강도저하

07

잠함, 우물통, 수직갱 기타 이와 유사한 건설물 또는 설비의 내부에서 굴착작업을 하는 때에 사업주가 준수하여야 할 사항 3가지를 쓰시오.

① 산소 결핍 우려가 있는 경우에는 산소의 농도를 측정하는 사람을 지명하여 측정하도록 할 것
② 근로자가 안전하게 오르내리기 위한 설비를 설치할 것
③ 굴착 깊이가 20m를 초과하는 경우에는 해당 작업장소와 외부와의 연락을 위한 통신 설비 등을 설치할 것

[주] 잠함 등 내부에서의 작업 : 안전보건규칙 제377조

08

달비계 또는 높이 5m 이상의 비계를 조립·해체하거나 변경하는 작업을 하는 경우 준사사항을 3가지 쓰시오.

해답

① 근로자가 관리감독자의 지휘에 따라 작업하도록 할 것
② 조립·해체 또는 변경의 시기·범위 및 절차를 그 작업에 종사하는 근로자에게 주지시킬 것
③ 비, 눈, 그 밖의 기상상태의 불안정으로 날씨가 몹시 나쁜 경우에는 그 작업을 중지시킬 것
④ 재료·기구 또는 공구 등을 올리거나 내리는 경우에는 근로자가 달줄 또는 달포대 등을 사용하게 할 것

09

다음 ( )안에 알맞은 내용을 쓰시오.

터널건설작업을 할 때에 터널 내부의 시계가 배기가스나 (①)등에 의하여 현저하게 제한되는 경우에는 (②)를 하거나 물을 뿌리는 등 시계를 유지하기 위하여 필요한 조치를 하여야 한다.

해답

① 분진
② 환기

10

다음 내용은 거푸집 해체시 안전상 유의사항에 대한 설명이다. ( )안에 알맞은 내용을 쓰시오.

(가) 거푸집 해체는 순서에 의하여 실시하며, (①)를 배치한다.
(나) 콘크리트 자중 및 시공 중에 가해지는 하중에 충분히 견딜 만한 (②)를 가질 때까지는 해체하지 아니한다.
(다) 해제 작업 시에는 안전모 등 (③)를 착용한다.
(라) 해체작업장 주위에는 관계자를 제외하고는 (④) 조치를 하여야 한다.
(마) (⑤) 동시 해체 작업은 원칙적으로 금지한다. 불가피한 경우 긴밀한 연락을 유지한다.
(바) 보 또는 슬래브 거푸집을 제거할 때에는 (⑥)에 의한 돌발적 재해를 방지하여야 한다.

해답

① 관리감독자
② 강도
③ 보호구
④ 출입금지
⑤ 상하
⑥ 낙하·충격

11
하인리히의 사고예방대책 원리 5단계를 쓰시오.

① 1단계 : 안전보건관리 조직
② 2단계 : 사실의 발견
③ 3단계 : 분석·평가
④ 4단계 : 시정책의 선정
⑤ 5단계 : 시정책의 적용

12
한중공사, 수중공사시 긴급하게 사용하여야 할 시멘트의 종류를 쓰시오.

조강포틀랜드 시멘트

13
양중기의 와이어로프 안전계수를 넣으시오.
(가) 근로자가 탑승하는 운반구를 지지하는 달기와 이어로프 또는 달기체인의 경우 : (①) 이상
(나) 화물의 하중을 직접 지지하는 달기와이어로프 또는 달기체인의 경우 : (②)이상
(다) 훅, 샤클, 클램프, 리프팅 빔의 경우 : (③) 이상
(라) 그 밖의 경우 : (④)이상

① 10
② 5
③ 3
④ 4

14
사다리를 설치시 이동통로에 미끄럼방지장치를 설치하여야 한다. 다음 경우에 적합한 미끄럼방지장치를 쓰시오.
(1) 실내용 :
(2) 지반이 평탄한 맨땅 :
(3) 돌마무리 또는 인조석 깔기 마감한 바닥 :

① 인조고무
② 쐐기형 강스파이크
③ 미끄럼방지 판자 및 미끄럼방지 고정쇠

2015년 제2회 건설안전기사 실기 필답형

01
산업안전보건법상 안전관리에 선임된 후 3개월 이내에 직무수행에 필요한 신규교육과 신규교육 이수 후 2년이 되는 날의 3개월 전부터 2년이 되는 날 사이에 보수교육을 받아야 한다. 안전관리자의 보수교육시간에 관한 다음 [표]의 ( )안에 알맞은 수치를 쓰시오. ▶ 18/2 기

교육대상	보수 교육시간
안전보건관리책임자	(①)시간 이상
안전관리자	(②)시간 이상
보건관리자	(③)시간 이상
재해예방 전문지도기관 종사자	(④)시간 이상

해답

① 6　　② 24
③ 24　　④ 24

▶ 신규교육시간
① 안전보건관리책임자 : 6시간 이상
② 안전관리자 : 34시간 이상
③ 보건관리자 : 34시간 이상

02
건설현장에서 근로자의 작업 시 소비되는 에너지 소비량은 9kcal 이다. (1) 휴식시간과 (2) 작업시간을 각각 구하시오. 단, 작업 시 소비되는 평균 소비에너지량은 5kcal/min 이다.

해답

① 휴식시간 =
$$\frac{60(E-5)}{E-1.5} = \frac{60 \times (9-5)}{9-1.5} = 32분$$

② 작업시간 = 60 - 휴식시간
　　　　　 = 60 - 32
　　　　　 = 28분

03
작업원 5~7명이 공구상자 주변에서 작업시작 전 5~15분, 작업종료 후 3~5분 동안 작업 중 발생할 수 있는 재해원인(위험요인)과 안전대책에 대하여 의논하는 것을 무엇이라고 하는가?

해답

TBM(tool box meating)

04

근로시간이 제한되는 작업의 잠함 또는 잠수작업 등 높은 기압에서 작업을 할 때에는 1일 ( )시간, 1주 ( )시간을 초과하여 근로자에게 근로하여서는 아니 된다. ( )안에 알맞은 수치를 쓰시오.

① 6 ② 34

[주] 근로시간 연장의 제한 : 법 제46조

05

양중기의 와이어로프 사용금지사항 4가지를 쓰시오.

① 꼬인 것
② 이음매가 있는 것
③ 심하게 변형 부식된 것
④ 열과 전기충격에 의해 손상된 것
⑤ 지름의 감소가 공칭지름의 7%를 초과하는 것
⑥ 와이어로프 한 꼬임에서 끊어진 소선의 수가 10%이상(비전자로프는 끊어진 소선의 수가 와이어로프 「호칭지름의 6배 길이」 이내에서 4개 이상이거나 「호칭지름 30배 길이」 이내에서 8개 이상)인 것

[주] 이음매가 있는 와이어로프 등의 사용금지 : 안전보건규칙 제63조 제1항, 제166조, 제210조

06

다음 [보기]에서 설명하는 공법의 명칭을 쓰시오.

[보기]
(1) 흙막이벽의 배면을 원통형으로 굴착하고, 여기에 고강도 강재 등의 인장재를 삽입하여 그라우트를 주입시켜 긴장력을 주어 흙막이벽을 지지시키는 공법은?
(2) 지하의 굴착과 병행하여 지상의 기둥, 보 등의 구조를 축조하면서 지하연속벽을 흙막이벽으로 하여 굴착하면서 구조체를 형성하는 공법은?

① 어스앵커공법
② 탑다운공법

07

다음은 철골공사 작업을 중지해야 하는 조건이다. ( )안에 알맞은 수치를 쓰시오.

(가) 풍속 : 초당 (①)m 이상인 경우
(나) 강우량 : 시간당 (②)mm 이상인 경우
(다) 강설량 : 시간당 (③)cm 이상인 경우

① 10
② 1
③ 1

[주] 철골작업의 제한 : 안전보건규칙 제383조

08
사질토지반의 지반개량공법의 종류 4가지를 쓰시오.

해답
① 웰포인트공법
② 바이브로 플로테이션공법(진동공법)
③ 다짐모래말뚝공법
④ 동결공법(또는 약액주입공법)

10
굴착면의 높이가 2m 이상이 되는 암석의 굴착 작업시 특별교육 내용 3가지를 쓰시오. (단, 그 밖에 안전·보건관리에 필요한 사항 제외)

해답
① 폭발물 취급 요령과 대피 요령에 관한 사항
② 안전거리 및 안전기준에 관한 사항
③ 방호물의 설치 및 기준에 관한 사항
④ 보호구 및 신호방법 등에 관한 사항

[주] 특별안전·보건교육 대상 작업별 교육 내용 : 시행규칙 별표8의2

09
PS(prestressed) 콘크리트에서 프리스트레스를 도입할 경우 발생하는 시간적 손실원인 2가지를 쓰시오.

해답
① 강재와 쉬스 마찰
② 콘크리트의 탄성변형
③ 정착장치의 거동(활동)

> **길잡이**
> ▶ PS콘크리트 종류
> 1) 프리텐션 방식(pretension) : ① 강선긴장 → ② 콘크리트 타설·경화 → ③ 부착
> 2) 포스트텐션 방식(post tension) : ① 시드를 묻고 타설·경화 → ② 강선 삽입·긴장·고정 → ③ 그라우팅

11
채석작업시 작업계획에 포함되는 사항 4가지를 쓰시오.

해답
① 발파방법
② 암석의 분할방법
③ 암석의 가공장소
④ 굴착면의 높이와 기울기
⑤ 굴착면 소단(小段)의 위치와 넓이
⑥ 표토 또는 용수(湧水)의 처리방법
⑦ 갱내에서의 낙반 및 붕괴방지 방법
⑧ 노천굴착과 갱내굴착의 구별 및 채석방법
⑨ 토석 또는 암석의 적재 및 운반방법과 운반경로
⑩ 사용하는 굴착기계·분할기계·적재기계 또는 운반기계(이하 "굴착기계" 등)의 종류 및 성능

[주] 사전조사 및 작업계획서 내용 : 안전보건규칙 별표4

12
가설통로 설치 시 준수사항 4가지를 쓰시오.

해답

① 견고한 구조로 할 것
② 경사가 15도를 초과하는 경우에는 미끄러지지 아니하는 구조로 할 것
③ 경사는 30도 이하로 할 것
④ 추락할 위험이 있는 장소에는 안전난간을 설치할 것
⑤ 수직갱에 가설된 통로의 길이가 15m 이상인 경우에는 10m 이내마다 계단참을 설치할 것
⑥ 건설공사에 사용하는 높이 8m 이상인 비계다리에는 7m 이내마다 계단참을 설치할 것

[주] 가설통로의 구조 : 안전보건규칙 제23조

14
잠함 또는 우물통의 내부에서 근로자가 굴착작업을 하는 경우에 잠함 또는 우물통의 급격한 침하에 의한 위험을 방지하기 위하여 준수하여야 할 사항을 2가지를 쓰시오.

해답

① 침하관계도에 따라 굴착방법 및 재하량 등을 정할 것
② 바닥으로부터 천장 또는 보까지의 높이는 1.8m 이상으로 할 것

[주] 급격한 침하로 인한 위험방지 : 안전보건규칙 제376조

13
터널굴착작업시 낙반·출수 및 가스폭발 등에 의한 근로자의 위험을 방지하기 위한 사전 조사사항 3가지를 쓰시오.

해답

① 지형 조사
② 지질 조사
③ 지층 상태 조사

[주] 사전조사 및 작업계획서 내용 : 안전보건규칙 별표4

01

산업재해 예방활동에 대한 참여와 지원을 촉진하기 위하여 명예산업안전감독관에 위촉할 수 있는 대상자 3가지를 쓰시오.

① 산업안전보건위원회 또는 노사협의체 설치대상 사업의 근로자 중에서 근로자 대표가 사업주의 의견을 들어 추천하는 사람
② 연합단체인 노동조합 또는 그 지역 대표기구에 소속된 임직원 중에서 해당 연합 단체인 노동조합 또는 그 지역대표기구가 추천하는 사람
③ 전국 규모의 사업주단체 또는 그 산하조직에 소속된 임직원 중에서 해당 단체 또는 그 산하조직이 추천하는 사람
④ 산업재해 예방 관련 업무를 하는 단체 또는 그 산하조직에 소속된 임직원 중에서 해당단체 또는 그 산하조직이 추천하는 사람

[주] 명예감독관 위촉대상 등 : 시행령 제45조의 2

02

다음 [보기] 내용은 계단 설치기준에 관한 것이다. (   )안에 알맞은 수치 또는 용어를 쓰시오.

[보기]
가) 사업주는 계단 및 계단참을 설치하는 경우 매 m²당 (①)kg 이상의 하중에 견딜 수 있는 강도를 가진 구조로 설치하여야 하며, 안전율은 (②)이상으로 하여야 한다.
(나) 사업주는 계단을 설치하는 경우 그 폭을 (③)m 이상으로 하여야 한다.
(다) 사업주는 계단을 설치하는 경우 바닥면으로부터 높이 (④)m 이내의 공간에 장애물이 없도록 하여야 한다.
(라) 사업주는 높이 (⑤)m 이상인 계단의 개방된 측면에 안전난간을 설치하여야 한다.

① 500
② 4
③ 1
④ 2
⑤ 1

[주] 계단설치기준 : 안전보건규칙 제27조 ~ 제30조

03
안전모의 종류 3가지를 기호로 표시하고 사용구분 및 내전압성을 각각 구분하시오.

해답

종류(기호)	사용구분	내전압성
AB	물체의 낙하 또는 비래 및 추락에 의한 위험 방지 또는 경감시키기 위한 것	비내전압성
AE	물체의 낙하 및 비래에 위한 위험을 방지 또는 경감하고 머리부위 감전에 의한 위험을 방지하기 위한 것	내전압성
ABE	물체의 낙하 또는 비래 및 추락에 의한 위험을 방지 또는 경감하고, 머리부위 감전에 의한 위험을 방지하기 위한 것	내전압성

04
관리감독자 안전보건업무 수행시 안전관리비에서 업무수당을 지급할 수 있는 작업을 5가지 쓰시오. (단, 건설업외의 작업은 제외한다.)

해답

① 건설용 리프트 · 곤돌라를 이용한 작업
② 콘크리트 파쇄기를 사용하여 행하는 파쇄작업
③ 굴착 깊이가 2m 이상인 지반의 굴착작업
④ 흙막이지보공의 보강, 동바리 설치 또는 해체작업
⑤ 터널 안에서의 굴착작업, 터널거푸집의 조립 또는 콘크리트 작업
⑥ 굴착면의 깊이가 2m 이상인 암석 굴착 작업
⑦ 거푸집지보공의 조립 또는 해체작업
⑧ 비계의 조립, 해체 또는 변경작업

[주] 건설업 안전관리비 계상 및 사용기준 : 고용노동부고시 제2014-37호

05
달비계 또는 높이 5m 이상의 비계를 조립·해체하거나 변경하는 작업에 있어 관리감독자의 직무수행 내용을 4가지만 쓰시오.

해답

① 재료의 결함유무를 점검하고 불량품을 제거하는 일
② 기구·공구·안전대 및 안전모 등의 기능을 점검하고 불량품을 제거하는 일
③ 작업방법 및 근로자의 배치를 결정하고 작업진행상태를 감시하는 일
④ 안전대 및 안전모 등의 착용상황을 감시하는 일

[주] 관리감독자의 유해·위험방지 : 안전보건규칙 별표2

06
건설공사의 총 공사원가가 100억 원이고, 이 중 재료비와 직접 노무비의 합이 60억 원인 터널신설공사의 산업안전보건관리비를 다음 기준표를 참고하여 계산하시오.

공사규모 / 공사분류	5억원 미만	5억원 이상 ~ 5억원 미만		50억원 이상
		비율	기초액	
중건설공사	3.43%	2.35%	5,400,000원	2.44%
일반건설공사(갑)	2.93%	1.86%	5,349,000원	1.97%

해답

안전관리비 = 대상액 × $\dfrac{요율}{100}$ = 60억 × $\dfrac{2.44}{100}$

= 1억4천6백4십만원(146,400,000원)

07
철골공사를 중지해야 하는 기상조건 3가지를 쓰시오.

① 풍속 : 초당 10m 이상인 경우
② 강우량 : 시간당 1mm 이상인 경우
③ 강설량 : 시간당 1cm 이상인 경우

[주] 작업의 제한 : 안전보건규칙 제383조

08
철골구조물 건립 중 강풍에 의한 풍압 등 외압에 대한 내력이 설계에 고려될 사항을 5가지 쓰시오.

① 높이 20m 이상의 구조물
② 구조물의 폭과 높이의 비가 1:4 이상인 구조물
③ 단면구조에 현저한 차이가 있는 구조물
④ 연면적당 철골량이 50kg/m² 이하인 구조물
⑤ 기둥이 타이 플레이트(tie plate)형인 구조물
⑥ 이음부가 현장용접인 구조물

09
지반의 이상 현상인 보일링(boling)에 대하여 다음 물음에 답하시오.
(1) 지반조건   (2) 현상   (3) 대책

(1) **지반조건** : 지하수위가 높은 사질토
(2) **현상**
  ① 굴착부 저면에 액상화(quick sand)현상 발생
  ② 굴착면에 배면토의 수두차에 의해 삼투압 발생
(3) **대책**
  ① 굴착 저면 아래까지 지하수위를 낮춘다 (가장 좋은 방법).
  ② 흙막이벽을 설치하여 지하수위 흐름을 막는다.
  ③ 굴착토를 즉시 원상 매립한다.
  ④ 작업을 중지한다.

10
다음 내용은 지반의 붕괴, 구축물의 붕괴 또는 토석의 낙하 등에 의하여 근로자가 위험해질 우려가 있는 경우 그 위험을 방지하기 위한 조치사항이다. (   )안에 알맞은 내용을 쓰시오.

> 지반은 안전한 경사로 하고 낙하의 위험이 있는 토석을 제거하거나 옹벽, (①)등을 설치하고, 지반의 붕괴 또는 토석의 낙하 원인이 되는 빗물이나 (②)등을 배제할 것

① 흙막이지보공   ② 지하수

[주] 붕괴·낙하에 의한 위험방지 : 안전보건규칙 제50조

11
산업안전보건법상 간이리프트를 사용하여 작업을 하는 때의 작업시작 전 점검사항 2가지만 쓰시오.

해답

① 방호장치·브레이크 및 클러치의 기능
② 와이어로프가 통하고 있는 곳의 상태
[주] 작업시작 전 점검사항 : 안전보건규칙 별표3

12
전기기계기구로부터 누전재해를 방지하기 위한 감전방지용 누전차단기 접속장소를 3가지 쓰시오.

해답

① 물 등 도전성이 높은 액체에 의한 습윤한 장소
② 철판, 철골위 등 도전성이 높은 장소
③ 임시 배선의 전로가 설치되는 장소
[주] 누전차단기에 의한 감전방지 : 안전보건규칙 제304조

13
산업안전보건법상 안전검사대상 유해·위험기계의 종류 5가지를 쓰시오.

해답

① 프레스
② 전단기
③ 크레인(이동식 크레인과 정격하중 2톤 미만인 호이스트는 제외)
④ 리프트
⑤ 압력용기
⑥ 곤돌라
⑦ 국소배기장치(이동식은 제외)
⑧ 원심기(산업용에 한정)
⑨ 롤러기(밀폐구조는 제외)
⑩ 사출성형기(형체결력 294kN 미만은 제외)
⑪ 고소작업대(화물자동차·특수자동차에 탑재한 것 한정)
⑫ 컨베이어
⑬ 산업용 로봇
[주] 안전검사대상 유해·위험기계 등 : 시행령 제28조의 6

01

산업안전보건법령상 고용노동부 장관이 명예 산업안전감독관을 해촉 할 수 있는 경우 2가지만 쓰시오.

① 명예감독관의 업무와 관련하여 부정한 행위를 한 경우
② 질병이나 부상 등의 사유로 명예감독관의 업무 수행이 곤란하게 된 경우
③ 근로자대표가 사업주의 의견을 들어 위촉된 명예감독관의 해촉을 요청한 경우
④ 위촉된 명예감독관이 해당 단체 또는 그 산하 조직으로부터 퇴직하거나 해임된 경우

[주] **명예감독관의 해촉** : 시행령 제45조의 3

02

연 평균 근로자 수 600명, A 회사의 안전전담부서에서 6개월간 아래와 같이 안전전담 활동 시 안전활동율을 계산하시오. (단, 1일 9시간, 월 22일 근무, 6개월간 사고건수 2건)

[안전활동 건수]
① 불안전한 행동 20건 발견 조치
② 불안전한 상태 34건 조치
③ 권고 12건
④ 안전홍보 3건
⑤ 안전회의 6회

안전활동률

$$= \frac{안전활동건수}{근로자수 \times 근로시간수} \times 10^6$$

$$= \frac{20+34+12+3+6}{600 \times (6 \times 22 \times 9)} \times 10^6 = 105.22$$

03

다음 [보기]에 대한 안전관리자의 최소인원을 쓰시오.

[보기]
① 운수업 – 상시근로자 500명
② 건설업 – 상시근로자 1000명
③ 총공사금액 1500억원 이상인 건설업

 ① 1명 ② 3명 ③ 3명

길잡이

사업의 종류	규모	안전관리자 수
1. 토사석 광업 2. 식료품 제조업, 음료 제조업 ⋮ 9. 비철금속 광물 제품 제조업 10. 1차 금속 제조업 ⋮ 22. 자동차 종합 수리업, 자동차 전문 수리업	• 상시근로자 500명 이상	2명 이상
	• 상시근로자 50명 이상 500명 미만	1명 이상
23. 농업, 임업 및 어업 ⋮ 27. 운수업 ⋮ 32. 통신업 ⋮ 40. 기타 개인 서비스업	• 상시 근로자 1000명 이상	2명 이상
	• 상시근로자 50명 이상 1000명 미만	1명 이상
41. 건설업	• 공사금액 800억원 이상 1,500억원 미만	2명 이상
	• 공사금액 120억원 이상(토목 공사업은 150억원 이상) 800 억원 미만	1명 이상

04

산업재해발생률 산정기준에서 사고사망만인율과 상시근로자수를 구하는 공식을 쓰시오.

① 사고사망만인율 $= \dfrac{\text{사고사망자 수}}{\text{상시근로자 수}} \times 10{,}000$

② 상시근로자수
$= \dfrac{\text{연간공사실적액} \times \text{노무비율}}{\text{건설업 월평균임금} \times 12}$

[주] 산업재해발생률 산정기준 : 시행규칙[별표1]

05

안전보건관리 규정의 작성 변경 절차에 관한 사항이다. 다음 ( )에 알맞은 용어 또는 수치를 넣으시오.

가) 안전보건관리규정을 작성하여야 할 사업은 상시 근로자 (①)명 이상을 사용하는 사업으로 한다.
나) 안전보건관리규정을 작성하여야 할 사유가 발생한 날부터 (②)일 이내에 안전보건관리규정을 작성하여야 한다.
다) 안전보건관리규정을 작성하거나 변경할 때에는 (③)의 심의·의결을 거쳐야 한다.
라) (③)가 설치되어 있지 아니한 사업장의 경우에는 (④)의 동의를 받아야 한다.

① 100
② 30
③ 산업안전보건위원회
④ 근로자대표

06

산업안전보건법상 안전보건표지의 종류에 대한 색채기준을 [표]의 ( )안에 써넣으시오.

내용	바탕색	기본모형
금연	(①)	빨간색
폭발물성 물질 경고	(②)	빨간색
안전복 착용	(③)	–
비상용 기구	(④)	흰색

해답

① 흰색
② 무색
③ 파란색
④ 녹색

길잡이

▶ 산업안전표지의 종류와 색채
1) **금지표시** : 바탕은 흰색, 기본모형은 빨간색, 관련부호 및 그림은 검정색
2) **경고표시** : 바탕은 노란색, 기본모형, 관련부호 및 그림은 검정색[다만, 인화성물질 경고, 산화성물질 경고, 폭발성물질 경고, 급성독성물질 경고, 부식성물질 경고 및 발암성·변이원성·생식독성·전신독성·호흡기과민성물질 경고의 경우 바탕은 무색, 기본모형은 빨간색(흑색도 가능)]
3) **지시표지** : 바탕은 파란색, 관련그림은 흰색
4) **안내표지** : 바탕은 흰색, 기본모형 및 관련 부호는 녹색, 바탕은 녹색, 관련부호 및 그림은 흰색
5) **관계자외 출입금지표지** : 바탕은 흰색, 글자는 흑색, 다음 글자는 적색
   ① ○○○제조/사용/보관중
   ② 석면취급/해체중
   ③ 발암물질 취급중

07

건설업 산업안전 보건관리비 계상 및 사용기준에 관한 설명 중 ( )안에 알맞은 수치를 써넣으시오.

가) 안전만을 전담으로 하는 별도 조직을 갖춘 건설업체의 본사에서 사용하는 사용항목과 본사안전전담 부서의 안전전담직원 인건비·업무수행 출장비로 계상된 안전관리비의 (①)%를 초과할 수 없다.

나) 본사에서 안전관리비를 사용하는 경우 1년간 본사 안전관리비 실행예산과 사용금액은 전년도 미사용금액을 합하여 (②)원을 초과할 수 없다.

다) 건설재해예방 기술지도비가 계상된 안전관리비 총액의 (③)% 초과하는 경우에는 그 이내에서 기술지도 횟수를 조정할 수 있다.

해답

① 5
② 5억
③ 20

[주] 건설업 산업안전보건관리비 계상 및 사용기준 : 고용노동부 고시

08

산업안전보건법상 특별안전보건교육 중 "거푸집 동바리의 조립 또는 해체작업" 대상 작업에 대한 교육내용에서 개별내용에 포함하여야 할 사항 3가지 쓰시오. (단, 그 밖의 안전보건관리에 필요한 사항은 제외한다.)

① 동바리의 조립방법 및 작업 절차에 관한 사항
② 조립재료의 취급방법 및 설치기준에 관한 사항
③ 조립 해체 시의 사고 예방에 관한 사항
④ 보호구 착용 및 점검에 관한 사항

주 **특별안전·보건교육 대상 작업별 교육내용** : 시행규칙 별표 8의 2

09

보일링 방지대책 4가지를 쓰시오.
▶ 14/2 산, 18/4 산

① 주변 수위를 저하시킨다.
② 흙막이 벽을 깊이 설치하여 지하수의 흐름을 막는다.
③ 굴착토를 즉시 원상 매립한다.
④ 작업을 중지시킨다.

10

콘크리트 타설 작업 시 콘크리트 펌프나 콘크리트 펌프카를 사용하여 작업을 하는 경우 준수사항 3가지를 쓰시오.

① 작업을 시작하기 전에 콘크리트 펌프용 비계를 점검하고 이상을 발견하였으면 즉시 보수할 것
② 건축물의 난간 등에서 작업하는 근로자가 호스의 요동·선회로 인하여 추락하는 위험을 방지하기 위하여 안전난간 설치 등 필요한 조치를 할 것
③ 콘크리트 펌프카의 붐을 조정하는 경우에는 주변의 전선 등에 의한 위험을 예방하기 위한 적절한 조치를 할 것
④ 작업 중에 지반의 침하, 아웃트리거의 손상 등에 의하여 콘크리트 펌프카가 넘어질 우려가 있는 경우에는 이를 방지하기 위한 적절한 조치를 할 것

주 **콘크리트 펌프등 사용시 준수사항** : 안전보건규칙 제 335조

11
절연손상으로 인한 위험 전압의 발생으로 야기되는 간접접촉에 대한 방지대책을 2가지만 쓰시오.

① 동시에 접촉 가능한 2개의 도전성부분을 2m 이상 격리시킬 것
② 동시에 접촉 가능한 2개의 도전성부분을 절연체로 된 방호울로 격리시킬 것
③ 2,000V의 시험전압에 견디고 누설전류가 1mA 이하가 되도록 어느 한 부분을 절연시킬 것

13
양중기의 종류 중 동력을 사용하여 사람이나 화물을 운반하는 것을 목적으로 하는 기계 설비를 리프트라 한다. 산업안전보건기준에 관한 규칙에서 규정하고 있는 리프트의 종류 3가지를 쓰시오.

① 건설작업용 리프트
② 자동차정비용 리프트
③ 이삿짐운반용 리프트

[주] 리프트의 종류 : 안전보건규칙 제132조 ② 항 3조

12
토공사시 비탈면 보호공법 4가지를 쓰시오.

① 식생공법(씨앗뿌리기 공법, 초식공법)
② 콘크리트블록과 돌쌓기 공법
③ 시멘트 모르타르 뿜어 붙이기 공법
④ 소일시멘트 공법
⑤ 돌망테공법

14
작업을 인하여 물체가 떨어지거나 날아올 위험이 있는 경우 위험방지를 위하여 취해야 할 조치사항 3가지를 쓰시오.

① 낙하물 방지망·수직보호망 또는 방호선반의 설치
② 출입금지구역의 설정
③ 보호구의 착용

[주] 낙하물에 의한 위험방지 : 안전보건규칙 제14조

건설안전기사 실기 필답형 — 2016년 제2회

01
다음은 산업재해 발생 보고에 관한 내용이다. ( )에 알맞은 내용을 쓰시오.

사업주는 산업재해로 사망자가 발생하거나 3일 이상의 요양이 필요한 부상을 입거나 질병에 걸린 사람이 발생한 경우에는 해당 산업재해가 발생한 날부터 (①)개월 이내에 (②)를 작성하여 관할 지방고용노동청장 또는 지청장에게 제출하여야 한다.

해답

① 1
② 산업재해조사표

[주] 산업재해 발생보고 : 시행규칙 제4조

02
일반건설공사(갑)에서 직접재료비 250,000,000원이고, 관급재료비 350,000,000원, 직접 노무비가 200,000,000원 일 때 안전관리비를 계산하시오. (6점)

해답

① 안전관리비=대상액[재료비(직접재료비+관급재료비)+직접노무비]×요율+기초액(C)
= [250,000,000+350,000,000+200,000,000] $\times \dfrac{1.86}{100} + 5,349,000$
=20,229,000원

② 안전관리비
=[대상액(직접재료비+직접노무비)×요율]×1.2
=[(250,000,000+200,000,000)× $\dfrac{2.93}{100}$] × 1.2
=15,822,000원

③ **정답** : 15,822,000 원 (관급재료비를 대상액에 포함시킬 때의 안전관리비 1)의 값은 관급재료비를 포함시키지 않은 안전관리비의 1.2배를 초과할 수 없으므로 안전관리비는 15,822,000원이 됨)

03

다음은 안면부 여과식의 시험성능기준에서 등급별 여과재 분진등 포집효율 기준이다. [표]의 ( )안에 알맞는 내용을 쓰시오.

종류	등급	분진포집효율 (시험 %)
안면부 여과식	특급	(①)
	1급	(②)
	2급	(③)

 해답

① 99% 이상
② 94% 이상
③ 80% 이상

[주] 분리식의 등급별 분진포집효율

등급	분진포집효율(시험 %)
특급	99.95%
1급	94%
2급	80%

04

철륜 표면에 다수의 돌기를 붙여 접지면적을 작게 하여 접지압을 증가시킨 롤러로서 고함수비 점성토 지반의 다짐작업에 적합한 롤러를 쓰시오.

 해답

탬핑롤러

05

차량계 하역운반기계(지게차 등)의 운전자가 운전위치를 이탈하고자 할 때 운전자가 준수하여야 할 사항을 2가지만 쓰시오.

 해답

① 포크, 버킷, 디퍼 등의 장치를 가장 낮은 위치 또는 지면에 내려 둘 것
② 원동기를 정지시키고 브레이크를 확실히 거는 등 갑작스러운 주행이나 이탈을 방지하기 위한 조치를 할 것
③ 운전석을 이탈하는 경우에는 시동키를 운전대에서 분리시킬 것

[주] 운전위치 이탈시의 조치 : 안전보건규칙 제 99조

06

히빙 현상의 방지대책 5가지를 쓰시오.

 해답

① 시트파일 등의 근입심도를 깊게 한다.
(널 말뚝을 깊게 박는다.)
② 굴착 주변의 상재하중을 제거한다.
③ 굴착 주변을 웰포인트 공법 병행
④ 굴착방식을 아일랜드 컷 방식으로 개선한다.
⑤ 지반개량에 의한 전단강도를 증가시킨다.

07
리프트를 사용하여 작업하는 때의 안전작업 수칙 4가지를 쓰시오.

① 리프트는 가능한한 전담운전자를 배치하여 운행토록 한다.
② 리프트를 사용할 때에는 안전성 여부를 안전관계자에게 확인한 후 사용한다.
③ 리프트의 운전자는 조작방법을 충분히 숙지한 후 운행하여야 한다.
④ 운전자는 운행 중 이상음, 진동 등의 발생여부를 확인하면서 운행한다.
⑤ 조작반의 임의 조작으로 인한 자동운전은 절대로 하여서는 안 된다.
⑥ 리프트의 탑승은 운반구가 정지된 상태에서만 한다.
⑦ 리프트는 과적 또는 탑승인원을 초과하여 운행하지 않도록 한다.
⑧ 리프트 과적 또는 탑승인원을 초과하여 운행하지 않도록 한다.
⑨ 고장수리는 반드시 전문가에게 의뢰하여 실시하여야 한다.
⑩ 리프트 운전자 및 탑승자는 안전모, 안전화 등 개인보호구를 착용하여야 한다.

08
굴착면의 높이가 2m 이상이 되는 암석의 굴착작업시 특별교육 내용 3가지를 쓰시오. (단, 그 밖에 안전·보건관리에 필요한 사항 제외)

① 폭발물 취급 요령과 대피 요령에 관한 사항
② 안전거리 및 안전기준에 관한 사항
③ 방호물의 설치 및 기준에 관한 사항
④ 보호구 및 신호방법 등에 관한 사항

[주] **특별안전·보건교육 대상 작업별 교육내용** : 시행규칙 별표 8의 2

09
구축물 또는 이와 유사한 시설물에 대하여 안전진단 등 안전성 평가를 실시하여 근로자에게 미칠 위험성을 미리 제거 하여야하는 경우 3가지를 쓰시오. (단, 그 밖의 잠재위험이 예상될 경우 제외)

① 화재 등으로 구축물 또는 이와 유사한 시설물의 내력이 심하게 저하되었을 경우
② 구축물 또는 이와 유사한 시설물에 지진, 동해, 부동침하 등으로 균열·비틀림 등이 발생하였을 경우
③ 오랜 기간 사용하지 아니하던 구축물 또는 이와 유사한 시설물을 재사용하게 되어 안전성을 검토하여야 하는 경우
④ 구축물 또는 이와 유사한 시설물의 인근에서 굴착·항타작업 등으로 침하·균열 등이 발생하여 붕괴의 위험이 예상될 경우

[주] **구축물 또는 이와 유사한 시설물의 안전성평가** : 안전보건규칙 제52조

10
다음은 사다리식 통로의 안전기준에 대한 사항이다. ( )안에 알맞은 내용을 쓰시오.

(가) 사다리의 상단은 걸쳐놓은 지점으로부터 (①)cm 이상 올라가도록 할 것
(나) 사다리식 통로의 길이가 10m 이상인 경우에는 (②)m 이내마다 계단참을 설치할 것
(다) 사다리식 통로의 기울기는 (③)도 이하로 할 것

① 60   ② 5
③ 75
[주] 사다리식 통로 등의 구조 : 안전보건규칙 제24조

11
다음의 낙하물 방지망에 대한 ( )안에 알맞은 내용을 쓰시오.

(가) 낙하물 방지망 설치높이는 (①)m 이내마다 설치하고, 내민 길이는 벽면으로부터 (②)m이상으로 할 것
(나) 수평면과의 각도는 (③)도 이상 (④)도 이하를 유지할 것

① 10   ② 2
③ 20   ④ 30
[주] 낙하물방지망 또는 방호선반 설치시 준수사항 : 안전보건규칙 제14조 ③항

12
구조안전의 위험이 큰 철골구조물은 건립 중 강풍에 의한 풍압 등 외압에 대한 내력이 설계에 고려되어 있는지 확인하여야 할 사항 4가지를 쓰시오.

① 높이 20m 이상의 구조물
② 구조물의 폭과 높이의 비가 1 : 4 이상인 구조물
③ 단면 구조에 현저한 차이가 있는 구조물
④ 연면적당 철골량이 50kg/m² 이하인 구조물
⑥ 기둥이 타이플레이트형인 구조물
⑦ 이음부가 현장용접인 구조물

13
건물 해체 작업 시 작업계획에 포함될 사항을 4가지 쓰시오.

① 해체의 방법 및 해체순서도면
② 사업장내 연락방법
③ 해체물의 처분계획
④ 해체작업용 기계·기구 등의 작업계획서
⑤ 해체작업용 화약류 등의 사용계획서
[주] 사전조사 및 작업계획서 내용 : 안전보건규칙[별표 4]

14

와이어로프의 사용금지 사항이다. 빈칸을 채우시오.

(가) 와이어로프의 한꼬임 에서 끊어진 소선의 수가 (①)% 이상인 것
(나) 지름의 감소가 (②)의 7%를 초과하는 것

① 10
② 공칭지름

[주] 이음매가 있는 와이어로프 등 사용금지 : 안전보건규칙 제166조

01

수자원시설공사(댐공사)에 재료비와 직접노무비를 합한 대상액이 45억원일 때 안전관리비를 계산하시오.

안전관리비 = 대상액×법정요율+기초액

$= 4,500,000,000 \times \dfrac{2.35}{100} + 5,400,000$

=111,150,000원 (1억 1천 1백십오만원)

> ▶ 안전관리비 계상기준 : 고용노동부고시
> ① 대상액=재료비+직접노무비
> ② 대상액이 5억원 미만 또는 50억원 이상일 때
>   ∴ 안전관리비=대상액×법정요율(비율)
> ③ 대상액이 5억원 이상~50억원 미만일 때
>   ∴ 안전관리비=대상액×법정요율(비율:X)+기초액(C)
> ④ 발주자가 재료를 제공한 경우 해당금액을 대상액에 포함시킬 때의 안전관리비를 해당금액을 포함시키기 않은 대상액을 기준으로 계상한 안전관리비의 1.2배를 초과할 수 없음
> ⑤ 공사종류별 규모 및 안전관리비 계상기준표(별표1)

공사종류	대상액 5억원 미만	5억원 이상 50억원 미만 비율(X)	5억원 이상 50억원 미만 기초액(C)	50억원 이상
일반건설공사(갑)	2.93%	1.86%	5,349,000원	1.97%
일반건설공사(을)	3.09%	1.99%	5,499,000원	2.10%
중건설공사	3.43%	2.35%	5,400,000원	2.44%
철도·궤도신설공사	2.45%	1.57%	4,411,000원	1.66%
특수 및 기타 건설공사	1.85%	1.20%	3,250,000원	1.27%

주) 수자원시설공사(댐공사) : 중건설공사

02

다음 [표]는 공사진행에 따른 안전관리비 사용기준이다. ( )안에 알맞는 수치를 쓰시오.

공정율	50% 이상 70% 미만	70% 이상 90% 미만	90% 이상
사용기준	(①)% 이상	(②)% 이상	(③)% 이상

① 50
② 70
③ 90

03

근로감독관이 사업장에서 관련 서류등을 요구할 수 있는 경우 3가지를 쓰시오.

① 정기감독
② 수시감독
③ 특별감독

04

안전보건교육에 있어 건설업 기초안전 보건교육에 대한 다음 각 물음을 답을 쓰시오.
1) 교육대상의 교육시간을 쓰시오.
2) 교육내용을 3가지만 쓰시오 (단, 산업안전보건법 주요 내용에 관한 사항은 제외한다.)

1) 교육시간 : 4시간
2) 교육내용
   ① 안전의식 제고에 관한 사항
   ② 작업별 위험요인과 안전작업방법 (재해사례 및 예방대책)
   ③ 건설직종별 건강장해 위험요인과 건강관리

[주] 교육과정별 교육시간 및 교육대상별 교육내용 : 시행규칙 별표8, 시행규칙 별표 8의 2

05

산업안전보건법상 특별안전보건교육 중 거푸집 동바리의 조립 또는 해체작업 대상 작업에 대한 교육내용에서 개별내용에 해당되는 사항을 3가지만 쓰시오. (단, 그 밖의 안전보건관리에 필요한 사항은 제외한다.)

① 동바리의 조립방법 및 작업 절차에 관한 사항
② 조립재료의 취급방법 및 설치기준에 관한 사항
③ 조립 해체 시의 사고 예방에 관한 사항
④ 보호구 착용 및 점검에 관한 사항

[주] 특별안전·보건교육 대상작업별 교육내용 : 시행규칙 별표8의 2

06

추락방지용 방망 그물코(매듭있음)의 크기(mm)을 쓰시오.

가로 세로 각각 100mm 이하

07

추락방호망 설치기준 3가지를 쓰시오.

① 안전방망의 설치위치는 가능하면 작업면 으로부터 가까운 지점에 설치하여야 하며, 작업면 으로부터 망의 설치지점까지의 수직거리는 10m를 초과하지 아니할 것
② 안전방망은 수평으로 설치하고, 망의 처짐은 짧은 변 길이의 12% 이상이 되도록 할 것
③ 건축물 등의 바깥쪽으로 설치하는 경우 망의 내민 길이는 벽면으로부터 3m 이상 되도록 할 것

[주] 추락의 방지 : 안전보건규칙 제42조

08

와이어로프의 안전계수에 대해서 설명하시오.

와이어로프 등의 절단하중 값을 그 와이어로프 등에 걸리는 하중의 최대값으로 나눈 값을 말한다.

$$안전계수 = \frac{절단하중}{최대사용하중}$$

[주] 와이어로프 등 달기구의 안전계수 : 안전보건규칙 제163조

09
차량계 건설기계의 작업 계획에 포함 사항 3가지를 쓰시오.

해답

① 사용하는 차량계 건설기계의 종류 및 성능
② 차량계 건설기계의 운행경로
③ 차량계 건설기계에 의한 작업방법

[주] 사전조사 및 작업계획서 내용 : 안전보건규칙 [별표 4]

11
쇼벨계 건설기계 중 기계가 위치한 지면보다 높은 곳의 땅을 굴착하는데 적합한 굴착기계의 명칭을 쓰시오. 16/2 산, 18/4 산

해답

파워쇼벨

10
차량계 하역운반 기계에 화물 적재 시 준수사항을 3가지 쓰시오.

해답

① 하중이 한쪽으로 치우치지 않도록 적재할 것
② 운전자의 시야를 가리지 않도록 화물을 적재할 것
③ 화물을 적재하는 경우에는 최대적재량을 초과해서는 아니 된다.
④ 구내운반차 또는 화물자동차의 경우 화물의 붕괴 또는 낙하에 의한 위험을 방지하기 위하여 화물에 로프를 거는 등 필요한 조치를 할 것

[주] 화물적재시의 조치 : 안전보건규칙 제173조

12
회전날 끝에 다이아몬드 입자를 혼합 경화하여 제조된 절단톱으로 기둥, 보, 바닥, 벽체를 적당한 크기로 절단하여 해체하는 작업을 하는 경우 준수사항을 3가지 쓰시오.

해답

① 작업현장은 정리정돈이 잘 되어야 한다.
② 절단기에 사용되는 전기시설과 급수, 배수설비를 수시로 정비 점검하여야 한다.
③ 회전날에는 접촉방지 커버를 부착토록 하여야 한다.
④ 회전날의 조임상태는 안전한지 작업전에 점검하여야 한다.

13

잠함, 우물통, 수직갱 기타 이와 유사한 건설물 또는 설비의 내부에서 굴착작업을 하는 때에 사업주가 준수하여야 할 사항 3가지를 쓰시오.

해답

① 산소 결핍 우려가 있는 경우에는 산소의 농도를 측정하는 사람을 지명하여 측정하도록 할 것
② 근로자가 안전하게 오르내리기 위한 설비를 설치할 것
③ 굴착 깊이 20m를 초과하는 경우에는 해당 작업장소와 외부와의 연락을 위한 통신 설비 등을 설치할 것

[주] 잠함 등 내부에서의 작업 : 안전보건규칙 제 377조

14

간이 리프트의 운반구에 근로자를 탑승시켜서는 아니 되지만 탑승이 가능한 경우의 조치를 쓰시오.

해답

- 간이 리프트의 수리·조정 및 점검 등의 작업을 할 때에 그 작업에 종사하는 근로자가 위험해질 우려가 없도록 조치한 경우

01

철골공사시 강풍에 의한 풍압 등 외압에 대한 내력이 설계에 고려되었는지 확인해야 할 구조물의 종류를 4가지 쓰시오.

① 높이 20m 이상의 구조물
② 이음부가 현장용접인 구조물
③ 구조물의 폭과 높이의 차이가 1 : 4 이상인 구조물
④ 단면구조에 현저한 차이가 있는 구조물
⑤ 연면적당 철골량이 50kg/m² 이하인 구조물
⑥ 기둥이 타이 플레이트(tie plate) 형인 구조물

주 철골공사시 외압에 대한 내력이 설계에 고려되었는지 확인해야 할 구조물 : 고용노동부고시

02

400명의 근로자가 1일 8시간씩 연간 300일 근무한 A사업장의 전년도 도수율이 120, 현재 도수율이 100인 경우 (1) safe T. score를 구하고 (2) 안전관리 수행도 평가를 하시오.

① safe T. score

$$= \frac{(현재)빈도율 - (과거)빈도율}{\sqrt{\dfrac{(과거)빈도율}{근로총시간수} \times 10^6}}$$

$$= \frac{100 - 120}{\sqrt{\dfrac{120}{400 \times 8 \times 300} \times 10^6}} = -1.79$$

② 과거에 비해 심각한 차이가 없다.

▶ Safe T. Score(세이프 티 스코어)
1) 뜻 : 과거와 현재의 안전성적을 비교, 평가하는 방법으로 단위가 없으며 계산결과 (+)이면 나쁜 기록, (-)이면 과거에 비해 좋은 기록으로 본다.
2) 공식
 safe T. score
 $$= \frac{빈도율(현재) - 빈도율(과거)}{\sqrt{\dfrac{빈도율(과거)}{연간근로시간수(현재)} \times 10^6}}$$
3) 판정
 ① +2.00 이상인 경우 : 과거보다 심각하게 나쁘다.
 ② +2.00 ~ -2.00 경우 : 심각한 차이 없음
 ③ -2.00 이하 : 과거보다 좋다.

03
굴착면의 높이가 2m 이상이 되는 암석의 굴착작업에 대한 특별교육 내용을 3가지 쓰시오.

해답

① 폭발물 취급요령과 대피요령에 관한 사항
② 안전거리 및 안전기준에 관한 사항
③ 방호물의 설치 및 기준에 관한 사항
④ 보호구 및 신호방법 등에 관한 사항

[주] 특별안전보건교육 대상작업별 교육내용 : 시행규칙 별표8의 8

Guide 특별안전보건교육을 받아야 할 대상작업이 38개소나 되므로 모두 암기할수 없으나 출제율은 높은편이므로 기출문제에 출제되었던 문제는 반드시 암기하여야 합니다.

04
산업안전보건법상 안전검사대상 유해 위험기계의 종류를 4가지만 쓰시오. (단, 대상의 조건이 있는 경우에는 반드시 그 조건을 포함하여 쓰시오)

해답

① 프레스
② 전단기
③ 크레인(이동식 크레인과 정격하중 2톤 미만인 호이스트는 제외)
④ 리프트
⑤ 압력용기
⑥ 곤돌라
⑦ 국소배기장치(이동식은 제외)
⑧ 원심기(산업용에 한정)
⑨ 롤러기(밀폐구조는 제외)
⑩ 사출성형기(형체결력 29kN 미만은 제외)
⑪ 고소작업대(화물자동차 또는 특수자동차에 탑재한 고소작업대로 한정)
⑫ 콘베이어
⑬ 산업용 로봇

[주] 안전검사대상 유해·위험기계 등 : 시행령 제28조의6

길잡이

▶ 안전검사대상 유해위험기계등의 검사주기
1) 크레인(이동식 크레인은 제외), 리프트(이삿짐운반용 리프트는 제외) 및 곤돌라
   ① 설치가 끝난 날부터 3년 이내에 최초 안전검사를 실시하되, 그 이후부터 2년마다 실시
   ② 건설현장에 사용하는 것은 최초로 설치한 날부터 6개월 마다 실시
2) 이동식크레인, 이삿짐 운반용리프트 및 고소작업대
   : 신규등록 이후 3년 이내에 최초안전검사를 실시하되, 그 이후부터 2년마다 실시
3) 그 밖의 유해위험기계 등
   ① 설치가 끝난 날부터 3년 이내에 최초 안전검사를 실시하되, 그 이후부터 2년마다 실시
   ② 공정안전보고서를 제출하여 확인을 받은 압력용기는 4년마다 실시

05
히빙현상 및 보일링현상 방지대책을 각각 2가지씩만 쓰시오.

해답

1) 히빙 방지대책
   ① 굴착주변의 상재하중을 제거한다.
   ② 흙막이벽(토류벽)의 근입깊이를 깊게 한다.(강성이 높은 흙박이벽의 밑끝을 양질의 지반 속에 깊게 박는다.)
   ③ 흙막이벽 재료를 강도가 높은 것을 사용하고 버팀대의 수를 증가시킨다.
   ④ 버팀대, 브래킷, 흙막이판 등을 점검한다.

2) 보일링 방지대책
   ① 굴착배면의 지하수위를 낮춘다.
   ② 흙막이벽(토류벽)의 근입깊이를 깊게 한다.
   ③ 흙막이벽 하단부에 버팀대를 보강한다.
   ④ 흙막이벽 선단에 코아 및 필터층을 설치한다.

06
산업안전보건법상의 승강기의 종류를 4가지 쓰시오. ▶ 18/4 산

해답

① 승객용 엘리베이터
② 승객화물용 엘리베이터
③ 엘리베이터
④ 소형화물용 엘리베이터
⑤ 에스컬레이터

길잡이

1) 양중기의 종류 (안전보건규칙 제132조)
   ① 크레인(호이스트 포함)
   ② 이동식 크레인(트렉크레인, 크롤러크레인 등)
   ③ 리프트(이삿짐 운반용 리프트는 적재하중이 0.1ton 이상인 것)
   ④ 곤돌라
   ⑤ 승강기(최대하중이 0.25ton 이상인 것)

2) 리프트의 종류 (안전보건규칙 제132조)
   ① 건설작업용 리프트
   ② 자동차정비용 리프트
   ③ 이삿짐운반용 리프트

07
다음 산업안전표지의 종류를 쓰시오.

해답

① 보안경 착용
② 비상구
③ 사용금지
④ 고압전기 경고

Guide 금지표지 8, 경고표시 15, 지시표시 9, 안내표지 8)는 출제율이 매우 높으므로 반드시 숙지하여야 합니다.

08

양중기(승강기는 제외) 및 달비계를 사용하여 작업을 하는 운전자 또는 작업자가 보기 쉬운 곳에 표시해야 할 사항을 2가지 쓰시오.

① 정격하중
② 운전속도
③ 경고표시

[주] (1) 정격하중 등의 표시 : 안전보건규칙 제133조
   (2) 달기구 : 정격하중만 표시

09

양중기의 와이어로프 등 달기구의 안전계수 4가지를 쓰시오.

① 근로자가 탑승하는 운반구를 지지하는 달기 와이어로프 또는 달기체인의 경우 : 10이상
② 화물의 하중을 직접 지지하는 달기와이어로프 또는 달기체인의 경우 : 5이상
③ 훅, 샤클, 클램프, 리프팅 빔의 경우 : 3이상
④ 그 밖의 경우 : 4이상

[주] 와이어로프 등 달기구의 안전계수 : 안전보건규칙 제163조

안전계수 = $\dfrac{\text{절단하중}}{\text{최대사용하중}}$

10

다음 물음에 답하시오.
(가) 안전보건개선계획 수립대상 사업장 2곳을 쓰시오.
(나) 안전·보건진단을 받아 안전보건개선계획을 수립·제출하도록 명할 수 있는 사업장 2곳을 쓰시오.

(가) 안전보건개선계획 수립대상 사업장
   ① 산업재해율이 같은 업종의 규모별 평균 산업재해율보다 높은 사업장
   ② 사업주가 안전보건조치의무를 이행하지 아니하여 중대재해가 발생한 사업장
   ③ 유해인자의 노출기준을 초과한 사업장

(나) 안전·보건진단을 받아 안전보건개선계획을 수립·제출하도록 명할 수 있는 사업장
   ① 사업주가 필요한 안전보건조치를 이행하지 아니하여 중대재해가 발생한 사업장
   ② 산업재해율이 같은 업종 평균 산업재해율의 2배 이상인 사업장
   ③ 직업병에 걸린 사람이 연간 2명 이상 상시근로자 1천명 이상 사업장은 3명 이상 발생한 사업장
   ④ 작업환경 불량, 화재·폭발 또는 누출사고 등으로 사회적 물의를 일으킨 사업장

[주] (1) 안전보건개선계획 : 법 제50조
   (2) 안전보건개선계획 수립대상 사업장 : 시행규칙 제131조

11

다음 [표]는 지반굴착시 굴착면의 기울기 기준이다. ( )안에 알맞은 용어 및 수치를 쓰시오.

▶ 18/4 산

구분	지반의 종류	기울기
보통흙	습지	(①)
	건지	(②)
암반	풍화암	(③)
	연암	(④)
	경암	(⑤)

① 1 : 1 ~ 1 : 1.5
② 1 : 0.5 ~ 1 : 1
③ 1 : 1.0
④ 1 : 1.0
⑤ 1 : 0.5

[주] 굴착면의 기울기 기준 : 안전보건규칙 별표11

12

차량계 건설기계 중 1) 도저형 건설기계와 2) 천공용 건설기계의 종류를 각각 2가지씩 쓰시오.

1) 도저형 건설기계
　① 불도저　　② 스트레이트도저
　③ 틸트도저　　④ 앵글도저
　⑤ 버킷도저

2) 천공용 건설기계
　① 어스드릴　　② 어스오거
　③ 크롤러드릴　　④ 점보드릴

[주] 차량계 건설기계의 분류 : 안전보건규칙 [별표 6]

길잡이

▶ 차량계 건설기계의 정의 및 종류

1) **차량계 건설기계 정의** : 동력원을 사용하여 특정되지 아니한 장소로 스스로 이동할 수 있는 건설기계
2) **차량계 건설기계의 종류**(안전보건규칙 별표6)
　① 도저형 건설기계(불도저, 스트레이트도저, 틸트도저, 앵글도저, 버킷도저 등)
　② 모터그레이더
　③ 로더(포크 등 부착물 종류에 따른 용도변경 형식을 포함)
　④ 스크레이퍼
　⑤ 크레인형 굴착기계(크램쉘, 드래그라인 등)
　⑥ 굴삭기(브레이커, 크러셔, 드릴 등 부착물 종류에 따른 용도변경 형식을 포함)
　⑦ 항타기 및 항발기
　⑧ 천공용 건설기계(어스드릴, 어스오거, 크롤러드릴, 점보드릴 등)
　⑨ 지반 압밀침하용 건설기계(샌드드레인머신, 페이퍼드레인머신, 팩드레인머신 등)
　⑩ 지반 다짐용 건설기계(타이어롤러, 매커덤롤러, 텐덤롤러 등)
　⑪ 준설용 건설기계(버킷준설선, 그래브준설선, 펌프준설선 등)
　⑫ 콘크리트 펌프카
　⑬ 덤프트럭
　⑭ 콘크리트 믹서 트럭
　⑮ 도로포장용 건설기계(아스팔트 살포기, 콘크리트 살포기, 아스팔트 피니셔, 콘크리트 피니셔 등)
　⑯ 제1호부터 제15호까지와 유사한 구조 또는 기능을 갖는 건설기계로서 건설작업에 사용하는 것

13

기계가 위치해 있는 지반보다 높은 곳을 굴착할 때 사용하는 기계의 명칭을 쓰시오.

▶ 16/2 산, 18/4 산

해답

파워쇼벨

> **길잡이**
>
> ▶ 벨계 굴착기계
> ① **파워쇼벨**(power shovel) : 중기가 위치한 지면보다 높은 장소 굴착시 적합
> ② **백호우**(drag shovel, 드래그 쇼벨) : 중기가 위치한 지면보다 낮은 장소 굴착시 적합
> (앞쪽으로 끌어당기면서 작업)
> ③ **드래그 라인**(drag line) : 지반보다 낮은 연질지반의 넓은 굴착에 적합(힘이 약함)
> ④ **클램셀**(damshell) : 붐의 선단에서 버킷을 와이어로프로 매달아 바로 아래로 떨어뜨려 흙을 떠 올리는 중기
> ⑤ **굴착기의 전부장치** : 붐(boom), 암(arm), 버킷(bucket) 등으로 구성

14

잠함·우물통·수직갱 기타 이와 유사한 건설물 또는 설비의 내부에서 굴착작업을 하는 때에 준수하여야 할 사항을 3가지 쓰시오.

해답

① 산소결핍의 우려가 있는 때에는 산소의 농도를 측정하는 자를 지명하여 측정하도록 할 것
② 근로자가 안전하게 승강하기 위한 설비를 설치할 것
③ 굴착깊이가 20m를 초과하는 때에는 해당 작업장소와 외부와의 연락을 위한 통신설비 등을 설치할 것
④ 산소농도 측정결과 산소의 결핍이 인정되거나 굴착깊이가 20m를 초과하는 때에는 송기를 위한 설비를 설치하여 필요한 양의 공기를 송급하도록 할 것

[주] 잠함 등 내부에서의 작업 : 안전보건규칙 제377조

> **길잡이**
>
> 1) 잠함 등 내부에서 작업시 준수사항
> ① 산소농도 측정자를 지명하여 산소농도를 측정하도록 할 것
> ② 승강설비를 설치할 것
> ③ 굴착깊이가 20m 초과시에는 통신설비를 설치할 것
> 2) 송기설비를 설치하여 필요한 양의 공기를 송급해야 할 경우
> ① 산소농도 측정결과 산소의 결핍이 인정되는 경우
> ② 굴착깊이가 20m를 초과하는 경우

건설안전기사 실기 필답형 — 2017년 제2회

01
상시근로자가 200명인 사업장에서 중대재해가 발생하여 1명이 사망하고 120일의 휴업 일수가 발생하였다. 강도율을 구하시오. (단, 연간 근무 일수는 305일, 1일 근무시간은 8시간이다.)

$$강도율 = \frac{근로손실일수}{연근로시간수} \times 1000$$

$$= \frac{7500 + \left(120 \times \dfrac{305}{365}\right)}{200 \times 305 \times 8} \times 1000 = 15.57$$

Guide

1) 문제 중에는 틀려도 될 문제(어려운 문제, 복잡한 문제 등)가 있지만 절대로 틀려서는 안될 문제가 있습니다. 바로 재해율 구하는 문제가 절대로 틀려서는 안 될 문제입니다.
2) 재해율 구하는 방법 순서 : 다음과 같이 표준화 하십시오
   ① 공식을 쓴다
   ② 공식에 숫자를 대입한다
   ③ 계산기로 계산을 하여 답(정확하게 소수점 처리)을 구한다

02
다음 [표]는 지반굴착시 굴착면의 기울기 기준이다. ( )안에 알맞은 용어 및 수치를 쓰시오.

구분	지반의 종류	기울기
보통 흙	습 지	(①)
	건 지	1 : 0.5 ~ 1 : 1
암 반	경 암	(②)
	연 암	1 : 0.5
	풍화암	(③)

① 1 : 1 ~ 1 : 1.5
② 1 : 0.3
③ 1 : 0.8

주 굴착면의 기울기 기준 : 안전보건규칙 [별표11]

03
차량계 건설기계 작업 시 넘어지거나 굴러떨어짐에 의해 근로자에게 위험을 미칠 우려가 있을 때 조치사항 3가지를 쓰시오.

해답

① 유도자 배치
② 지반의 부동침하 방지
③ 갓길의 붕괴 방지
④ 도로의 폭 유지

[주] 차량계 건설기계 작업시 전도등의 방지 : 안전보건규칙 제199조

> **길잡이**
> ▶ 차량계 하역운반기계 등의 전도·전락 방지대책
> (안전보건규칙 제171조)
> ① 유도자 배치
> ② 지반의 부동침하 방지
> ③ 갓길의 붕괴방지

04
크레인의 작업 시작 전 점검사항 3가지를 쓰시오

해답

① 권과방지장치·브레이크·클러치 및 운전장치의 기능
② 주행로의 상측 및 트롤리가 횡행하는 레일의 상태
③ 와이어로프가 통하고 있는 곳의 상태

[주] 작업시작전 점검사항 : 안전보건규칙[별표3]

05
차량계 건설기계를 사용하여 작업을 하는 때에는 작업계획을 작성하여야 한다. 작업계획작성 시 포함시켜야 할 사항을 3가지 쓰시오.

해답

① 사용하는 차량계 건설기계의 종류 및 능력
② 차량계 건설기계의 운행 경로
③ 차량계 건설기계에 의한 작업방법

[주] 작업계획서의 작성 안전보건규칙 [별표4]

06
크레인의 방호장치 4가지를 쓰시오.

해답

① 과부하방지장치
② 권과방지장치
③ 비상정지장치
④ 제동장치(브레이크장치)

[주] 양중기의 방호장치의 조정 : 안전보건규칙 제134조

> **길잡이**
> 1) 양중기(크레인, 이동식크레인, 이삿짐운반용리프트, 간이리프트, 곤돌라 등)의 방호장치
>   ① 과부하 방지장치
>   ② 권과방지장치
>   ③ 비상정지장치
>   ④ 제동장치
>
> 2) 승강기의 방호장치
>   ① 파이널 리스트 스위치(final limit switch)
>   ② 속도조절기[조속기(調速機)]
>   ③ 출입문 인터록(inter lock)

07
터널건설작업시 배기가스나 분진 등으로 시계가 제한되는 경우 시계 유지에 필요한 조치사항 2가지를 쓰시오.

해답
① 물을 뿌릴 것
② 환기를 실시할 것

[주] 시계의 유지 : 안전보건규칙 제353조

08
흙의 동상방지대책을 3가지만 쓰시오.

해답
① 지표의 흙을 화학약품으로 처리한다.
② 지하수위를 저하시킨다.
③ 동결 깊이 상부의 흙을 동결이 잘되지 않는 재료로 치환한다.
④ 단열 재료를 삽입한다.
⑤ 보온 시공을 한다.

09
작업자가 비계위에 설치된 안전난간이 없는 작업발판에서 작업하다가 밑으로 떨어져 바닥에 부딪치는 사고가 발생하였다. ① 기인물 ② 가해물 ③ 재해형태를 쓰시오.

해답
① 기인물 : 작업발판
② 가해물 : 바닥
③ 재해형태 : 추락

10
NATM 공법의 터널공사에서 지질 및 지층에 관한 조사를 통해 확인할 사항 3가지를 쓰시오

해답
① 시추(보링)위치
② 토층 분포상태
③ 투수계수
④ 지하수위
⑤ 지반의 지지력

길잡이

1) NATM(New Asuatrain Tunnel Method)공법 : 화약발파에 의해 굴착하는 방식으로 주변지반을 터널의 주지보를 이용하여 암반굴착 후 록 볼트(rock bolt)를 체결하고 1차 라이닝(lining) → 방수 시트(sheet) → 2차 라이닝하여 터널을 형성시키면서 굴진하는 공법

2) 계측별 조사 항목
① 내공변위 측정 : 변위량, 변위속도 등을 파악하여 주위 지반의 안정성 파악, 1차 지보의 설계, 시공 타당성 파악 등
② 천단침하 측정 : 천단의 변위량을 측정하여 터널 천장부 침하 판단
③ 지중침하 측정 : 터널굴착시 지중의 침하량 파악
④ 록 볼트 축력 측정 : 록 볼트에 작용하는 축력을 심도별로 측정하여 지보효과와 유효설계 깊이 판단
⑤ 지표침하 측정 : 터널 굴착에 따른 지표의 침하량 파악
⑥ 숏크리트(shotcrete) 응력 측정 : 배면토압과 숏크리트의 내부응력 측정

11

다음 양중기의 와이어로프 등 달기구의 안전계수를 쓰시오.

(1) 근로자가 탑승하는 운반구를 지지하는 달기와이어로프 또는 달기체인의 경우 :
(2) 화물의 하중을 직접 지지하는 달기와이어로프 또는 달기체인의 경우 :
(3) 훅, 샤클, 클램프, 리프팅빔의 경우 :
(4) 그 밖의 경우 :

해답

① 10 이상
② 5 이상
③ 3 이상
④ 4 이상

[주] 와이어로프 등 달기구의 안전계수 : 안전보건규칙 제163조

12

다음 안전보건표지의 명칭을 쓰시오.

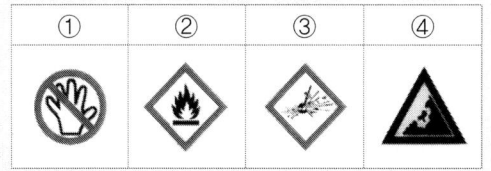

해답

① 사용금지
② 인화성물질경고
③ 폭발성물질경고
④ 낙하물경고

[주] 안전보건표지의 종류와 형태 : 시행규칙 별표1의2

13

다음은 이동식 사다리의 구조기준이다. ( )안에 알맞은 숫자를 쓰시오

(1) 사다리의 길이가 (①)m 를 초과해서는 안 된다.
(2) 다리의 벌림은 벽 높이의 (②) 정도, 사다리기둥과 수평면과의 경사각이 (③) 정도가 적당하다.
(3) 벽면 상부로부터 최소한 (④)m 이상의 여장 길이가 있어야 한다.

해답

① 6
② $\dfrac{1}{4}$
③ 75°
④ 1

[주] 이동식 사다리의 구조 : 고용노동부 고시

14

거푸집 동바리를 조립할 때 지주로 사용하는 강관(파이프서포트는 제외)에 대한 안전조치사항을 2가지만 쓰시오. (단, 산업안전보건법령에 의한다.)

해답

① 높이 2m 이내마다 수평연결재를 2개 방향으로 만들고 수평연결재의 변위를 방지할 것
② 멍에 등을 상단에 올릴 때에는 해당 상단에 강재의 단판을 붙여 멍에 등에 고정 시킬 것

[주] 거푸집 동바리 등의 안전조치 : 안전보건규칙 제332조

01
안전관리자를 정수 이상으로 증원하게 하거나 교체하여 임명할 수 있는 사유 3가지를 쓰시오.

해답
① 해당 사업장의 연간재해율이 같은 업종의 평균재해율의 2배 이상인 경우
② 중대재해가 연간 2건 이상 발생한 경우
③ 관리자가 질병이나 그 밖의 사유로 3개월 이상 직무를 수행할 수 없게 된 경우
④ 화학적 인자로 인한 직업성질병자가 연간 3명 이상 발생한 경우

[주] 안전관리자 등의 증원·교체임명 명령 : 시행규칙 제12조

02
산업안전보건법상 안전관리자가 수행하여야 할 업무내용 5가지를 쓰시오.

해답
① 산업안전보건위원회 또는 노사협의체에서 심의·의결한 직무와 안전보건관리규정 및 취업규칙에서 정한 업무
② 안전인증대상 기계·기구 등과 자율안전확인대상 기계·기구 등 구입시 적격품의 선정에 관한 보좌 및 지도·조언
③ 위험성평가에 관한 보좌 및 지도·조언
④ 해당 사업장 안전교육계획의 수립 및 안전교육 실시에 관한 보좌 및 지도·조언
⑤ 사업장 순회점검·지도 및 조치의 건의
⑥ 산업재해발생의 원인조사 분석 및 재발방지를 위한 기술적 보좌 및 지도·조언
⑦ 산업재해에 관한 통계의 유지·관리·분석을 위한 보좌 및 지도·조언
⑧ 법 또는 법에 따른 명령으로 정한 안전에 관한 사항의 이행에 관한 보좌 및 지도·조언
⑨ 업무수행 내용의 기록·유지

[주] 안전관리자의 업무 등 : 시행령 제13조

03
지게차를 사용하여 작업을 하는 때 작업시작 전 점검사항 4가지를 쓰시오.

해답

① 제동장치 및 조종장치 기능의 이상 유무
② 하역장치 및 유압장치 기능의 유무
③ 바퀴의 이상 유무
④ 전조등·후미등·방향지시기 및 경보장치 기능의 이상 유무

[주] 작업시작 전 점검사항 : 안전보건규칙 제199조

04
터널공사를 할 경우 암질변화 구간 및 이상암질의 출현시 암질판별법(암질분류법)4가지를 쓰시오.

해답

① RQD(%)
② RMR(%)
③ 탄성파속도(m/sec)
④ 일축압축강도(kg/cm²)
⑤ 진동치 속도(cm/sec = kine)

[주] 터널공사시 암질판별법 : 표준안전작업지침(NATM 공법)

05
공사용 가설도로를 설치하는 경우에 준수사항 3가지를 쓰시오.

해답

① 도로는 장비 및 차량이 안전하게 운행할 수 있도록 견고하게 설치할 것
② 도로와 작업장이 접하여 있을 경우에는 방책 등을 설치할 것
③ 도로는 배수를 위하여 경사지게 설치하거나 배수시설을 설치할 것
④ 차량의 속도제한 표지를 부착할 것

[주] 가설도로 : 안전보건규칙 제 379조

06
산업안전보건위원회에 관한 다음 물음에 답하시오.

1) 위원장 선출방법
2) 의결되지 아니한 사항 등의 처리방법

해답

① **위원장 선출방법** : 산업안전보건위원회의 위원장은 위원 중에서 호선한다.
이 경우 근로자위원과 사용자위원 중 각 1명을 공동위원장으로 선출할 수 있다.
② **의결되지 아니한 사항 등의 처리방법** : 근로자위원과 사용자위원의 합의에 따라 산업안전보건위원회에 중재기구를 두어 해결하거나 제3자에 의한 중재를 받아야 한다.

[주] 1) 위원장 선출 : 시행령 제 25조의 3
    2) 의결되지 않은 사항 등의 처리 : 시행령 제 25조의 5

07
고소작업대 이동시 준수사항 2가지를 쓰시오.

해답

① 작업대를 가장 낮게 내릴 것
② 작업대를 올린 상태에서 작업자를 태우고 이동하지 말 것.
③ 이동통로의 요철상태 또는 장애물의 유무 등을 확인할 것.

[주] 고소작업대 이동시 준수사항 : 안전보건규칙 제186조 제③항

08
콘크리트 공사시 사용되는 외부비계의 종류 5가지를 쓰시오.

해답

① 강관비계
② 강관틀비계
③ 통나무비계
④ 달비계
⑤ 달대비계
⑥ 말비계
⑦ 이동식비계
⑧ 걸침비계
⑨ 시스템비계

09
산업안전보건법상 특별안전보건교육 중 거푸집 동바리의 조립 또는 해체작업시 교육내용 4가지를 쓰시오(단, 그 밖의 안전보건관리에 필요한 사항은 제외한다.)

해답

① 동바리의 조립방법 및 작업 절차에 관한 사항
② 조립재료의 취급방법 및 설치기준에 관한 사항
③ 조립 해체 시의 사고 예방에 관한 사항
④ 보호구 착용 및 점검에 관한 사항

[주] 특별안전보건교육 대상작업별 교육내용 : 시행규칙[별표 8의 2]

10
다음 조건에 해당하는 안전관리조직의 유형을 쓰시오.

① 생산부분은 안전에 대한 책임과 권한이 없다.
② 안전에 대한 전문지식 및 기술축적이 용이하다.
③ 권한다툼이나 조정 때문에 시간과 노력이 소모된다.

해답

스탭(STAFF)형 (참모식 조직)

11

다음 [보기]를 참고하여 건설업 안전관리비를 계산하시오. 공사의 종류는 일반건설공사(갑)이며 계상기준은 1.97%이다.

[보기]
· 노무비 40억 (직접노무비 30억, 간접노무비 10억)
· 재료비 40억
· 기계경비 30억

안전관리비
= 대상액(재료비+직접노무비)×법정요율(비율)
= (40억+30억)× $\dfrac{1.97}{100}$ =137,900,000원

(1억3천7백9십만원)

12

연약한 지반에 하중을 가하여 흙을 압밀시키는 방법으로 구조물 축조장소에 사전에 성토하여 침하시켜 흙의 전단강도를 증가시킨 후 성토부분을 제거하는 지반개량 공법명을 쓰시오.

프리로딩 공법 (Pre-loading method)

13

다음은 근로자의 추락 등의 위험방지를 위하여 설치하는 안전난간의 구조 및 설치요건이다. ( )안에 알맞은 내용을 쓰시오.

(가) 상부 난간대는 바닥면·발판 또는 경사로의 표면으로부터 (①)cm 이상 지점에 설치하고, 상부난간대를 120cm 이하에 설치하는 경우에는 중간 난간대는 상부 난간대와 바닥면 등의 중간에 설치하여야 하며, 120cm 이상 지점에 설치하는 경우에는 중간 난간대를 2단 이상으로 균등하게 설치하고 난간의 상하 간격은 (②)cm 이하가 되도록 할 것

(나) 발끝막이판은 바닥면 등으로부터 (③)cm 이상의 높이를 유지할 것

(다) 난간대는 지름 2.7cm 이상의 금속제 파이프나 그 이상의 강도가 있는 재료일 것

(라) 안전난간은 구조적으로 가장 취약한 지점에서 가장 취약한 방향으로 작용하는 100kg 이상의 하중에 견딜 수 있는 튼튼한 구조일 것

① 90
② 60
③ 10

[주] 안전난간의 구조 및 설치요건 : 안전보건규칙 제13조

14

다음은 산업안전보건법상 안전보건개선계획 수립대상 사업장 등에 관한 내용이다. ( )안에 알맞은 내용을 쓰시오.

(가) 안전보건개선계획의 수립·시행명령을 받은 사업주는 고용노동부장관이 정하는 바에 따라 안전보건개선계획서를 작성하여 그 명령을 받은 날부터 (①)일 이내에 관할 지방고용노동관서의 장에게 제출하여야 한다.

(나) 안전보건개선계획서에는 시설, (②), (③), 산업재해 예방 및 작업환경의 개선을 위하여 필요한 사항이 포함되어야 한다.

① 60
② 안전·보건관리체제
③ 안전·보건교육

주 안전보건개선계획 수립대상 사업장 등 : 시행규칙 제 131조

01
재해예방의 4원칙을 쓰시오.

① 원인연계의 원칙
② 손실우연의 원칙
③ 예방가능의 원칙
④ 대책선정의 원칙

02
명예감독관에 대한 다음 물음에 답하시오.
(1) 명예감독관을 위촉할 수 있는 주체를 쓰시오
(2) 명예감독관의 임기는?

① 고용노동부장관
② 2년

[주] (1) 명예산업안전감독관의 위촉 : 법 제61조의 2
   (2) 명예산업안전감독관의 임기 : 시행령 제145조의 2 제③항

길잡이

▶ **명예감독관의 위촉대상**(시행령 제45조의 2 제①항)
: 고용노동부장관은 다음 각 호의 어느 하나에 해당하는 사람 중에서 명예감독관을 위촉할 수 있다.
① 산업안전보건위원회 또는 노사협의체 설치 대상 사업의 근로자 중에서 근로자대표가 사업주의 의견을 들어 추천하는 사람
② 「노동조합 및 노동관계조정법」 제10조에 따른 연합단체인 노동조합 또는 그 지역 대표기구에 소속된 임직원 중에서 해당 연합단체인 노동조합 또는 그 지역 대표기구에 소속된 임직원 중에서 해당 연합단체인 노동조합 또는 그 지역 대표기구가 추천하는 사람
③ 전국 규모의 사업주단체 또는 그 산하조직에 소속된 임직원 중에서 해당 단체 또는 그 산하조직이 추천하는 사람
④ 산업재해 예방 관련 업무를 하는 단체 또는 그 산하조직에 소속된 임직원 중에서 해당 단체 또는 그 산하조직이 추천하는 사람

03
안전보건총괄책임자 지정 대상 사업 중 건설업인 경우 총공사금액을 쓰시오.

20억원 이상

길잡이

1) **안전보건총괄책임자 지정대상 사업**(시행령 제23조)
① 수급인에게 고용된 근로자를 포함한 상시근로자가 100명(선박 및 보트 건조업, 1차금속제조업 및 토사석 광업의 경우에는 50명) 이상인 사업
② 수급인의 공사금액을 포함한 해당 공사의 총공사금액이 20억원 이상인 건설업
2) **안전보건총괄책임자의 직무 등**(시행령 제24조)
① 작업의 중지 및 재개
② 도급사업 시의 안전 · 보건조치
③ 수급인의 산업안전보건관리비의 집행 감독 및 그 사용에 관한 수급인 간의 협의 · 조정
④ 안전인증대상 기계 · 기구 등과 자율안전확인대상 기계 · 기구 등의 사용 여부 확인
⑤ 위험성 평가의 실시에 관한 사항

04

다음 [표]는 산업안전·보건 관련 교육과정별 교육시간이다. ( )안에 알맞은 수치를 쓰시오.

교육과정	교육대상	교육시간
(가) 정기교육	사무직 종사 근로자	매분기 (①)시간 이상
(나) 채용 시의 교육	일용근로자	(②)시간 이상
(다) 건설업기초안전보건교육	건설 일용근로자	(③)시간
(라) 특별교육	특별안전·보건교육 대상 일용근로자	(④)시간 이상

① 3 ② 1
③ 4 ④ 2

길잡이

▶ 근로자의 교육과정별 교육시간(시행규칙 별표8)

교육과정	교육대상		교육시간
1. 정기교육	사무직 종사 근로자		매분기 3시간 이상
	사무직 종사근로자 외의 근로자	판매업무에 직접 종사하는 근로자	매분기 3시간 이상
		판매업무에 직접 종사하는 근로자 외의 근로자	매분기 6시간 이상
	관리감독자의 지위에 있는 사람		연간 16시간 이상
2. 채용시 교육	일용근로자를 제외한 근로자		8시간 이상
	일용근로자		1시간 이상
3. 작업내용 변경시 교육	일용근로자를 제외한 근로자		2시간 이상
	일용근로자		1시간 이상

교육과정	교육대상	교육시간
4. 특별교육	특별안전보건교육대상 작업에 종사하는 일용근로자를 제외한 근로자	· 16시간 이상(최초 작업에 종사하기 전 4시간 실시하고 12시간은 3개월 이내에 분할하여 실시 가능) · 단기간 작업 또는 간헐적 작업인 경우에는 2시간 이상
	특별안전보건교육대상 작업에 종사하는 일용근로자	2시간 이상
5. 건설업 기초안전보건교육	건설일용근로자	4시간 이상

05

다음은 사업의 종류·규모에 따른 안전관리자의 수에 관한 사항이다. 다음 물음에 답하시오.

① 총공사금액 1000억원 이상인 건설업에서 안전관리자 수를 쓰시오.
② 상시근로자 700명인 건설업에서 안전관리자 수를 쓰시오.
③ 유해·위험방지계획서 제출대상으로서 선임하여야 할 안전관리자의 수가 3명 이상인 사업장의 경우에는 3명중에 1명은 필수로 선임하여야 하는 자격을 쓰시오.

① 2명
② 2명
③ 건설안전기술사(건설안전기사·산업안전기사 자격증 취득자로서 10년 이상 경력자이거나 건설안전산업기사·산업안전산업기사 자격증 취득자로서 13년 이상 경력자 포함)

06
산업재해 발생시 기록·보존해야할 사항 4가지를 쓰시오.

 해답

① 사업장의 개요 및 근로자의 인적사항
② 재해 발생의 일시 및 장소
③ 재해 발생의 원인 및 과정
④ 재해 재발방지 계획

[주] 산업재해 기록 등 : 시행규칙 제4조의 2

07
다음은 터널 작업면에 대한 조도기준이다. ( ) 안에 알맞은 내용을 쓰시오

(가) 막장구간 : (①) lux 이상
(나) 터널 중간 구간 : (②) lux 이상
(다) 터널 입·출구, 수직구 구간 : (③) lux 이상

 해답

① 60
② 50
③ 30

[주] 터널작업면에 대한 조도기준 : 터널공사 표준안전작업지침 (고용노동부고시)

08
다음 ( )안에 알맞은 내용을 쓰시오.

사업주는 순간풍속이 ( )m/s를 초과하는 바람이 불어올 우려가 있는 경우 옥외에 설치되어 있는 주행 크레인에 대하여 이탈방지장치를 작동시키는 등 이탈 방지를 위한 조치를 하여야 한다.

 해답

30

> **길잡이**
>
> ① 폭풍에 의한 이탈 방지 : 순간 풍속이 30m/sec를 초과하는 바람이 불어올 우려가 있는 「옥외에 설치된 주행크레인」에 대하여 이탈방지장치를 작동시키는 등 이탈방지조치를 할 것
> ② 폭풍 등으로 인한 이상유무 점검 : 순간풍속이 30m/sec를 초과하는 바람이 불거나 중진이상 진도의 지진이 있은 후에 「옥외에 설치되는 있는 양중기」를 사용하여 작업을 하는 경우에는 미리 기계 각 부위에 이상 유무를 점검할 것
> ③ 폭풍에 의한 붕괴 등의 방지 : 순간풍속이 35m/sec를 초과하는 바람이 불어 올 우려가 있는 경우 「건설작업용 리프트」(지하에 설치된 것은 제외)에 대하여 받침수를 증가시키는 등 그 붕괴 등을 방지하기 위한 조치를 할 것
> ④ 폭풍에 의한 도괴 방지 : 순간 풍속이 35m/sec를 초과하는 바람이 불어올 우려가 있는 경우 「옥외에 설치되어 있는 승강기」에 대하여 받침수를 증가시키는 등 그 도괴를 방지하기 위한 조치를 할 것

09
히빙파괴를 간략히 설명하고 방지대책을 3가지만 쓰시오.

해답

1) 히빙파괴 : 연약한 점토지반의 굴착시 굴착이 진행됨에 따라 흙막이벽 뒤쪽 흙의 중량이 굴착부 바닥의 지지력 이상이 되면 흙막이벽 근입부분의 지반이동이 발생하여 굴착부저면이 솟아오르면서 흙막이벽의 근입부분이 파괴되는 현상
2) 방지대책
   ① 굴착부주변의 상재하중을 제거한다.
   ② 시트파일 등의 근입심도를 깊게 한다.
   ③ 흙막이 판은 강성이 높을 것을 사용한다.
   ④ 굴착방식을 개선한다.

10
흙의 동상방지 대책 3가지를 쓰시오.

해답

① 지표의 흙을 화약약품으로 처리한다.
② 지하수위를 저하시킨다.
③ 단열 재료를 삽입한다.
④ 보온시공을 한다.
⑤ 동결깊이 상부의 흙을 동결이 잘 되지 않는 재료로 치환한다.
⑥ 모관수 상승을 방지하는 층을 두어 동상을 방지한다.
⑦ 동결심도 아래에 배수층을 설치한다.

11
기상상태의 악화로 작업을 중지시킨 후 또는 비계를 조립·해체하거나 변경 후 그 비계에서 작업하는 경우 해당 작업시작 전 점검사항 4가지를 쓰시오.

해답

① 발판재료의 손상여부 및 부착 또는 걸림상태
② 해당비계의 연결부 또는 접속부의 풀림상태
③ 연결재료 및 연결철물의 손상 또는 부식상태
④ 손잡이의 탈락여부
⑤ 기둥의 침하·변형·변위 또는 흔들림 상태
⑥ 로프의 부착상태 및 매단장치의 흔들림 상태

주 비계의 점검 및 보수 : 안전보건규칙 제58조

12
중력식 옹벽의 붕괴방지를 위하여 외력에 대한 안정조건 3가지를 쓰시오.

해답

① 전도에 대한 안정
② 활동에 대한 안정
③ 지지력에 대한 안정

13
굴착공사 시 토사붕괴예방을 위한 안전점검사항 5가지를 쓰시오.

해답

① 전 지표면의 답사
② 경사면의 지층 변화부 상황 확인
③ 부석의 상황 변화의 확인
④ 용수의 발생 유·무 또는 용수량의 변화 확인
⑤ 결빙과 해빙에 대한 상황의 확인
⑥ 각종 경사면 보호공의 변위, 탈락 유·무

[주] **토사붕괴예방을 위한 안전점검사항** : 굴착공사 표준안전작업지침 제32조

▶ **토사붕괴예방을 위한 점검시기**
① 작업전·중·후, 비온 후
② 인접·작업구역에서 발파한 경우

14
가설통로 설치 시 준수사항 4가지를 쓰시오.

해답

① 견고한 구조로 할 것
② 경사가 15도를 초과하는 경우에는 미끄러지지 아니하는 구조로 할 것
③ 경사는 30도 이하로 할 것
④ 추락할 위험이 있는 장소에는 안전난간을 설치할 것
⑤ 수직갱에 가설된 통로의 길이가 15m 이상인 경우에는 10m 이내마다 계단참을 설치할 것
⑥ 건설공사에 사용하는 높이 8m 이상인 비계다리에는 7m 이내마다 계단참을 설치할 것

[주] **가설통로의 구조** : 안전보건규칙 제23조

01
하인리히의 사고예방대책(사고방지원리) 5단계를 쓰시오.

① 1단계 : 안전관리 조직
② 2단계 : 사실의 발견
③ 3단계 : 분석·평가
④ 4단계 : 시정방법의 선정
⑤ 5단계 : 시정책의 적용

02
근로자가 500명인 사업장에 재해건수가 10건, 휴업일수가 159일 경우 종합재해지수를 구하시오. (단, 1일 8시간, 280일 근무)

종합재해지수 $= \sqrt{도수율 \times 강도율}$

$= \sqrt{\left(\dfrac{재해보수}{연근로자수} \times 10^6\right) \times \left(\dfrac{근로손실일수}{연근로시간수} \times 10^3\right)}$

$= \sqrt{\left(\dfrac{10}{500 \times 8 \times 280} \times 10^6\right) \times \left(\dfrac{159 \times 280/365}{500 \times 8 \times 280} \times 10^3\right)}$

$= 0.99$

03
안전보건관리책임자의 (1) 신규교육 (2) 보수교육의 교육시간을 쓰시오.

① 신규교육 : 6시간 이상
② 보수교육 : 6시간 이상

▶ 안전보건관리 책임자 등에 대한 교육시간
(시행규칙 별표8 제2호)

교육대상	교육시간	
	신규교육	보수교육
가. 안전보건관리책임자	6시간 이상	6시간 이상
나. 안전관리자, 안전관리전문기관의 종사자	34시간 이상	24시간 이상
다. 보건관리자, 보건관리전문기관의 종사자	34시간 이상	24시간 이상
라. 재해예방 전문지도기관의 종사자	34시간 이상	24시간 이상
마. 석면조사기관의 종사자	34시간 이상	24시간 이상
바. 안전보건관리담당자	–	8시간 이상

04
지반굴착 작업 시 굴착시기와 작업순서를 정하기 위한 사전 조사사항 3가지를 쓰시오.

해답

① 형상・지질 및 지층의 상태
② 균열・함수・용수 및 동결의 유무 또는 상태
③ 매설물 등의 유무 또는 상태
④ 지반의 지하수위 상태

[주] 사전조사 및 작업계획서 내용 : 안전보건규칙 별표 4

05
채석작업을 하는 경우 작업계획서에 포함되는 사항 3가지를 쓰시오.

해답

① 발파방법
② 암석의 분할방법
③ 암석의 가공장소
④ 굴착면의 높이와 기울기
⑤ 굴착면 소단(小段)의 위치와 넓이
⑥ 갱내에서의 낙반 및 붕괴방지 방법
⑦ 노천굴착과 갱내굴착의 구별 및 채석방법
⑧ 표토 또는 용수의 처리방법
⑨ 토석 또는 암석의 적재 및 운반방법과 운반경로
⑩ 사용하는 굴착기계(굴착기계・분할기계・적재기계 또는 운반기계)등의 종류 및 성능

[주] 사전조사 및 작업계획서 내용 : 안전보건규칙 별표4

06
하역작업을 할 때 화물운반용 또는 고정용으로 사용할 수 없는 섬유로프 2가지를 쓰시오.

해답

① 꼬임이 끊어진 것
② 심하게 손상 또는 부식된 것

[주] 꼬임이 끊어진 섬유로프 등의 사용금지 : 안전보건규칙 제387조

07
건설공사에 있어서 콘크리트 타설 전에 거푸집 동바리 등에 작용하는 하중을 충분히 검토하지 않으면 붕괴・전도 등의 위험이 유발된다. 거푸집 동바리 설계시 고려해야 할 하중의 종류를 4가지 쓰시오. ▶ 14/4 기

해답

① 연직방향하중
② 횡방향하중
③ 콘크리트 측압
④ 특수하중
⑤ 상기 1~4호 하중에 안전율을 고려한 하중

길잡이

▶ 거푸집 및 동바리(지보공)의 하중 : 고용노동부 고시

(1)	연직방향 하중	거푸집, 동바리, 콘크리트, 철근, 타설용 기계・기구, 가설설비 등의 중량 및 충격하중
(2)	횡방향하중	작업할 때의 진동, 충격, 시공오차 등에 기인되는 횡방향 하중 이외에 필요에 따라 풍압, 유수압, 지진 등
(3)	콘크리트 측압	굳지 않은 콘크리트의 측압
(4)	특수하중	시공 중에 예상되는 특수한 하중
(5)	상기(1) ~ (4)호의 하중에 안전율을 고려한 하중	

08

다음 내용은 건설업인 경우 사업의 규모에 대한 안전관리자 수를 나타낸 것이다. ( )안에 알맞은 내용을 쓰시오.

(가) 공사금액이 120억원 이상(토목공사업은 150억원 이상) 800억원 미만 또는 상시근로자 300명 이상 600명 미만 : (①)명 이상
(나) 공사금액 800억원 이상 또는 상시근로자 600명 이상 : (②)명 이상
(다) 공사금액 800억원을 기준으로 (③)원이 증가할 때마다 또는 상시근로자 600명을 기준으로 (④)명이 추가될 때마다 : 1명씩 추가

① 1
② 2
③ 700억
④ 300

[주] 안전관리자를 두어야 할 사업의 종류·규모, 안전관리자의 수 등 : 시행령 별표3

09

승강기란 동력을 사용하여 운전하는 것으로써 가이드레일을 따라 오르내리는 운반구에 사람이나 화물을 상하 또는 좌우로 이동·운반하는 기계·설비로서 탑승장을 가진 것을 말한다. 승강기의 종류 4가지를 쓰시오.

① 승객용 엘리베이터
② 승객화물용 엘리베이터
③ 화물용 엘리베이터
④ 에스컬레이터

▶ **승강기의 종류**(안전보건규칙 제132조)
① **승객용 엘리베이터** : 사람의 수직 수송을 주목적으로 하는 것
② **승객화물용 엘리베이터** : 사람과 화물의 수직 수송을 주목적으로 하되 화물을 싣고 내리는 데에 필요한 인원과 운전자만 탑승이 허용되는 것
③ **화물용 엘리베이터** : 화물 수송을 주목적으로 하며 사람의 탑승이 금지되는 것
④ **에스컬레이터** : 동력에 의하여 운전되는 것으로서 사람을 운반하는 연속계단이나 보도 상태의 것

10
고소작업대를 사용하는 경우 준수사항 3가지를 쓰시오.

해답

① 작업자가 안전모·안전대 등의 보호구를 착용하도록 할 것
② 관계자가 아닌 사람이 작업구역에 들어오는 것을 방지하기 위하여 필요한 조치를 할 것
③ 안전한 작업을 위하여 적정수준의 조도를 유지할 것
④ 전로(電路)에 근접하여 작업을 하는 경우에는 작업감시자를 배치하는 등 감전사고를 방지하기 위하여 필요한 조치를 할 것
⑤ 작업대를 정기적으로 점검하고 붐·작업대 등 각 부위의 이상 유무를 확인할 것
⑥ 전환스위치는 다른 물체를 이용하여 고정하지 말 것
⑦ 작업대는 정격하중을 초과하여 물건을 싣거나 탑승하지 말 것
⑧ 작업대의 붐대를 상승시킨 상태에서 탑승자는 작업대를 벗어나지 말 것.
(다만, 작업대에 안전대 부착설비를 설치하고 안전대를 연결하였을 때에는 그러하지 아니하다.)

[주] 고소작업대 사용시 준수사항 : 안전보건규칙 제186조

11
다음 내용은 건설업의 유해·위험방지계획서의 제출 대상공사의 종류에 관한 사항이다. ( )안에 알맞은 내용을 쓰시오.

(가) 연면적 (①) 이상의 냉동·냉장창고시설의 설비공사 및 단열공사
(나) 최대지간길이가 (②) 이상인 교량건설 등
(다) 깊이 (③) 이상인 굴착공사

해답

① 5,000m²
② 50m
③ 10m

길잡이

▶ 건설업의 유해·위험 방지계획서의 제출 대상공사의 종류(시행규칙 제120조)
① 지상 높이가 31m인 건축물 또는 인공구조물, 연면적 3만m² 이상인 건축물 또는 연면적 5천m² 이상의 문화 및 집회시설(전시장인 동물원·식물원은 제외), 판매시설, 운수시설(고속철도의 역사 및 집배송시설은 제외), 종교시설, 의료시설 중 종합병원, 숙박시설 중 관광숙박시설 또는 지하도상가 또는 냉동·냉장창고시설의 건설·개조 또는 해체(이하 "건설 등"이라 함)
② 연면적 5천m² 이상의 냉동·냉장창고시설의 설비공사 및 단열공사
③ 최대지간길이가 50m 이상인 교량건설 등 공사
④ 터널건설 등의 공사
⑤ 다목적댐, 발전용댐 및 저수용량 2천만 톤 이상의 용수전용댐, 지방상수도 전용댐건설 등의 공사
⑥ 깊이 10m 이상인 굴착공사

12

다음[표]는 산업안전표지의 색채종류, 색도기준 및 용도에 관한 것이다. 빈칸에 알맞은 내용을 쓰시오.

색채	색도기준	용도	사용 예
(①)	7.5R 4/14	금지	정지신호, 소화설비 및 그 장소, 유해행위의 금지
		경고	화학물질 취급장소에서의 유해·위험물질 경고
(②)	5Y 8.5/12	경고	화학물질 취급장소에서의 유해·위험 경고, 이 외의 위험 경고, 주의표지 또한 기계 방호물
파란색	(③)	지시	특정행위의 지시 및 사실의 고지
녹색	2.5G 4/10	안내	비상구 및 피난소, 사람 또는 차량의 통행표지
흰색	(④)		파란색 또는 녹색에 대한 보조색
검정색	N 0.5		문자 및 빨간색 또는 노란색에 대한 보조색

해답

① 빨간색
② 노란색
③ 2-5PB 4/10
④ N 9.5

[주] 안전보건표지의 색채, 색도기준 및 용도 : 시행규칙 별표3

13

흙의 동상 발생원인 3가지를 쓰시오.

해답

① **실트**(slit) : 건조한 모래나 자갈층보다 실트(slit)와 같은 세립토층에서 쉽게 동상이 발생한다.
② **온도** : 0℃ 이하의 온도가 장기간 지속되면 아이스 렌스(ice lense ; 서릿발)가 형성되어 동상의 원인이 된다.
③ **모관수** : 모세관 압력에 의해 물이 상승되어 아이스 렌스(ice lense)를 형성하여 동상의 원인이 된다.

길잡이

▶ **흙의 동상방지대책** 13/4 기, 14/1 기, 17/2 기
① 단열재료를 삽입한다.
② 지하수위를 저하시킨다.
③ 동결깊이 상부의 흙을 동결이 잘되지 않는 재료로 치환한다.
④ 보온시공을 한다.
⑤ 지표의 흙을 화학약품으로 처리한다.
⑥ 동결심도 아래에 배수층을 설치한다.

14
흙막이 공사로 인한 지반·침하의 원인 3가지를 쓰시오.

해답

① 흙막이 토류판 변형으로 인한 침하
② 지하수 저하로 토압변화에 의한 침하
③ 세립토사 유출로 인한 침하

길잡이

▶ 굴착공사로 인한 지반침하의 원인
① 주위 매립상태가 불량한 지반에서의 말뚝관입시 천공작업의 진동으로 인한 압축침하.
② 토류벽 변위에 따라 배면토 이동으로 인한 침하
③ 지하수 유출시 토사가 함께 배출되어 발생하는 침하
④ 양수시 주변지반의 침하
⑤ 배수에 의한 점성토의 압밀침하
⑥ 굴착지반이 연약지반인 경우 지반의 히빙(heaving)으로 인한 배면지반의 침하
⑦ 토류판 설치시 뒷채움 시공불량으로 인한 배면지반의 이동 및 침하
⑧ 엄지말뚝 인발시 진동 및 인발후 공극 처리불량에 의한 침하
⑨ 상기 원인에 의해서 발생한 침하로 인하여 인접한 상하수도관거의 파손으로 일시적으로 많은 물과 함께 토사가 유출되어 발생하는 함몰침하

건설안전기사 실기 필답형 — 2018년 제4회

01
철골구조물의 건립 중 강풍에 의한 풍압 등 외압에 대한 내력이 설계에 고려되었는지를 확인해야 할 구조안전에 위험이 큰 철골구조물의 종류를 6가지 쓰시오.

▶ 09/2 기, 10/1 기, 11/1 산, 13/1 기

① 높이 20m 이상의 구조물
② 구조물의 폭과 높이의 비가 1:4 이상인 구조물
③ 단면구조에 현저한 차이가 있는 구조물
④ 연면적당 철골량이 50kg/m² 이하인 구조물
⑤ 기둥이 타이 플레이트(tie plate)형인 구조물
⑥ 이음부가 현장용접인 구조물

[주] 철골검사 전 검토사항 중 설계도 및 공작도 확인사항 : 고용노동부 고시

02
하역작업을 할 때 화물 운반용 또는 고정용으로 사용해서는 안 되는 섬유로프 등의 사용제한조건 2가지를 쓰시오.

① 꼬임이 끊어진 것
② 심하게 손상되거나 부식된 것

> **길잡이**
> ▶ 꼬임이 끊어진 섬유로프 등의 사용금지 : 다음의 경우 동일
> ① 달비계에 사용하는 섬유로프 또는 섬유벨트 등의 사용금지(안전보건규칙 제63조 제3호) 11/4 산
> ② 양중기에 사용하는 섬유로프 또는 섬유벨트 등의 사용금지(안전보건규칙 제169조) 09/3기, 10/2 산
> ③ 화물자동차의 짐걸이에 사용하는 섬유로프 등의 사용금지(안전보건규칙 제188조)
> ④ 하역 작업시 화물운반용 또는 고정용으로 사용하는 섬유로프 등의 사용금지 (안전보건규칙 제387조)

03
보일링 현상에 대해서 간략히 설명하고 방지대책 2가지를 쓰시오. ▶ 10/2기

해답

1) 보일링 현상 : 사질토지반 굴착시 굴착부와 흙막이 배면과의 수위차이로 인해 굴착부 저면의 모래가 액상화되어 솟아오르는 현상이다.
2) 대책
   ① 지하수위를 낮게 저하시킨다.
   ② 흙막이벽 근입장 깊이를 연장시킨다. (널말뚝을 깊게 박는다.)
   ③ 굴착토를 즉시 원상매립한다.

04
차량계 건설기계의 전도(넘어지는 것)·전락(굴러 떨어지는 것) 등의 방지대책을 3가지만 쓰시오.

해답

① 유도자 배치
② 지반의 부동침하방지
③ 갓길의 붕괴방지
④ 도로 폭의 유지

주 전도 등의 방지 : 안전보건규칙 제199조

05
차량계하역운반기계인 지게차가 갖추어야 할 장치 3가지를 쓰시오.

해답

① 전조등 및 후미등
② 헤드가드(head guard)
③ 백레스트(backrest)
④ 팔레트(pallet) 또는 스키드(skid)

주 지게차가 갖추어야 할 장치 : 안전보건규칙 제179조~제182조

06
다음의 재해율에 대한 의미와 공식을 쓰시오.
1) 연천인율
2) 도수율
3) 강도율

해답

1) 연천인율(漣川人率) : 근로자 1000명당 1년간에 발생하는 사상자수

$$연천인율 = \frac{사상자수}{연평균 근로자수} \times 1000$$

2) 도수율(Frequency Rate of Injury, FR) : 연근로시간 합계 100만 시간당의 재해발생건수

$$도수율 = \frac{재해발생건수}{연근로시간수} \times 10^6$$

3) 강도율(Severity Rate of injury, SR) : 연근로시간 1000시간당 재해에 의해서 잃어버린 근로손실 일수

$$강도율 = \frac{근로손실일수}{연근로시간수} \times 1000$$

07
근로자가 충전전로를 취급하거나 그 인근에서 작업하는 경우 위험방지 조치사항 3가지를 쓰시오.

① 작업에 적합한 절연용 보호구를 착용시킬 것
② 충전전로에 근접한 장소에서 전기작업을 하는 경우에는 해당 전압에 적합한 절연용 방호구를 설치할 것
③ 고압 및 특별 고압의 전로에서 전기 작업을 하는 근로자에게 활선작업용 기구 및 장치를 사용하도록 할 것

[주] 충전전로에서의 전기작업 : 안전보건규칙 제321조

> **길잡이**
> ▶ 전기 기계·기구 등의 충전부 방호(안전보건규칙 제301조) : 근로자가 작업이나 통행 등으로 인하여 전기 기계·기구 또는 전로 등의 충전부분에 접촉 또는 접근 시 감전방지대책
> ① 충전부가 노출되지 않도록 폐쇄형 외함이 있는 구조로 할 것
> ② 충전부에 충분한 절인효과가 있는 방호망이나 절연덮개를 설치할 것
> ③ 충전부는 내구성이 있는 절연물로 완전히 덮어 감쌀 것
> ④ 발전소·변전소 및 개폐소 등 구획되어 있는 장소로서 관계 근로자가 아닌 사람의 출입이 금지되는 장소에서 충전부를 설치하고, 위험표시 등의 방법으로 방호를 강화할 것
> ⑤ 전주 위 및 철탑 위 등 격리되어 있는 장소로서 관계 근로자가 아닌 사람이 접근할 우려가 없는 장소에 충전부를 설치할 것

08
안전관리자를 두어야 할 수급인인 사업주는 도급인인 사업주가 요건을 갖춘 경우에는 안전관리자를 선임하지 아니할 수 있다. 안전관리자를 선임하지 아니할 수 있는 요건 2가지를 쓰시오.

① 도급인인 사업주 자신이 선임하여야 할 안전관리자를 둔 경우
② 안전관리자를 두어야 할 수급인인 사업주의 업종별로 상시 근로자 수를 합계하여 그 근로자 수 또는 공사금액에 해당하는 안전관리자를 추가로 선임한 경우

09
1톤 이상의 크레인을 사용하는 작업시의 특별 안전보건교육 내용을 3가지 쓰시오.
(단, 그밖에 안전·보건관리에 필요한 사항은 제외)

① 방호장치의 종류, 기능 및 취급에 관한 사항
② 화물의 취급 및 작업방법에 관한 사항
③ 신호방법 및 공동작업에 관한 사항
④ 걸고리·와이어로프 및 비상정지장치 등의 기계·기구 점검에 관한 사항

[주] 특별안전보건교육 대상 작업별 교육내용 : 시행규칙 별표8의2

10
사고예방대책의 기본원리 5단계 중 제5단계 "시정책의 적용단계"에서 적용할 3E를 쓰시오.

해답

① 기술(engineering)
② 교육(education)
③ 규제(enforcement)

길잡이

▶ 사고예방대책의 기본원리 5단계
① 1단계 : 조직(조직을 통한 안전활동)
② 2단계 : 사실을 발견(불안전요소 발견)
③ 3단계 : 분석평가(사고의 직접원인·간접원인 규명)
④ 4단계 : 시정방법의 선정(개선책 강구)
⑤ 5단계 : 시정책의 적용(3E적용)

11
인화성가스가 발생할 우려가 있는 지하작업장에서 작업하는 경우 또는 가스도관에서 가스가 발산될 위험이 있는 장소에서 굴착작업을 하는 경우에는 폭발이나 화재를 방지하기 위하여 가스의 농도를 측정하는 사람을 지명하여 해당 가스의 농도를 측정하여야 한다. 가스농도를 측정해야 하는 경우 3가지를 쓰시오.

해답

① 매일 작업을 시작하기 전
② 가스의 누출이 의심되는 경우
③ 가스가 발생하거나 정체할 위험이 있는 장소가 있는 경우
④ 장시간 작업을 계속하는 경우(이 경우 4시간마다 가스 농도를 측정하도록 하여야 한다)

[주] 지하작업장 등 : 안전보건규칙 제296조

길잡이

▶ 가스의 농도가 인화하한계 값의 25% 이상으로 밝혀진 경우 조치사항
① 즉시 근로자를 안전한 장소로 대피시킬 것
② 화기나 그 밖에 점화원이 될 우려가 있는 기계·기구 등의 사용을 중지할 것
③ 통풍 또는 환기 등을 할 것

12
TBM(tool box meeting)에 관계되는 다음 ( ) 안에 알맞은 내용을 쓰시오.

(가) 인원은 (①)명 정도로 구성한다.
(나) 소요시간은 작업시작 전 (②)분, 작업 후 3~5분 정도가 바람직하다.
(다) TBM실시 5단계는 아래와 같고 [보기]에서 답을 골라 쓰시오.

제1단계	도입	[보기]
제2단계	(③)	㉠ 작업점검
제3단계	작업 지시	㉡ 위험예지
제4단계	(④)	㉢ 행동개시
제5단계	확인	㉣ 점검정비

해답

① 5~7(10명 이하)
② 5~15
③ 점검 정비
④ 위험 예지

길잡이

▶ TBM(tool box meeting)
① 작업자 5~7명
② 공구상자 주위에서
③ 작업시작 전 5~15분, 작업 후 3~5분, 안전회의(meeting)를 하는 것

13

다음 내용은 방망사의 강도에 대한 것이다. ( ) 안에 알맞은 내용을 쓰시오.

(가) 추락방지용 방망의 테두리 로프 및 달기 로프의 인장속도가 매분 20cm 이상 30cm 이하의 등속 인장 시험을 행한 경우 인장강도 (①)kg 이상이어야 한다.
(나) 방망사의 신품에 대한 인장강도는 그물 코 종류에 따라 다음과 같다.

방망사의 신품에 대한 인장강도	
그물코의 크기	매듭방망 인장강도
10cm	(②)kg
5cm	(③)kg

① 1500　　　② 200
③ 110

▶ 방망사의 강도
① 방망사의 신품에 대한 인장강도

그물코의 크기 (단위 : 10cm)	방망의 종류(단위 : kg)	
	매듭 없는 방망	매듭 방망
10	240	200
5		110

② 방망사의 폐기시 인장강도

그물코의 크기 (단위 : 10cm)	방망의 종류(단위 : kg)	
	매듭 없는 방망	매듭 방망
10	150	135
5		60

14

균열이 많은 암석으로 이루어진 경사면의 붕괴 예방을 위한 조치사항 2가지를 쓰시오.

① 뿜어붙이기 공법이나 블록붙임공법을 시행한다.
② 방호망을 설치한다.

건설안전기사 실기 필답형 2019년 제1회

01
비, 눈, 그 밖의 기상상태의 불안전으로 인하여 날씨가 몹시 나빠서 작업을 중지시킨 후 그 비계에서 작업을 재개할 때의 작업 시작 전 점검사항을 4가지만 쓰시오. ▶ 13/1(기), 14/2(기)

해설

① 발판재료의 손상여부 및 부착 또는 걸림상태
② 해당비계의 연결부 또는 접속부의 풀림상태
③ 연결재료 및 연결철물의 손상 또는 부식상태
④ 손잡이의 탈락 여부
⑤ 기둥의 침하, 변형, 단위 또는 흔들림 상태
⑥ 로프의 부착상태 및 매단장치의 흔들림 상태

[주] 비계의 점검보수: 안전보건규칙 제58조

02
어느 건설업 사업장의 근로자가 5000명이고 연간재해 건수가 6건, 재해로 인한 휴업일수가 103일, 1일 8시간 작업, 연간 280일간 근무 시 종합재해지수를 구하시오.

▶ 13/1(기), 13/4(기), 14/1(기)

해설

① 도수율 $= \dfrac{재해건수}{총근로시간수} \times 10^6$

$= \dfrac{8}{500 \times 9 \times 280} \times 10^6 = 5.36$

② 강도율 $= \dfrac{근로손실일수}{총근로시간수} \times 10^3$

$= \dfrac{103 \times \dfrac{280}{365}}{500 \times 8 \times 280} \times 10^3 = 0.07$

③ 종합재해지수 $= \sqrt{도수율 \times 강도율}$
$= \sqrt{5.36 \times 0.07} = 0.61$

03

다음의 안전관리조직 형태에 대한 장점, 단점을 각각 1가지씩 쓰시오.

(1) 라인의 조직
(2) 라인, 스탭 혼합형 조직

(1) 라인형
  1) 장점
    ① 안전에 대한 지시 및 전달이 신속, 용이하다.
    ② 명령계통이 간단, 명료하다.
  2) 단점
    ① 안전에 관한 전문지식이 부족하고 기술의 축적이 미흡하다.
    ② 안전정보 및 신기술 개발이 어렵다.
(2) 라인, 스탭 혼합형
  1) 장점
    ① 안전지식 및 기술축적이 가능하다.
    ② 스테프의 힘이 커지면 라인이 무력해진다.

04

작업으로 인하여 물체가 떨어지거나 날아올 위험이 있는 경우 위험방지 조치사항 3가지를 쓰시오. ▶ 16/1(기)

① 낙하물 방지망, 수직보호망, 또는 방호선반의 설치
② 출입금지 구역의 설정
③ 보호구(안전모, 안전화 등)의 착용

[주] 낙하물에 의한 위험방지 : 안전보건규칙 제14조

05

다음 표는 비계의 조립간격을 나타낸 것이다. ( )안에 알맞은 수치를 쓰시오.

종류	조립간격(단위 : m)	
	수직방향	수평방향
단관비계	(①)	(②)
틀비계(높이가 5m 미만의 것을 제외한다)	(③)	(④)

① 5
② 5
③ 6
④ 8

[주] 강관비계의 조립간격 : 안전보건규칙 별표5

06

근로자가 작업발판 위에서 전기용접 작업을 하다가 바닥으로 떨어져 머리를 다쳤다. 다음의 재해원인 분석에 대한 물음에 답하시오.

1) 재해형태 :
2) 기인물 :
3) 가해물 :

① 재해형태 : 추락
② 기인물 : 작업발판
③ 가해물 : 바닥

07

지반의 이상 현상인 보일링(boiling)에 대하여 다음 물음에 답하시오. ▶ 16/2(산)

1) 지반조건 :
2) 현상 :
3) 대책 :

해답

1) 지반조건 : 지하수위가 높은 사질토
2) 현상
   ① 굴착부 지면에 액상화(quick sand)현상 발생
   ② 굴착면에 배면토의 수두차에 의해 삼투압 발생
3) 대책
   ① 굴착저면 아래까지 지하수위를 낮춘다(가장 좋은 방법).
   ② 흙막이 벽을 설치하여 지하수위 흐름을 막는다.
   ③ 굴착기를 즉시 원상 매립한다.
   ④ 작업을 중지한다.

08

다음 안전보건 표지판의 명칭을 쓰시오.

①	②
③	④

해답

① 보행금지
② 인화성물질 경고
③ 낙하물 경고
④ 녹십자표지

09

다음 내용은 건설업의 유해, 위험방지 계획서의 제출 대상공사의 종류에 관한 사항이다. ( )안에 알맞은 내용을 쓰시오.

(가) 연면적(①) 이상의 냉동, 냉장창고시설의 설비공사 및 단열공사
(나) 최대지간 길이가 (②) 이상인 교량건설 등
(다) 깊이 10cm 이상인 (③)
(라) 정수용량(④) 이상의 용수 전용댐, 지방상수도 전용댐 등의 공사

해답

① 5000㎡
② 50m
③ 굴착공사
④ 2천만ton

> **길잡이**
> ▶ 건설의 유해, 위험 방지계획서의 제출 대상공사의 종류
> (시행규칙 제120조)
> (1) 지상 높이가 31m인 건출물 또는 인공구조물, 연면적 3만㎡ 이상인 건축물 또는 연면적 5천㎡ 이상의 문화 및 집회시설(전시장인 동물원, 식물원은 제외), 판매시설, 운수시설(고속철도의 역사 및 집배송 시설은 제외), 종교시설, 의료시설 중 종합병원, 숙박시설 중 관광숙박시설 또는 지하도 상가 또는 냉동, 냉장창고 시설의 건설, 개조 또는 해체(이하 "건설 등"이라 함)
> (2) 연면적 5천㎡ 이상의 냉동, 냉장창고 시설의 설비공사 및 단열공사
> (3) 최대 지간길이가 50m 이상인 교량건설
> (4) 터널건설 등의 공사
> (5) 다목적댐, 발전용댐 및 저수용량 2천만 톤 이상의 용수 전용댐, 지방상수도 전용댐건설 등의 공사
> (6) 깊이 10m 이상인 굴착공사

10

콘크리트 구조물 해체공법 선정 시 고려사항 4가지를 쓰시오.

해답

① 해체 대상물의 구조
② 해체 대상물의 부재단면 및 높이
③ 부지 내 작업용 공지
④ 부지주변의 도로상황 및 환경
⑤ 해체공법의 경제성, 작업성, 안전성 등

11

해체공법을 5가지 쓰시오.

해답

① 압쇄공법
② 대형브레카공법
③ 전도공법
④ 철해머에 의한 공법
⑤ 화약발파공법
⑥ 핸드브레카공법
⑦ 평창압공법
⑧ 절단공법
⑨ 재키공법
⑩ 쇄기타입공법
⑪ 화염공법
⑫ 통전공법

12
감전시 위험요소 3가지를 쓰시오.

① 통전전류의 크기
② 전원(직류, 교류)의 종류
③ 통전경로
④ 통전 시간

> **길잡이**
> ▶ 전격 위험도 결정조건(감전의 위험요소)
> 1) 1차적 감전위험 요소
> ① 통전전류의 크기(감전에 의한 사망 위험성을 결정하는 요인)
> ② 전원(직류, 교류)의 종류
> ③ 통전경로
> ④ 통전시간
> 2) 2차적 감전위험 요소
> ① 인체의 조건(저항)
> ② 전압
> ③ 주파수 및 계절

13
근로자의 정기안전보건교육의 교육내용을 5가지 쓰시오.

① 산업안전 및 사고예방에 관한 사항
② 산업보건 및 직업병 예방에 관한 사항(공통)
③ 건강증진 및 질병 예방에 관한 사항
④ 유해, 위험 작업환경 관리에 관한 사항(공통)
⑤ 산업안전보건법령 및 산업재해보상보험 제도에 관한 사항
⑥ 직무스트레스 예방 및 관리에 관한 사항
⑦ 직장 내 괴롭힘, 고객의 폭언 등으로 인한 건강장애 예방 및 관리에 관한 사항

> **길잡이**
> ▶ 관리감독자 정기안전·보건교육
>
> | 교육내용 |
> | --- |
> | ① 산업안전 및 사고 예방에 관한 사항 |
> | ② 산업보건 및 직업병 예방에 관한 사항 |
> | ③ 유해, 위험 작업환경 관리에 관한 사항 |
> | ④ 산업안전보건법령 및 산업재해보상보험 제도에 관한 사항 |
> | ⑤ 직무스트레스 예방 및 관리에 관한 사항 |
> | ⑥ 직장 내 괴롭힘, 고객의 폭언 등으로 인한 건강장해 예방 및 관리에 관한 사항 |
> | ⑦ 작업공정의 유해, 위험과 재해 예방대책에 관한 사항 |
> | ⑧ 표준안전 작업방법 및 지도 요령에 관한 사항 |
> | ⑨ 관리감독자의 역할과 임무에 관한 사항 |
> | ⑩ 안전보건교육 능력배양에 관한 사항 |
> | [비고] 현장근로자와의 의사소통 능력향상, 강의능력 향상 및 그밖에 안전보건교육 능력배양 등에 관한 사항. 이 경우 안전보건교육 능력배양 교육(별표4에 따라)은 관리감독자가 받아야 하는 전체 교육시간의 3분의 1 범위에서 할 수 있다. |
>
> ▶ 채용시 및 작업내용 변경시 교육
>
> | 교육내용 |
> | --- |
> | ① 산업안전 및 사고 예방에 관한 사항 |
> | ② 산업보건 및 직업병 예방에 관한 사항 |
> | ③ 산업안전보건법령 및 산업재해보상보험 제도에 관한 사항 |
> | ④ 직무스트레스 예방 및 관리에 관한 사항 |
> | ⑤ 직장 내 괴롭힘, 고객의 폭언 등으로 인한 건강장해 예방 및 관리에 관한 사항 |
> | ⑥ 기계, 기구의 위험성과 작업의 순서 및 동선에 관한 사항 |
> | ⑦ 작업 개시 전 점검에 관한 사항 |
> | ⑧ 정리정돈 및 청소에 관한 사항 |
> | ⑨ 사고 발생시 긴급조치에 관한 사항 |
> | ⑩ 물질안전 보건자료에 관한 사항 |

14
건설업체의 산업재해 발생률을 나타내는 사고사망만인율 계산식을 쓰시오.

$$사고사망만인율 = \frac{사고사망자수}{상시근로자수} \times 10,000$$

▶ 산업재해발생률 산정식(시행규칙 별표1)

$$상시근로자수 = \frac{연간국내공사실적액 \times 노무비율}{건설업월평균임금 \times 12}$$

01

구축물 또는 이와 유사한 시설물에 대하여 근로자에게 미칠 위험성을 사전에 제거하기 위해 안전진단 등 안전성 평가를 실시하여야 하는 경우 2가지를 쓰시오(단, 그 밖의 잠재위험이 예상될 경우 제외).

해답

① 화재 등으로 구축물 또는 이와 유사한 시설물에 내력이 심하게 저하되었을 경우
② 구축물 또는 이와 유사한 시설물에 지진, 동해, 부동침하 등으로 균열, 비틀림 등이 발생하였을 경우
③ 오랜 시간 사용하지 아니하던 구축물 또는 이와 유사한 시설물을 재사용하게 되어 안전성을 검토하여야 하는 경우
④ 구축물 또는 이와 유사한 시설물의 인근에서 굴착, 항타작업 등으로 침하, 균열 등이 발생하여 붕괴의 위험이 예상될 경우
⑤ 구조물, 건축물, 그 밖의 시설물이 그 자체의 무게, 적설, 풍압 또는 그 밖의 부가되는 하중 등으로 붕괴 등의 위험이 있을 경우

주 **구조물 또는 이와 유사한 시설물의 안전성 평가** : 안전보건규칙 제52조

02

이동식 크레인을 사용하여 작업하는 때에 작업시간 전 점검사항을 3가지 쓰시오.

▶ 13/2(산)

해답

① 권과방지장치 그 밖의 경보장치의 기능
② 브레이크, 클러치 및 조정장치의 기능
③ 와이어로프가 통하고 있는 곳 및 작업장소의 지반상태

주 **작업시작 전 점검사항** : 안전보건규칙 별표3

길잡이

▶ 크레인의 작업시작 전 점검사항 14/2(산)
① 권과방지장치, 브레이크, 클러치 및 운전장치의 기능
② 주행로의 상측 및 트롤리(trolley)가 횡행하는 레일의 기능
③ 와이어로프가 통하고 있는 곳의 상태

03
차량계 건설기계를 사용하여 작업을 할 때에는 작업계획을 작성하고 그 작업계획에 따라 작업을 실시하도록 하여야 한다. 이 작업계획에 포함되어야 할 사항을 2가지 쓰시오.

➡ 13/4(산), 15/2(산)

① 사용하는 차량계 건설기계의 종류 및 성능
② 차량계 건설기계의 운행경로
③ 차량계 건설기계에 의한 작업방법

[주] 사전조사 및 작업계획서의 내용 : 안전보건규칙 별표4

04
다음 [보기] 중에서 안전관리비로 사용 가능한 것의 번호를 골라서 쓰시오.

[보기]
① 외부인 출입금지, 공사장 경계표시를 위한 가설울타리
② 감리인이나 외부에서 방문하는 인사에게 지급하는 보호구
③ 계단, 통로, 비계에 추가로 설치하는 안전난간
④ 절토부 및 성토부 등의 토사유실 방지를 위한 설비
⑤ 작업장 내부에서 이루어지는 안전기원제

③ ⑤

05
중대재해 발생 후 관할 지방고용노동관서의 장에게 보고해야 할 사항 2가지와 보고시점을 쓰시오.

1) 보고사항
   ① 발생개요 및 피해상황
   ② 조치 및 전망
2) 보고시점 : 지체 없이 보고

[주] 중대재해 발생보고 : 시행규칙 제67조

> **길잡이**
> ▶ 산업재해 발생 보고(시행규칙 제73조)
> (1) 산업재해로 사망자, 3일 이상의 휴업이 필요한 부상 및 질병자가 발생한 경우
> (2) 산업재해가 발생한 날부터 1개월 이내에 산업재해조사표를 작성하여 관할 지방고용노동관서의 장에게 제출할 것

06
산업안전보건법사의 양중기의 종류(부가내용이 있는 경우 부가내용 포함) 4가지를 쓰시오.

① 크레인(호이스트 포함)
② 이동식 크레인
③ 곤돌라
④ 승강기(최대하중 0.25톤 이상인 것)
⑤ 리프트(이삿짐 운반용 리프트의 경우에는 적재하중이 0.1톤 이상인 것)

[주] 양중기 : 안전보건규칙 제132조

07
절토법면 토사붕괴의 발생을 예방하기 위한 점검사항 3가지를 쓰시오.

해답

1) 전 지표면의 답사
2) 경사면의 지층 변화부 상황확인
3) 부석의 상황 변화의 확인
4) 결빙과 해빙에 대한 상황의 확인
5) 용수의 발생 유, 무 또는 용수량의 변화확인
6) 각종 경사면 보호공의 변위, 탈락 유무
7) 점검시기
   ① 작업 전, 중. 후
   ② 비온 후
   ③ 안전작업구역에서 발파한 경우

[주] 절토면법 토사붕괴의 발생을 예방하기 위한 점검사항 : 굴착공사 표준안전작업지침 제32조

08
안전모의 종류 3가지를 기호로 표시하고 사용구분 및 내전압성을 각각 구분하시오.

해답

종류 (기호)	사용구분	내전압성
AB	물체의 낙하 또는 비래 및 추락에 의한 위험 방지 또는 경감시키기 위한 것	비내전압성
AE	물체의 낙하 및 비래에 의한 위험을 방지 또는 경감하고 머리부위 감전에 의한 위험을 방지하기 위한 것	내전압성
ABE	물체의 낙하 또는 비래 및 추락에 의한 위험을 방지 또는 경감하고 머리부위 감전에 의한 위험을 방지하기 위한 것	내전압성

09
산업안전 보건법령상 고용노동부 장관이 명예 산업안전 감독관을 해촉 할 수 있는 경우 2가지만 쓰시오.

해답

① 명예 감독관의 업무와 관련하여 부정한 행위를 한 경우
② 질병이나 부상 등의 사유로 명예 감독관의 업무수행이 곤란하게 된 경우
③ 근로자대표가 사업주의 의견을 들어 위촉된 명예 감독관의 해촉을 요청한 경우
④ 위촉된 명예 감독관이 해당 단체 또는 그 산하조직으로부터 퇴직하거나 해임된 경우

[주] 명예감독관의 해촉 : 시행령 제45조의 2 13/4(기)

> **길잡이**
>
> ▶ 명예감독관의 업무내용(시행령 제45조의 2) 13/4(기)
> 1) 사업장에서 하는 자체점검 참여 및 근로감독관이 하는 사업장 감독 참여
> 2) 사업장 산업재해 예방계획 수립 참여 및 사업장에서 하는 기계, 기구 자체검사 입회
> 3) 법령을 위반한 사실이 있는 경우 사업주에 대한 개선요청 및 감독기관에의 신고
> 4) 산업재해 발생의 급박한 위험이 있는 경우 사업주에 대한 작업중지 요청
> 5) 작업환경 측정, 근로자 건강진단시의 입회 및 그 결과에 대한 작업중지 요청
> 6) 작업성질환의 증상이 있거나 질병에 걸린 근로자가 여럿 발생한 경우 사업주에 대한 임시건강진단 실시 요청
> 7) 근로자에 대한 안전수칙 준수지도
> 8) 법령 및 산업재해 예방정책 개선 건의
> 9) 안전, 보건 의식을 북돋우기 위한 활동과 무재해운동 등에 대한 참여와 지원

10
토공사시 비탈면 보호공법 4가지를 쓰시오.

① 식생공법(씨앗뿌리기 공법, 초식공법)
② 콘크리트블록과 돌쌓기 공법
③ 시멘트 모르타르 뿜어붙이기공법
④ 소일시멘트공법
⑤ 돌망태공법

11
안전계수의 (1) 정의와 (2) 공식을 쓰시오.

(1) 와이어로프 등의 절단하중 값을 그 와이어로프 등에 걸리는 하중의 최대값으로 나눈 값을 말한다.
(2) 안전계수 = $\dfrac{\text{절단하중}}{\text{최대사용하중}}$

주 와이어로프 등 달기구의 안전계수 : 안전보건규칙 제163조

12
다음은 작업발판의 구조에 대한 내용이다. ( ) 안에 알맞은 내용을 쓰시오.

(가) 작업발판의 폭은 (①)cm 이상으로 하고 발판재료간의 틈은 (②)cm 이하로 할 것
(나) 작업발판의 재료는 뒤집히거나 떨어지지 아니하도록 (③) 이상의 지지물에 연결하거나 고정시킬 것

① 40
② 3
③ 2

주 작업발판의 구조 : 안전보건규칙 제56조

13
다음 안전표지의 명칭을 쓰시오.

① 사용금지
② 인화성물질 경고
③ 고압전기 경고

건설안전기사 실기 필답형 — 2019년 제4회

01
철골구조물의 건립 중 강풍에 의한 풍압 등 외압에 대한 내력이 설계에서 고려되었는지를 확인해야 할 구조안전에 위험이 큰 철골구조물의 종류 4가지를 쓰시오. ▶ 15/4(기)

① 높이 20m 이상의 구조물
② 이음부가 현장용접인 구조물
③ 구조물의 폭과 높이의 차이가 1 : 4 이상인 구조물
④ 단면구조에 현저한 차이가 있는 구조물
⑤ 연면적당 철골량이 50kg/m² 이하인 구조물
⑥ 기둥이 타이 플레이트(tie plate)형인 구조물

[주] 철골검사 전 검토사항 중 설계도 및 공작도 확인사항 : 고용노동부 고시

02
근로자 500명이 근무하는 A회사에 산업재해가 연간 12건이 발생하였고, 재해지수가 15명이 발생하여 600일의 근로손실이 발생하였다. ① 연천인율 ② 도수율 ③ 강도율을 구하시오(단, 연간근무일수는 270일, 근로시간은 1일 9시간 근무한다).

① 연천인율 $= \dfrac{\text{사상자수}}{\text{연평균근로자수}} \times 1000$

$= \dfrac{15}{500} \times 1000 = 30$

② 도수율 $= \dfrac{\text{재해건수}}{\text{연근로시간수}} \times 10^6$

$= \dfrac{12}{500 \times 270 \times 9} \times 10^6 = 9.88$

③ 강도율 $= \dfrac{\text{근로손실일수}}{\text{연근로시간수}} \times 1000$

$= \dfrac{600}{500 \times 270 \times 9} \times 1000 = 0.49$

03
차량건설기계를 사용하여 작업을 할 경우 작업계획서에 포함해야 할 사항 3가지를 쓰시오.

① 사용하는 차량계 건설기계의 종류 및 성능
② 차량계 건설기계의 운행경로
③ 차량계 건설기계에 의한 작업방법

[주] 사전조사 및 작업계획서 내용 : 안전보건규칙[별표4]

04
무재해운동의 추진기둥 3요소를 쓰시오.

① 최고경영자의 엄격한 안전경영자세
② 라인화의 철저(관리감독자에 의한 안전보건활동 추진)
③ 직장 자주활동의 활발화

▶ 무재해운동 이념의 3원칙
① 무의 원칙
② 참가의 원칙
③ 선취해결의 원칙

05
달비계 또는 높이 5m 이상의 비계를 조립, 해체하거나 변경하는 작업을 하는 경우 준사 사항을 3가지 쓰시오.

① 근로자가 관리감독자의 지휘에 따라 작업하도록 할 것
② 조립, 해체 또는 변경의 시기, 범위 및 절차를 그 작업에 종사하는 근로자에게 주지시킬 것
③ 비, 눈 그 밖의 기상상태의 불안정으로 날씨가 몹시 나쁜 경우에는 그 작업을 중지시킬 것
④ 재료, 기구 또는 공구 등을 올리거나 내리는 경우에는 근로자가 달줄 또는 달포대 등을 사용하게 할 것
⑤ 조립, 해체 또는 변경작업구역에는 해당 작업에 종사하는 근로자가 아닌 사람의 출입을 금지하고 그 내용을 보기 쉬운 장소에 게시할 것
⑥ 비계재료의 연결, 해체작업을 하는 중에는 폭 20cm 이상의 발판을 설치하고 근로자로 하여금 안전대를 사용하도록 하는 등 추락을 방지하기 위한 조치를 할 것

[주] 비계 등의 조립, 해체 및 변경 : 안전보건규칙 제57조

06
굴착면 토석붕괴의 원인 중 외적요인 4가지를 쓰시오.

해답

① 사면, 법면의 경사 및 기울기의 증가
② 절토 및 성토 높이의 증가
③ 지진, 차량, 구조물의 하중작용
④ 토사 및 암석의 혼합층 두께
⑤ 공사에 의한 진동 및 반복하중의 증가
⑥ 지표수 및 지하수의 침투에 의한 토사중량의 증가

길잡이

▶ 내적원인
① 절토사면의 토질, 암질
② 성토사면의 토질구성 및 분포
③ 토석의 강도저하

07
다음 [표]는 지반굴착시 굴착면의 기울기 기준이다. ( )안에 알맞은 용어 및 수치를 쓰시오.

구분	지반의 종류	기울기
보통흙	습지	(①)
	건지	(②)
암반	(③)	1 : 0.8
	연암	(④)
	경암	(⑤)

해답

① 1 : 1 ~ 1 : 1.5
② 1 : 0.5 ~ 1 : 1
③ 풍화암
④ 1 : 0.5
⑤ 1 : 0.3

[주] 굴착면의 기울기 기준 : 안전보건규칙 별표1

08
산업재해 예방활동에 대한 참여와 자원을 촉진하기 위하여 명예산업안전감독관에 위촉할 수 있는 대상자 3가지를 쓰시오. ▣ 15/4(기)

해답

① 산업안전보건위원회 또는 노사협의체 설치대상 사업의 근로자 중에서 근로자 대표가 사업주의 의견을 들어 추천하는 사람
② 연합단체인 노동조합 또는 그 지역 대표기구에 소속된 임직원 중에서 해당 연합단체인 노동조합 또는 그 지역대표기구가 추천하는 사람
③ 전국 규모의 사업주단체 또는 그 산하조직에 소속된 임직원 중에서 해당 단체 또는 그 산하조직이 추천하는 사람
④ 산업재해 예방 관련 업무를 하는 단체 또는 그 산하조직에 소속된 임직원 중에서 해당단체 또는 그 산하조직이 추천하는 사람

[주] 명예감독관 위촉대상 등 : 시행령 제45조의 2

09
히빙현상의 원인을 3가지 쓰시오.

① 굴착부 주변의 상재하중(작업자, 자재, 장비 등) 증가
② 흙막이벽(널말뚝)의 깊이 부족
③ 굴착부 바닥면과 굴착부 주변 흙의 중량 차이로 인한 배면토의 이동
④ 지하수의 배출로 인한 흙의 압밀침하

▶ 히빙현상
(1) 지반조건 : 연약성 점토지반
(2) 현상
  ① 굴착지면이 솟아오르고 배면의 토사가 붕괴됨
  ② 널말뚝(지보공) 파괴
(3) 대책
  ① 굴착주변의 상재하중 제거
  ② 강성이 높고 강력한 흙막이 벽의 밑을 양질의 지반 속까지 깊게 박음(가장 좋은 방법)
  ③ 트렌치공법 및 부분굴착, 케이슨공법이나 아일랜드 공법 고려
  ④ 1.3 이하 굴착시 버팀대 설치 및 버팀대, 브래킷, 흙막이 등 점검

10
다음은 강관비계의 구조이다. 빈칸을 채우시오.

(가) 비계기둥의 간격은 띠장 방향에서는 (①)m 이하, 장선(長線)방향에서는 (②)m 이하로 할 것
(나) 띠장 간격은 (③)m 이하로 할 것.
(다) 비계기둥의 제일 윗부분으로부터 (④)m 되는 지점 밑부분의 비계기둥은 2개의 강관으로 묶어 세울 것. 다만, 브래킷(bracket) 등으로 보강하여 2개의 강관으로 묶을 경우 이상의 강도가 유지되는 경우에는 제외
(라) 비계기둥 간의 적재하중은 (⑤)kg을 초과하지 않도록 할 것

① 1.85　　② 1.5
③ 2　　　 ④ 31
⑤ 400

주 강관비계의 구조 : 안전보건규칙 제60조

11
산업안전보건법상의 자율안전확인대상 기계, 기구 및 설비 3가지를 쓰시오.

① 연삭기 또는 연마기(휴대형은 제외한다)
② 산업용 로봇
③ 혼합기
④ 파쇄기 또는 분쇄기
⑤ 식품가공용기계(파쇄, 절단, 혼합, 제면기만 해당한다)
⑥ 컨베이어
⑦ 자동차정비용 리프트
⑧ 공작기계(선반, 드릴기, 평삭, 형삭기, 밀링만 해당한다)
⑨ 고정형 목재가공용기계(둥근톱, 대패, 루타기, 띠톱, 모떼기 기계만 해당한다)
⑩ 인쇄기
⑪ 기압조절실(chamber)

[주] 자율안전확인 대상 기계, 기구 등 : 안전보건규칙 제28조의 5

12
전기기계, 기구 또는 전로 등의 충전부분에 접촉, 접근함으로써 감전위험이 있는 충전부분에 대한 감전방지대책 3가지를 쓰시오.

① 충전부가 노출되지 않도록 폐쇄형 외함(外函)이 있는 구조로 할 것
② 충전부에 충분한 절연효과가 있는 방호망이나 절연덮개를 설치할 것
③ 충전부는 내구성이 있는 절연물로 완전히 덮어 감쌀 것

④ 발전소, 변전소 및 개폐소 등 구획되어 있는 장소로서 관계근로자가 아닌 사람의 출입이 금지되는 장소에 충전부를 설치하고, 위험표시 등의 방법으로 방호를 강화할 것
⑤ 전주 위 및 철탑 위 등 격리되어 있는 장소로서 관계근로자가 아닌 사람이 접근할 우려가 없는 장소에 충전부를 설치할 것

[주] 전기기계, 기구 등의 충전부 방호 : 안전보건규칙 제301조

13
산업안전보건법상 산업재해 발생의 위험한 장소로 지정되어 안전조치가 필요한 곳을 5가지 쓰시오.

① 근로자의 추락을 방지하기 위한 안전난간 설치가 필요한 장소
② 물체가 떨어지거나 날아올 위험이 있는 장소
③ 크레인, 리프트, 곤돌라 등 양중기를 운행하는 장소
④ 거푸집 동바리 등을 설치, 해체하는 장소
⑤ 지반굴착 및 터널공사 등을 하는 장소

14
지반의 파괴형태 3가지를 쓰시오.

① 전반전단파괴
② 국부전단파괴
③ 관입전단파괴

건설안전기사 실기 필답형 — 2020년 제1회

01
꽂음 접속기를 설치하거나 사용하는 경우 준수사항 4가지를 쓰시오.

① 서로 다른 전압의 꽂음 접속기는 서로 접속되지 아니한 구조의 것을 사용할 것
② 습윤한 장소에 사용되는 꽂음 접속기는 방수형 등 그 장소에 적합한 것을 사용할 것
③ 근로자가 해당 꽂음 접속기를 접속시킬 경우에는 땀 등으로 젖은 손으로 취급하지 않도록 할 것
④ 해당 꽂음 접속기에 잠금장치가 있는 경우에는 접속 후 잠그고 사용할 것

02
다음은 가설통로의 구조에 대한 설치기준이다. ( )안에 알맞은 용어 또는 수치를 쓰시오.

(가) 경사가 (①)도를 초과하는 경우에는 미끄러지지 아니하는 구조로 할 것
(나) 수직갱에 가설된 통로의 길이가 15m 이상인 경우에는 (②)m 이내마다 (③)을 설치할 것
(다) 건설공사에 사용하는 높이 (④)m 이상인 비계다리에는 (⑤)m이내마다 계단참을 설치할 것

① 15   ② 10   ③ 계단참
④ 8   ⑤ 7

> **길잡이**
>
> ▶ 가설통로의 구조(가설통로 설치시 준수사항)
> (안전보건규칙 제23조)
> ① 견고한 구조로 할 것
> ② 경사는 30° 이하로 할 것(계단을 설치하거나 높이 2m 미만의 가설통로로서 튼튼한 손잡이를 설치한 경우에는 그러지 아니한다)
> ③ 경사가 15°를 초과하는 경우에는 미끄러지지 아니하는 구조로 할 것
> ④ 추락의 위험이 있는 장소에는 안전난간을 설치할 것(작업상 부득이한 때에는 필요한 부분에 한하여 임시로 이를 해체할 수 있다)
> ⑤ 수직갱에 가설된 통로의 길이가 15m 이상인 경우에는 10m이내마다 계단참을 설치할 것
> ⑥ 건설공사에 사용하는 높이 8m 이상인 비계다리에는 7m이내마다 계단참을 설치할 것

03

근로자가 작업발판 위에서 전기용접 작업을 하다가 바닥으로 떨어져 머리를 다쳤다. 다음의 재해원인 분석에 대한 물음에 답하시오.

(1) 재해형태 :
(2) 기인물 :
(3) 가해물 :

해답

① 재해형태 : 추락
② 기인물 : 가설계단
③ 가해물 : 바닥

04

차량계 건설기계를 사용하여 작업을 할 때 기계가 넘어지거나 굴러 떨어짐으로써 근로자에게 위험을 미칠 우려가 있을 때에 취할 수 있는 조치사항 3가지를 쓰시오.

해답

① 유도자배치
② 지반의 부동침하 방지
③ 갓길의 붕괴방지
④ 도로폭의 유지

[주] 전도 등의 방지 : 안전보건규칙 제171조

길잡이

▶ 차량계 건설기계 작업시 작업계획서의 작성내용
  (안전보건규칙 : 별표4)
① 사용하는 차량계건설기계의 종류 및 성능
② 차량계 건설기계의 운행경로
③ 차량계 건설기계에 의한 작업방법

05

산업안전보건법에서 정하는 와이어로프 사용금지 기준을 3가지 쓰시오(단, 꼬인 것, 부식된 것, 변형된 것, 열과 전기충격에 의해 손상된 것 제외)

해답

① 이음매가 있는 것
② 와이어로프의 한 꼬임에서 끊어진 소선의 수가 10% 이상인 것
③ 지름의 감소가 공칭지름의 7%를 초과하는 것
④ 열과 전기충격에 의해 손상된 것

[주] 이음매가 있는 와이어로프 등 사용금지 : 안전보건규칙 제166조

길잡이

▶ 이음매가 있는 와이어로프 등의 사용금지
  (안전보건규칙 제63조, 제166조, 제210조)
1) 꼬인 것
2) 이음매가 있는 것
3) 심하게 변형 부식된 것
4) 열과 전기충격에 의해 손상된 것
5) 지름의 감소가 공칭지름의 7%를 초과하는 것
6) 와이어로프 꼬임에서 끊어진 소선의 수가 10% 이상(비전자로프는 끊어진 소선의 수가 와이어로프 "호칭지름의 6배 길이" 이내에서 4개 이상이거나 "호칭지름의 30배 길이" 이내에서 8개 이상인 것

06
타워크레인의 설치, 조립 해체작업 시 작업계획서의 작성내용 4가지를 쓰시오.

① 타워크레인의 종류 및 형식
② 설치, 조립 및 해체순서
③ 작업도구, 장비, 가설설비 및 방호설비
④ 작업인원의 구성 및 작업근로자의 역할 범위
[주] 작업계획서의 작성내용 : 안전보건규칙 별표4

07
다음은 산업안전보건법상 적정공기에 대한 기준이다. ( )안에 알맞은 내용을 쓰시오.

적정공기란 산소농도의 범위가 (①)% 이상 23.5% 미만, 탄산가스의 농도가 1.5% 미만, (②)의 농도가 10ppm 미만, (③)의 농도가 30ppm 미만의 공기를 말한다.

① 18
② 황화수소(H_2S)
③ 일산화탄소(CO)
[주] 적정공기 : 안전보건규칙 제618조 제3호

08
교육방법 중 OJT에 대해서 간략히 설명하시오.

OJT(On the job training) : 관리감독자 등 직속상사가 부하직원에 대하여 현장에서 일상 업무를 통하여 지식, 기능, 태도 및 문제해결 능력 등은 교육 훈련하는 교육 형태이며 개별교육이나 추가지도에 적합한 교육방식이다.

> **길잡이**
>
> (1) off JT(off the job training, 현장 외 중심교육) : 계층별 또는 직능별 등과 같이 공통된 교육대상자를 현장 외의 한 장소에 모아 집체 교육훈련을 실시하는 집단 교육형태
> (2) OJT와 Off JT의 특징
>
> | OJT | Off JT |
> |---|---|
> | ① 개개인에 적합한 지도 훈련을 할 수 있다. | ① 다수의 근로자에게 조직 훈련이 가능하다. |
> | ② 직장의 설정에 맞는 실체적 훈련을 할 수 있다. | ② 훈련에만 전념하게 된다. |
> | ③ 훈련에 필요한 업무의 계속성이 끊이지 않는다. | ③ 특별설비기구를 이용할 수 있다. |
> | ④ 즉시 업무에 연결되는 관계로 신체와 관련이 있다. | ④ 전문가를 강사로 초청할 수 있다. |
> | ⑤ 효과가 곧 업무에 나타나며 훈련의 좋고 나쁨에 따라 개선이 용이하다. | ⑤ 각 직장의 근로자가 많은 지식이나 경험을 교류할 수 있다. |
> | ⑥ 교육을 통한 훈련효과에 의해 상호신뢰 이해도가 높아진다. | ⑥ 교육 훈련목표에 대해서 집단적 노력이 흐트러질 수 있다. |

09

전기기계, 기구 또는 전로 등의 충전부분에 접촉, 접근함으로써 감전위험이 있는 충전부분에 대한 감전방지대책 3가지를 쓰시오.

해답

① 충전부가 노출되지 않도록 폐쇄형 외함(外函)이 있는 구조로 할 것
② 충전부에 충분한 절연효과가 있는 방호망이나 절연덮개를 설치할 것
③ 충전부는 내구성이 있는 절연물로 완전히 덮어 감쌀 것
④ 발전소, 변전소 및 개폐소 등 구획되어 있는 장소로서 관계근로자가 아닌 사람의 출입이 금지되는 장소에 충전부를 설치하고, 위험표시 등의 방법으로 방호를 강화할 것
⑤ 전주 위 및 철탑 위 등 격리되어 있는 장소로서 관계근로자가 아닌 사람이 접근할 우려가 없는 장소에 충전부를 설치할 것

[주] 전기기계, 기구 등의 충전부 방호 : 안전보건규칙 제301조

11

다음 안전표지의 명칭을 쓰시오.

해답

① 인화성물질
② 급성독성물질 경고

[주] 안전보건표지의 종류와 형태 : 안전보건규칙 별표 6

10

근로자가 상시 분진작업에 관련된 업무를 하는 경우 근로자에게 알려야 할 사항 3가지를 쓰시오.

해답

① 분진의 유해성과 노출경로
② 분진의 발산방지와 작업장의 환기방법
③ 작업장 및 개인위생 관리
④ 호흡용 보호구의 사용방법
⑤ 분진에 관련된 질병예방 방법

[주] 분진의 유해성 등의 주지 : 안전보건규칙 제614조

12
NATM공법에 의하여 터널공사를 하는 중에 터널굴착면의 암반을 천공한 후 록 볼트(Rock bolt)

① 아치형성 효과
② 내압효과
③ 봉합효과
④ 보형성효과

> **길잡이**
>
> (1) NATM(New Austrian Tunnelling Method)공법
>   터널주변 지반을 터널의 주지보를 이용하여 굴착한 후 록 볼트(Rock bolt)를 체결하고 1차 라이닝(lining)–방수시트–2차 라이닝하여 터널을 형성시키면서 굴진하는 공법
> (2) 계측별 조사항목 12/2(기), 12/3(기)
>   ① 내공변위 측정 : 변위량 변위속도 등을 파악하여 주위 지반의 안정성 파악, 1차 지보의 설계, 시공타당성 파악 등
>   ② 천단침하 측정 : 천단의 변위량을 측정하여 터널 천장부 침하 판단
>   ③ 지중침하 측정 : 터널굴착 시 지중의 침하량 파악
>   ④ 록 볼트 축력 측정 : 록 볼트에 작용하는 축력을 심도별로 측정하여 지보효과와 유효설계 깊이 판단
>   ⑤ 지표침하 측정 : 터널굴착에 따른 지표의 침하량 파악
>   ⑥ 숏 크리트(shot crete) 응력측정 : 배면토압과 숏 크리트의 내부응력 측정
> (3) 록 볼트(Rock bolt)공법 : 터널 굴착면의 암반천공 후 록 볼트를 삽입, 정착하여 이완된 암반을 원지반에 고정시키는 방법
> (4) 록 볼트 설치효과
>   ① 인근 건물 피해 최소화
>   ② 지하수에 대한 차수효과
>   ③ 암석의 붕괴방지
>   ④ 협소한 장소에의 시공가능
>   ⑤ 보의 형성효과
>   ⑥ 내압효과
>   ⑦ 봉합효과
>   ⑧ 아치 형성효과

13
흙의 연화현상 방지대책 2가지를 쓰시오.

① 구조물의 강성확보
② 지반개량공법 또는 고결 안정공법을 적용하여 지반의 안정화 도모
③ 드레인(drain) 공법의 채용
④ 배수구 설치 등 지하수 처리
⑤ 배수층을 동결 깊이 하부에 설치
⑥ 지하연속 벽이나 시트파일을 설치하여 전단 변형 억제

> **길잡이**
>
> ▶ **연화현상**(frost boil) : 동결된 지반이 기온이 상승하면 녹기 시작하여 녹은 물이 배수되지 않고 지반에 함유되어 흙의 함수비가 얼기 전보다 훨씬 증가하여 지반의 강도가 떨어지고 연약해지는 현상을 말한다.

14
상시근로자 수가 4000명인 회상에 사고사망자 수가 1명일 경우 사고 사망만인율을 구하시오.

① 사고사망만인율 $= \dfrac{\text{사고사망자 수}}{\text{상시근로자 수}} \times 10{,}000$

$= \dfrac{1}{4{,}000} \times 10{,}000 = 2.5$

건설안전기사 실기 필답형 — 2020년 제2회

01

사업주는 높이가 ( ) 이상인 장소로부터 물체를 투하하는 경우 적당한 투하설비를 설치하거나 감시인을 배치하는 등 위험을 방지하기 위하여 필요한 조치를 하여야 한다. ( )안에 알맞은 내용을 쓰시오.

해답

3m

주) 투하설비 등 : 안전보건규칙 제15조

길잡이

▶ 거푸집 및 동바리(지보공)의 하중 : 고용노동부고시

1	연직방향하중	거푸집, 동바리, 콘크리트, 철근, 타설용 기계 기구, 가설설비 등의 중량 및 충격하중
2	횡방향하중	작업할 때의 진동, 충격, 시공오차 등에 기인되는 횡방향 하중 이외에 필요에 따라 풍압, 유수압, 지진 등
3	콘크리트 측압	굳지 않은 콘크리트의 측압
4	특수하중	시공 중에 예상되는 특수한 하중
5	상기 1~4호의 하중에 안전율을 고려한 하중	

02

건설공사에 있어서 콘크리트 타설 전에 거푸집 동바리 등에 작용하는 하중을 충분히 검토하지 않으면 붕괴, 전도 등의 위험이 유발된다. 거푸집 동바리 설계시 고려해야 할 하중의 종류를 4가지 쓰시오.

해답

① 연직방향하중
② 횡방향하중
③ 콘크리트 측압
④ 특수하중
⑤ 상기 1~4호 하중에 안전율을 고려한 하중

03

충전전로에 근접한 장소에서 거푸집, 동바리의 조립, 해체작업을 할 경우 주의사항 2가지를 쓰시오.

해답

① 절연용보호구(절연용 장갑, 절연용 안전화, 절연용 안전모, 절연복 등)를 착용할 것
② 충전전로에 절연덮개 및 절연효과가 있는 방호망을 설치할 것

04

다음 내용은 타워크레인 작업 시 작업중지에 관한 사항이다. ( )안에 알맞은 용어나 숫자를 쓰시오.

> 순간 풍속이 (①)m/s를 초과하는 경우 타워크레인의 설치, 수리, 점검 또는 해체작업을 중지하여야 하며, 순간 풍속이 (②)m/s를 초과하는 경우에는 타워크레인의 운전작업을 중지하여야 한다.

해답

① 10
② 15

[주] 타워크레인의 강풍 시 작업중지 : 안전보건규칙 제37조

05

산업재해가 발생하였을 때 기록, 보존하여야 할 사항 4가지를 쓰시오.

해답

① 사업장개요 및 근로자 인적사항
② 재해발생일시 및 장소
③ 재해발생원인 및 과정
④ 재해재발방지계획

[주] 산업재해기록 등 : 시행규칙 제72조

06

근로감독관이 관계인에게 질문하고 안전보건점검을 하거나 관계서류의 제출을 요구할 수 있는 경우 3가지를 쓰시오.

해답

① 산업재해가 발생하거나 산업재해 발생의 급박한 위험이 있는 경우
② 근로자의 신고 또는 고소, 고발 등에 대한 조사가 필요한 경우
③ 법 또는 법에 따른 명령을 위반한 범죄의 수사 등 사법경찰관리의 직무를 수행하기 위하여 필요한 경우
④ 그 밖에 고용노동부장관 또는 지방고용노동관서의 장이 법 또는 법에 따른 명령의 위반 여부를 조사하기 위하여 필요하다고 인정하는 경우

[주] 근로감독관의 감독기준 : 시행규칙 제235조

07

작업발판의 끝이나 개구부로부터 추락위험이 있는 경우 조치사항을 3가지만 쓰시오.

해답

① 안전난간, 울타리, 수직형 추락방망 설치
② 덮개 설치
③ 추락방호망 설치
④ 안전대 착용

08
다음 표는 안전보건관리책임자 등에 대한 신규교육과 보수교육의 교육시간이다. ( )안에 알맞은 수치를 쓰시오.

교육대상	교육시간	
	신규교육	보수교육
(가) 안전보건관리책임자	(①)시간 이상	(②)시간 이상
(나) 안전관리자, 안전관리전문기관의 종사자	(③)시간 이상	(④)시간 이상
(다) 보건관리자, 보건관리전문기관의 종사자	(⑤)시간 이상	(⑥)시간 이상
(라) 재해예방 전문지도기관의 종사자	(⑦)시간 이상	(⑧)시간 이상
(마) 석면조사기관의 종사자	(⑨)시간 이상	(⑩)시간 이상
(바) 안전보건관리담당자	-	8시간 이상

① 6 ② 6 ③ 34
④ 24 ⑤ 34 ⑥ 24
⑦ 34 ⑧ 24 ⑨ 34
⑩ 24

[주] 안전보건관리책임자 등에 대한 교육 : 시행규칙 별표4 제2호

09
다음은 터널 작업면에 대한 조도기준이다. ( )안에 알맞은 내용을 쓰시오.

(가) 막장구간 : (①)lux 이상
(나) 터널중간구간 : (②)lux 이상
(다) 터널입·출구, 수직구간 : (③)lux 이상

① 60 ② 50 ③ 30

[주] 터널작업면에 대한 조도기준 : 터널공사 표준안전작업지침 (고용노동부고시)

10
근로자의 위험을 방지하기 위하여 사전조사 및 작업계획서를 작성하여야 하는 작업을 3가지 쓰시오.

① 터널굴착작업
② 채석작업
③ 건물 등의 해체작업
④ 중량물의 취급작업
⑤ 타워크레인을 설치, 조립, 해체하는 작업
⑥ 차량계 하역운반기계 등을 사용하는 작업(화물자동차를 사용하는 도로상의 주행작업은 제외)
⑦ 차량계 건설기계를 사용하는 작업
⑧ 화학설비와 그 부속설비를 사용하는 작업
⑨ 전기작업(해당 전압이 50볼트를 넘기거나 전기에너지가 250볼트 암페어를 넘긴 경우로 한정)
⑩ 굴착면의 높이가 2m 이상이 되는 지반의 굴착작업(이하 "굴착작업"이라 한다)
⑪ 교량(상부구조가 금속 또는 콘크리트로 구성되는 교량으로 그 높이가 5m 이상이거나 교량의 최대 지간길이가 30m 이상인 교량으로 한정)의 설치, 해체 또는 변경작업
⑫ 궤도나 그 밖의 관련 설비의 보수, 점검작업
⑬ 열차의 교환, 연결 또는 분리작업(이하 "입환작업"이라 한다)

[주] 사전조사 및 작업계획서의 작성 : 안전보건규칙 제38조

11
안전인증제품인 보호구에 안전인증표시 외에 표시할 사항 4가지를 쓰시오.

① 형식 또는 모델명 ② 규격 또는 등급
③ 제조자명
④ 제조번호 및 제조연월
⑤ 안전인증번호

12
차량계 하역운반기계 등 차량계 건설기계의 운전자가 운전위치를 이탈하고자 할 때 운전자가 준수하여야 할 사항을 3가지 쓰시오.

① 포크, 버킷, 디퍼 등의 장치를 가장 낮은 위치 또는 지면에 내려둘 것
② 원동기를 정지시키고 브레이크를 확실히 거는 등 갑작스러운 주행이나 이탈을 방지하기 위한 조치를 할 것
③ 운전석을 이탈하는 경우에는 시동키를 운전대에서 분리시킬 것(다만, 운전석에서 잠금장치를 하는 등 운전자가 아닌 사람이 운전하지 못하도록 조치한 경우에는 제외)
③ 운전위치 이탈시의 조치사항 : 안전보건규칙 제99조

13
시정책 적용에 대한 3E를 쓰시오.

① 기술(Engineering)
② 교육(Education)
③ 독려, 규제(Enforcement)

14
다음 [보기]에 관련된 안전관리자의 최소 인원을 쓰시오.

[보기]
① 총 공사금액 1,000억 원 이상인 건설업에서 안전관리자 수를 쓰시오.
② 선임하여야 할 안전관리자의 수가 3명 이상인 사업장의 경우에는 3명 중에 1명은 필수로 선임하여야 하는 자격을 쓰시오.

① 2명   ② 건설안전기술사

▶ 건설업의 공사금액에 따른 안전관리자의 수

공사금액	안전관리자 수
1. 50억원 이상 (관계수급인은 100억원 이상) 120억원 미만(토목공사업은 150억원 미만)	1명 이상
2. 120억원 이상(토목공사업은 150억원 이상) 800억원 미만	
3. 800억원 이상 1500억원 미만	2명 이상 (다만, 전체공사기간 중 전·후 15에 해당하는 기간은 1명 이상)
4. 1500억원 이상 2200억원 미만	3명 이상 (다만, 전체공사기간 중 전·후 15에 해당하는 기간은 2명 이상)
5. 2200억원 이상 3천억원 미만 ⋮	4명 이상 (다만, 전체공사기간 중 전·후 15에 해당하는 기간은 2명 이상)
12. 1조원 이상	11명 이상[매 2천억원(2조원이상부터는 매 3천억원)마다 1명씩 추가] [다만, 전체공사기간 중 전·후 15에 해당하는 기간은 안전관리자의 수의 2분의 1(소수점 이하는 올림)이상으로 함]

[비고] 안전관리자의 수가 3명 이상인 경우 : 산업안전지도사 또는 건설안전기술사(건설안전기사산업안전기사 자격 취득 후 7년 이상 건설안전업무를 수행한 자나 건설안전산업기사 산업안전산업기사 자격 취득 후 10년 이상 건설안전 업무를 수행한 사람 포함) 1명 이상 포함되어야 함.

건설안전기사 실기 필답형 — 2020년 제3회

01
다음 [보기]에 관련된 안전관리자의 최소 인원을 쓰시오.

[보기]
(1) 총 공사금액 800억 원 이상 1500억 원 미만인 건설업에서 안전관리자 수를 쓰시오.
(2) 총 공사금액 2200억 원 이상 3000억 원 미만인 경우 안전관리자 수를 쓰시오.

해답

① 2명   ② 4명

 ▶ 건설업의 공사금액에 따른 안전관리자의 수

공사금액	안전관리자 수
1. 50억원 이상 (관계수급인은 100억원 이상) 120억원 미만 (토목공사업은 150억원 미만)	1명 이상
2. 120억원 이상(토목공사업은 150억원 이상) 800억원 미만	
3. 800억원 이상 1500억원 미만	2명 이상 (다만, 전체공사기간 중 전후 15에 해당하는 기간은 1명 이상)
4. 1500억원 이상 2200억원 미만	3명 이상 (다만, 전체공사기간 중 전후 15에 해당하는 기간은 2명 이상)
5. 2200억원 이상 3천억원 미만	4명 이상 (다만, 전체공사기간 중 전후 15에 해당하는 기간은 2명 이상)

02
달비계에 달기체인을 사용해서 안 되는 사용금지사항을 2가지 쓰시오(단, 균열이 있거나 심하게 변형된 것은 제외한다).

해답

① 달기체인의 길이가 달기체인이 제조된 때의 길이의 5%를 초과한 것
② 링의 단면지름이 달기체인이 제조된 때의 해당 링의 지름이 10%를 초과하여 감소한 것
③ 균열이 있거나 심하게 변형된 것

 달비계의 구조 : 안전보건규칙 제63조 제2호

03

특별교육대상 작업 중 흙막이 지보공의 보강 또는 동바리를 설치하거나 해체하는 작업을 할 때 교육내용 2가지 쓰시오(단, 그밖에 안전, 보건관리에 필요한 사항은 제외한다).

① 작업안전 점검 요령과 방법에 관한 사항
② 동바리의 운반, 취급 및 설치시 안전작업에 관한 사항
③ 해체작업 순서와 안전기준에 관한 사항
④ 보호구 취급 및 사용에 관한 사항
⑤ 그 밖에 안전, 보건관리에 필요한 사항

[주] 특별교육대상 직업별 교육내용 : 규칙 [별표5]

04

철륜표면에 다수의 돌기를 붙여 접지면적을 작게 하여 접지압을 증가시킨 롤러로서 고함수비 점성토 지반의 다짐작업에 적합한 롤러의 명칭을 쓰시오.

탬핑롤러(Tamping roller)

05

정밀안전진단의 정의에 대해 쓰시오.

정밀안전진단이란 시설물의 물리적, 기능적 결함을 발견하고 그에 대한 신속하고 적절한 조치를 하기 위하여 구조적 안정성과 결함의 원인 등을 조사, 측정, 평가하여 보수, 보강 등의 방법을 제시하는 행위를 말한다.

06

거푸집 동바리 설계 시 고려해야 할 하중의 종류 2가지를 쓰시오.

① 연직방향하중
② 횡방향하중
③ 콘크리트 측압
④ 특수하중
⑤ 안전율을 고려한 의중

길잡이

(1) 거푸집 및 지보공(동바리) 설계 시 고려해야 할 하중 (고용노동부 고시)
  ① 연직방향 하중 : 거푸집, 지보공(동바리), 콘크리트, 철근, 작업원, 타설용기계, 기구, 가설설비 등의 중량 및 충격하중
  ② 횡방향 하중 : 작업할 때의 진동, 충격, 시공오차 등에 기인되는 횡방향 하중 이외에 필요에 따라 풍압, 유수압, 지진 등
  ③ 콘크리트의 측압 : 굳지않은 콘크리트 측압
  ④ 특수하중 : 시공 중에 예상되는 특수한 하중
  ⑤ 상기 1~4호의 하중에 안전율을 고려한 하중

(2) 거푸집의 연직방향 하중(W) 산정식
  $W = 고정하중 + 충격하중 + 작업하중 + (r \cdot t) + (1/2r \cdot t)$
  $= 150 kg/m^2$
  여기서 r : 철근콘크리트 비중(kg/m^3),
  　　　 t : 슬래브 두께(m)
  ① 고정하중 : 콘크리트 자중
    (=철근콘크리트 비중×슬래브 두께)
  ② 충격하중 : 고정하중×1/2
  ③ 작업하중 : 작업원 중량+장비 및 가설설비 등의 중량=$150 kg/m^2$

07

산업안전보건법상 안전보건표지 중 "녹십자 표지"를 그리시오(단, 색상표시는 글자로 나타내도록 하고 크기에 대한 기준은 표시하지 않아도 된다).

① 바탕 : 흰색
② 도형 : 녹색

08

고소작업대를 사용하는 경우 준수사항 2가지를 쓰시오.

① 작업자가 안전모, 안전대 등의 보호구를 착용하도록 할 것
② 관계자가 아닌 사람이 작업구역에 들어오는 것을 방지하기 위하여 필요한 조치를 할 것
③ 안전한 작업을 위하여 적정수준의 조도를 유지할 것
④ 전로(電路)에 근접하여 작업을 하는 경우에는 작업감시자를 배치하는 등 감전사고를 방지하기 위하여 필요한 조치를 할 것
⑤ 작업대를 정기적으로 점검하고 붐, 작업대 등 각 부위의 이상 유무를 확인할 것
⑥ 전환스위치는 다른 물체를 이용하여 고정하지 말 것
⑦ 작업대는 정격하중을 초과하여 물건을 싣거나 탑승하지 말 것
⑧ 작업대의 붐대를 상승시킨 상태에서 탑승자는 작업대를 벗어나지 말 것. 다만, 작업대에 안전대 부착설비를 설치하고 안전대를 연결하였을 때에는 그러하지 아니하다.

주 고소작업대 사용시 준수사항 : 안전보건규칙 제186조 제4항

> **길잡이**
> ▶ 고소작업대 이동시 준수사항
>   (안전보건규칙 제186조 제3항) 17/4(기)
> ① 작업대를 가장 낮게 내릴 것
> ② 작업대를 올린 상태에서 작업자를 태우고 이동하지 말 것
> ③ 이동통로의 요철상태 또는 장애물의 유무 등을 확인할 것

09

다음 조건에 대한 종합재해지수를 구하시오.

- 상시근로자 : 500명
- 연간재해발생건수 : 10건
- 휴업일수 : 159일
- 1일 : 8시간, 1년 : 280일 근무

① 도수율 $= \dfrac{\text{재해건수}}{\text{연 근로시간수}} \times 10^6$

$= \dfrac{10}{500 \times 280 \times 8} \times 10^6 = 8.93$

② 강도율 $= \dfrac{\text{근로손실일수}}{\text{연 근로시간수}} \times 10^3$

$= \dfrac{159 \times \dfrac{280}{365}}{500 \times 280 \times 8} \times 10^3 = 0.11$

③ 종합재해지수 $= \sqrt{\text{도수율} \times \text{강도율}}$
$= \sqrt{8.93 \times 0.11} = 0.99$

10
화약류저장소 내의 운반이나 현장내 소규모 운반일 때의 준수사항 2가지를 쓰시오.

해답

① 화약류를 갱내 또는 떨어진 발파현장에 운반할 때에는 정해진 포장 및 상자 등을 사용하여 운반하여야 한다.
② 화약, 폭약 및 도폭선과 공업뇌관 또는 전기뇌관은 1인이 동시에 운반하여서는 안 된다. 1인에게 운반시킬 때에는 별개 용기에 넣어 운반하여야 한다.
③ 전기뇌관을 운반할 때에는 각선이 벗겨지지 않도록 용기에 넣고 건전지 및 타전로의 벗겨진 전기기구를 휴대하지 말아야 하며, 전등선, 동력선 기타 누전의 우려가 있는 것에 접근시키지 말아야 한다.
④ 화약류는 운반하는 자의 체력에 적당하도록 소량을 운반케 하여야 한다.
⑤ 화약류를 운반할 때에는 화기나 전선의 부근을 피하고 넘어지거나, 떨어뜨리거나, 부딪치거나 하지 않도록 주의하여야 한다.
⑥ 빈 화약류 용기 및 포장재료은 제조자의 지시에 따라 처분하여야 한다.

[주] **화약류 현장내 운반규정** : 발파작업 표준안전작업지침(고용노동부고시)

11
기둥, 보, 벽체, 슬라브 등의 거푸집 동바리 등을 조립하거나 해체작업을 하는 경우 준수사항 3가지를 쓰시오.

해답

① 해당작업을 하는 구역에는 관계 근로자가 아닌 사람의 출입을 금지할 것
② 비, 눈 그 밖의 기상상태의 불안정으로 날씨가 몹시 나쁜 경우에는 그 작업을 중지할 것
③ 재료, 기구 또는 공구 등을 올리거나 내리는 경우에는 근로자로 하여금 달줄, 달포 등을 사용하도록 할 것
④ 낙, 충격에 의한 돌발적 재해를 방지하기 위하여 버팀목을 설치하고 거푸집 동바리 등을 사용하도록 할 것

[주] **거푸집 동바리 조립 등 작업시의 준수사항** : 안전보건규칙 제336조

12
사업장에 승강기의 설치, 조립, 수리, 점검 또는 해체작업을 하는 경우 작업을 지휘하는 사람의 이행사항 3가지를 쓰시오.

해답

① 작업방법과 근로자의 배치를 결정하고 해당 작업을 지휘하는 일
② 재료의 결함 유무 또는 기구 및 공구의 기능을 점검하고 불량품을 제거하는 일
③ 작업 중 안전대 등 보호구의 착용상황을 감시하는 일

[주] 승강기 조립 등의 작업시 작업지휘자의 이행사항 : 안전보건규칙 제162조 제2항

길잡이

▶ 승강기의 설치, 조립, 수리, 점검 또는 해체 작업시 조치사항(안전보건규칙 제162조 제1항)
① 작업을 지휘하는 사람을 선임하여 그 사람의 지휘하에 작업을 실시할 것
② 작업을 할 구역에 관계근로자가 아닌 사람의 출입을 금지하고 그 취지를 보기 쉬운 장소에 표시할 것
③ 비, 눈 그 밖의 기상상태의 불안정으로 날씨가 몹시 나쁜 경우에는 그 작업을 중지시킬 것

13
관계수급인 근로자가 도급인의 사업장에서 작업을 하는 경우 도급인의 이행사항 2가지를 쓰시오.

해답

① 도급인과 수급인을 구성원으로 하는 안전 및 보건에 관한 협의체의 구성 및 운영
② 작업장 순회점검
③ 관계수급인이 근로자에게 하는 안전보건교육을 위한 장소 및 자료의 제공 등 지원
④ 관계수급인이 근로자에게 하는 안전보건교육의 실시 확인
⑤ 다음 각 목의 어느 하나의 경우에 대비한 경보체계 운영과 대피방법 등 훈련
  ㉮ 작업장소에서 발파작업을 하는 경우
  ㉯ 작업장소에서 화재, 폭발, 토사, 구축물 등의 붕괴 또는 지진 등이 발생한 경우
⑥ 위생시설 등 고용노동부령으로 정하는 시설의 설치 등을 위하여 필요한 장소의 제공 또는 도급인이 설치한 위생시설 이용의 협조

[주] 도급에 따른 산업재해예방조치(도급인의 이행사항) : 법 제64조

14
건설기술진흥법에 의한 안전관리책임자 또는 안전관리담당자가 당일 공사작업자를 대상으로 매일 공사착수 전에 실시해야 하는 안전교육 내용을 3가지 쓰시오.

해답

① 당일 작업의 공법이해
② 시공 상세도면에 따른 세부시공순서
③ 시공기술상의 주의사항

[주] 안전교육 : 건설기술진흥법 시행령 제103조

01
양중기의 와이어로프 사용금지사항 4가지를 쓰시오.

해답
① 꼬인 것
② 이음매가 있는 것
③ 심하게 변형부식된 것
④ 열과 전기충격에 의해 손상된 것
⑤ 지름의 감소가 공칭지름의 7%를 초과하는 것
⑥ 와이어로프 한 꼬임에서 끊어진 소선의 수가 10% 이상(비전자로프는 끊어진 소선의 수가 와이어로프 「호칭지름의 6배 길이」 이내에서 4개 이상이거나 「호칭지름의 30배 길이」 이내에서 8개 이상)인 것

[주] 이음매가 있는 와이어로프 등의 사용금지 : 안전보건규칙 제63조 제1항, 제166조, 제210조

Guide 달비계와 항타기 및 항발기에 사용하는 와이어로프의 금지사항도 상기와 동일합니다.

02
크레인 작업시작 전 점검사항을 쓰시오.

해답
① 권과방지장치, 브레이크, 클러치 및 운전장치의 기능
② 주행로의 상측 및 트롤리가 횡행하는 레일의 상태
③ 와이어로프가 통하고 있는 곳의 상태

[주] 작업시작 전 점검사항 : 안전보건규칙 별표3

> **길잡이**
> ▶ 이동식 크레인의 작업시작 전 점검사항(안전규칙 별표3)
> ① 권과방지장치나 그 밖에 경보장치의 기능
> ② 브레이크, 클러치 및 조정장치의 기능
> ③ 와이어로프가 통하고 있는 곳 및 작업장소의 지반상태

Guide 크레인과 이동식크레인의 작업시작 전 점검사항은 출제율이 매우 높은 내용입니다. 서로 비교하여 숙지하기 바랍니다.

03
굴착면 토석붕괴의 원인 중 외적요인 4가지를 쓰시오.

해답
① 사면, 법면의 경사 및 기울기가 증가
② 절토 및 성토의 높이가 증가
③ 지진, 차량, 구조물의 하중작용
④ 토사 및 암석의 혼합층 두께
⑤ 공사에 의한 진동 및 반복하중의 증가
⑥ 지표수 및 지하수의 침투에 의한 토사중량의 증가

길잡이
▶ 내적원인
① 절토사면의 토질, 암질
② 성토사면의 토질 구성 및 분포
③ 토석의 강도저하

04
하인리히의 사고연쇄성이론 5단계를 쓰시오.

해답
① 1단계 : 사회적 환경 및 유전적 요소
② 2단계 : 개인적인 결함
③ 3단계 : 불안전한 행동 및 불안전한 상태(사고 방지를 위해 중점적으로 배제시켜야 할 단계)
④ 4단계 : 사고
⑤ 5단계 : 재해

길잡이
▶ 버드의 최신 사고연쇄성 이론(버드의 관리모델)
① 1단계 : 통신부족 – 관리소홀(사고방지를 위해 중점적으로 관리해야 할 단계)
② 2단계 : 기본원인 – 기원
③ 3단계 : 직접원인 – 징후
④ 4단계 : 사고 – 접촉
⑤ 5단계 : 상해 – 손해 – 손실

05
공사용 가설도로를 설치하는 경우에 준수사항 3가지를 쓰시오.

해답
① 도로는 장비 및 차량이 안전하게 운행할 수 있도록 견고하게 설치할 것
② 도로와 작업장이 접하여 있을 경우에는 방책 등을 설치할 것
③ 도로는 배수를 위하여 경사지게 설치하거나 배수시설을 설치할 것
④ 차량의 속도제한 표지를 부착할 것

주 가설도로 설치 시 준수사항 : 안전보건규칙 제379조

06
철골작업을 중지해야 할 기상조건 3가지를 쓰시오.

해답

① 풍속이 초당 10m 이상인 경우
② 강우량이 시간당 1mm 이상인 경우
③ 강설량이 시간당 1cm 이상인 경우

[주] 철골작업의 제한 : 안전보건규칙 제383조

> **길잡이**
> ▶ 철골건립 중 강풍에 의한 풍압 등 외압에 대한 내력이 설계에 고려되었는지 확인해야 할 철골구조물(표준안전작업지침) 13/1(기)
> ① 높이 20m 이상의 구조물
> ② 구조물의 폭과 높이의 비가 1 : 4 이상인 구조물
> ③ 단면구조에 현저한 차이가 있는 구조물
> ④ 연면적당 철골량이 50kg/m² 이하인 구조물
> ⑤ 기둥이 타이 플레이트(Tie plate)형인 구조물
> ⑥ 이음부가 현장용접인 구조물

07
달비계 또는 높이 5m 이상의 비계를 조립, 해체하거나 변경하는 작업을 하는 경우 관리감독자의 업무내용 3가지를 쓰시오.

해답

① 재료의 결함유무를 점검하고 불량품을 제거하는 일
② 기구, 공구, 안전대 및 안전모 등의 기능을 점검하고 불량품을 제거하는 일
③ 작업방법 및 근로자의 배치를 결정하고 작업진행 상태를 감시하는 일
④ 안전대 및 안전모 등의 착용상황을 감시하는 일

[주] 관리감독자의 유해·위험방지 : 안전보건규칙 별표2

08
터널건설작업 시 낙반 등에 의한 위험방지 조치사항 3가지를 쓰시오.

해답

① 터널지보공 설치
② 록 볼트의 설치
③ 부석의 제거

[주] 낙반 등에 의한 위험방지 : 안전보건규칙 제351조

> **길잡이**
> ▶ 터널 등의 출입구 부근의 지반붕괴 및 토석낙하에 의한 위험방지 조치사항(안전보건규칙 제352조)
> ① 흙막이지보공 설치
> ② 방호망 설치

09
터널 내의 누수로 인한 붕괴위험 및 근로자의 작업안전을 위하여 배수 및 방수계획을 수립한 후 그 계획에 의하여 안전조치를 하여야 한다. 배수 및 방수를 위한 시공계획에 포함되는 사항 3가지를 쓰시오.

해답

① 지하수위 및 투수계수에 의한 예상 누수량 산출
② 배수펌프 소요대수 및 용량
③ 배수방식의 선정 및 집수구 설치방식
④ 터널 내부 누수개소조사 및 점검 담당자 선임
⑤ 누수량 집수유도 계획 또는 방수계획
⑥ 굴착상부 지반의 채수대 조사

[주] 배수 및 방수계획의 작성 : 터널공사(고용노동부고시 : 표준안전작업지침)

10

안전모의 종류 3가지를 기호로 표시하고 사용 구분 및 내전압성을 각각 구분하시오.

 해답

종류 (기호)	사용구분	내전압성
AB	물체의 낙하 또는 비래 및 추락에 의한 위험 방지 또는 경감시키기 위한 것	비내전압성
AE	물체의 낙하 및 비래에 의한 위험을 방지 또는 경감하고 머리부위 감전에 의한 위험을 방지하기 위한 것	내전압성
ABE	물체의 낙하 또는 비래 및 추락에 의한 위험을 방지 또는 경감하고 머리부위 감전에 의한 위험을 방지하기 위한 것	내전압성

 길잡이

▶ 안전모의 종류
① AC : 낙하 또는 비래, 추락방지용
② AE : 낙하 또는 비래, 감전방지용
③ ABE : 낙하 또는 비래, 추락, 감전방지용

11

수자원시설공사(댐 공사)에 재료비와 직접노무비를 합한 대상액이 45억 원일 때 안전관리비를 계산하시오.

 해답

안전관리비 = 대상액 × 법정요율 + 기초액

$$= 4,500,000,000 \times \frac{2.35}{100} \times 5,400,000$$

$$= 111,150,000원(1억1천1백십오만원)$$

 길잡이

▶ 안전관리비 계상기준 : 고용노동부고시
① 대상액 = 재료비+직접노무비
② 대상액이 5억원 미만 또는 50억 원 이상일 때
  안전관리비=대상액×법정요율(비율)
③ 대상액이 5억원 이상~50억원 미만일 때
  안전관리비=대상액×법정요율(비율:X)+기초액(C)
④ 발주자가 재료를 제공한 경우 해당금액을 대상액에 포함시킬 때의 안전관리비를 해당금액을 포함시키지 않은 대상액을 기준으로 계상한 안전관리비의 1.2배를 초과할 수 없음
  안전관리비 = 대상액(재료비+직접노무비)×법정요율×낙찰률×1.2
⑤ 공사종류별 규모 및 안전관리비 계상기준표(별표1)

공사종류/대상액	5억원 미만	5억원 이상 50억원 미만		50억원 이상
		비율 (X)	기초액 (C)	
일반건설공사(갑)	2.93%	1.86%	5,349,000원	1.97%
일반건설공사(을)	3.09%	1.99%	5,499,000원	2.10%
중건설공사	3.43%	2.35%	5,400,000원	2.44%
철도, 궤도신설공사	2.45%	1.57%	4,411,000원	1.66%
특수 및 기타 건설공사	1.85%	1.20%	3,250,000원	1.27%

[주] 수자원시설공사(댐공사) : 중건설공사

Guide 안전관리비 계산방법에 대한 상기 ②, ③, ④항의 공식을 암기하여 계산문제에 적용할 수 있어야 합니다(출제율 높음).

12

건설업 중 건설공사 유해·위험방지계획서 첨부 사항을 3가지 쓰시오.

① 공사개요서
② 공사현장의 주변현황 및 주변과의 관계를 나타내는 도면(매설물 현황을 포함)
③ 건설물, 사용기계설비 등의 배치를 나타내는 도면
④ 전체공정표
⑤ 산업안전보건관리비 사용계획서(별지 제102호 서식)
⑥ 안전관리 조직표
⑦ 재해발생 위험 시 연락 및 대피방법

주 유해·위험방지계획서 첨부서류 : 시행규칙 별표10

14

건설공사에 있어서 콘크리트 타설 전에 거푸집 동바리 등에 작용하는 하중을 충분히 검토하지 않으면 붕괴, 전도 등의 위험이 유발된다. 거푸집 동바리 설계시 고려해야 할 하중의 종류를 4가지 쓰시오. ▶ 18/2(기)

① 연직방향하중
② 횡방향하중
③ 콘크리트측압
④ 특수하중
⑤ 상기 ① ② ③ ④호 하중에 안전율을 고려한 하중

13

양중기 중 곤돌라의 방호장치 3가지를 쓰시오.

① 과부하방지장치
② 권과방지장치
③ 비상정지장치 및 제동장치

주 방호장치의 조정 : 안전보건규칙 제134조

건설안전기사 실기 필답형 — 2021년 제1회

01
산업안전보건법상 안전관리자를 정수 이상으로 증원하게 하거나 교체하여 임명할 것을 명할 수 있는 경우 3가지를 쓰시오.

해답

① 해당사업장의 연간재해율이 같은 업종 평균 재해율의 2배 이상인 경우
② 중대재해가 연간 2건 이상 발생한 경우
③ 관리자가 질병 그밖에 사유로 3개월 이상 직무를 수행할 수 없게 된 경우
④ 화학적 인자로 인한 직업성질병자가 연간 3명 이상 발생한 경우

[주] 안전관리자 등의 증원·교체임명 명령 : 시행규칙 제12조

02
연평균 200명이 근무하는 H사업장에서 사망재해가 1건 발생하여 1명 사망, 50일의 휴업일수가 2명 발생되고 20일의 휴업일수가 1명이 발생되었다. 강도율은? (단, 종업원의 근무는 8시간/일, 305일/연이다)

해답

$$강도율 = \frac{근로손실일수}{연근로시간수} \times 1000$$

$$= \frac{7500 + (50 \times 2 + 20) \times \frac{305}{365}}{200 \times 8 \times 305} \times 1000$$

$$= 15.57$$

03
교량건설 공법 중 (1) PSM 공법과 (2) PGM 공법에 대해서 간략히 설명하시오.

해답

① PSM 공법(Precast Segment method) : 세그먼트(segment, 분절상판)를 가로보(cross beam)에 의해 지지되는 런칭 거더(launching girder, 수연식 거더) 위에 거치, 이동 및 배열한 후 종방향 인장작업으로 하나의 스팬(span)이 완성되며 이와 같은 작업을 반복수행하여 전체교량을 완성하는 공법이다.

② PGM 공법(Precast girder method) : 상부구조를 제작상에서 제작·운반하여 교량공사를 하는 공법으로 소규모 교량공사에 사용된다.

04
고소작업대 이동시 준수사항 3가지만 쓰시오.

해답

① 작업대를 가장 낮게 내릴 것
② 작업대를 올린 상태에서 작업자를 태우고 이동하지 말 것
③ 이동통로의 요철상태 또는 장애물의 유무 등을 확인할 것

[주] 고소작업대 이동시 준수사항 : 안전보건규칙 제186조 3항

05
다음 물음에 답하시오.

(1) 크레인의 작업으로 크레인이 들어올 수 있는 최대하중은?
(2) 크레인의 권상하중에서 훅크, 그래브 또는 버킷 등 달기기구의 중량에 상당하는 하중을 공제한 하중은?
(3) 승강기 및 리프트 등 사람 또는 화물을 실어올릴 수 있는 최대하중은?

① 달아올리기 하중
② 정격하중
③ 적재하중

06
잠함 · 우물통 · 수직갱 기타 이와 유사한 건설물 또는 설비의 내부에서 굴착작업을 하는 때에 준수하여야 할 사항을 3가지 쓰시오.

① 산소결핍의 우려가 있는 때에는 산소의 농도를 측정하는 자를 지명하여 측정하도록 할 것
② 근로자가 안전하게 승강하기 위한 설비를 설치할 것
③ 굴착 깊이가 20m를 초과하는 때에는 해당 작업장소와 외부와의 연락을 위한 통신설비 등을 설치할 것
④ 산소농도 측정결과 산소의 결핍이 인정되거나 굴착 깊이가 20m를 초과하는 때에는 송기를 위한 설비를 설치하여 필요한 양의 공기를 송급하도록 할 것

[주] 잠함 등 내부에서의 작업 : 안전보건규칙 제377조

07
산업안전보건법상 사업내 안전 · 보건교육에 대한 교육시간을 쓰시오.

교육과정	교육대상	교육시간
정기교육	사무직 종사 근로자	매분기 (①) 시간 이상
채용시의 교육	일용근로자	(②)시간 이상
건설업기초 안전보건교육	건설 일용근로자	(③)시간

① 3
② 1
③ 4

08
차량계 하역운반기계 등 차량계 건설기계의 운전자가 운전위치를 이탈하고자 할 때 운전자가 준수하여야 할 사항을 3가지 쓰시오.

① 포크, 버킷, 디퍼 등의 장치를 가장 낮은 위치 또는 지면에 내려둘 것
② 원동기를 정지시키고 브레이크를 확실히 거는 등 갑작스러운 주행이나 이탈을 방지하기 위한 조치를 할 것
③ 운전석을 이탈하는 경우에는 시동키를 운전대에서 분리시킬 것(다만, 운전석에서 잠금장치를 하는 등 운전자가 아닌 사람이 운전하지 못하도록 조치한 경우에는 제외)

[주] 운전위치 이탈시의 조치사항 : 안전보건규칙 제99조

09
산업안전보건법상 안전관리자가 수행하여야 할 업무내용 5가지를 쓰시오.

해답

안전관리자의 업무내용
① 산업안전보건위원회 또는 노사협의체에서 심의·의결한 직무와 안전보건관리규정 및 취업규칙에서 정한 업무
② 안전인증대상 기계·기구 등과 자율안전 확인대상 기계·기구 등 구입시 적격품의 선정에 관한 보좌 및 지도·조언
③ 위험성평가에 관한 보좌 및 지도·조언
④ 해당사업장 안전교육계획의 수립 및 안전교육 실시에 관한 보좌 및 지도·조언
⑤ 사업장 순회점검·지도 및 조치의 건의
⑥ 산업재해발생의 원인조사 및 재발방지를 위한 기술적 보좌 및 지도·조언
⑦ 산업재해에 관한 통계의 유지·관리·분석을 위한 보좌 및 지도·조언
⑧ 법 또는 법에 따른 명령으로 정한 안전에 관한 사항의 이행에 관한 보좌 및 지도·조언
⑨ 업무수행 내용의 기록·유지

[주] 안전관리자의 업무 등 : 시행령 제18조

10
이동식 크레인의 종류 3가지를 쓰시오.

해답

① 트럭크레인
② 크롤러크레인
③ 휠크레인

11
중량물 취급작업시 작업계획서에 포함되어야 할 사항 2가지를 쓰시오. ▶ 18/2 산

해답

① 추락위험을 예방할 수 있는 안전대책
② 낙하위험을 예방할 수 있는 안전대책
③ 전도위험을 예방할 수 있는 안전대책
④ 협착위험을 예방할 수 있는 안전대책
⑤ 붕괴위험을 예방할 수 있는 안전대책

[주] 사전조사 및 작업계획서 내용 : 안전보건규칙 별표4

12
다음 내용에서 설명하는 현상에 대한 용어의 정의를 쓰시오.

(1) 연약한 점토질 지반에서 굴착시 흙막이 벽 외측 흙의 중량 및 지표면의 재하 중량에 의해 굴착 저면의 흙이 붕괴되어 흙막이 바깥 흙이 내부로 밀려 불룩하게 솟아오르는 현상은?
(2) 사질토 지반을 굴착시 굴착부와 주변부의 지하수위차가 있는 경우에 수두차에 의하여 침투압이 생겨 흙막이 근입 부분이 침식하는 동시에 모래가 액상화되어 솟아오르며 흙막이 벽의 근입부 지지력을 상실하여 흙막이 지보공의 붕괴를 초래하는 현상은?

해답

① 히빙 현상
② 보일링 현상

13
명예감독관의 업무내용을 4가지 쓰시오.

해답

① 사업장에서 하는 자체점검 참여 및 근로감독관이 하는 사업장 감독 참여
② 사업장 산업재해 예방계획 수립 참여 및 사업장에서 하는 기계·기구 자체검사 입회
③ 법령을 위반한 사실이 있는 경우 사업주에 대한 개선요청 및 감독기관에의 신고
④ 산업재해 발생의 급박한 위험이 있는 경우 사업주에 대한 작업 중지 요청
⑤ 작업환경 측정, 근로자 건강진단시의 입회 및 그 결과에 대한 설명회 참여
⑥ 직업성질환의 증상이 있거나 질병에 걸린 근로자가 여럿 발생한 경우 사업주에 대한 임시건강진단 실시 요청
⑦ 근로자에 대한 안전수칙 준수지도
⑧ 법령 및 산업재해 예방정책 개선 건의
⑨ 안전·보건 의식을 북돋우기 위한 활동과 무재해운동 등에 대한 참여와 지원

[주] 명예감독관 위촉 대상 등 : 시행령 제45조의 2

14
다음 [보기] 내용은 콘크리트 타설작업시 거푸집의 측압에 영향을 주는 것에 대한 내용이다. 틀린 것의 번호를 골라 쓰시오.

[보기]
(1) 온도가 낮을 때 측압이 낮다.
(2) 진동기를 사용하면 측압이 올라간다.
(3) 슬럼프치가 낮으면 측압이 낮다.
(4) 철근·배근이 많을수록 측압이 크다.

해답

, ④

길잡이

▶ 콘크리트 타설을 할 때 거푸집의 측압에 미치는 영향
① 슬럼프가 클수록 크다(물·시멘트 비가 클수록 크다).
② 기온이 낮을수록 크다(대기 중에 습도가 높을수록 크다).
③ 콘크리트의 치어붓기 속도가 클수록 크다.
④ 거푸집의 수밀성이 높을수록 크다.
⑤ 콘크리트의 다지기가 강할수록 크다(진동시 사용시 측압은 30%정도 증가).
⑥ 거푸집의 수평단면이 클수록 크다(벽 두께가 클수록 크다).
⑦ 거푸집의 강성이 클수록 크다.
⑧ 거푸집의 표면이 매끄러울수록 크다.
⑨ 콘크리트의 비중이 클수록 크다(단위중량이 클수록 크다).
⑩ 묽은 콘크리트일수록 크다.
⑪ 철근량이 적을수록 크다.
⑫ 측압은 생콘크리트의 높이가 높을수록 커지는 것이나, 일정한 높이에 이르면 측압의 증대는 없게 된다.

건설안전기사 실기 필답형 2021년 제2회

01
산업안전보건법령상 시스템 비계를 사용하여 비계를 구성하는 경우 준수사항 3가지를 쓰시오.

해답

① 수직재·수평재·가새재를 견고하게 연결하는 구조가 되도록 할 것
② 비계 밑단의 수직재와 받침철물은 밀착되도록 설치하고, 수직재와 받침철물의 연결부의 겹침길이는 받침철물 전체길이의 3분의 1 이상이 되도록 할 것
③ 수평재는 수직재와 직각으로 설치하여야 하며, 체결 후 흔들림이 없도록 견고하게 설치할 것
④ 수직재와 수직재의 연결철물은 이탈되지 않도록 견고한 구조로 할 것
⑤ 벽 연결재의 설치간격은 제조사가 정한 기준에 따라 설치할 것

[주] 시스템 비계의 구조 : 안전보건규칙 제69조

02
다음 [보기]의 안전표지판 명칭을 쓰시오.

해답

① 급성독성물질경고
② 폭발성물질경고

04
추락재해방지 표준안전 작업지침에서 방망에 관련된 다음 ( ) 안에 알맞은 내용을 쓰시오.

방망은 망, 테두리로우프, 달기로우프, 시험용사로 구성되어진 것으로서 각 부분은 다음 각 호에 정하는 바에 적합하여야 한다.
(1) 소재 : (①) 또는 그 이상의 물리적 성질을 갖는 것이어야 한다.
(2) 그물코 : 사각 또는 (②)로서 그 크기는 (③)cm 이하이어야 한다.

해답

① 합성섬유
② 마름모
③ 10

03

다음 [보기] 내용은 강관비계의 조립간격을 표시한 것이다. ( ) 안에 알맞은 내용을 쓰시오.

[보기]

강관비계의 종류	조립간격 (단위 : m)	
	수직 방향	수평 방향
단관비계	(①)	(②)
틀비계(높이가 5m미만인 것은 제외한다)	(③)	(④)

① 5
② 5
③ 6
④ 8

[주] 강관비계의 조립간격 : 안전보건규칙 별표5

05

산업안전보건법령상 굴착면의 높이가 2m 이상 되는 지반의 굴착(터널 및 수직갱 외의 갱굴착은 제외) 작업시 특별교육 내용 4가지를 쓰시오 (단, 그밖에 안전·보건관리에 필요한 사항은 제외한다).

① 지반의 형태·구조 및 굴착요령에 관한 사항
② 지반의 붕괴재해 예방에 관한 사항
③ 붕괴방지용 구조물 설치 및 작업방법에 관한 사항
④ 보호구의 종류 및 사용에 관한 사항

[주] 안전보건교육 교육대상별 교육내용 : 시행규칙 별표5

06

깊이 10.5m 이상의 굴착의 경우 흙막이 구조의 안전을 예측하기 위해 설치하여야 하는 계측기기 4가지만 쓰시오.

① 수위계
② 경사계
③ 하중 및 침하계
④ 응력계

[주] 굴착공사 착공전 조사 : 굴착공사 표준안전 작업지침(고용노동부 고시) 제15조

07

산업안전보건법령상 건설현장에서 크레인을 사용하여 작업을 하는 때 작업시간 전 점검사항 2가지를 쓰시오.

① 권과방지장치·브레이크·클러치 및 운전장치의 기능
② 주행로의 상측 및 트롤리가 횡행하는 레일의 상태
③ 와이어로프가 통하고 있는 곳의 상태

[주] 작업시작 전 점검사항 : 안전보건규칙 별표3

08
하인리히 및 버드의 재해구성비율에 대해서 설명하시오.

해답

① 하인리히의 재해구성 비율 : 330회의 사고 중에 중상 또는 사망 1회, 경상 29회, 무상해사고 300회의 비율로 발생한다는 것을 나타낸다.
중상 또는 사망 : 경상 : 무상해사고 = 1 : 29 : 300

② 버드의 재해구성 비율 : 641회의 사고 중에 중상 또는 폐질 1회, 경상 10회, 무상해사고 30회, 무상해무사고 고장 600회의 비율로 사고가 발생한다는 이론이다.
중상 또는 폐질 : 경상 : 무상해사고 : 무상해무사고 = 1 : 10 : 30 : 600

09
다음 [보기]의 조건에 대한 safe T score를 구하고, 안전도에 대한 심각성 여부를 판정하시오.

[보기]
· 전년도 도수율 : 120
· 올해년도 도수율 : 100
· 근로자수 : 400
· 올해년도 근로시간수 : 1일 8시간 300일 근무

해답

① safe T score $= \dfrac{\text{현재의 빈도율} - \text{과거의 빈도율}}{\sqrt{\dfrac{\text{과거의 빈도율}}{\text{연근로총시간수}} \times 10^6}}$

$= \dfrac{100 - 120}{\sqrt{\dfrac{120}{400 \times 8 \times 300} \times 10^6}} = -1.79$

② 심각성 여부 : 과거와 차이가 없다.

길잡이

▶ safe T. score(세이프 티 스코어)
1) 뜻 : 과거와 현재의 안전성적을 비교, 평가하는 방법으로 단위가 없으며 계산결과(+)이면 나쁜 기록, (−)이면 과거에 비해 좋은 기록으로 본다.
2) 공식

safe T. score $= \dfrac{\text{빈도율(현재)} - \text{빈도율(과거)}}{\sqrt{\dfrac{\text{빈도율(과거)}}{\text{연간근로시간수(현재)}} \times 10^6}}$

3) 판정
+2.00 이상인 경우 : 과거보다 심각하게 나쁘다.
+2.00 ~ -2.00 경우 : 심각한 차이 없음
-2.00 이하 : 과거보다 좋다.

10
다음 내용은 건설업 중 유해위험방지계획서 제출대상 사업에 관련된 내용이다. ( ) 안에 알맞은 내용을 쓰시오.

(1) 지상높이가 (①)m 이상인 건축물 또는 인공구조물 공사
(2) 최대 지간길이가 (②)m 이상인 교량 건설 등 공사
(3) 다목적댐, 발전용댐 및 저수용량 (③)톤 이상의 용수전용댐, 지방상수도 전용댐 건설
(4) 연면적 (④)m² 이상의 냉동·냉장창고시설의 설비공사 및 단열공사
(5) 깊이 10m 이상인 (⑤)

해답

① 31
② 50
③ 2천만
④ 5000
⑤ 굴착공사

11

다음은 산업재해발생률 산정기준에서 사망만인율과 상시근로자수를 구하는 공식이다. ( ) 안에 알맞은 내용을 쓰시오.

(1) 사고사망만인율

$$= \frac{(1)}{상시근로자수} \times 10{,}000$$

(2) 상시근로자수

$$= \frac{(2) \times 노무비율}{건설업 \ 월평균임금 \times 12}$$

해답

① 사고 사망자수
② 연간 국내공사실적액

[주] 건설업체 산업재해발생률 산정기준 등 : 시행규칙 별표1

12

크레인을 사용하여 근로자를 운반하거나 근로자를 달아 올린 상태에서 작업에 종사시켜서는 아니 된다. 다만, 크레인에 전용탑승설비를 설치하고 추락위험을 방지하기 위한 조치를 한 경우에는 그러하지 아니하다. 전용탑승설비 설치시 추락위험방지 조치사항 3가지를 쓰시오.

해답

① 탑승설비가 뒤집히거나 떨어지지 않도록 필요한 조치를 할 것
② 안전대나 구명줄을 설치하고, 안전난간을 설치할 수 있는 구조인 경우에는 안전난간을 설치할 것
③ 탑승설비를 하강시킬 때에는 동력강하방법으로 할 것

[주] 크레인 탑승의 제한 : 안전보건규칙 제86조

13

앵글도저(angle dozer)와 틸트도저(tilt dozer)에 대해서 설명하시오.

해답

① **앵글도저** : 배토판(blade)을 좌우 25~30° 각도로 회전할 수 있어서 흙을 측면으로 보낼 수 있는 도저로 산허리 등을 깎아내리는데 적합하다.
② **틸트도저** : 배토판을 레버로 조정할 수 있으며 동결된 땅, V형 배수로 작업 등에 사용된다.

14

운반하역 표준안전 작업지침에 의한 인력으로 중량물 운반시 준수사항 2가지를 쓰시오.

해답

① 하물의 운반은 수평거리 운반을 원칙으로 하며, 여러 번 들어 움직이거나 중계 운반, 반복 운반을 하여서는 아니 된다.
② 운반시의 시선은 진행방향을 향하고 뒷걸음 운반을 하여서는 아니 된다.
③ 어깨높이보다 높은 위치에서 하물을 들고 운반하여서는 아니 된다.
④ 쌓여있는 하물을 운반할 때에는 중간 또는 하부에서 뽑아내어서는 아니 된다.

[주] 인력으로 하물운반시 준수사항 : 운반하역 표준안전작업지침(고용노동부고시) 제8조

건설안전기사 실기 필답형 — 2021년 제4회

01
산업안전보건법령상 사업주는 소속근로자에게 정기적으로 안전보건교육을 하여야 한다. 근로자의 정기교육 내용 4가지를 쓰시오.

해답

① 산업안전 및 사고예방에 관한 사항
② 산업보건 및 직업병에 관한 사항
③ 건강증진 및 질병예방에 관한 사항
④ 유해·위험 작업환경 관리에 관한 사항
⑤ 산업안전보건법령 및 산업재해보상보험 제도에 관한 사항
⑥ 직무스트레스 예방 및 관리에 관한 사항
⑦ 직장 내 괴롭힘, 고객의 폭언 등으로 인한 건강장해 예방 및 관리에 관한 규정

[주] 안전보건교육 교육대상별 교육내용 : 시행규칙 별표 5(2021.1.19. 개정)

02
지반의 이상현상인 보일링 현상 방지대책 3가지를 쓰시오.

해답

① 주변 수위를 저하시킨다.
② 흙막이벽의 근입심도를 깊게 한다(널말뚝을 깊게 박는다).
③ 굴착토를 즉시 원상 매립한다.
④ 작업을 중지시킨다.

03
흙의 동상방지 대책을 4가지 쓰시오.

해답

① 단열재료를 삽입한다.
② 지하수위를 저하시킨다.
③ 동결깊이 상부의 흙을 동결이 잘되지 않는 재료로 치환한다.
④ 보온시공을 한다.
⑤ 지표의 흙을 화학약품으로 처리한다.
⑥ 동결심도 아래에 배수층을 설치한다.

04
산업안전보건법상 컨베이어의 작업시작 전 점검사항 3가지를 쓰시오.

해답

① 원동기 및 풀리 기능의 이상 유무
② 이탈 등의 방지장치 기능의 이상 유무
③ 비상정지장치 기능의 이상 유무
④ 원동기·회전축·기어 및 풀리 등의 덮개 또는 울 등의 이상 유무

[주] 작업시작 전 점검사항 : 안전보건규칙 별표3

05

양중기의 종류 중 동력을 사용하여 사람이나 화물을 운반하는 것을 목적으로 하는 기계 설비를 리프트라 한다. 산업안전보건기준에 관한 규칙에서 규정하고 있는 리프트의 종류 3가지를 쓰시오.

해답

① 건설작업용 리프트
② 자동차정비용 리프트
③ 이삿짐운반용 리프트

[주] 리프트의 종류 : 안전보건규칙 제132조 2항 3조

06

다음 양중기의 와이어로프 등 달기구의 안전계수를 쓰시오.

(1) 근로자가 탑승하는 운반구를 지지하는 달기와이어로프 또는 달기체인의 경우 : (①)
(2) 화물의 하중을 직접 지지하는 달기와이어로프 또는 달기체인의 경우 : (②)
(3) 훅, 샤클, 클램프, 리프팅빔의 경우 : (③)
(4) 그밖에 경우 : (④)

해답

① 10 이상
② 5 이상
③ 3 이상
④ 4 이상

[주] 와이어로프 등 달기구의 안전계수 : 안전보건규칙 제163조

07

다음은 작업발판의 구조에 대한 내용이다. ( ) 안에 알맞은 내용을 쓰시오.

(1) 작업발판의 폭은 (①)cm 이상으로 하고 발판재료 간의 틈은 (②)cm 이하로 할 것
(2) 작업발판의 재료는 뒤집히거나 떨어지지 아니하도록 (③) 이상의 지지물에 연결하거나 고정시킬 것

해답

① 40
② 3
③ 2

[주] 작업발판의 구조 : 안전보건규칙 제56조

08

다음 [보기] 내용은 안전관리조직의 특징을 설명한 것이다. [보기] 내용에 적합한 안전관리조직의 형태를 쓰시오.

[보기]
(1) 생산부분은 안전에 대한 책임과 권한이 없다.
(2) 안전지식과 기술축적이 용이하다.
(3) 권한 다툼이나 조정 때문에 통제 수속이 복잡해지며, 시간과 노력이 소모된다.

해답

스탭형(staff형 : 참모형)

09

강관비계와 구조체 사이에 설치하는 벽이음의 역할 2가지를 쓰시오.

① 풍하중에 의한 움직임 방지
② 수평하중에 대한 움직임 방지

▶ 벽이음재(비계시공 일반사항)
1) 벽 이음재는 비계가 풍하중 및 수평하중에 의해 영구구조체의 내·외측으로 움직임을 방지하기 위해 설치하는 부재로써, 간격은 벽 이음재의 성능과 작용하중에 의해 결정하여야 한다.
2) 벽 이음재는 수직재와 수평재의 교차부에서 비계면에 대하여 직각이 되도록하여 수직재에 설치한다.

길잡이

(1) NATM(New Austrian Tunnelling Method)공법 : 터널 주변지반을 터널의 주지보를 이용하여 굴착한 후 록 볼트(rock bolt)를 체결하고 1차 라이닝(lining)-방수시트(sheet)-2차 라이닝하여 터널을 형성시키면서 굴진하는 공법
(2) 계측별 조사항목 12/2기, 12/3기
 ① **내공변위 측정** : 변위량, 변위속도 등을 파악하여 주위 지반의 안전성 파악, 1차 지보의 설계, 시공 타당성 파악 등
 ② **천단침하 측정** : 천단의 변위량을 측정하여 터널 천장부 침하 판단
 ③ **지중침하 측정** : 터널굴착시 지중의 침하량 파악
 ④ **록 볼트 축력 측정** : 록 볼트에 작용하는 축력을 심도별로 측정하여 지보효과와 유효 설계 깊이 판단
 ⑤ **지표침하 측정** : 터널 굴착에 따른 지표의 침하량 파악
 ⑥ **숏크리트(shotcrete) 응력 측정** : 배면토압과 숏크리트의 내부응력 측정

10

NATM공법에 의하여 터널작업을 할 경우 사전에 계측계획에 포함되어야 할 사항 4가지를 쓰시오.

① 측정위치 개소 및 측정의 기능분류
② 계측시 소요장비
③ 계측빈도
④ 계측결과 분석방법
⑤ 변위 허용시 기준
⑥ 이상 변위시 조치 및 보강대책
⑦ 계측 전담반 운영계획
⑧ 계측관리 기록분석 계통기준 수립

주 **계측계획에 포함되어야 할 사항** : 터널공사 표준안전작업지침 제26조(계측관리)

11

터널공사 표준안전 작업지침에 따른 암질변화구간 및 이상암질 출현시 암질판별방식(암질의 분류) 4가지를 쓰시오.

① R.Q.D(Rock Quality Designation)
② R.M.R(Rock Mass Rating)
③ 탄성파 속도
④ 일축 압축 강도

주 **암질판별방식** : 터널공사 표준안전작업지침 제6조 일방사항

12

건설업 산업안전보건관리비 계상 및 사용기준에 따른 안전보건관리비 기본항목 4가지를 쓰시오.

해답

① 안전관리자 등의 인건비 및 각종 업무 수당
② 안전시설비
③ 개인보호구 및 안전장구 구입비
④ 사업장의 안전·보건진단비
⑤ 안전보건교육비 및 행사비
⑥ 근로자의 건강관리비
⑦ 기술지도비
⑧ 본사 사용비

[주] 건설업 산업안전보건관리비 계상 및 사용기준 : 고용노동부 고시 제2020-63호

14

산업안전보건법령상 거푸집 동바리의 고정·조립 또는 해체작업/지반의 굴착작업/흙막이 지보공의 고정·조립 또는 해체작업/터널의 굴착작업/건물 등의 해체작업 시 유해·위험을 방지하기 위한 관리감독자의 직무 3가지를 쓰시오.

해답

① 안전한 작업방법을 결정하고 작업을 지휘하는 일
② 재료·기구의 결함 유무를 점검하고 불량품을 제거하는 일
③ 작업 중 안전대 및 안전모 등 보호구 착용 상황을 감시하는 일

[주] 관리감독자의 유해·위험방지 : 안전보건규칙 별표2

13

다음 안전보건표지의 명칭을 쓰시오.

해답

① 사용금지
② 산화성물질경고
③ 고압전기경고

[주] 안전보건표지의 종류와 형태 : 시행규칙 별표6

01
산업안전보건법령상, 가설통로를 설치하는 경우 사업주의 준수사항을 5가지 쓰시오.

① 견고한 구조로 할 것
② 경사는 30도 이하로 할 것. 다만, 계단을 설치하거나 높이 2m 미만의 가설통로로서 튼튼한 손잡이를 설치한 경우에는 그러하지 아니하다.
③ 경사가 15도를 초과하는 경우에는 미끄러지지 아니하는 구조로 할 것
④ 추락할 위험이 있는 장소에는 안전난간을 설치할 것. 다만, 작업상 부득이한 경우에는 필요한 부분만 임시로 해체할 수 있다.
⑤ 수직갱에 가설된 통로의 길이가 15m 이상인 경우에는 10m이내마다 계단참을 설치할 것
⑥ 건설공사에 사용하는 높이 8m 이상인 비계다리에는 7m이내마다 계단참을 설치할 것

[주] 가설통로의 구조 : 안전보건규칙 제23조

02
다음 [보기] 내용은 하인리히의 재해예방대책 5단계이다.

[보기]
(1) 제1단계 : 안전관리조직
(2) 제2단계 : 사실의 발견
(3) 제3단계 : 분석의 평가
(4) 제4단계 : 시정책의 선정
(5) 제5단계 : 시정책의 적용

다음 물음에 답하시오.
1) 하인리히의 재해예방대책 5단계 중 불안전요소를 발견하는 단계는 몇 단계인가?
2) 제5단계, 시정책의 적용에 관계되는 3E를 쓰시오.

1) 제2단계 : 사실의 발견
2) 3E
① 기술(Engineering)
② 교육(Education)
③ 규제(Enforcement)

03
산업안전보건법령상 지게차를 사용하여 작업을 하는 경우 작업 시작 전 점검사항 4가지를 쓰시오.

해설
① 제동장치 및 조종장치 기능의 이상 유무
② 하역장치 및 유압장치 기능의 이상 유무
③ 바퀴의 이상 유무
④ 전조등·후미등·방향지시기 및 경보장치 기능의 이상 유무

[주] 작업시작 전 점검사항 : 안전보건규칙 [별표3]

04
다음 [보기]의 내용을 참고로 하여 산업안전보건관리비를 계산하시오.

[보기]
(1) 터널신설공사(중건설공사) : 50억원 이상 공사 법정요율 2.44%
(2) 총공사원가 : 100억원
(3) 재료비와 직접 노무비의 합 : 60억원

해설
안전관리비
= 대상액(재료비+직접노무비) × 법정요율
= $60억 \times \dfrac{2.44}{100}$
= 1억 4천 6백 4십 만 (146,400,000)원

 안전관리비 계상기준
(고용노동부 고시 : 표준안전작업지침)
1) 대상액=재료비+직접노무시
2) 대상액 5억원 미만 또는 50억원 이상일 때
   안전관리비=대상액×법정요율×낙찰율×1.2
3) 발주자가 재료를 제공한 경우 : 해당 금액을 대상액에 포함시킬 때의 안전관리비를 해당금액을 기준으로 계상한 안전관리비의 1.2배를 초과할 수 없음

05
산업안전보건법상 사업주는 작업조건에 맞는 보호구를 작업하는 근로자 수 이상으로 지급하고 착용하도록 하여야 한다. 다음 작업조건에 적합한 보호구를 (   ) 안에 쓰시오.

1) 물체가 떨어지거나 날아올 위험 또는 근로자가 추락할 위험이 있는 작업 : (①)
2) 높이 또는 깊이 2m 이상의 추락할 위험이 있는 장소에서 하는 작업 : (②)
3) 물체의 낙하, 충격, 물체의 끼임, 감전 또는 정전기의 대전(帶電)에 의한 위험이 있는 작업 : (③)
4) 물체가 흩날릴 위험이 있는 작업 : (④)
5) 용접 시 불꽃이나 물체가 흩날릴 위험이 있는 작업 : (⑤)
6) 감전의 위험이 있는 작업 : (⑥)

① 안전모
② 안전대
③ 안전화
④ 보안경
⑤ 보안면
⑥ 절연용 보호구

[주] 보호구의 지급 등 : 안전보건규칙 제32조

06
산업안전보건법령상 크레인에 전용 탑승설비를 설치하고 근로자를 운반하거나 근로자를 달아올리는 작업을 할 때, 추락위험을 방지하기 위한 사업주의 조치사항을 3가지 쓰시오.

① 탑승설비가 뒤집히거나 떨어지지 않도록 필요한 조치를 할 것
② 안전대나 구명줄을 설치하고 안전난간을 설치할 수 있는 구조인 경우에는 안전난간을 설치할 것
③ 탑승설비를 하강시킬 때에는 동력하강방법으로 할 것

주 탑승의 제한 : 안전보건규칙 제86조

07
이동식 크레인을 사용하여 작업을 하는 경우 작업 시작 전 점검사항 3가지를 쓰시오.

① 권과방지장치나 그 밖의 경보장치의 기능
② 브레이크, 클러치 및 조정장치의 기능
③ 와이어로프가 통하고 있는 곳
④ 작업장소의 지반상태

주 작업시작 전 점검사항 : 안전보건규칙 [별표3]

08
연약한 점토지반을 굴착할 때, 흙막이벽 배면 흙의 중량이 굴착 바닥면의 지지력보다 커지면 중량차이로 인해, 굴착바닥면이 부풀어 오르는 현상을 히빙(heaving)이라고 한다. 히빙 방지대책을 2가지만 쓰시오.

① 굴착주변의 상재하중을 제거한다.
② 시트 파일(sheet pile) 등의 근입심도를 검토한다(흙막이벽을 깊게 박음).
③ 버팀대, 브래킷, 흙막이를 점검한다.
④ 굴착방식을 개선(Island Cut 공법 등)한다.

09
산업안전보건법령상 발파작업을 할 때의 유해·위험을 방지하기 위한 관리감독자의 업무내용을 4가지 쓰시오.

① 점화전에 점화 작업에 종사하는 근로자가 아닌 사람에게 대피를 지시하는 일
② 점화작업에 종사하는 근로자에게 대피장소 및 경로를 지시하는 일
③ 점화전에 위험구역 내에서 근로자가 대피한 것을 확인하는 일
④ 점화 순서 및 방법에 대하여 지시하는 일
⑤ 점화 신호를 하는 일
⑥ 점화작업에 종사하는 근로자에게 대피신호를 하는 일
⑦ 발파 후 터지지 않은 장약이나 남은 장약의 유무, 용수(湧水)의 유무 및 암석, 토사의 낙여부 등을 점검하는 일
⑧ 점화하는 사람을 정하는 일

⑨ 공기압축기의 안전밸브 작동유무를 점검하는 일
⑩ 안전모 등 보호구 착용 상황을 감시하는 일

[주] 관리감독자의 유해·위험방지 : 안전보건규칙 [별표2]

10

차량계 건설기계를 사용하여 작업을 하는 경우 작업계획서를 작성하고 그 작업계획에 따라 작업을 실시하도록 하여야 한다. 차량계 건설기계를 사용하여 작업시 작업계획서의 내용 3가지를 쓰시오.

해설

① 사용하는 차량계 건설기계의 종류 및 성능
② 차량계 건설기계의 운행경로
③ 차량계 건설기계에 의한 작업방법

[주] 사전조사 및 작업계획서 내용 : 안전보건규칙 [별표4]

11

다음 ( ) 안에 알맞은 내용을 쓰시오.

사업주는 순간 풍속이 ( )m/s를 초과하는 바람이 불어올 우려가 있는 경우 옥외에 설치되어 있는 주행 크레인에 대하여 이탈방지장치를 작동시키는 등 이탈방지 장치를 위한 조치를 하여야 한다.

 30

[주] 폭풍에 의한 이탈방지 : 안전보건규칙 제140조

12

다음 [보기] 내용은 사다리 통로 등을 설치하는 경우 준수사항이다. ( ) 안에 알맞은 내용을 쓰시오.

[보기]
(1) 사다리의 상단은 걸쳐놓은 지점으로부터 (①)cm 이상 올라가도록 할 것
(2) 사다리식 통로의 기울기는 (②)도 이하로 할 것. 다만, 고정식 사다리 통로의 기울기는 90도 이하로 하고, 그 높이가 7m 이상인 경우에는 바닥으로부터 높이가 2.5m 되는 지점부터 등받이울을 설치할 것
(3) 사다리식 통로의 길이가 10m 이상인 경우에는 (③)m이내마다 계단참을 설치할 것

① 60   ② 75   ③ 5

[주] 사다리식 통로 등의 구조 : 안전보건규칙 제24조

> **길잡이** 사다리식 통로 등의 구조(사다리식 통로 등의 설치시 준수사항)
> 1) 견고한 구조로 할 것
> 2) 심한 손상, 부식 등이 없는 재료를 사용할 것
> 3) 발판의 간격은 일정하게 할 것
> 4) 발판과 벽과의 거리는 15cm 이상의 간격을 유지할 것
> 5) 폭은 30cm 이상으로 할 것
> 6) 사다리가 넘어지거나 미끄러지는 것을 방지하기 위한 조치를 할 것
> 7) 사다리의 상단은 걸쳐놓은 지점으로부터 60cm 이상 올라가도록 할 것
> 8) 사다리식 통로의 길이가 10cm 이상인 경우에는 5m이내마다 계단참을 설치할 것
> 9) 사다리식 통로의 기울기는 75도 이하로 할 것(다만, 고정식 사다리식 통로의 기울기는 90도 이하로 하고, 그 높이가 7m 이상인 경우에는 바닥으로부터 높이가 2.5m 되는 지점부터 등받이울을 설치할 것)
> 10) 접이식 사다리 기둥은 사용 시 접혀지거나 펼쳐지지 않도록 철물 등을 사용하여 견고하게 조치할 것

13
산업안전보건법상 가설공사 시 사용하는 비계의 종류를 5가지만 쓰시오.

해설

① 강관 비계
② 강관틀 비계
③ 시스템 비계
④ 달 비계
⑤ 달대 비계
⑥ 걸침 비계
⑦ 말 비계
⑧ 이동식 비계
⑨ 통나무 비계

[주] 비계의 종류 : 안전보건규칙 제59조~제71조

14
산업안전보건법령상, 달비계 또는 높이 5m 이상의 비계를 조립, 해체하거나 변경하는 작업을 하는 경우 사업주의 준수사항을 4가지 쓰시오.

해설

① 근로자가 관리감독자의 지휘에 따라 작업하도록 할 것
② 조립, 해체 또는 변경의 시기, 범위 및 절차를 그 작업에 종사하는 근로자에게 주지시킬 것
③ 조립, 해체 또는 변경 작업구역에는 해당 작업에 종사하는 근로자가 아닌 사람의 출입을 금지하고 그 내용을 보기 쉬운 장소에 게시할 것
④ 비, 눈 그 밖의 기상상태의 불안정으로 날씨가 몹시 나쁜 경우에는 그 작업을 중지시킬 것
⑤ 비계재료의 연결, 해체작업을 하는 경우에는 폭 20cm 이상의 발판을 설치하고 근로자로 하여금 안전대를 사용하도록 하는 등 추락을 방지하기 위한 조치를 할 것
⑥ 재료, 기구 또는 공구 등을 올리거나 내리는 경우에는 근로자가 달줄 또는 달포대 등을 사용하게 할 것

01
흙의 동상방지대책을 4가지 쓰시오.

① 단열재료를 삽입한다.
② 지하수위를 저하시킨다.
③ 동결깊이 상부의 흙을 동결이 잘되지 않는 재료로 치환한다.
④ 보온시공을 한다.
⑤ 지표의 흙을 화학약품으로 처리한다.
⑥ 동결심도 아래에 배수층을 설치한다.

02
발파작업시 관리감독자의 직무수행내용 5가지를 쓰시오.

① 점화신호를 하는 일
② 점화하는 사람을 정하는 일
③ 점화순서 및 방법에 대하여 지시하는 일
④ 점화작업에 종사하는 근로자에게 대피신호를 하는 일
⑤ 점화전에 위험구역 내에서 근로자가 대피한 것을 확인하는 일
⑥ 점화작업에 종사하는 근로자에게 대피장소 및 경로를 지시하는 일
⑦ 점화전에 점화작업에 종사하는 근로자가 아닌 사람에게 대피를 지시하는 일
⑧ 공기압축기의 안전밸브 작동유무를 점검하는 일
⑨ 안전모 등 보호구의 착용상황을 감시하는 일
⑩ 발파 후 터지지 아니한 장약이나 남은 장약의 유무, 용수의 유두 및 암석·토사의 낙하여부 등을 점검하는 일

[주] 관리감독자의 유해·위험방지업무 : 안전보건규칙 별표2

03
재해예방의 4원칙을 쓰시오.

① 손실우연의 원칙
② 원인계기의 원칙
③ 예방가능의 원칙
④ 대책선정의 원칙

04

다음 [표]는 산업안전보건관련 교육과정별 교육시간을 나타낸 것이다. ( ) 안에 알맞은 수치를 쓰시오.

교육과정	교육대상	교육시간
1. 정기교육	사무직종사 근로자	매분기 (①) 이상
	관리감독자의 지위에 있는 사람	연간 (②) 이상
2. 작업내용 변경 시 교육	일용근로자를 제외한 근로자	(③) 이상
3. 건설업기초 안전보건교육	건설일용 근로자	(④) 이상

해설

① 3시간
② 16시간
③ 2시간
④ 4시간

[주] 안전보건교육 교육과정별 교육시간 : 시행규칙 별표4

05

다음 [보기] 내용은 계단 설치기준에 관한 것이다. ( ) 안에 알맞은 수치 또는 용어를 쓰시오.

[보기]
1) 사업주는 계단 및 계단참을 설치하는 경우 매 m² 당 (①)kg 이상의 하중에 견딜 수 있는 강도를 가진 구조로 설치해야 하며, 안전율은 (②) 이상으로 하여야 한다.
2) 사업주는 계단을 설치하는 경우 그 폭을 (③)m 이상으로 하여야 한다.
3) 사업주는 계단을 설치하는 경우 바닥면으로부터 높이 (④)m 이내의 공간에 장애물이 없도록 하여야 한다.
4) 사업주는 높이 (⑤)m 이상인 계단의 개방된 측면에 안전난간을 설치하여야 한다.

해설

① 500   ② 4
③ 1   ④ 2
⑤ 1

[주] 계단설치기준 : 안전보건규칙 제27조~제30조

06
다음은 근로자의 추락 등의 위험방지를 위하여 설치하는 안전난간의 구조 및 설치요건이다. ( ) 안에 알맞은 내용을 쓰시오.

(1) 상부난간대는 바닥면·발판 또는 경사로의 표면으로부터 (①)cm 이상 지점에 설치하고, 상부난간대를 120cm 이하에 설치하는 경우에는 중간난간대는 상부난간대와 바닥면 등의 중간에 설치하여야 하며, 120cm 이상 지점에 설치하는 경우에는 중간난간대를 2단 이상으로 균등하게 설치하고, 난간의 상하간격은 (②)cm 이하가 되도록 할 것
(2) 발끝막이판은 바닥면 등으로부터 (③) cm 이상의 높이를 유지할 것
(3) 난간대는 지름 2.7cm 이상의 금속제 파이프난 그 이상의 강도가 있는 재료일 것
(4) 안전난간은 구조적으로 가장 취약한 지점에서 가장 취약한 방향으로 작용하는 100kg 이상의 하중에 견딜 수 있는 튼튼한 구조일 것

해설
① 90
② 60
③ 10
[주] 안전난간의 구조 및 설치요건 : 안전보건규칙 제13조

07
다음은 산업안전보건법상 안전보건개선계획 수립대상 사업장 등에 관한 내용이다. ( ) 안에 알맞은 내용을 쓰시오.

(1) 안전보건개선계획의 수립·시행명령을 받은 사업주는 고용노동부장관이 정하는 바에 따라 안전보건개선계획서를 작성하여 그 명령을 받은 날로부터 (①)일 이내에 관할 지방고용노동관서의 장에게 제출하여야 한다.
(2) 안전보건개선계획서에는 시설, (②), (③), 산업재해 예방 및 작업환경의 개선을 위하여 필요한 사항이 포함되어야 한다.

해설
① 60
② 안전·보건관리체제
③ 안전·보건교육
[주] 안전보건개선계획 수립대상 사업장 등 : 시행규칙 제61조

08
히빙현상의 발생원인 3가지를 쓰시오.

해설
① 굴착부 주변의 지표면 상재하중의 증가
② 흙막이벽 근입장 깊이 부족
③ 흙막이벽 뒤쪽 흙의 중량(흙막이 내외부의 중량차이)
④ 연약한 점토지반

> **길잡이** 히빙현상 방지대책
> ① 굴착부 주변의 상재하중을 감소시킨다.
> ② 흙막이 벽체의 근입깊이를 깊게 한다(널말뚝을 깊게 박는다)
> ③ 흙막이 판은 강성이 높은 것을 사용한다.
> ④ 굴착방식을 개선한다.

09

다음은 사업의 종류·규모에 따른 안전관리자의 수에 관한 사항이다. 다음 물음에 답하시오.

(1) 총공사금액 1000억원 이상인 건설업에서 안전관리자 수를 쓰시오.
(2) 유해·위험방지계획서 제출대상으로 선임하여야 할 안전관리자 수가 3명 이상인 사업장의 경우에는 3명 중에 1명은 필수로 선임하여야 하는 자격을 쓰시오.

 해설

① 2명
② 건설안전기술사(건설안전기사·산업안전기사 자격증 취득자로서 7년 이상 경력자거나 건설안전산업기사·산업안전산업기사 자격증 취득자로서 10년 이상 경력자 포함)

▶ 건설업의 공사금액에 따른 안전관리자의 수(시행령 별표3)

공사금액	안전관리자수
1. 50억 이상(관리수급인은 100억원 이상 120억원 미만, 토목공사업은 150억원 미만)	1명 이상
2. 120억원 이상(토목공사업은 150억원 이상) 800억원 미만	
3. 800억원 이상 1500억원 미만	2명 이상 (다만, 전체공사기간 중 전·후 15에 해당하는 기간은 1명 이상)
4. 1500억원 이상 2200억원 미만	3명 이상 (다만, 전체공사기간 중 전·후 15에 해당하는 기간은 2명 이상)
5. 2200억원 이상 3000억원 미만 ⋮	4명 이상 (다만, 전체공사기간 중 전·후 15에 해당하는 기간은 2명 이상)
12. 1조원 이상	11명 이상[매 2천억원(2조원 이상부터는 매 3천억원)마다 1명씩 추가] [다만, 전체공사기간 중 전·후 15에 해당하는 기간은 안전관리자의 수의 2분의 1(소수점 이하는 올림) 이상으로 함]

10

건설현장의 지난 한해 동안 근무상황 및 재해상황이 다음 [보기]와 같은 경우에 (1) 도수율, (2) 강도율, (3) 종합재해지수를 구하시오.

[보기]
1) ① 연평균근로자수 : 250명
   ② 1일 작업시간 : 8시간
   ③ 출근율 : 90%
   ④ 시간 외 작업시간 합계 : 20000시간
   ⑤ 지각 및 조퇴시간 합계 : 2000시간
2) 연간재해발생 건수 : 12건
3) 휴업일수 : 225일

 해설

1) 도수율
$$= \frac{\text{재해건수}}{\text{연근로시간수}} \times 10^6$$
$$= \frac{12}{(250 \times 8 \times 300 \times 0.9) + (20000 - 2000)} \times 10^6$$
$$= 21.5$$

2) 강도율
$$= \frac{\text{근로손실일수}}{\text{연근로시간수}} \times 1000$$
$$= \frac{225 \times 300/365}{(250) \times 8 \times 300 \times 0.9) + (20000 - 2000)} \times 1000$$
$$= 0.33$$

3) 종합재해지수
$$= \sqrt{\text{도수율} \times \text{강도율}} = \sqrt{21.5 \times 0.33} = 2.66$$

11
유압력에 의한 해체공법 2가지를 쓰시오.

① 유압잭(jack) 공법
② 압쇄 공법

12
노천 굴착작업시 비가 올 경우에 빗물 등의 침투에 의한 지반의 붕괴 등에 의한 위험방지 조치사항 2가지를 쓰시오.

① 측구를 설치한다.
② 굴착경사면에 비닐을 덮는다.

> **길잡이**
> ▶ 굴착작업시 지반의 붕괴 또는 토석의 낙하에 의한 위험방지 조치사항(안전보건규칙 제340조)
> ① 흙막이 지보공의 설치
> ② 방호망의 설치
> ③ 근로자의 출입금지

13
다음에 설명하는 침하유도 공법의 종류를 쓰시오.

1) 연약지반의 공학적 성질을 개선하기 위한 개량공법 중의 하나이다.
2) 연약지반 표면에 계획구조물의 하중보다 크거나 동등한 하중을 미리 재하하며 목적구조물 설치 이전에 필요한 만큼의 침하가 발생하도록 유도하는 공법이다.

압밀침하공법

14
인화성 가스가 발생할 우려가 있는 지하작업장에서 작업을 할 경우 폭발이나 화재를 방지하기 위하여 인화성 가스의 농도를 측정하여야 한다. 인화성 가스농도 측정시기 3가지를 쓰시오.

① 매일 작업시작 전에 측정한다.
② 해당 가스의 누출이 의심되는 경우에 측정한다.
③ 해당 가스가 발생하거나 정체할 위험이 있는 경우에 측정한다.

건설안전기사 실기 필답형 — 2022년 제4회

01
비·눈 그밖에 기상상태의 불안정으로 인하여 날씨가 몹시 나빠서 작업을 중지시킨 후 그 비계에서 작업을 재개할 때의 작업시작 전 점검사항을 4가지만 쓰시오.

해설

① 발판재료의 손상여부 및 부착 또는 걸림상태
② 해당 비계의 연결부 또는 접속부의 풀림상태
③ 연결재료 및 연결철물의 손상 또는 부식상태
④ 손잡이의 탈락여부
⑤ 기둥의 침하·변형·변위 또는 흔들림 상태
⑥ 로프의 부착상태 및 매단장치의 흔들림 상태

주 비계의 점검보수 : 안전보건규칙 제58조

02
산업안전보건법상 작업의자형 달비계를 설치하는 경우 달비계에 사용할 수 없는 작업용 섬유로프 또는 안전대의 섬유벨트의 조건 2가지를 쓰시오.

해설

① 꼬임이 끊어진 것
② 심하게 손상되거나 심하게 부식된 것
③ 2개 이상의 작업용 섬유로프 또는 섬유벨트를 연결한 것
④ 작업 높이보다 길이가 짧은 것

주 달비계의 구조 : 안전보건규칙 제63조 제2항 제9조

길잡이

▶ 작업의자형 달비계 설치시 근로자의 추락위험을 방지하기 위한 조치사항(안전보건규칙 제63조 제2항 제10호)
① 달비계에 구명줄을 설치할 것
② 근로자에게 안전대를 착용하도록 하고 근로자가 착용한 안전줄을 달비계의 구명줄에 체결하도록 할 것

03

다음은 산업안전보건법상 달비계(곤돌라의 달비계는 제외)의 안전계수이다. ( ) 안에 알맞은 숫자를 쓰시오.

(1) 달기 와이어로프 및 달기 강선의 안전계수 : (①) 이상
(2) 달기 체인 및 달기 훅의 안전계수 : (②) 이상
(3) 달기 강대와 달비계의 하부 및 상부지점의 안전계수 : 강재(鋼材)의 경우 (③) 이상, 목재의 경우 5 이상

 해설

① 10   ② 5   ③ 2.5

[주] 작업발판의 최대적재하중 : 안전보건규칙 제55조

04

산업안전보건법상 물체가 떨어지거나 날아올 위험이 있는 경우 필요한 조치사항 3가지를 쓰시오.

 해설

① 낙하물 방지망, 수직보호망 또는 방호선반의 설치
② 출입금지구역 설정
③ 보호구의 착용

[주] 낙하물에 의한 위험방지 : 안전보건규칙 제14조

> **길잡이**
> ▶ 낙하물 방지망 또는 방호선반 설치시 준수사항
> (안전보건규칙 제14조 제3항)
> ① 높이 10m이내마다 설치하고, 내민 길이는 벽면으로부터 2m 이상으로 할 것
> ② 수평면과의 각도는 20° 이상 30° 이하를 유지할 것

05

다음 [표]는 공정진행에 따른 안전관리비 사용기준이다. ( ) 안에 알맞은 내용을 쓰시오.

공정률	50%~70% 미만	70%~90% 미만	90% 이상
사용기준	(①)% 이상	(②)% 이상	(③)% 이상

 해설

① 50% 이상
② 70% 이상
③ 90% 이상

[주] 산업안전보건관리비 계상 및 사용기준 : 고용노동부 고시

06

연약한 점토지반의 굴착시 굴착이 진행됨에 따라 흙막이벽 뒤쪽 흙의 중량이 굴착부 바닥의 지지력 이상이 되면 흙막이벽 근입부분의 지반 이동이 발생하여 굴착부 저면이 솟아오르면서 흙막이벽의 근입부분이 파괴되는 현상을 히빙(heaving)이라고 한다. 히빙 방지대책 5가지를 쓰시오.

 해설

① 굴착부 주변의 상재하중을 제거한다.
② 시트파일 등의 근입심도를 깊게 한다(흙막이벽을 깊게 박는다).
③ 흙막이 판은 강성이 높은 것을 사용한다.
④ 굴착저면에 토사 등 인공중력을 가중시킨다(굴착면에 직접 하중을 가한다).
⑤ 굴착주변을 웰 포인트(well point)공법과 병행한다.
⑥ 흙막이 배면에 어스앵커(earth anchor)를 설치한다.

07
산업안전보건법상 공사용 가설도로를 설치하는 경우 준수사항 2가지를 쓰시오.

① 도로는 장비 및 차량이 안전하게 운행할 수 있도록 견고하게 설치
② 도로와 작업장이 접하여 있을 경우에는 울타리 등을 설치
③ 도로는 배수를 위하여 경사지게 설치하거나 배수시설을 설치
④ 차량의 속도제한 표지를 부착

[주] **가설도로 설치시 준수사항** : 안전보건규칙 제379조

08
도로터널의 1종 시설물 3가지를 쓰시오.

① 연장 1000개 이상의 터널
② 3차로 이상의 터널
③ 터널구간의 연장이 500m 이상인 지하차도

[주] **시설물의 종류** : 시설물의 안전 및 유지관리에 관한 특별법 시행령 별표1

▶ 도로터널의 2종 시설물
① 제1종 시설물에 해당하지 않는 터널로서 고속국도, 일반국도, 특별시도 및 공역시도의 터널
② 제1종 시설물에 해당하지 않는 터널로 연장 300m 이상의 지방도, 시도, 군도 및 구도의 터널
③ 제1종 시설물에 해당하지 않는 지하차도로서 터널구간의 연장이 100m 이상인 지하차도

09
산업안전보건법상 정상적으로 작동될 수 있도록 미리 조정해 두어야 할 양중기의 방호장치의 종류 4가지를 쓰시오.

① 과부하방지장치
② 권과방지장치
③ 비상정지장치
④ 제동장치
⑤ 그밖에 방호장치(승강기의 파이널 리미트 스위치, 속도조절기, 출입문인터록 등)

[주] **방호장치의 조정** : 안전보건규칙 제134조

▶ 방호장치를 조정해 두어야 할 양중기의 종류
(안전보건규칙 제134조)
① 크레인
② 이동식크레인
③ 리프트
④ 곤돌라
⑤ 승강기

10

다음 [보기] 내용은 계단 설치기준에 관한 것이다. (   ) 안에 알맞은 수치 또는 용어를 쓰시오.

[보기]
1) 사업주는 계단 및 계단참을 설치하는 경우 매 m² 당 (①)kg 이상의 하중에 견딜 수 있는 강도를 가진 구조로 설치해야 하며, 안전율은 (②) 이상으로 하여야 한다.
2) 사업주는 계단을 설치하는 경우 그 폭을 (③)m 이상으로 하여야 한다.
3) 사업주는 높이가 3m를 초과하는 계단에 높이 3m이내마다 너비 (④)m 이상의 계단참을 설치하여야 한다.
4) 사업주는 계단을 설치하는 경우 바닥면으로부터 높이 (⑤)m 이내의 공간에 장애물이 없도록 하여야 한다.
5) 사업주는 높이 (⑥)m 이상인 계단의 개방된 측면에 안전난간을 설치하여야 한다.

① 500   ② 4
③ 1   ④ 1.2
⑤ 2   ⑥ 1

[주] 계단설치기준 : 안전보건규칙 제27조~제30조

11

시멘트의 품질시험 종류 5가지를 쓰시오.

① 화학성분
② 강열감량
③ 분말도
④ 안정도
⑤ 응결시간
⑥ 압축강도

12

구조물 해체공사시 사용하는 해체작업용 기계·기구 5가지를 쓰시오.

① 압쇄기
② 대형 브레이커
③ 핸드 브레이커
④ 절단톱
⑤ 재키(jack)
⑥ 쐐기 타입기
⑦ 절단줄톱
⑧ 화염방사기
⑨ 화약류
⑩ 철재해머
⑪ 팽창제

[주] 해체작업용 기계·기구 : 해체공사 표준안전 작업지침(고용노동부고시 제2020-11호)

13
다음 [보기]의 건설업 산업안전·보건관리비를 계산하시오.

[보기]
1) 일반건설공사(갑)
2) 예정가격 내역서 상의 재료비 : 210억원
3) 예정가격 내역서 상의 직접 노무비 : 190억원
4) 발주자가 제공한 재료비 : 90억원

안전관리비 = 대상액(재료비 + 직접노무비) × 법정요율(%)

① 안전관리비
 = 대상액×법정요율(%)
 = $(210억원 + 190억원 + 90억원) \times \dfrac{1.97}{100}$
 = 965,300,000원

② 안전관리비
 = 대상액×법정요율(%)×1.2
 = $(210억원 + 190억원) \times \dfrac{1.97}{100} \times 1.2$
 = 945,600,000원

③ 발주자가 재료비를 제공한 경우 해당금액을 대상액에 포함시킬 때의 안전관리비가 해당 금액에 포함하지 않는 대상액을 기준으로 계산한 안전관리비의 1.2배를 초과할 수 없으므로 정답은 945,600,000원이 된다.

14
산업안전보건법상 크레인에 전용탑승설비를 설치하여 근로자를 운반하거나 근로자를 달아올린 상태에서 작업을 할 경우 추락위험방지 조치사항 2가지를 쓰시오.

① 탑승설비가 뒤집히거나 떨어지지 않도록 필요한 조치를 할 것
② 안전대나 구명줄을 설치하고 안전난간을 설치할 수 있는 구조인 경우에는 안전난간을 설치할 것
③ 탑승설비를 하강시킬 때에는 동력하강 방법으로 할 것

[주] 탑승의 제한 : 안전보건규칙 제86조

01

다음 내용에서 설명하는 현상에 대한 용어의 정의를 쓰시오.

1) 연약한 점토질 지반에서 굴착시 흙막이벽 외측 흙의 중량 및 지표면의 재하 중량에 의해 굴착저면의 흙이 붕괴되어 흙막이 바깥 흙이 내부로 밀려 불룩하게 솟아오르는 현상은?
2) 사질토 지반을 굴착시 굴착부와 주변부의 지하수 위차가 있는 경우에 수두차에 의하여 침투압이 생겨 흙막이 근입부분이 침식하는 동시에 모래가 액상화되어 솟아오르며 흙막이벽의 근입부 지지력을 상실하여 흙막이 지보공의 붕괴를 초래하는 현상은?

1) 히빙현상
2) 보일링현상

02

산업안전보건법상 항타기 또는 항발기를 조립하는 경우 점검하여야 할 사항 4가지를 쓰시오.

1) 본체의 연결부의 풀림 또는 손상 유무
2) 권상용 와이어로프·드럼 및 도르래의 부착상태의 이상 유무
3) 권상장치의 브레이크 및 쐐기장치 기능의 이상 유무
4) 권상기의 설치상태의 이상 유무
5) 버팀의 방법 및 고정상태의 이상 유무

주 항타기·항발기 조립시 점검 : 안전보건규칙 제207조

03

구축물 또는 이와 유사한 시설물에 대하여 안전진단 등 안전성 평가를 실시하여 근로자에게 미칠 위험성을 미리 제거하여야 할 경우 3가지를 쓰시오. 단, 그밖에 잠재위험성이 예상될 경우는 제외한다.

1) 구축물 또는 이와 유사한 시설물의 인근에서 굴착·항타작업 등으로 침하, 균열 등이 발생하여 붕괴의 위험이 예상될 경우
2) 구축물 또는 이와 유사한 시설물에 지진, 동해, 부동침하 등으로 균열, 비틀림 등이 발생하였을 경우
3) 구축물 또는 이와 유사한 시설물에 설계 당시보다 과다한 중량이 부과되어 안정성을 검토하여야 할 경우
4) 화재 등으로 구축물 또는 이와 유사한 시설물의 내력(耐力)이 심하게 저하될 경우
5) 오랜 기간 사용하지 아니하던 구축물 또는 이와 유사한 시설물을 재사용하게 되어 안전성을 검토하여야 할 경우

[주] 구축물 또는 이와 유사한 시설물의 안전성 평가 : 안전보건규칙 제52조

04

다음 [보기] 내용은 산업안전보건법상의 계단설치 기준이다. 다음 (   ) 안을 채우시오.

[보기]
(가) 사업주는 계단 및 계단참을 설치하는 경우 매 m²당 (①)kg 이상의 하중에 견딜 수 있는 강도를 가진 구조로 설치하여야 하며, 안전율은 (②) 이상으로 하여야 한다.
(나) 사업주는 높이가 3m를 초과하는 계단에 높이 3m 이내마다 너비 (③)m 이상의 계단참을 설치하여야 한다.

1) 500   2) 4   3) 1.2

[주] 1) 계단의 강도 : 안전보건규칙 제26조
    2) 계단참의 높이 : 안전보건규칙 제28조

05

다음 [표]는 지반굴착시 굴착면의 기울기 기준이다. (   ) 안에 알맞은 용어 및 수치를 쓰시오.

구분	지반의 종류	기울기
보통흙	습지	(①)
	건지	(②)
암반	풍화암	(③)
	연암	(④)
	경암	(⑤)

1) 1 : 1 ~ 1 : 1.5
2) 1 : 0.5 ~ 1 : 1
3) 1 : 1.0
4) 1 : 1.0
5) 1 : 0.5

[주] 굴착면의 기울기 기준 : 안전보건규칙 [별표11]
    [개정 2021.11.19.]

06

다음은 안전보건관련 교육과정별 교육시간을 나타낸 것이다. ( ) 안에 알맞은 수치를 쓰시오.

교육과정	교육대상	교육시간
1. 정기교육	• 판매업무에 직접 종사하는 근로자	매분기 3시간 이상
	• 판매업무에 직접 종사하는 근로자 외 근로자	매분기 6시간 이상
	• 관리감독자 지위에 있는 사람	(①)
2. 채용시의 교육	• 일용근로자	(②)
	• 일용근로자를 제외한 근로자	8시간 이상
3. 작업내용 변경시 교육	• 일용근로자	1시간 이상
	• 일용근로자를 제외한 근로자	(③)
4. 특별 교육	• 건설용리프트 • 곤돌라를 이용한 작업에 종사하는 일용근로자	(④)

 해설

1) 연간 16시간 이상
2) 1시간 이상
3) 2시간 이상
4) 2시간 이상

[주] 산업안전·보건관련 교육과정별 교육시간 : 시행규칙 [별표8]

Guide 상기 [표]에 나와 있는 교육시간을 모두 암기하여야 합니다.

07

TBM(tool box meeting)에 관계되는 다음 ( ) 안에 알맞은 내용을 쓰시오.

(가) 인원은 (①)명 정도로 구성한다.
(나) 소요시간은 작업시간 전 (②)분, 작업 후 3~5분 정도가 바람직하다.
(다) TBM실시 5단계는 아래와 같고 [보기]에서 답을 골라 쓰시오.

제1단계	도입	[보기]
제2단계	(③)	① 작업점검
제3단계	작업지시	② 위험예지
제4단계	(④)	③ 행동개시
제5단계	확인	④ 점검정비

 해설

1) 5 ~ 7명
2) 5 ~15
3) 점검정비
4) 위험예지

 길잡이 TBM(tool box meeting)
1) 작업자 5 ~ 7명
2) 공구상자 주위에서
3) 작업시작 전 5 ~ 15분, 작업 후 3 ~ 5분, 안전회의(meeting)를 하는 것

08

산업안전보건법에서 정하는 달비계의 와이어로프 사용금지 기준을 3가지 쓰시오(단, 꼬인 것, 부식된 것, 변형된 것, 열과 전기충격에 의해 손상된 것 제외).

1) 이음매가 있는 것
2) 와이어로프의 한 꼬임에서 끊어진 소선의 수가 10% 이상인 것
3) 지름의 감소가 공칭시즐의 7%를 초과하는 것
4) 열과 전기충격에 의해 손상된 것

[주] 이음매가 있는 와이어로프 등 사용금지 : 안전보건규칙 제166조

> **길잡이** 이음매가 있는 와이어로프 등의 사용금지
> (안전보건규칙 제63조, 제166조, 제210조)
> 1) 꼬인 것
> 2) 이음매가 있는 것
> 3) 심하게 변형 부식된 것
> 4) 열과 전기충격에 의해 손상된 것
> 5) 지름의 감소가 공칭지름의 7%를 초과하는 것
> 6) 와이어로프 한 꼬임에서 끊어진 소선의 수가 10% 이상 (비전자로프는 끊어진 소선의 수가 와이어로프 「호칭지름의 6배 길이」 이내에서 4개 이상이거나 「호칭지름의 30배 길이」 이내에서 8개 이상)인 것

09

다음 [보기] 내용은 시스템 동바리를 설치하는 경우 준수사항이다. ( ) 안에 알맞은 내용을 쓰시오.

[보기]
(가) 수평재는 수직재와 직각으로 설치하여야 하며, 흔들리지 않도록 견고하게 설치할 것
(나) 연결철물을 사용하여 수직재를 견고하게 연결하고, 연결부위가 탈락 또는 꺾어지지 않도록 할 것
(다) 수직 및 수평하중에 의한 동바리 본체의 변위로부터 구조적 안정성이 확보되도록 조립도에 따라 수직재 및 수평재에는 (①)를 견고하게 설치하도록 할 것
(라) 동바리 최상단과 최하단의 수직재와 받침철물은 서로 밀착되도록 설치하고 수직재와 (②)의 연결부의 겹침길이는 (②) 전체길이의 (③) 이상 되도록 할 것

1) 가새재
2) 받침철물
3) 3분의 1(또는 1/3)

[주] 거푸집 동바리 등의 안전조치 : 안전보건규칙 제332조

> **길잡이** 시스템동바리 : 규격화·부품화된 수직재, 수평대 및 가새재의 부재를 현장에서 조립하여 거푸집으로 지지하는 동바리 형식을 말한다.

10
산업안전보건법상 터널지보공 설치시 수시점검사항 3가지를 쓰시오.

1) 부재의 손상·변형·부식·변위 탈락의 유무 및 상태
2) 부재의 긴압 정도
3) 부재의 접속부 및 교차부의 상태
4) 기둥침하의 유무 및 상태

[주] 터널지보공 붕괴 등의 방지 : 안전보건규칙 제366조

11
다음 [표]는 안전대의 종류 및 등급 등을 표시한 것이다. ( ) 안에 알맞은 내용을 쓰시오.

종류	등급	사용구분
벨트식(B식)	1종	(①)
	2종	(②)
	3종	1개걸이 U자걸이 공용
안전그네식 (H식)	4종	(③)
	5종	추락방지대

1) U자걸이 전용
2) 1개걸이 전용
3) 안전블록

12
다음 조건에 대한 종합재해지수를 구하시오.

1) 상시근로자수 : 500명
2) 근로시간 : 8시간/일
3) 연간근로일수 : 280일/년
4) 연간휴업일수 : 103일
5) 연간요양재해발생건수 : 6건

종합재해지수

$= \sqrt{도수율 \times 강도율}$

$= \sqrt{(\dfrac{재해건수}{연근로시간수} \times 10^6) \times (\dfrac{근로손실일수}{연근로시간수} \times 10^3)}$

$= \sqrt{(\dfrac{6}{500 \times 8 \times 280} \times 10^6) \times (\dfrac{103 \times 280/365}{500 \times 8 \times 280} \times 10^3)}$

$= 0.61$

13
산업안전보건법상 안전보건표지 중 금지표지와 경고표지의 종류를 각각 2가지씩만 쓰시오.

1) 금지표지
   ① 출입 금지표지
   ② 보행 금지표지
2) 경고표지
   ① 고압전기 경고표지
   ② 매달린 물체 경고표지

[주] 안전보건표지의 종류와 형태 : 시행규칙 [별표6]

14
굴착공사의 재해방지를 위한 기본적인 토질에 대한 조사내용 4가지를 쓰시오.

1) 주변에 기 절토된 경사면의 실태조사
2) 지표, 토질에 대한 답사 및 조사함으로써 토질구성(표토, 토질, 암질), 토질구조(지층의 경사, 지층, 파쇄대의 분포, 변질대의 분포), 지하수 및 용수의 형상 등의 실태조사
3) 사운딩
4) 시추
5) 물리탐사(탄성파 조사)
6) 토질시험 등

[주] 굴착공사 표준안전작업지침 : 고용노동부고시 제2023-35호

건설안전기사 실기 필답형

2023년 제2회

01
크레인을 사용하여 작업을 하는 경우 작업 시작 전 점검사항 3가지를 쓰시오.

1) 권과방지장치 · 브레이크 · 클러치 및 운전장치의 기능
2) 주행로의 상측 및 트롤리가 횡행하는 레일의 상태
3) 와이어로프가 통하고 있는 곳의 상태

[주] 크레인의 작업시작 전 점검사항 : 안전보건규칙 별표3 제4호

> **길잡이** 이동식크레인의 작업시작 전 점검사항
> (안전보건규칙 별표3 제5호)
> 1) 권과방지장치나 그밖에 경보장치의 기능
> 2) 브레이크 · 클러치 및 조정장치의 기능
> 3) 와이어로프가 통하고 있는 곳 및 작업장소의 지반상태

02
가설통로 설치 시 준수사항 4가지를 쓰시오.

1) 견고한 구조로 설치할 것
2) 경사가 15도를 초과하는 경우에는 미끄러지지 아니하는 구조로 할 것
3) 경사는 30도 이하로 할 것
4) 추락할 위험이 있는 장소에는 안전난간을 설치할 것
5) 수직갱에 가설된 통로의 길이가 15m 이상인 경우에는 10m 이내마다 계단참을 설치할 것
6) 건설공사에 사용하는 높이 8m 이상인 비계다리에는 7m 이내마다 계단참을 설치할 것

[주] 가설통로의 구조 : 안전보건규칙 제23조

03
보일링 현상과 히빙 현상이 발생되는 지반조건을 각각 쓰시오.

1) **보일링 현상** : 지하수위가 높은 사질토 지반
2) **히빙 현상** : 연약한 점성토 지반

04

다음 [보기]는 강관비계에 관한 내용이다. ( ) 안에 알맞은 내용(또는 수치)를 쓰시오.

[보기]
(가) 비계기둥의 간격은 띠장방향에서는 (①)m 이하, 장선방향에서는 1.5m 이하로 할 것
(나) 띠장간격은 (②)m 이하로 할 것
(다) 비계기둥의 최고로부터 (③)m 되는 지점 밑부분의 비계기둥은 2개의 강관으로 묶어세울 것(다만, 브라켓 등으로 보강하여 그 이상의 강도가 유지되는 경우에는 그러하지 아니하다)
(라) 비계기둥 간의 적재하중은 (④)kg을 초과하지 아니하도록 할 것

해설

1) 1.85
2) 2
3) 31
4) 400

주 강관비계의 구조 : 안전보건규칙 제60조

05

다음은 안면부 여과식의 시험성능기준에서 등급별 여과재 분진등 포집효율 기준이다. [표]의 ( ) 안에 알맞은 내용을 쓰시오.

종류	등급	분진포집효율 (시험 %)
안면부 여과식	특급	(①)
	1급	(②)
	2급	(③)

해설

1) 99% 이상
2) 94% 이상
3) 80% 이상

주 분리식의 등급별 분진포집효율

등급	분진포집효율(시험 %)
특급	99.95%
1급	94%
2급	80%

06

다음 재해율을 구하는 공식을 쓰시오.
1) 강도율 공식 :
2) 도수율 공식 :
3) 휴업재해율 공식 :

해설

1) 강도율 = $\dfrac{\text{총요양근로손실일수}}{\text{연근로시간수}} \times 1000$

2) 도수율(빈도율) = $\dfrac{\text{재해건수}}{\text{연근로시간수}} \times 1,000,000$

3) 휴업재해율 = $\dfrac{\text{휴업재해자수}}{\text{임금근로자수}} \times 100$

주 산업재해통계 산출방법 : 고용노동부예규 제194호

07
산업안전보건법상의 승강기의 종류를 4가지 쓰시오.

1) 승객용 엘리베이터
2) 승객화물용 엘리베이터
3) 화물용 엘리베이터
4) 소형화물형 엘리베이터
5) 에스컬레이터

> **길잡이**
> 1) **양중기의 종류**(안전보건규칙 제132조)
>   ① 크레인(호이스트 포함)
>   ② 이동식 크레인
>   ③ 리프트(이삿짐 운반용 리프트는 적재하중이 0.1ton 이상인 것)
>   ④ 곤돌라
>   ⑤ 승강기
> 2) **리프트의 종류**(안전보건규칙 제132조)
>   ① 건설용 리프트
>   ② 자동차 정비용 리프트
>   ③ 이삿짐 운반용 리프트
>   ④ 산업용 리프트

08
다음은 안전모의 종류에 대한 설명이다. ( ) 안에 알맞은 내용을 쓰시오.

종류 (기호)	사용구분
(①)	물체의 낙하 또는 비래 및 추락에 의한 위험을 방지 또는 경감시키기 위한 것
(②)	물체의 낙하 및 비래에 의한 위험을 방지 또는 경감하고 머리부위 감전에 의한 위험을 방지하기 위한 것
(③)	물체의 낙하 또는 비래 및 추락에 의한 방지 또는 경감하고, 머리부위 감전에 의한 위험을 방지하기 위한 것

1) AB
2) AE
3) ABE

09
다음은 작업발판의 구조에 대한 내용이다. ( ) 안에 알맞은 내용을 쓰시오.

(가) 작업발판의 폭은 (①)cm 이상으로 하고 발판재료 간의 틈은 (②)cm 이하로 할 것
(나) 작업발판의 재료는 뒤집히거나 떨어지지 아니하도록 (③) 이상의 지지물에 연결하거나 고정시킬 것

1) 40
2) 3
3) 2

[주] 작업발판의 구조 : 안전보건규칙 제56조

10
산업안전보건법상의 자율안전확인대상 기계·기구 및 설비 3가지를 쓰시오.

해설

1) 연삭기 또는 연마기(휴대형은 제외한다)
2) 산업용 로봇
3) 혼합기
4) 파쇄기 또는 분쇄기
5) 식품가공용기계(파쇄·절단·혼합·제면기만 해당한다)
6) 컨베이어
7) 자동차정비용 리프트
8) 공작기계(선반, 드릴기·평삭·형삭기·밀링기만 해당한다)
9) 고정형 목재가공용기계(둥근톱·대패·루타기·띠톱·모떼기 기계만 해당한다)
10) 인쇄기

[주] 자율안전확인대상 기계·기구 등 : 시행령 제77조 제1호

11
흙막이지보공을 설치할 때 정기점검사항 3가지를 쓰시오.

해설

1) 부재의 손상·변형·부식·변위 및 탈락의 유무와 상태
2) 버팀대의 긴압의 정도
3) 부재의 접속부·부착부 및 교차부의 상태
4) 침하의 정도

[주] 붕괴 등의 위험방지 : 안전보건규칙 제347조

 길잡이 터널지보공 설치시 수시점검사항
(안전보건규칙 제366조)
1) 부재의 손상·변형·부식·변위 탈락의 유무 및 상태
2) 부재의 긴압정도
3) 부재의 접속부 및 교차부의 상태
4) 기둥침하의 유무 및 상태

12
콘크리트 타설 시 측압에 영향을 주는 요인 4가지를 쓰시오.

해설

1) 콘크리트 단위용적중량
2) 타설높이
3) 타설속도
4) 다짐방법

길잡이 콘크리트 타설을 할 때 거푸집의 측압에 미치는 영향
1) 슬럼프가 클수록 크다(물, 시멘트 비가 클수록 크다).
2) 기온이 낮을수록 크다(대기 중에 습도가 높을수록 크다).
3) 콘크리트의 치어붓기 속도가 클수록 크다.
4) 거푸집의 수밀성이 높을수록 크다.
5) 콘크리트 다지기가 강할수록 크다(진동시 사용시 측압은 30%정도 증가).
6) 거푸집의 수평단면이 클수록 크다((벽두께가 클수록 크다).
7) 거푸집의 강성이 클수록 크다.
8) 거푸집 표면이 매끄러울수록 크다.
9) 콘크리트의 비중이 클수록 크다(단위중량이 클수록 크다).
10) 묽은 콘크리트일수록 크다.
11) 철근량이 적을수록 크다.
12) 측압은 생콘크리트의 높이가 높을수록 커지는 것이나, 일정한 높이에 이르면 측압의 증대는 없게 된다.

13
산업안전보건법상 근로자가 지붕 위에서 작업을 할 때에 추락하거나 넘어질 위험이 있는 경우 조치사항 3가지를 쓰시오.

1) 지붕의 가장자리에 제13조에 따른 안전난간을 설치할 것
2) 채광창(skylight)에는 견고한 구조의 덮개를 설치할 것
3) 슬레이트 등 강도가 약한 재료로 덮은 지붕에는 폭 30cm 이상의 발판을 설치할 것

[주] 지붕위에서의 위험방지 : 안전보건규칙 제45조

14
토공사시 다짐공법의 종류 3가지를 쓰시오.

1) 동압밀공법
2) 폭파다짐공법
3) 선행재하공법
4) 지하수위저하공법
5) 바이프로 플로테이션공법(진동다짐공법)

건설안전기사 실기 필답형 — 2023년 제4회

01
굴착면의 높이가 2m 이상되는 암석의 굴착작업 시 특별안전보건 교육내용 3가지만 쓰시오 (단, 그 밖에 안전·보건관리에 필요한 사항은 제외).

해설

1) 폭발물 취급 요령과 대피 요령에 관한 사항
2) 안전거리 및 안전기준에 관한 사항
3) 방호물의 설치 및 기준에 관한 사항
4) 보호구 및 신호방법 등에 관한 사항

[주] 특별교육 대상 직업별 교육내용 : 시행규칙 [별표5]

02
달비계 또는 높이 5m 이상의 비계를 조립·해체하거나 변경작업을 하는 경우 준수사항 3가지를 쓰시오.

해설

1) 근로자가 관리감독자의 지휘에 따라 작업하도록 할 것
2) 조립·해체 또는 변경의 시기, 범위 및 절차를 그 작업에 종사하는 근로자에게 주지시킬 것
3) 조립·해체 또는 변경 작업구역에는 해당 작업에 종사하는 근로자가 아닌 사람의 출입을 금지하고, 그 내용을 보기 쉬운 장소에 게시할 것
4) 비, 눈 그 밖의 기상 상태의 불안정으로 날씨가 몹시 나쁜 경우에는 그 작업을 중지시킬 것
5) 비계 재료의 연결, 해체작업을 하는 경우 폭 20cm 이상의 발판을 설치하고 근로자로 하여금 안전대를 사용하도록 하는 등 추락을 방지하기 위한 조치를 할 것
6) 재료, 기구 또는 공구 등을 올리거나 내리는 경우 근로자가 달줄 또는 달포대 등을 사용하게 할 것

[주] 비계 등의 조립·해체 및 변경 : 안전보건규칙 제57조

03
산업안전보건법상 작업발판 일체형 거푸집의 종류 4가지를 쓰시오.

해설

1) 갱 폼(gang form)
2) 슬립 폼(slip form)
3) 클라이밍 폼(climbing form)
4) 터널 라이닝 폼(tunnel lining form)
5) 그 밖에 거푸집과 작업발판이 일체로 제작된 거푸집 등

[주] 작업발판 일체형 거푸집의 안전조치 : 안전보건규칙 제337조

> **길잡이** 작업발판 일체형 거푸집 : 거푸집의 설치·해체, 철근조직, 콘크리트 타설, 콘크리트 면처리 작업 등을 위하여 거푸집을 작업발판과 일체로 제작하여 사용하는 거푸집을 말한다.

04
콘크리트 타설 작업을 하기 위하여 콘크리트 펌프 또는 콘크리트 펌프카를 사용하는 경우 준수사항 3가지를 쓰시오.

1) 작업을 시작하기 전에 콘크리트 펌프용 비계를 점검하고 이상을 발견하였으면 즉시 보수할 것
2) 건축물의 난간 등에서 작업하는 근로자가 호스의 요동·선회로 인하여 추락하는 위험을 방지하기 위하여 안전난간 설치 등 필요한 조치를 할 것
3) 콘크리트 펌프카의 붐을 조정하는 경우 주변의 전선 등에 의한 위험을 예방하기 위한 적절한 조치를 할 것
4) 작업 중에 지반의 침하, 아웃트리거의 손상 등에 의하여 콘크리트 펌프카가 넘어질 우려가 있는 경우에는 이를 방지하기 위한 적절한 조치를 할 것

[주] **콘크리트 펌프 등 사용 시 준수사항** : 안전보건규칙 제335조

05
명예산업안전감독관의 업무 4가지를 쓰시오.

1) 사업장에서 하는 자체점검 참여 및 근로감독관이 하는 사업장 감독 참여
2) 사업장 산업재해 예방계획 수립 참여 및 사업장에서 하는 기계, 기구 자체점사 참석
3) 법령을 위반한 사실이 있는 경우 사업주에 대한 개선요청 및 감독기관에의 신고
4) 산업재해 발생의 급박한 위험이 있는 경우 사업주에 대한 작업중지 요청
5) 작업환경 측정, 근로자 건강진단 시의 참석 및 그 결과에 대한 설명회 참여
6) 직업성 질환의 증상이 있거나 질병에 걸린 근로자가 여러 명 발생한 경우 사업주에 대한 임시건강진단 실시 요청
7) 근로자에 대한 안전수칙 준수 지도
8) 법령 및 산업재해 예방정책 개선 건의
9) 안전보건 의식을 북돋우기 위한 활동
10) 그 밖에 산업재해 예방에 대한 홍보 등 산업재해 예방업무와 관련하여 고용노동부 장관이 정하는 업무

[주] **명예산업안전감독관의 업무** : 시행령 제32조 제2항

06
하인리히의 재해예방 대책원리 5단계를 쓰시오.

1) 1단계 : 조직(안전보건관리체계)
2) 2단계 : 사실의 발견
3) 3단계 : 분석평가
4) 4단계 : 시정책의 선정
5) 5단계 : 시정책의 적용(3E 적용)

07

근로자가 작업발판 위에서 전기용접 작업을 하다가 바닥으로 떨어져 머리를 다쳤다. 다음의 재해원인 분석에 대한 물음에 답하시오.

1) 재해형태 :
2) 기인물 :
3) 가해물 :

1) 재해형태 : 추락
2) 기인물 : 작업발판
3) 가해물 : 바닥

08

건설업체에 상시근로자 수가 4000명이고 사고로 인해 사망자가 1명 발생하였을 때 사고사망인율을 구하시오.

사고사망인율 = $\dfrac{사고사망자수}{상시근로자수} \times 10,000$

$= \dfrac{1}{4000} \times 10,000 = 2.5$

[주] 건설업체 산업재해발생율 등 산정기준과 방법 : 시행규칙 [별표1]

  상시근로자수 산정식

상시근로자수 = $\dfrac{연간국내공사실적액 \times 노무비율}{건설업월평균임금 \times 12}$

09

무재해운동 이념 3원칙을 쓰시오.

1) 무의 원칙
2) 참가의 원칙
3) 선취의 원칙

10

400명의 근로자가 1일 8시간씩 연간 300일 근무한 A사업장의 전년도 도수율이 120, 현재 도수율이 100인 경우 1) safe T. score를 구하고 2) 안전관리 수행도 평가를 구하시오.

1) safe T. score

$= \dfrac{(현재)빈도율 - (과거)빈도율}{\sqrt{\dfrac{(과거)빈도율}{근로총시간수} \times 10^6}}$

$= \dfrac{100 - 120}{\sqrt{\dfrac{120}{400 \times 8 \times 300} \times 10^6}} = -1.79$

2) 과거에 비해 심각한 차이가 없다.

11
철근의 정착위치를 2가지 쓰시오.

1) 기둥의 주근은 기초에 정착한다.
2) 보의 주근은 기둥에 정착한다.
3) 작은 보의 주근은 큰 보에 정착한다.
4) 직교하는 단부 보 밑에 기둥이 없을 때는 상호간에 정착한다.
5) 벽 철근은 기둥, 보, 기초 또는 바닥판에 정착한다.
6) 바닥 철근은 보 또는 벽체에 정착한다.
7) 지중보의 주근은 기초 또는 기둥에 정착한다.

> **길잡이** 철근의 정착길이를 정하는 정착방법
> 1) 철근콘크리트 구조의 부재접합부에서 원활한 응력전달과 실체 거동을 위해 요구되는 철근의 매접길이
> 2) 철근의 종류, 콘크리트의 설계기준 강도, 갈고리의 유무 등에 따라 최소치가 정해짐

12
거푸집을 구성하는 부재의 명칭 2가지를 쓰시오.

1) 거푸집 널
2) 동바리
3) 장선 및 멍에
4) 결속재(긴결재, 격리재)

13
사토질 지반개량공법 2가지를 쓰시오.

1) 진동다짐 공법(Vibro Flotation Method)
2) 샌드 콤팩션 공법(Sand Compaction Method)
3) 웰포인트 공법(Well-point Method)

14
콘크리트의 비파괴시험의 종류 3가지를 쓰시오.

1) 반발경도법(강도법)
2) 초음파 음속법
3) 방사선법
4) 음파법(공진법)
5) 자기법(철근탐사법)

건설안전기사 실기 필답형 2024년 제1회

01
양중기와 관련된 다음 물음에 답하시오

1) 다음에 설명하는 양중기의 종류를 쓰시오
   ① 훅이나 그 밖의 달기구 등을 사용하여 화물을 권상 및 횡행 또는 권상동작만을 하여 양중하는 것 : (　)
   ② 달기발판 또는 운반구, 승강장치, 그 밖의 장치 및 이들에 부속된 기계부품에 의하여 구성되고, 와이어로프 또는 달기강선에 의하여 달기발판 또는 운반구가 전용 승강장치에 의하여 오르내리는 설비 : (　)
2) 산업안전보건법상 리프트의 종류를 2가지 쓰시오

길잡이
▶ 양중기의 종류(안전보건규칙 제 132조)
1) 크레인(호이스트(hoist) 포함)
2) 이동식 크레인
3) 리프트(이삿짐운반용 리프트의 경우에는 적제하중이 0.1톤 이상인 것으로 한정)
4) 곤돌라
5) 승강기

 1) 안전보건규칙(법)에 관계되는 문제로 출제율이 높습니다.
2) 「길잡이」에 예시된 양중기의 종류도 꼭 암기하여야 합니다

해답
1) ① 호이스트
   ② 곤돌라
2) 리프트의 종류
   ① 건설용 리프트
   ② 산업용 리프트
   ③ 자동차정비용 리프트
   ④ 이삿짐운반용 리프트

주 양중기의 종류 및 정의(뜻) : 안전보건규칙 제 132조

02

흙막이공사는 건축기초나 교각 등의 기초공사를 위한 굴착공사(흙파기 공사)를 하는 경우 굴착주변이 붕괴되지 않도록 공사를 하는 것을 말한다. 다음 물음에 답하시오.

> 1) 흙막이 지지방식에 의한 흙막이 공법의 종류를 3가지 쓰시오.
> 2) 흙막이 구조방식에 의한 흙막이 공법의 종류를 3가지 쓰시오.

 해답

1) 지지방식에 의한 흙막이 공법의 종류
   ① 자립식 공법
   ② 버팀대식 공법
   ③ 어스앵커(earth anchor) 공법
   ④ 타이로드 공법(tie rod, 당김줄 공법)
2) 구조방식에 의한 흙막이 공법의 종류
   ① 널말뚝 공법
   ② 지하 연속벽 공법(slurry wall)
   ③ 역타 공법(top-down 공법)

흙막이 공법의 종류를 지지방식에 의한 것과 구조방식에 의한 것으로 구분하여 쓰는 건설시공학에 관계되는 문제입니다.

03

산업안전보건법령상 안전보건진단을 받아 안전보건개선계획을 수립할 대상 사업장의 종류 3가지를 쓰시오

 해답

1) 산업재해율이 같은 업종 평균 산업재해율의 2배 이상인 사업장
2) 사업주가 필요한 안전조치 또는 보건조치를 이행하지 아니하여 중대재해가 발생한 사업장
3) 직업성 질병자가 연간 2명 이상(상시근로자 1천명 이상 사업장의 경우 3명 이상) 발생한
4) 그 밖에 작업환경 불량, 화재·폭발 또는 누출 사고 등으로 사업장 주변까지 피해가 확산된 사업장으로서 고용노동부령으로 정하는 사업장

[주] 안전보건진단을 받아 안전보건개선계획을 수립할 대상 : 시행령 제 49조

 길잡이

▶ 안전보건개선계획 대상사업장(법 49조)
1) 산업재해율이 같은 업종의 규모별 평균 산업재해율보다 높은 사업장
2) 안전조치 또는 보건조치를 이행하지 아니하여 중대재해가 발생한 사업장
3) 직업성 질병자가 연간 2명 이상 발생한 사업장
4) 유해인자의 노출기준을 초과한 사업장

1) 안전보건진단을 받느냐 받지않느냐에 따라 개선계획수립대상 사업장이 같은 것도 있고 같지 않는 것이 있다는 것을 구분하여 기억하여야 합니다
2) 안전보건개선계획서의 내용(시행규칙 제 61조) : 암기 요망
   ① 시설
   ② 안전·보건교육
   ③ 안전·보건관리체제
   ④ 산업재해예방 및 작업환경의 개선을 위하여 필요한 사항
3) 안전보건개선계획서 제출시기: 수립·시행명령을 받은 날부터 60일 이내에 관할 지방고용노동과서의 장에게 제출 (암기요망)

04

산업안전보건법상 누전에 의한 감전위험을 방지하기 위하여 해당 전로의 정격에 적합하고 감도(전류등에 반응하는 정도)가 양호하며 확실하게 작동하는 감전방지용 누전차단기를 설치해야 하는 전기기계·기구를 2가지만 쓰시오.

해답

1) 전압이 150볼트를 초과하는 이동형 또는 휴대형 전기기계·기구
2) 물 등 도전성이 높은 액체가 있는 습윤장소에서 사용하는 저압(1.5천볼트 이하 직류전압이나 1천볼트 이하의 교류전압을 말한다)용 전기기계·기구
3) 철판·철골 위 등 도전성이 높은 장소에서 사용하는 이동형 또는 휴대형 전기기계·기구
4) 임시배선의 전로가 설치되는 장소에서 사용하는 이동형 또는 휴대형 전기기계·기구

주 누전차단기이 의한 감전방지 : 안전보건규칙 제304조

1) 4가지를 모두 암기하여야 합니다
2) 암기요령 : 핵심용어 (1)150V (2) 습윤장소 (3) 도전성이 높은 장소, (4)임시배선)를 암기하여 앞뒤에 내용을 붙이는 연습을 하십시요

05

산업안전보건법상 차량계 하역운반기계 등에 화물을 적재하는 경우에 준수사항 3가지를 쓰시오

해답

1) 하중이 한쪽으로 치우치지 않도록 적재할 것
2) 구내운반차 또는 화물자동차의 경우 화물의 붕괴 또는 낙하에 의한 위험을 방지하기 위하여 화물에 로프를 거는 등 필요한 조치를 할 것
3) 운전자의 시야를 가리지 않도록 화물을 적재할 것

주 화물적재시의 조치: 안전보건규칙 제 173조

> 길잡이
>
> 차량계하역운반기계등의 작업시 그 기계가 넘어지거나 굴러 떨어짐으로써 근로자에게 위험을 미칠 우려가 있을 경우 위험방지 조치사항(안전보건 규칙 제 171조)
>   1) 유도자 배치
>   2) 지반의 부동침하 방지
>   3) 갓길의 붕괴방지

 문제 해답내용 화물적재시 준수사항(조치사항) 3가지, 기계의 전도, 전락시 위험방지 조치사항 3가지 모두 확실하게 암기하여야 합니다

06
토공사 시 비탈면 보호공법 4가지를 쓰시오

 해답

1) 식생공법(씨앗뿌리기 공법, 초식공법)
2) 콘크리트블록과 돌쌓기 공법
3) 시멘트 모르타르 뿜어붙이기공법
4) 소일시멘트공법
5) 돌망태공법

비탈공법 중 식생공법을 쓰는 문제와 비탈공법 중 구조물에 의한 보호공법을 쓰는 문제도 출제됩니다

5) 수직갱에 가설된 통로의 길이가 15m 이상인 경우에는 10m 이내마다 계단참을 설치할 것
6) 건설공사에 사용하는 높이 8m 이상인 비계다리에는 7m 이내마다 계단참을 설치할 것

주) 가설통로의 구조(가설통로 설치 시 준수사항) : 안전보건규칙 제 23조

1) 매년 출제될 정도로 출제율이 매우 높습니다.
2) 6가지 항목 중 4가지 정도를 쓸 수 있도록 하고 숫자는 (   )넣기도 출제가 되니 반드시 암기하여야합니다

07
산업안전보건법상 가설통로를 설치할 경우 준수사항 3가지를 쓰시오

 해답

1) 견고한 구조로 할 것
2) 경사는 30도 이하로 할 것. 다만, 계단을 설치하거나 높이 2m 미만의 가설통로로서 튼튼한 손잡이를 설치한 경우에는 그렇지 않다.
3) 경사가 15도를 초과하는 경우에는 미끄러지지 아니하는 구조로 할 것
4) 추락할 위험이 있는 장소에는 안전난간을 설치할 것. 다만, 작업상 부득이한 경우에는 필요한 부분만 임시로 해체할 수 있다.

08
산업안전보건법상 다음 안전보건표지의 명칭을 쓰시오

 해답

① 폭발성 물질 경고
② 급성독성물질 경고

안전표지의 종류는 모두 43종이며 표지의 그림이 주어지고 명칭을 쓰는 문제는 매회 출제될 정도로 출제율이 매우 높습니다

09

PSC(prestressed concrete)구조에서 프리스트레스를 도입할 경우 발생하는 손실원인 2가지를 쓰시오

해답

1) 콘크리트의 탄성변형(또는 탄성수축)
2) PC 강재와 쉬스(sheath)마찰
3) 정착장치의 거동(활동)

 자주 출제되는 문제는 아니지만 해답의 내용이 복잡한 것이 아니므로 2가지를 쓸 수 있도록 암기하십시오

10

이동식 크레인의 종류 3가지를 쓰시오

해답

1) 트럭크레인(Truck crane)
2) 크로러크레인(crawler crane)
3) 차량 합재형 크레인(Cago crane)
4) 전지형 크레인(A/T crane ; All terain crane)

> **길잡이**
>
> 1) 양중기의 종류(안전보건규칙 제 132조 제 ①항)
>   ① 크레인 (호이스트 포함)
>   ② 이동식크레인
>   ③ 리프트(이삿짐운반용 리프트는 적재하중이 0.1톤 이상인 것)
>   ④ 곤돌라
>   ⑤ 승강기

> 2) 리프트의 종류(안전보건규칙 제 132조 제 ②항 3호)
>   ① 건설용 리프트
>   ② 산업용 리프트
>   ③ 자동차 정비용 리프트
>   ④ 이삿짐운반용 리프트
> 3) 승강기의 종류(안전보건규칙 제 132조 제 2항 5호)
>   ① 승객용 엘리베이터
>   ② 승객화물용 엘리베이터
>   ③ 화물용 엘리베이터
>   ④ 소형화물용 엘리베이터
>   ⑤ 에스컬레이터

 이동식 크레인의 종류 3가지를 쓸 수 있도록 하고 길잡이에 있는 양중기, 리프트, 승강기의 종류(산업안전보건법 규정)도 모두 암기하여야 합니다

11

콘크리트 파쇄용 화약류 취급 시 준수사항 2가지를 쓰시오

해답

1) 시공순서는 화약취급절차에 의한다
2) 소음, 분진, 진동으로 인한 공해대책, 파편에 대한 예방대책을 수립하여야한다
3) 화약류에 의한 발파파쇄 해체시에는 사전에 시험발파에 의한 폭력, 폭속, 진동치속도 등에 파쇄능력과 진동, 소음의 영향력을 검토하여야 한다.
4) 화약류 취급에 대하여는 법, 총포도검화약류단속법 등 관계법에서 규정하는 바에 의하여 취급하여야 하며 화약저장소 설치기준을 준수하여야 한다.

 1) 금번시험에 처음 출제된 문제입니다
2) 순서를 정해서 2가지만 암기하십시오

12
가설 시설물의 구조적 특징 3가지를 쓰시오

1) 영구적인 구조가 아니다
2) 반복사용이 가능하다
3) 설치, 조립, 해체가 쉽다

> 1) 암기하기 쉬운 내용입니다
> 2) 출제율이 높고 낮음에 관계없이 암기하여야합니다

13
인간관계 메카니즘 중 1) 방어기제 및 2) 도피기제를 각각 2가지씩 쓰시오

1) 방어기제
   ① 보상
   ② 합리화
   ③ 투사
   ④ 승화
   ⑤ 동일화
   ⑥ 모방
2) 도피기제
   ① 백일몽
   ② 억압
   ③ 퇴행
   ④ 고립

> 1) 방어기제와 도피기제를 각각 2가지씩만 쓰면 됩니다
> 2) 방어기제는 긍정적 적응기제이고 도피기제는 부정적 적응 기제입니다

14
산업안전보건법상 수자원시설공사(댐)에서 재료비와 직접노무비의 합이 4,500,000,000원일 때 산업안전보건관리비를 구하시오(단, 공사는 중건설공사이며 대상액은 5억원 이상 50억원 미만인 경우이다)

[보기]
공사종류별 규모 및 안전관리비 계상 기준표(별표1)(2023.10 개정)

공사종류 대상액	5억원 미만	5억원 이상 50억원 미만		50억원 이상
		비율(x)	기초액(c)	
건축공사	2.93(%)	1.86(%)	5,349,000원	1.97(%)
토목공사	3.09(%)	1.99(%)	5,499,000원	2.10(%)
중건설공사	3.43(%)	2.35(%)	5,400,000원	2.44(%)
특수 건설공사	1.85(%)	1.20(%)	3,250,000원	1.27(%)

산업안전보건관리비
$$= 대상액(재료비 + 직접노무비) \times \frac{요율}{100} + 기초액$$
$$= 4,500,000,000 \times \frac{2.35}{100} + 5,400,000$$
$$= 111,150,000 원$$

> 1) 숫자 단위가 모르고 숫자를 정확히 계산하고 쓰는 것이 중요합니다
> 2) 건설안전에서 안전관리비 계산문제는 출제율이 높은 편이며 상기 문제는 일반적으로 출제되는 문제입니다

건설안전기사 실기 필답형 — 2024년 제2회

01

정기안전점검 결과 건설공사의 물리적, 기능적 결함등이 있는 경우에 보수·보강등의 필요한 조치를 취하기 위하여 건설안전점검기관에 의뢰하여 실시하는 점검을 무엇이라고 하는지 쓰시오

 해답

정밀안전점검

㈜ 정밀안전점검의 실시 : 건설공사 안전관리 업무수행지침 (국토부고시 제2022-791호) 제 24조

02

산업안전보건법상 철골작업을 중지해하는 기상조건에 관련된 ( )안에 알맞는 용어를 쓰시오

1) 풍 속 : (①) 이상인 경우
2) 강우량 : (②) 이상은 경우
3) 강설량 : (③) 이상인 경우

 해답

① 1초당 10m 또는 10m/sec
② 시간당 1mm 또는 1mm/hr
③ 시간당 1cm 또는 1cm/hr

㈜ 철골작업의 제한 : 안전보건규칙 제383 조

03

산업안전보건법상 안전보건개선계획의 수립에 관련된 다음 (   )안에 알맞는 용어를 쓰시오

사업주는 안전보건개선계획을 수립할 때에는 (①) 의 심의를 거쳐야 하며, (①)가 설치되어 있지 아니한 사업장의 경우에는 (②)의 의견을 들어야 한다.

3) 안전·보건 개선계획서에 포함해야 되는 내용(시행규칙 제 61조 ②항)
① 시설
② 안전·보건교육
③ 안전·보건관리체제
④ 산업재해예방 및 작업환경의 개선을 위하여 필요한 사항

1) 안전보건개선계획에 관련된 법사항은 출제율이 매우 높습니다
2) 길잡이 내용까지 모두 잘 알아두어야 합니다

해답

① 산업안전보건위원회
② 근로자대표

 안전보건개선계획의 수립·시행 명령 : 법 제49조

길잡이

▶ 안전보건개선계획
1) 안전보건개선계획 수립대상 사업장
   (법 제 49조 ①항)
   ① 산업재해율이 같은 업종의 규모별 평균 산업재해율보다 높은 사업장
   ② 사업주가 안전보건조치 의무를 이행하지 아니하여 중대재해가 발생한 사업장
   ③ 유해인자의 노출기준을 초과한 사업장
   ④ 대통령령으로 정하는 수 이상의 직업성질병자가 발생한 사업장
2) 안전보건진단을 받아 개선계획을 수립, 제출해야 되는 사업장 (시행령 49조)
   ① 사업자가 필요한 안전조치·보건조치를 이행하지 아니하여 중대재해가 발생한 사업장
   ② 산업재해율이 같은 업종 평균 산업재해율의 2배 이상인 사업장
   ③ 직업병 질병자가 연간 2명 이상(상시 근로자 1,000명 이상 사업장의 경우 3명 이상)인 사업장
   ④ 그 밖에 작업환경불량, 화재폭발 또는 누출사고 등으로 사업장 주변까지 피해가 확산된 사업장으로서 고용노동부령으로 정하는 사업장

04

철골공사 표준 안전작업지침상 철골공사 중 추락방지를 위해 갖추어야 할 설비 5가지를 쓰시오

1) 비계
2) 달비계
3) 수령통로
4) 안전난간대
5) 추락방지용 방망
6) 난간
7) 울타리
8) 안전대 부착설비
9) 안전대
10) 구령 줄

길잡이

▶ 철골공사의 재해방지설비 (철골공사 표준안전 작업지침 제16조[표1])

구분	기능	용도, 사용장소, 조건	설비
추락 방지	안전한 작업대 가능한 작업대	높이 2m 이상의 장소로서 추락의 우려가 있는 작업	비계, 달비계, 수평통로, 안전난간대
	추락자를 보호할 수 있는 것	작업대 설치가 어렵거나 개구부주위로 난간설치가 어려운 곳	추락방지용 방망
	추락의 우려가 있는 위험장소에서 작업자의 행동을 제한하는 것	개구부 및 작업대의 끝	난간, 울타리
	작업자의 신체를 유지시키는 것	안전한 작업대나 난간설비를 할 수 없는 곳	안전대 부착 설비, 안전대, 구명줄
낙하·비래 및 비산 방지	위에서 낙하된 것을 막는 것	철골 건립, 볼트 체결 및 기타 상하작업	방호철망, 방호울타리, 가설앵커설비
	제3자의 위해 방지	볼트, 콘크리트 덩어리, 형틀재, 일반자재, 먼지 등이 낙하·비산할 우려가 있는 작업	방호철망, 방호시트, 방호울타리, 방호선반, 안전망
	불꽃의 비산 방지	용접, 용단을 수반하는 작업	석면포

05

산업안전보건법상 사다리식 통로 등을 설치하는 경우 준수사항 3가지를 쓰시오. (단, 고정식 사다리 경우는 제외한다)

해답

1) 견고한 구조로 할 것
2) 심한 손상·부식 등이 없는 재료를 사용할 것
3) 발판의 간격은 일정하게 할 것
4) 발판과 벽과의 사이는 15cm 이상의 간격을 유지할 것
5) 폭은 30cm 이상으로 할 것
6) 사다리가 넘어지거나 미끄러지는 것을 방지하기 위한 조치를 할 것
7) 사다리의 상단은 걸쳐놓은 지점으로부터 60cm 이상 올라가도록 할 것
8) 사다리식 통로의 길이가 10m 이상인 경우에는 5m 이내마다 계단참을 설치할 것
9) 사다리식 통로의 기울기는 75도 이하로 할 것. 다만, 고정식 사다리식 통로의 기울기는 90도 이하로 하고, 그 높이가 7m 이상인 경우에는 바닥으로부터 높이가 2.5 m 되는 지점부터 등받이울을 설치할 것.
10) 접이식 사다리 기둥은 사용 시 접혀지거나 펼쳐지지 않도록 철물 등을 사용하여 견고하게 조치할 것

주) 사다리식 통로 등의 구조 : 안전보건규칙 제24조

사다리식 통로 등 구조 10가지 사항 중 선별하여 5가지 정도를 암기하여 쓸 수 있도록 하고 숫자는 ( )넣기로 출제되므로 모두 암기하여야 합니다

06

산업안전보건법상 차량계 하역운반기계 등 차량계 건설기계의 운전자가 운전위치를 이탈할 경우 준수사항 2가지를 쓰시오

해답

1) 포크, 버킷, 디퍼 등의 장치를 가장 낮은 위치 또는 지면에 내려 둘 것
2) 원동기를 정지시키고 브레이크를 확실히 거는 등 차량계 기계의 갑작스러운 이동을 방지하기 위한 조치를 할 것
3) 운전석을 이탈하는 경우에는 시동키를 운전대에서 분리시킬 것.

㈜ 운전위치 이탈시의 조치 : 안전보건규칙 제 99조

07

산업안전보건법상 곤돌라의 운반구에 근로자를 탑승시켜서는 아니된다. 다만, 추락위험 방지조치를 한 경우에는 근로자를 탑승 시킬 수 있다. 곤돌라에 추락위험방지 조치사항 2가지를 쓰시오

해답

1) 운반구가 뒤집히거나 떨어지지 않도록 필요한 조치를 할 것
2) 안전대나 구명줄을 설치하고, 안전난간을 설치할 수 있는 구조인 경우이면 안전난간을 설치할 것

㈜ 곤돌라 운분구 탑승의 제한 : 안전보건규칙 제 86조 ⑤항

08

크레인과 관련된 다음 ( ) 에 알맞는 내용을 쓰시오

1) 크레인의 권상하중에서 훅, 크래브 또는 버킷 등 달기기구의 중량에 상당하는 하중을 뺀 하중 : (①)
2) 들어올릴 수 있는 최대의 하중 : 권상하중
3) 원동장치, 감속장치및 드럼등을 일체형으로 조합한 양중장치와 이 양중장치를 사용하여 화물의 권상 및 횡행 또는 권상동작만을 행하는 크레인 : (②)
4) 주행레일 중심간의 거리 : (③)
5) 수직면에서 지부 각(angle) 의 변화 : (④)
6) 화물의 높이가 자동적으로 일정하게 유지되도록 지부가 기복하는것 : 수평 기복

해답

① 정격하중 (rated load)
② 호이스트 (hoist)
③ 스팬 (span)
④ 기후 (luffing)

㈜ 크레인 관련 용어의 뜻(정의) : 위험기계 · 기구 안전인증고시 제2023-46조 제6조

09

산업안전보건법상 곤돌라형 달비계를 설치하는 경우 달비계에 사용할 수 없는 와이어로프의 조건 4가지를 쓰시오

1) 이음매가 있는 것
2) 와이어로프의 한 꼬임에서 끊어진 소선(素線)의 수가 10% 이상인 것
3) 지름의 감소가 공칭지름의 7%를 초과하는 것
4) 심하게 변형되거나 부식된 것
5) 꼬인 것
6) 열과 전기충격에 의해 손상된 것

10

산업안전보건법 건설공사도급인이 관계수급인 근로자가 건설공사 도급인의 사업장에서 작업을 하는 경우 안전 및 보건에 관한 협의체를 구성하는데 산업안전보건위원회의 의원을 구성할 수 있는 구성원 4명을 쓰시오

1) 근로자위원
   ① 도습 또는 하도급 사업을 포함과 전체 사업의 근로자 대표
   ② 명예산업 안전 감독관
   ③ 근로자대표가 지명하는 해당사업장의 근로자

2) 사용자위원
   ① 도급인 대표자
   ② 관계수급인의 각대표자
   ③ 안전 관리자

주) 건설공사 도급인 사업장의 산업안전보건위원회의 구성: 시행령 제35조 ③항

 정답을 작성할 때에는 근로자위원과 사용자위원을 구분하지 말고 구성원 6가지 항목에서 4가지를 쓰면 됩니다

> **길잡이**
>
> ▶ **산업안전보건위원회의 구성** (시행령 제35 조)
> 1) 근로자위원(10명)
>   ① 근로자대표(노동조합의 대표자 또는 근로자 과반수를 대표하는 사람)
>   ② 근로자대표가 지명하는 1명 이상의 명예감독관
>   ③ 근로자대표가 지명하는 9명 이내의 해당사업장의 근로자(명예감독관 수만큼 제외)
> 2) 사용자위원(10명)
>   ① 해당 사업의 대표자(다른 지역에 사업장의 있는 경우 그 사업장의 최고책임자)
>   ② 안전관리자 1명
>   ③ 보건관리자 1명
>   ④ 산업보건의 (선임되어 있는 경우로 한정)
>   ⑤ 해당 사업의 대표자가 지명하는 9명 이내의 해당사업장 부서의 장

11

지난해 A회사의 산업재해로 인재 지급된 총산업재해 보상보험액이 214,730,693,000원 일 때 하인리히 방식에 따라 다음 각 손실비용을 구하시오

1) 직접손실비용 :
2) 간접손실비용 :
3) 총 손 실 비 용 :

1) 직접손실비용(총산업재해 보상보험액)
 = 214,730,693,000원
2) 간접손실비용 = 직접손실비용×4
 = 214,730,693,000원×4
 = 858,922,772,000원
3) 총손실비용
 = 직접손실비용 + 간접손실비용
 = 214,730,693,000+858,922,772,000
 = 1073,653,465,000 원

12

산업안전보건법상 콘크리트 타설작업을 하는 경우 준수사항 3가지를 쓰시오

1) 당일의 작업을 시작하기 전에 해당 작업에 관한 거푸집 및 동바리의 변형·변위 및 지반의 침하 유무 등을 점검하고 이상이 있으면 보수할 것
2) 작업 중에는 감시자를 배치하는 등의 방법으로 거푸집 및 동바리의 변형·변위 및 침하 유무 등을 확인해야 하며, 이상이 있으면 작업을 중지하고 근로자를 대피시킬 것
3) 콘크리트 타설작업 시 거푸집 붕괴의 위험이 발생할 우려가 있으면 충분한 보강조치를 할 것
4) 설계도서상의 콘크리트 양생기간을 준수하여 거푸집 및 동바리를 해체할 것
5) 콘크리트를 타설하는 경우에는 편심이 발생하지 않도록 골고루 분산하여 타설할 것

주 콘크리트의 타설작업: 안전보건규칙 제 334조

13

중대재해와 관련된 다음 물음에 답하시오.

> 1) 중대재해의 종류 2가지를 쓰시오
> 2) 사업주가 중대재해가 발생한 사실을 알게 된 경우에 지체없이 관할 지방고용노동관서의 장에게 전화·팩스 또는 그 밖의 적절한 방법으로 보고해야할 사항 2가지를 쓰시오. 단, 그 밖의 중요한 사항은 제외한다

해답

1) 중대재해의 종류
   ① 사망자가 1명 이상 발생한 재해
   ② 3개월 이상의 요양이 필요한 부상자가 동시에 2명 이상 발생한 재해
   ③ 부상자 또는 직업성 질병자가 동시에 10명 이상 발생한 재해

[주] 중대재해의 범위: 시행규칙 제 3 조

2) 중대재해 발생시 보고사항
   ① 발생개요 및 피해상황
   ② 조회 및 전망

[주] 중대재해 발생시 보고 : 시행규칙 제67조

 중대재해의 종류 3가지와 보고사항 2가지를 반드시 암기 하여야 합니다. 출제율이 매우 높습니다

14

재해분석 방법 중 통계적 원인분석 방법 2가지를 쓰시오

해답

1) 파렛토도
2) 특성요인도
3) 크로스(Cross) 분석
4) 관리도

길잡이

▶ 통계적 원인 분석 방법
  1) 파렛토도 : 분류 항목을 큰 순서대로 도표화 한 분석법
  2) 특성 요인도 : 특성과 요인관계를 도표로하여 어골상으로 세분화 한분석법
  3) 크로스(Cross)분석 : 데이터(data)를 집계하고 표로 표시하여 요인별 결과 내역을 교차한 크로스 그림을 작성하여 분석하는 방법
  4) 관리도 : 재해발생 건수 등의 추이를 파악하여 목표관리를 행하는데 필요한 월별 재해발생수를 그래프화하여 관리선을 설정관리하는 방법

01

다음 [보기] 내용은 산업안전보건법상 안전보건관리규정의 작성에 관한 사항이다.
( )안에 알맞는 수치를 쓰시오

1) 건설업의 경우 안전보건관리규정을 작성하여야 하는 상시 근로자수 : (①) 명이상
2) 사업주는 안전보건과규정을 작성해야 한 사유가 발생한 날부터 (②)일 이내에 안전보건관리규정을 작성해야 한다. 이를 변경할 사유가 발생 경우에도 또한 같다

길잡이

▶ 안전보건관리규정을 작성해야 할 사업의 종류 및 상시 근로자 수 (시행규칙 별표 2)

사업의 종류	상시근로자의 수
1. 농업 2. 어업 3. 소프트웨어 개발 및 공급업 4. 컴퓨터 프로그래밍, 시스템 통합 및 관리업 5. 정보서비스업 6. 금융 및 보험업 7. 임대업; 부동산 제외 8. 전문, 과학 및 기술 서비스업 (연구개발업은 제외한다) 9. 사업지원 서비스업 10. 사회복지 서비스업	300명 이상
11. 제1호부터 제10호까지의 사업을 제외한 사업	100명 이상

① 100
② 30
주 안전보건관지규정의 작업 : 시행규칙 제25조

02

건설업 기초안전·보건교육에 대한 다음 물음에 따라시오

1) 교육 시간을 쓰시오
2) 교육 내용 3가지를 쓰시오

해답

1) 교육시간 : 4시간
2) 교육내용
   ① 건설공사의 종류(건축·토목 등) 및 시공절차
   ② 산업재해 유형별 위험요인 및 안전보건조치
   ③ 안전보건관리체계 현황 및 산업안전보건관련 근로자 권리·의무

〔주〕 건설적 기초안전보건교육의 시간·내용 및 방법 : 시행규칙 제28조

03

다음 표는 강관비계 조립 시 이음 또는 버팀을 설치하는 간격을 표시한 것이다.
( )안에 알맞은 내용을 쓰시오.

비계의 종류	조립간격(단위: m)	
	수직방향	수평방향
단관비계	(①)	(②)
틀비계 (높이가 5m 미만인 것은 제외)	(③)	(④)

해답

① 5
② 5
③ 6
④ 8

〔주〕 강관비계의 조립간격 : 안전보건규칙[별표5]

길잡이

▶ 통나무비계의 벽이음 조립간격 (안전보건규칙 제71조)
   ① 수직방향 : 5.5m
   ② 수평방향 : 7.5m

04
공기압축기의 작업시작 전 점검사항 3가지를 쓰시오.

1) 공기저장 압력용기의 외관상태
2) 드레인밸브 의 조작 및 배수
3) 압력방출장치의 기능
4) 언로드밸브의 기능
5) 윤활유의 상태
6) 회전부의 덮개 또는 울

㈜ 작업시작 전 점검사항 : 안전보건규칙[별표3]

 작업시작전 점검사항은 산업안전보건법에 규정되어 있는 내용으로 출제율이 높은 편입니다

05
다음에 설명하는 비계의 종류를 쓰시오

수직재, 수평재, 가새재 등 각각의 부재를 공장(제작장)에서 제작하여 현장에서 조립하여 사용하는 조립형 비계이다

1) 시스템비계
2) 시스템비계 구조(안전보건규칙 제69조)

06
산업안전보건법상 안전보건총괄책임자의 직무 3가지를 쓰시오.
다만, 도급시 산업재해 예방조치는 제외한다

1) 위험성평가의 실시에 관한 사항
2) (산업재해가 발생할 급박한 위험이 있을 때, 중대재해가 발생하였을 때) 작업의 중지
3) 산업안전보건관리비의 관계 수급인 간의 사용에 관한 협의·조정 및 그 집행의 감독
4) 안전인증대상기계 등과 자율안전확인대상기계 등의 사용여부 확인

㈜ 안전보건총괄책임자의 직무 등 : 시행령 제53초

▶ 안전보건총괄책임자의 지정(법제62조)
1) 도급인은 관계수급인 근로자가 도급인에 사업장에서 작업을 하는 경우에는 그 사업장의 안전보건관리책임자를 도급인의 근로자와 관계수급인 근로자의 산업재해를 예방하기 위한 업무를 총괄하여 관리하는 안전보건총괄책임자로 지정하여야한다
2) 안전보건관리책임자를 두지 아니하여도 되는 사업장에서는 그 사업장에서 사업을 총괄하여 관리하는 사람을 안전보건총괄책임자로 지정하여야 한다

07

연평균 200명이 근로자가 근무하는 사업장에서 연간 5건의 재해가 발생하여 사망1명, 신체장애 등급 14급 2명, 휴업일수(가료) 30일 1명, 휴업일수 7일 1명이 발생하였다. 강도율을 구하시오. (단, 근로자의 1일 근로시간은 8시간, 연간근무일수는 300일이다

 해답

강도율

$$= \frac{근로손실일수}{연근로시간수} \times 1000$$
$$= \frac{7500 + (50 \times 2) + (37 \times 300/365)}{200 \times 8 \times 300} \times 1000$$
$$= 15.9$$

 계산문제 푸는 요령은 풀이 과정 (공식쓰기 → 숫자 대입 → 계산기 이용 계산 → 소수점 처리)을 익히십시오

08

굴착면 토석붕괴의 원인 중 외적요인 4가지를 쓰시오.

 해답

1) 사면, 법면의 경사 및 기울기의 증가
2) 절토 및 성토 높이의 증가
3) 지진, 차량, 구조물의 하중작용
4) 토사 및 암석의 혼합층 두께
5) 공사에 의한 진동 및 반복하중의 증가
6) 지표수 및 지하수의 침투에 의한 토사중량의 증가

길잡이

▶ 내적원인
1) 절토사면의 토질·암질
2) 성토사면의 토질 구성 민 분표
3) 토석의 강도저하

주) 굴착면 토석붕괴의 원인 : 고용노동부고시(표준안전작업지침)

09

다음 [보기]에서 설명하는 공법의 명칭을 쓰시오.

▶ 15, 2 기

[보기]
1) 흙막이벽의 배면을 원통형으로 굴착하고, 여기에 고강도 강재 등의 인장재를 삽입하여 그라우트를 주입시켜 긴장력을 주어 흙막이벽을 지지시키는 공법은?
2) 지하의 굴착과 병행하여 지상의 기둥, 보 등의 구조를 축조하면서 지하연속벽을 흙막이벽으로 하여 굴착하면서 구조체를 형성하는 공법은?

 해답

1) 어스앵커공법
2) 탑다운공법

10

크레인을 사용하여 근로자를 운반하거나 근로자를 달아 올린 상태에서 작업에 종사시켜서는 아니된다. 다만, 크레인에 전용 탑승설비를 설치하고 추락위험을 방지하기 위하여 조치를 한 경우에는 그러하지 아니하다. 전용탑승설비 설치 시 조치사항 2가지를 쓰시오

해답

1) 탑승설비가 뒤집히거나 떨어지지 않도록 필요한 조치를 할 것
2) 안전대나 구명줄을 설치하고, 안전난간을 설치할 수 있는 구조인 경우에는 안전난간을 설치 할 것
3) 탑승설비를 하강시킬 때에는 동력하강방법으로 할 것

주) 탑승의 제한 : 안전보건규칙 제 86조

11

다음은 사고사망만인율을 구하는 공식이다. 사고사망만인율 공식에서 상시근로자수를 구하는 공식을 쓰시오

$$사고사망만인율 = \frac{사고사망수}{상시근로자수} \times 10{,}000$$

 해답

$$상시근로자수 = \frac{연간국내공사실적액 \times 노무비율}{건설업월평균임금 \times 12}$$

주) 건설업체 산업재해발생률(사고사망만인율) 계산식 : 시행규칙[별표1]

12
건설업에서 다음[보기]의 공사금액에 대한 안전관리자의 수를 쓰시오

[보기]
1) 공사금액 800억원 이상 - 1500억원 미만 : (①)
2) 공사금액 2200억원 이상 - 3000억원 미만 : (②)
3) 공사금액 7200억원 이상 - 8500억원 미만 : (③)

해답

① 2명 이상
② 4명 이상
③ 9명 이상

▶ 건설업의 공사금액에 따른 안전관리자의 수 (시행령, 별표3)

공사금액	안전관리자의 수
1. 50억원 이상(관계수급인은 100억원 이상) 120억원 미만(토목공사업은 150억원미만)	1명이상
2. 120억원 이상(토목공사업은 150억원 이상) 800억원 미만	
3. 800억원 이상 1500억원 미만	2명 이상 (다만, 전체공사기간 중 전후 15에 해당하는 기간은 1명 이상)
4. 1500억원 이상 2200억원 미만	3명 이상 (다만, 전체 공사기간 중 전후 15에 해당하는 기간은 2명 이상)
5. 2200억원 이상 3천억원 미만 …	4명 이상 (다만, 전체공사기간 중 전후 15에 해당하는 기간은 2명 이상)
6. 3천억원 이상 3900억원 미만	5명 이상 (다만 전후 15개당 3명 이상)
7. 3900억원 이상 4900억원 미만	6명 이상 (다만 전후 15개당 3명 이상)
8. 4900억원 이상 6천억원 미만	7명 이상 (다만 전후 15개당 4명 이상)
9. 6천억원 이상 7200억원 미만	8명 이상 (다만 전후 15개당 4명 이상)
10. 7200억원 이상 8500억원 미만	9명 이상 (다만 전후 15개당 5명 이상)
11. 8500억원 이상 1조원 미만	10명 이상 (다만 전후 15개당 5명 이상)
12. 1조원 이상	11명 이상[매 2천억원 (2조원 이상부터는 매 3천억원)마다 1명씩 추가] [다만, 전체공사기간 중 전후 15에 해당하는 기간은 안전관리자의 수의 2분의 1 (소수점 이하는 올림) 이상으로함]

13

도급인은 관계수급인 근로자가 도급인의 사업장에서 작업을 하는 경우 산업재해 예방조치를 이행하여야 한다. 도급사업 시의 산업재해를 예방하기 위한 조치사항 2가지를 쓰시오

해답

1) 도급인과 수급인을 구성원으로 하는 안전 및 보건에 관한 협의체의 구성 및 운영
2) 작업장 순회점검
3) 관계수급인이 근로자에게 하는 안전보건 교육을 위한 장소 및 자료의 제공 등 지원
4) 관계수급인이 근로자에게 하는 안전보건 교육의 실시 확인
5) 다음 대비 한 경보체계 운영과 대피방법 등 훈련
   ① 작업 장소에서 발파작업을 하는 경우
   ② 작업 장소에서 화재·폭발, 토사 구축물 등의 붕괴 또는 지진 등이 발생한 경우
6) 위생시설 등 고용노동부령으로 정하는 시설의 설치 등을 위하여 필요한 장소의 제공 또는 도급인이 설치한 위생시설 이용의 협조
7) 같은 장소에서 이루어지는 도급인과 관계수급인 등의 작업에 있어서 관계수급인 등의 작업시기·내용, 안전조치 및 보건조치 등의 확인
8) 관계수급인 등의 작업 혼재로 인하여 화재·폭발 등 대통령령으로 정하는 위험이 발생할 우려가 있는 경우 관계수급인 등의 작업시기·내용 등의 조정

주) 도급에 따른 산업재해 예방조치 : 법 제64조

14

다음 [보기] 내용은 건설업산업안전보건관리비 계상 및 사용기준에 관한 용어의 정의(뜻)을 설명한 것이다. ( ) 안에 알맞은 용어를 쓰시오

[보기]

1) (①) : 관련규정에서 정하는 공사원가계산서 구성항목 중 직접재료비, 간접재료비와 직접노무비를 합한 금액 (발주자가 재료를 제공할 경우에는 해당 재료비 포함)을 말한다.
2 (②) : 발주자에게 건설공사를 도급받은 사업주로서 건설공사의 시공을 주도하여 총괄·관리하는 자를 말한다

해답

① 산업안전보건관리비 대상액
② 건설공사 도급인

주) 용어의 정의(뜻): 건설업 산업안전보건관리비 계상 및 사용기준 (고용노동부고시 제2023-49조) 제2조

P.A.R.T

01

실기 작업형
건설안전기사

01

동영상은 트럭크레인(진흙 위에 아웃트리거 설치)을 사용하여 강관비계의 인양작업을 하는 장면을 보여주고 있다. 동영상의 작업 상황에서의 위험요인과 안전조치사항을 각각 3가지씩 쓰시오. ▶ 02·04기

해답

1) 위험요인
   ① 아웃트리거 설치시 깔판·깔목 등 밑받침 조치를 하지 않았다.
   ② 강관비계를 가운데 1군데만 묶어서 인양작업을 하였다.
   ③ 인양작업을 하고 있는 강관비계 밑에 작업자가 서 있다.
   ④ 인양물(강관비계)을 묶는 작업자가 신호수를 겸하고 있다.

2) 안전조치사항(안전대책)
   ① 아웃트리거 설치시 깔판·깔목 등을 고이는 등 침하방지조치를 취한다.
   ② 강관비계는 2군데를 묶어서 2줄 걸기로 하며 수평으로 인양한다.
   ③ 크레인의 작업 반경 내에는 출입금지조치를 취한다.
   ④ 인양작업은 별도의 신호수를 배치하여 신호수의 지시에 따라 인양작업을 실시한다.

02

백호우(back hoe)등 차량계 건설기계를 사용하는 작업을 함에 있어서 그 기계의 전도 및 전락을 방지하기 위한 대책을 2가지 쓰시오

해답

① 유도자의 배치
② 지반의 부동침하방지
③ 갓길의 붕괴방지
④ 도로폭의 유지

[주] 차량계 건설기계 등의 전도 등의 방지 : 안전보건규칙 제199조

03

동영상은 아파트공사현장인 옥상에서 작업자가 손수레에 흙을 바닥에 뿌리는 작업을 하다가 추락하는 장면(안전모의 턱끈이 풀린 채로 작업자가 손수레에 흙을 가득싣고 리프트를 타고 옥상에 올라와 리프트에서 손수레를 끌고나와 뒷걸음을 치면서 옥상 바닥에 흙을 뿌리던 중에 옥상에서 뒤로 떨어지는 장면)을 보여주고 있다. 추락사고 방지대책을 2가지만 쓰시오

➡ 08·13기

해답

① 안전난간 및 안전방망 등을 설치하여 추락재해 방지조치를 할 것
② 안전모의 턱끈을 확실하게 체결할 것
③ 작업지휘자(또는 관리감독자)를 배치하여 작업을 감독하도록 할 것
④ 손수레를 앞으로 끌면서 흙을 뿌리는 등 작업방법을 개선할 것

Guide 사고방지대책(안전대책)은 동영상에서 작업상황과 사고가 발생되는 장면을 자세히 관찰하여 무엇이 잘못되었는지에 대한 위험요인(사고발생원인·불안전한 요소 등)을 색출할 수 있어야 합니다.

04
사다리식 통로를 설치할 때에 준수사항을 3가지 쓰시오. ➡ 03·06·08기, 08산

해답

① 견고한 구조로 할 것
② 심한 손상·부식 등이 없는 재료로 사용할 것
③ 발판의 간격은 일정하게 할 것
④ 발판과 벽과의 사이는 15cm 이상의 간격을 유지할 것
⑤ 폭은 30cm 이상으로 할 것
⑥ 사다리가 넘어지거나 미끄러지는 것을 방지하기 위한 조치를 할 것
⑦ 사다리의 상단은 걸쳐놓은 지점으로부터 60cm 이상 올라가도록 할 것
⑧ 사다리식 통로의 길이가 10m 이상인 경우에는 5m 이내마다 계단참을 설치할 것
⑨ 사다리식 통로의 기울기는 75° 이하로 할 것. 다만, 고정식 사다리식 통로의 기울기는 90° 이하로 하고, 그 높이가 7m 이상인 경우에는 바닥으로부터 높이가 2.5m 되는 지점부터 등받이 울을 설치할 것
⑩ 접이식 사다리 기둥은 사용시 접혀지거나 펼쳐지지 않도록 철물 등을 사용하여 견고하게 조치할 것

[주] **사다리식 통로 등의 구조** : 안전보건규칙 제24조

Guide 상기 문제는 10개 중에 문제가 요구하는 3가지 사항만 답을 작성하면 됩니다. 따라서, 10개 항목 중 암기하기 쉬운 내용으로 4가지 정도를 암기하고, 또한 ( )안에 숫자를 기술하는 문제가 출제되므로 숫자는 별도로 암기하기 바랍니다.

05

동영상 화면은 교량공사 현장에서 거푸집 조립작업 장면을 보여주고 있다. 다음 물음에 답하시오.

➡ 03·04·06·07·08·13기

(1) 동영상에서와 같이 거푸집을 요크(york)로 수직이동시켜 연속작업을 할 수 있으며 사일로, 굴뚝 및 상하단면이 같은 기둥 등의 공사에 적합한 거푸집의 명칭을 쓰시오.
(2) 사진 속의 거푸집의 장점을 3가지만 쓰시오.

해답

(1) **거푸집의 명칭** : 슬라이딩 폼(sliding form, 수직 활동 거푸집)
(2) **장점**
① 공사기간이 단축된다. (1/3로 단축)
② 콘크리트의 일체성을 확보할 수 있다.
③ 내부·외부 비계를 설치하지 않아도 된다.

06

동영상은 거푸집 동바리가 붕괴되는 사고장면을 보여주고 있다. 동영상에 나타난 붕괴의 원인이 되는 거푸집 동바리의 설치상태의 미비점(잘못된 사항)을 3가지만 쓰시오.

➡ 07·08·13기, 02·03산

해답

① 거푸집동바리의 수평연결재의 설치 불량(또는 미설치)
② 거푸집동바리에 사용한 부재 자체의 결함(부적합한 재료 사용)
③ 동바리의 위치와 간격 등 설치상태 불량
④ 동바리의 침하방지조치 미흡

07

동영상은 아파트공사 현장에서 작업자가 자재를 운반하는 작업 장면을 보여주고 있다. 위험요인을 2가지만 쓰시오. ▶ 13기

해답

① 작업발판을 설치하지 않았다. (작업발판 미설치로 추락사고 발생)
② 작업자가 안전대를 착용하지 않았다. (안전대 미착용으로 추락사고 발생)
③ 낙하물방지망을 설치하지 않았다. (낙하물방지망 미설치로 낙하사고 발생)

08

터널굴착작업시 콘크리트 라이닝(concrete lining)을 시공하는 목적을 2가지 쓰시오. ▶ 08·13기

해답

① 지하수 등의 누수방지(용수의 차단)
② 터널구조물의 내구성 증진에 의한 터널의 붕괴방지
③ 사용 중 터널의 점검·보수 등의 작업성을 높이기 위함

길잡이

▶ 콘크리트 라이닝 공법 선정 시 검토사항
① 지질, 암질상태
② 단면형상
③ 라이닝 작업능률
④ 굴착공법

건설안전기사 실기 작업형
2013년 제2회

01
동영상의 사진은 건설장비를 보여주고 있다. 다음 물음에 답하시오. 04·13기
(1) 건설장비의 명칭을 쓰시오.
(2) 건설장비의 와이어로프가 화물의 하중을 직접 지지하는 경우의 안전계수는 얼마인가?

길잡이

▶ 와이어로프 등 달기구의 안전계수
(안전보건규칙 제163조)

$$\therefore 안전계수 = \frac{절단하중}{최대사용하중}$$

① 근로자가 탑승하는 운반구를 지지하는 달기와이어로프 또는 달기체인의 경우 : 10이상
② 화물의 하중을 직접 지지하는 달기와이어로프 또는 달기체인의 경우 : 5이상
③ 훅, 샤클, 클램프, 리프팅 빔의 경우 : 3이상
④ 그 밖의 경우 : 4이상

해답

(1) 건설장비의 명칭 : 이동식 크레인
(2) 안전계수 : 5 이상

02

동영상은 개구부 주변에서 정리 작업을 하는 장면을 보여주고 있다. 다음 물음에 답하시오.
➡ 04·05·06·13기

(1) 개구부에서 발생될 수 있는 재해의 유형을 쓰시오
(2) 개구부에서의 재해발생 원인을 3가지만 쓰시오.

해답

(1) 재해유형 : 추락
(2) 재해발생원인
   ① 안전난간, 울타리, 수직형 추락방망 또는 덮개 등 미설치
   ② 안전방망 미설치
   ③ 안전대 미착용

03

동영상은 비계의 설치 작업장면을 보여주고 있다. 비계에 설치하는 재해방지설비 3가지를 쓰시오
➡ 01·04·13기

해답

① 작업발판
② 안전방망
③ 안전난간

04
방망의 표시사항 3가지를 쓰시오. ▶ 13기

해답

① 제조자명
② 제조연월
③ 재봉치수
④ 그물코
⑤ 신품인 때의 방망의 강도

[주] 방망의 표시사항 : 표준안전작업지침(고용노동부 고시)

05
동영상의 작업상황(펌프카가 호스에 압력을 가하여 터널굴착 부위에 모르타르를 뿜칠하고 있다)에 대한 다음 물음에 답하시오.
▶ 01·06·07·13기

(1) 작업공정의 명칭을 기술하시오.
(2) 터널굴착 작업시 숏크리트(shot crete) 리바운딩(rebounding)을 감소하기 위한 방법을 3가지 쓰시오.

해답

(1) **작업공정** : 숏크리트 뿜칠 공정(모르타르를 뿜칠 하는 공정)
(2) **숏크리트 리바운딩 감소방법**
　① 습식공법의 채용
　② 단위 수량의 증가
　③ 잔골재율의 증가

> **길잡이**
> ▶ 콘크리트 상태에 따른 공법의 종류
> 　① 건식공법
> 　② 습식공법

06

동영상은 작업자가 잠함·우물통·수직갱 등의 산소결핍장소에서 작업하는 장면을 보여주고 있다. 다음 물음에 답하시오.

➡ 04기, 03산

(1) 산소결핍의 최소한계농도는 얼마인가?
(2) 산소결핍 장소인 밀폐 공간 내 작업시의 위험방지 조치사항을 3가지 쓰시오.

해답

(1) **산소결핍** : 공기 중의 산소농도가 18% 미만인 상태를 말한다.
(2) **밀폐 공간 내 작업 시 위험방지 조치사항**
   ① 환기 실시
   ② 송기마스크 착용
   ③ 입장·퇴장 시 인원점검
   ④ 출입의 금지
   ⑤ 외부와 연락할 수 있는 설비 설치
   ⑥ 대피용 기구의 비치

주 밀폐 공간 내 작업시의 조치 등 : 안전보건규칙 제619조~제626조

07

사진 속의 교량을 보고 다음 물음에 답하시오.

➡ 03·06·08·13기

(1) 교량형식은?
(2) 교량시공(설치)순서를 쓰시오

해답

(1) **교량형식** : 사장교
(2) **교량시공순서** : 우물통 기초 지정 → 철탑(주각) 설치 → 케이블(와이어) 설치 → 아스팔트 포장

길잡이

▶ **사장교의 특징**
① 타 공법과 병행하여 시공이 가능하다.
② 케이블의 배치형태에 따라 방사형, 하프형, 팬형 등으로 구분할 수 있다.
③ 타 교량형식에 비해 경제적이다.
④ 대표적인 교량으로 서해대교가 있다.

08

동영상은 작업자가 말비계의 좁은 발판 위에서 페인트칠을 하며 옆걸음을 치다가 말비계 위에서 떨어지는 모습과 현장 주변에 자재 등이 너저분하게 흩어져 있는 장면을 보여주고 있다. 이 작업 상황에서의 위험요인(불안전요소)을 3가지만 쓰시오.

해답

① 작업발판의 폭이 좁아 작업자가 떨어질 위험이 크다. (작업발판의 설치불량)
② 양손에 페인트통 등 재료와 기구를 동시에 들고 작업을 하는 등 작업방법이 불량하다.
③ 관리감독자 미배치로 관리감독이 소홀하다.
④ 현장 주변의 정리정돈이 불량하다.
⑤ 안전모, 안전화 등 보호구 착용상태가 불량하다.

01

동영상은 아파트 공사현장을 보여주고 있다. 동영상에서와 같이 고소작업을 할 경우 추락재해를 방지하기 위한 안전조치사항 4가지를 쓰시오. (단, 동영상 화면에서 제시된 안전방망, 방호선반, 안전난간 등의 설치는 제외)

▶ 07·08·10·13기, 05산

해답

① 작업발판을 설치한다.
② 안전대를 착용한다.
③ 울타리를 설치한다.
④ 수직형 추락방망을 설치한다.

02

비탈면의 붕괴를 방지하기 위한 비탈면의 보호공법 중 구조물에 의한 보호공법을 3가지 쓰시오.

▶ 06·13기, 03산

해답

① 콘크리트 블록과 돌쌓기 공법
② 콘크리트 틀에 의한 공법
③ 시멘트 모르타르 뿜어 붙이기 공법
④ 소일시멘트(soil cement)공법
⑤ 돌망태 공법

03

거푸집 동바리 조립시 준수하여야 할 사항을 4가지만 쓰시오.   ▶ 04·13기, 03산

해답

① 깔목의 사용, 콘크리트 타설, 말뚝박기 등 동바리의 침하를 방지하기 위한 조치를 할 것
② 개구부 상부에 동바리를 설치하는 때에는 상부 하중을 견딜 수 있는 견고한 받침대를 설치할 것
③ 동바리의 상하 고정 및 미끄러짐 방지조치를 하고, 하중의 지지상태를 유지할 것
④ 동바리의 이음은 맞댐이음 또는 장부이음으로 하고 같은 품질의 재료를 사용할 것
⑤ 강재와 강재와의 접속부 및 교차부는 볼트·클램프 등 전용철물을 허용하여 단단히 연결할 것
⑥ 거푸집이 곡면인 때에는 버팀대의 부착 등 그 거푸집의 부상(浮上)을 방지하기 위한 조치를 할 것
⑦ 거푸집을 조립하는 때에는 거푸집이 넘어지지 아니하도록 버팀대를 설치하는 등 필요한 조치를 할 것

[주] 거푸집 동바리 등의 안전조치 : 안전보건규칙 제332조

04

거푸집 동바리 등을 조립할 때 동바리로 사용하는 파이프 서포트를 이어서 사용하였으나 설치상태 불량으로 콘크리트 타설 중에 거푸집 동바리가 붕괴되는 사고가 발생하였다. 거푸집 동바리로 사용하는 파이프 서포트에 대한 안전사용기준을 3가지 쓰시오.   ▶ 01·02·04·05·06·09·13기, 03·05산

해답

① 파이프 서포트를 3개 이상 이어서 사용하지 않도록 할 것
② 파이프 서포트를 이어서 사용할 때에는 4개 이상의 볼트 또는 전용철물을 사용하여 이을 것
③ 높이가 3.5m를 초과할 때에는 높이 2m 이내마다 수평 연결재를 2개 방향으로 만들고 수평연결재의 변위를 방지할 것

[주] 거푸집 동바리 등의 안전조치 : 안전보건규칙 제332조

05

동영상은 지반의 굴착작업 장면을 보여주고 있다. 지반의 굴착작업시 지반의 붕괴 또는 매설물 등의 손괴 등에 의하여 근로자에게 위험을 미칠 우려가 있을 경우에 사전에 작업장소 및 그 주변의 지반에 대하여 조사해야 할 사항 4가지를 쓰시오
▶ 03·08·11·13기

해답

① 형상·지질 및 지층의 상태
② 균열·함수·용수 및 동결의 유무 또는 상태
③ 매설물 등의 유무 또는 상태
④ 지반의 지하수위 상태

[주] 사전조사 및 작업계획서 내용 : 안전보건규칙 별표4

06

동영상은 건물외벽 돌마감공사 현장(비계위에 설치된 작업발판 위에서 작업자 1명이 벽에 돌을 붙이는 작업을 하고 있으며, 그 밑에서 다른 작업자 1명이 작업을 하고 있는 장면)을 보여주고 있다. 동영상의 작업상황에서 추락재해를 유발하는 불안전한 요소 3가지를 쓰시오.
▶ 09·13기

해답

① 작업발판 고정상태 불량으로 추락위험이 있다.
② 작업발판 끝에 안전난간을 설치하지 않아 추락할 수 있다.
③ 안전방망 등 방호설비가 설치되어 있지 않다.
④ 작업자가 안전모, 안전대등 보호구를 착용하지 않았다. (또는 보호구 착용상태가 불량하였다.)
⑤ 작업자 2명이 동시에 상·하부에 작업을 하고 있기 때문에 상부에서 자재 등이 떨어져 하부 작업자가 사고를 당할 수 있다.

07
동영상화면에 나오는 건설기계의 명칭을 쓰고 작업시 위험요인 1가지를 쓰시오
▶ 03·09·13기

해답
① 명칭 : 백호우
② 위험요인 : 작업원이 건설기계 작업반경 내에 접근하여 충돌할 위험이 있다.

08
흙막이 지보공 설치시 붕괴 등의 위험방지를 위해 정기적으로 점검해야 할 사항을 4가지 쓰시오.

해답
① 부재의 손상·변형·부식·변위 및 탈락의 유무와 상태
② 버팀대의 긴압의 정도
③ 부재의 접속부·부착부 및 교차부의 상태
④ 침하의 정도

[주] 붕괴 등의 위험방지(흙막이 지보공 설치시 정기점검사항) : 안전보건규칙

 길잡이

(1) 흙막이 지보공의 조립도에 명시할 내용(안전보건규칙)
 ① 흙막이판·말뚝·버팀대 및 띠장 등 부재의 배치
 ② 부재의 치수
 ③ 부재의 재질 및 설치방법과 순서
(2) 흙막이 지보공의 고정·조립 또는 해체작업시 관리감독자의 직무내용(안전보건규칙 별표2)
 ① 안전한 작업방법을 결정하고 작업을 지휘하는 일
 ② 재료·기구의 결함 유무를 점검하고 불량품을 제거하는 일
 ③ 작업 중 안전대 및 안전모 등 보호구 착용상황을 감시하는 일

01

다음은 강관을 사용하여 비계를 구성할 때 준수해야 할 사항이다. ( )안에 알맞은 수치를 기입하시오. ▶ 02·04·14기, 03산

(가) 비계기둥의 간격은 띠장방향에서는 (①)m 이하, 장선방향에서는 (②)m 이하로 할 것
(나) 띠장간격은 (③)m 이하로 설치할 것
(다) 비계기둥의 최고부로부터 (④)m 되는 지점 밑부분의 비계기둥은 (⑤)개의 강관으로 묶어 둘 것(브라켓 등으로 보강하여 그 이상의 강도가 유지되는 경우에는 그러하지 아니하다)
(라) 비계기둥 간의 적재하중은 (⑥) kg을 초과하지 아니하도록 할 것

해답

(가) ① 1.85
　　② 1.5
(나) ③ 2
(다) ④ 31
　　⑤ 2
(라) ⑥ 400

주) 강관비계의 구조 : 안전보건규칙 제60조

02

아파트공사 현장에서 물체가 떨어지거나 날아올 위험(낙하 및 비래 위험)이 있을 때에 위험방지 조치사항을 3가지 쓰시오. ▶ 06·14기, 06산

해답

① 낙하물 방지망·수직보호망 또는 방호선반의 설치
② 출입금지구역의 설정
③ 보호구의 착용

[주] 낙하 등에 의한 위험 방지 : 안전보건규칙

길잡이

▶ 낙하물방지망 또는 방호선반 설치 시 준수사항(안전보건규칙)
 ① 설치높이는 10m 이내마다 설치하고, 내민 길이는 벽면으로부터 2m 이상으로 할 것
 ② 수평면과의 각도는 20° 내지 30°를 유지할 것

03

동영상은 작업자가 지하실 벽 방수공사를 하다가 페인트 통을 들고 다른 곳으로 가서 페인트를 다른 통에 옮겨 담는 장면과 작업자가 자주 손목시계를 보며 방수 작업을 하다가 갑자기 쓰러지는 장면을 보여준다. 재해방지를 위한 안전대책 3가지를 쓰시오. ▶ 03·14기

해답

① 작업지휘자를 배치하여 작업지휘자의 지휘에 따라 작업하도록 한다.
② 충분히 환기를 시킨다.
③ 안전모, 보안경, 송기마스크 등의 보호구를 착용한다.

길잡이

▶ 상기 동영상이 방수작업 시 안전미비점(위험요인)
 ① 작업지휘자 미배치(관리감독 소홀)
 ② 환기불충분(산소 부족)
 ③ 보호구(안전모, 보안경, 송기마스크 등)미착용

04

동영상은 강관 비계 해체 작업중에 강관비계가 떨어져 밑에서 작업하던 작업자가 맞는 장면을 보여주고 있다. 사고방지를 위한 안전대책 3가지를 쓰시오.　　　　　　　　▶ 03·05·14기

> **길잡이**
>
> ▶ 달비계 또는 높이 5m 이상의 비계를 조립·해체하거나 변경하는 작업을 하는 경우 준수사항(안전보건규칙 제57조)
> ① 관리감독자의 지휘 하에 작업하도록 할 것
> ② 조립·해체 또는 변경의 시기·범위 및 절차를 그 작업에 종사하는 근로자에게 교육 할 것
> ③ 조립·해체 또는 변경작업구역 내에는 해당 작업에 종사하는 근로자 외의 자의 출입을 금지시키고 그 내용을 쉬운 장소에 게시할 것
> ④ 비·눈, 그 밖의 기상상태의 불안정으로 인하여 날씨가 몹시 나쁠 때에는 그 작업을 중지시킬 것
> ⑤ 비계재료의 연결·해체작업을 하는 때에는 폭 20cm 이상의 발판을 설치하고 근로자로 하여금 안전대를 사용하도록 하는 등 근로자의 추락 방지를 위한 조치를 할 것
> ⑥ 재료·기구 또는 공구들을 올리거나 내리는 때에는 근로자로 하여금 달줄 또는 달포대 등을 사용하도록 할 것

해답

① 관리감독자 또는 작업지휘자의 지휘 하에 작업하도록 할 것
② 안전모등 보호구를 착용하도록 할 것
③ 비계해체 작업 시 상하 동시 작업을 금하도록 할 것
④ 재료 등을 올리거나 내릴 때에는 달줄 또는 달포대 등을 사용하도록 할 것
⑤ 작업구역 내에는 해당 근로자외의 자의 출입을 금지시킬 것

05

사진에 나타난 우리나라의 대표적인 두 장대교량의 모습과 다음에 설명된 특징을 보고 교량형식을 기술하시오. ▶ 03·14기

(1) 특징
① 타 공법과 병행하여 시공이 가능하다.
② 케이블의 배치형태에 따라 방치형, 하프형, 팬형 등으로 구분할 수 있다.
③ 타 교량형식에 비해 경제적이며, 대표적인 교량으로 서해대교가 있다.

(2) 특징
① 케이블, 보강거더, 주탑 등의 상부구조의 앵커블록, 교각, 교대 등의 하부구조로 구성되어 있다.
② 일반적으로 주탑의 크기가 크다.
③ 대표적인 교량으로 광안대교가 있다.

(1) 서해대교

(2) 광안대교

해답

① 사장교(cable stayed)
② 현수교(suspension)

06

동영상은 차량에서 콘크리트를 기계로 비빈 후에 거푸집 속으로 콘크리트를 타설하는 작업장면을 보여주고 있다. 다음 물음에 답하시오. ▶ 04·14기

(1) 동영상 화면도 속의 기계 명칭을 쓰시오
(2) 콘크리트 타설시 외기온도에 대한 제한시간을 ( )에 기입하시오.
① 외기온도가 25℃ 이상일 때
 : ( )시간
② 외기온도가 25℃ 미만일 때
 : ( )시간

해답

(1) 기계 명칭 : 콘크리트 믹서트럭
(2) ① 1.5 ② 2

> **길잡이**
>
> ▶ 콘크리트 믹서트럭
> (1) 트럭믹서(truck mixer)와 믹싱 드럼의 형상 및 탑재 방법에 따라 경동형(傾胴形), 수직형 및 수평형의 3종류로 대별할 수 있다.
> (2) 경동형은 가장 일반적이며 술병 모양의 드럼 안쪽에 스파이럴상의 연속된 블레이드를 장착하고 드럼 자체를 회전시켜 호퍼에서 투입된 콘크리트 재료를 혼합하고, 혼합된 콘크리트를 드럼을 역전시켜 뒤쪽으로 보내 배출한다.

07

콘크리트의 타설작업을 하기 위하여 콘크리트 펌프 또는 콘크리트 펌프카를 사용할 때 준수사항을 3가지만 쓰시오.

🔜 01·03·05·14기, 04산

① 작업을 시작하기 전에 콘크리트 펌프용 비계를 점검하고 이상을 발견한 때에는 즉시 보수할 것
② 건축물의 난간 등에서 작업하는 근로자가 호스의 요동·선회로 인하여 추락하는 위험을 방지하기 위하여 안전난간의 설치 등 필요한 조치를 할 것
③ 콘크리트 펌프카의 붐을 조정할 때에는 주변 전선 등에 위험을 예방하기 위한 적절한 조치를 할 것
④ 작업 중에 지반의 침하, 아웃트리거의 손상 등으로 인하여 콘크리트 펌프카가 넘어질 우려가 있는 때에는 이를 방지하기 위한 적절할 조치를 할 것

[주] 콘크리트 펌프 등의 사용 : 안전보건규칙

길잡이

▶ 콘크리트 펌프카

(1) **펌프카**(pump car) : 콘크리트 타설시 수송관을 사용하여 타설장소까지 생콘크리트를 압송하는 기계를 말한다.
(2) **용도** : 수직높이 8~10층 이하의 콘크리트 타설에 적용
(3) **작업 시 주의사항**
 ① 풍속이 16m/s 이상시는 사용하지 않도록 할 것
 ② 여름에는 수송관이 고온이 되기 쉬우므로 직사광선을 받지 않도록 덮개 등을 사용하여 덮도록 할 것
 ③ 로퍼 내의 콘크리트가 단절되지 않도록 압송속도를 조절하고 압송중에는 가급적 펌프를 정지시키지 않도록 할 것
 ④ 수송관은 수평으로 유지하고 진동하지 않도록 받침대·발판 등으로 고정할 것
(4) **펌프카에 의해 콘크리트 타설시 안전수칙**
 ① 레디믹스트 콘크리트(이하 레미콘이라 함)트럭과 펌프카를 적절히 유도하기 위하여 차량안내자를 배치하여야 한다.
 ② 펌프 배관용 비계를 사전점검하고 이상이 있을 때에는 보강 후 작업하여야 한다.
 ③ 펌프카의 배관상태를 확인하여야 하며, 레미콘 트럭과 펌프카와 호스 선단의 연결작업을 확인하여야 하며, 장비 사양의 적정호스 길이를 초과하여서는 아니된다.
 ④ 호스 선단이 요동하지 아니하도록 확실히 붙잡고 타설하여야 한다.
 ⑤ 공기압송 방법의 펌프카를 사용할 때에는 콘크리트가 비산하는 경우가 있으므로 주의하여 타설하여야 한다.
 ⑥ 펌프카의 붐대를 조장할 때에는 주변 전선 등 지장물을 확인하고 이격거리를 준수하여야 한다.
 ⑦ 아웃트리거를 사용할 때 지반의 부동침하로 펌프카가 전도되지 아니하도록 하여야 한다.
 ⑧ 펌프카의 전후에는 식별이 용이한 안전표지판을 설치하여야 한다.

08

동영상은 타워크레인을 이용하여 비계 재료인 강관을 1줄 걸이로 하여 인양해서 올리는 중에 밑에서 작업하던 작업자(안전모 턱끈을 매지 않음)가 강관이 떨어지는 것을 보지 못해 강관에 맞아 쓰러지는 사고장면을 보여주고 있다. 동영상의 사고사례에서 (1) 재해발생원인 1가지와 (2) 안전대책 1가지를 쓰시오.

➡ 02·04·07·14기, 05산

③ 신호수를 배치할 것
④ 안전모의 턱끈 등 보호구를 확실하게 체결할 것

해답

(1) 재해발생원인
　① 강관 인양 시 1줄 걸이(강관 가운데 한 곳만 묶은 것)로 하여 인양하고 있다.
　② 크레인 작업 반경 내에 사람이 접근하고 있다.
　③ 신호수를 배치하지 않았다.
　④ 위험표지판 또는 안전표지판(출입금지표지 등)을 설치하지 않았다.
　⑤ 안전모 턱끈을 매지 않는 등 보호구를 제대로 착용하지 않았다.

(2) 안전대책
　① 강관 인양 시 2줄 걸이(양끝 2군데 묶음)로 하여 인양할 것
　② 크레인 작업 반경에 출입금지 조치를 하고 표지판을 설치할 것

01

동영상에서와 같이 고압선에 접근하는 장소에서 이동식 크레인을 사용하여 작업을 할 때의 감전방지대책을 4가지 쓰시오. ▶ 01·14기

해답
① 해당 충전전로를 이설할 것
② 감전의 위험을 방지하기 위한 방책을 설치할 것
③ 해당 충전전로에 절연용 방호구를 설치할 것.

02

동영상은 밀폐공간에서 굴착작업을 하는 장면을 보여주고 있다. 잠함, 우물통, 수직갱, 그 밖에 이와 유사한 건설물 또는 설비의 내부에서 굴착작업을 하는 경우 (1) 산소결핍의 우려가 있는 경우 조치사항과 (2) 산소결핍이 인정되는 경우 조치사항을 각각 쓰시오. ▶ 04·14기, 03산

해답
(1) **산소결핍 우려가 있는 경우** : 산소의 농도를 측정하는 사람을 지명하여 측정하도록 할 것
(2) **산소결핍이 인정되는 경우** : 송기를 위한 설비를 설치하여 필요한 양의 공기를 공급하도록 할 것

03

동영상은 흙막이 지보공을 설치하는 장면이다. 흙막이 지보공 설치시 재해예방을 위한 안전대책 2가지를 쓰시오. ▶ 04·14기

길잡이

(1) 흙막이 지보공 조립도에 명시해야 할 사항(안전보건규칙 제346조 제2항)
  ① 흙막이판·말뚝·버팀대 및 띠장 등 부재의 배치·치수·재질
  ② 설치방법과 순서
(2) 흙막이 지보공 설치시 정기적 점검사항(안전보건규칙 제347조 제1항)
  ① 부재의 손상·변형·부식·변위 및 탈락의 유무와 상태
  ② 버팀대의 긴압의 정도
  ③ 부재의 접속부·부착부 및 교차부의 상태
  ④ 침하의 정도

해답

① 흙막이 지보공의 재료로 변형·부식되거나 심하게 손상된 것을 사용해서는 아니된다.
② 흙막이 지보공을 조립하는 경우 미리 조립도를 작성하여 그 조립도에 따라 조립하도록 하여야 한다.
③ 흙막이 지보공을 설치하였을 때에는 정기적으로 점검하고 이상을 발견하면 즉시 보수하여야 한다.
④ 흙막이 지보공을 설치하였을 때에는 설계도서에 따른 계측을 하고 계측분석결과 토압의 증가 등 이상한 점을 발견한 경우에는 즉시 보강조치를 하여야 한다.

주 흙막이 지보공 재료·조립도·붕괴 등의 위험방지 : 안전보건규칙 제345조, 제346조, 제347조

04

동영상에서와 같이 굴착작업에 있어 지반의 붕괴 또는 토석의 낙하에 의한 근로자의 위험방지 조치사항 3가지를 쓰시오. ▶ 14기

해답

① 흙막이 지보공의 설치
② 방호망의 설치
③ 근로자의 출입금지 조치
④ (비가 올 경우 대비) 측구 설치 및 굴착사면에 비닐을 덮음

주 지반의 붕괴 등에 의한 위험방지 : 안전보건규칙 제340조

길잡이

▶ 흙막이공법의 종류

구분	공법내용
흙막이 지지방식에 의한 분류	1) 자립공법 2) 버팀대 공법 3) 어스앵커공법 4) 타이로드 공법
흙막이 구조방식에 의한 분류	1) H-Pile공법(H말뚝, 흙막이 토류판 공법) 2) 버팀대 공법(강널말뚝공법, 강관널말뚝공법) 3) Slurry Wall(지하연속벽공법, 다이어프램 월) 　(주열식 지하연속벽, 벽식 지하연속법) 4) 톱다운공법(역타공법)

05

동영상에서 보여지는 화물자동차의 전도·전락 방지대책 2가지를 쓰시오. ▶ 14기

해답

① 유도하는 사람 배치
② 지반의 부동침하 방지
③ 갓길의 붕괴방지

주 차량계 하역운반기계등 사용 작업시 전도 등의 방지 : 안전보건규칙 제171조

길잡이

▶ 차량계 하역운반기계의 종류
① 지게차
② 화물자동차
③ 구내운반차

06

차량계 건설기계를 사용하여 작업을 할 때에는 해당 작업장소의 지형 및 지반상태 등을 사전에 조사하고, 그 조사 결과를 고려하여 작업계획을 작성하고 그 작업계획에 따라 작업을 실시하여야 한다. 차량계 건설기계의 작업계획에 포함되는 사항을 3가지 쓰시오.   ▶ 02·06·14기

해답

① 사용하는 차량계 건설기계의 종류 및 능력
② 차량계 건설기계의 운행경로
③ 차량계 건설기계의 의한 작업방법

[주] 차량계 건설기계의 작업계획의 작성 : 안전보건규칙

길잡이

▶ 차량계 하역운반기계(지게차, 구내운반차, 화물자동차 등)의 작업계획의 작성 내용 (안전보건규칙)
  ① 작업에 따른 추락·낙하·전도·협착 및 붕괴 등의 위험을 예방할 수 있는 안전대책
  ② 차량계 하역운반기계 등의 운행경로 및 작업방법

07

변압기 등 전기기계·기구(변압기·전동기·접속기·개폐기·분전반·배전반 등)의 충전부분에 접촉·접근함으로써 감전의 위험이 있을 때의 방호조치 사항을 3가지만 쓰시오.
   ▶ 03·04·14기, 04산

해답

① 충전부가 노출되지 아니하도록 폐쇄형 외함이 있는 구조로 할 것
② 충전부에 충분히 절연효과가 있는 방호망 또는 절연덮개를 설치할 것
③ 충전부는 내구성이 있는 절연물로 완전히 덮어 감쌀 것
④ 발전소·변전소 및 개폐소 등 구획되어 있는 장소로서 관계근로자 외의 자의 출입이 금지되는 장소에 충전부를 설치하고, 위험표시 등의 방법으로 방호를 강화할 것
⑤ 전주 위 및 철탑 위 등 격리되어 있는 장소로서 관계근로자 외의 자가 접근할 우려가 없는 장소에 충전부를 설치할 것

[주] 전기기계·기구 등의 충전부 방호 : 안전보건규칙 제301조

건설안전기사 실기 작업형(C형)
2014년 제1회

01
동영상은 아파트공사 현장에서 거푸집을 조립하는 장면을 보여주고 있다. 동영상에서 보이는 (1) 외부 벽체거푸집의 명칭과 (2) 장점 3가지를 쓰시오. ▣ 14기

해답

(1) 거푸집의 명칭 : 갱폼(gang form)
(2) 장점
  ① 설치와 탈형만 하므로 인력이 절감된다. (조립, 해체가 생략)
  ② 콘크리트 이음부위(joint) 감소로 마감단순화 및 비용이 절감된다.
  ③ 공기가 단축된다.
  ④ 1개 현장사용 후 합판교체하여 재사용이 가능하다.

길잡이

▶ 갱폼(gang form)
(1) 갱폼 : 사용할 때마다 작은 부재의 조립, 분해를 반복하지 않고 단순화하여 한 번에 설치하고 해체하는 거푸집 시스템을 말하는 것으로 넓은 의미에서는 대형화된 모든 거푸집을 의미하지만 시스템화 거푸집을 분류할 때는 벽체용 거푸집만을 의미한다.
(2) 거푸집의 구성(3부분)
  ① 거푸집판과 보강재가 일체로 된 기본패널
  ② 작업발판대
  ③ 수직도 조정과 횡력을 지지하는 빗버팀대(brace)

갱폼의 구성

(3) 갱폼의 단점
  ① 초기투자비 과다
  ② 설치장비 필요
  ③ 거푸집 설치시간 필요
  ④ 기능공의 교육 및 숙달시간 필요

02

동영상 화면(사진)은 건설장비를 보여주고 있다. 다음 물음에 답하시오. ▶ 04기

(1) 건설장비의 명칭을 쓰시오.
(2) 건설장비의 와이어로프가 화물의 하중을 직접 지지하는 경우의 안전계수(안전율)는 얼마인가?

해답

(1) 건설장비의 명칭 : 이동식 크레인
(2) 안전계수 : 5이상

03

동영상은 교각을 시공하기 위해 거푸집을 설치하는 장면을 보여주고 있다. ▶ 03·04·07·14기

(1) 거푸집의 명칭과
(2) 장점 2가지를 쓰시오.

해답

(1) 거푸집의 명칭 : 슬라이딩폼(sliding form)
(2) 장점
   ① 공사기간 단축(시공속도 빠름)
   ② 내부·외부비계 불필요
   ③ 콘크리트의 일체성 확보(시공이음 없이 균일한 형상 시공가능)

길잡이

(1) **슬라이딩폼**(슬립폼, slip form) : 수평적 또는 수직적으로 반복된 구조물을 시공이음 없이 균일한 형상으로 시공하기 위하여 거푸집을 연속적으로 이동시키면서 콘크리트를 타설하여 구조물을 시공하는 거푸집
(2) 슬라이딩폼의 용도
   ① 수직적으로 연속된 구조물 : 사일로(silo), 곡물창고, 굴뚝, 교각 등
   ② 수평적으로 연속된 구조물 : 수로, 하천 라이닝(lining), 지중 샤프트(shaft), 고속도로 포장 등
   ③ 시공이음 없이 시공되어야 할 구조물 : 원자력발전소의 원자로 격납용기 등

04

동영상은 타워크레인을 이용하여 비계재료인 강관을 1줄걸이로 하여 위로 끌어올리던 중에 밑에 있던 작업자(안전모 턱끈을 매지 않음)가 인양작업을 보지 못하고 지나가고 있는 중에 강관이 작업자 머리위로 떨어지는 사고장면을 보여주고 있다. 재해발생원인 2가지를 쓰시오.
▶ 02·04·14기, 05산

05

동영상은 차량계 건설기계를 이용하여 사면굴착공사를 하는 장면을 보여주고 있다. 사면 굴착작업시 차량계 건설기계의 전도·전락방지 조치사항 2가지를 쓰시오.　▶ 03·06·14기

백호(드래그셔블)

해답

① 강관인양 시 강관을 한가닥의 와이어로프만 묶어서 운반하고 있다.
② 유도자(신호수)를 배치하지 않았다.
③ 크레인의 작업반경 내에 작업자가 접근하고 있다.
④ 위험표지판 또는 안전표지판을 설치하지 않았다.
⑤ 작업자의 안전모 턱끈이 풀려 있다.

해답

① 유도하는 사람을 배치
② 지반의 부동침하 방지
③ 갓길의 붕괴방지
④ 도로의 폭 유지

[주] **차량계 건설기계 전도 등의 방지** : 안전보건규칙 제199조

06

동영상은 터널공사 현장에서 록볼트(rock bolt) 설치 작업장면을 보여주고 있다. 록볼트의 역할 3가지를 쓰시오. ▶ 14기

해답
① 아치형성 작용
② 내압작용
③ 봉합작용
④ 보형성 작용
⑤ 지반개량 작용

> **길잡이**
>
> ▶ **록볼트**(rock bolt)
> (1) 정의 : 터널굴착면의 암반천공 후 록볼트를 삽입정착하여 이완된 암반을 원지반에 고정시키는 공법이다.
> (2) 종류
>   ① 선단 정착형
>   ② 전면 접착형
>   ③ 병용형
>   ④ 마찰형

07

동영상의 화면은 건물 외벽에 설치된 비계와 주변의 전경을 전체적으로 보여준다. 동영상의 상황에서 사고의 원인이 될 수 있는 행동 및 설비의 미비점 2가지를 쓰시오. ▶ 04·14기

해답
① 작업발판의 미설치
② 안전난간 및 추락방지망 미설치
③ 안전모·안전대 등 보호구 미착용

08

동영상은 어두운 터널 안으로 차량(콘크리트 펌프카)이 들어가고 터널 천장의 울퉁불퉁한 모습을 보여주며 작업자가 차량의 기능을 점검한 후 터널 외벽에 모르타르를 뿜칠하고 있다. 다음 물음에 답하시오. ▶ 11·14기

(1) 작업공정이 무엇인지 기술하시오.
(2) 차량을 사용하는 작업 시 작업계획서에 포함사항 3가지를 쓰시오.

길잡이

▶ 숏크리트(shot crete)
(1) 숏크리트 : 콘크리트 또는 모르타르를 압축공기로 시공면에 뿜어붙이는 특수한 시공방법
(2) 숏크리트 타설작업시 작업계획서에 포함사항
 ① 압송거리
 ② 분진방지대책
 ③ 리바운드(rebound) 방지대책
 ④ 작업의 안전수칙
(3) 숏크리트 타설작업시 유의사항
 ① 낙석을 제거하고 작업을 할 것
 ② 방수 우의 및 보안면을 착용할 것
 ③ 건식콘크리트 작업시 고압호스(분무용)는 매일 확인할 것
 ④ 건식콘크리트 작업시 분무작업은 필히 3인 이상이 작업할 것

해답

(1) 작업공정 : 숏크리트 뿜칠공정
(2) 작업계획서 내용
 ① 사용하는 차량계 건설기계의 종류 및 성능
 ② 차량계 건설기계의 운행경로
 ③ 차량계 건설기계에 의한 작업방법

[주] 사전조사 및 작업계획서 내용 : 안전보건규칙 별표4

건설안전기사 실기 작업형(A형)

2014년 제2회

01
동영상은 토공기계의 굴착 작업 장면을 보여주고 있다. 굴착기계인 클램셀의 용도 3가지를 쓰시오. ▶ 02·03·04·05·14기

해답
① 수중굴착
② 좁은 곳의 수직굴착
③ 자갈 등의 적재

길잡이
▶ 클램셀 장비를 사용하기에 적합한 토질과 작업장소 02기
① 적합한 토질 : 연약한 사질지반
② 작업장소 : 하천부지(수중굴착)

02
동영상은 콘크리트 타설 작업을 하는 장면이다. 다음 물음에 답하시오. ▶ 04·14기

(1) 동영상 사진의 기계명칭을 쓰시오.
(2) 콘크리트 타설시 외기온도에 대한 제한시간(콘크리트 비비기로부터 타설이 끝날 때까지의 시간)을 (　)에 기입하시오.
　① 외기온도가 25℃ 이상일 때
　　: (　　)시간
　② 외기온도가 25℃ 미만일 때
　　: (　　)시간

해답
(1) 기계명칭 : 콘크리트 믹서트럭
(2) ① 1.5
　　② 2

03

동영상은 거푸집 동바리 등을 조립하는 작업장면을 보여주고 있다. 거푸집 동바리 등을 조립하는 경우 준수사항 3가지를 쓰시오.
▶ 03·04·14기, 03·07산

해답

① 깔목의 사용, 콘크리트 타설, 말뚝박기 등 동바리의 침하를 방지하기 위한 조치를 할 것
② 개구부 상부에 동바리를 설치하는 때에는 상부하중을 견딜 수 있는 견고한 받침대를 설치할 것
③ 동바리의 상하 고정 및 미끄러짐 방지조치를 하고, 하중의 지지상태를 유지할 것
④ 동바리의 이음은 맞댐이음 또는 장부이음으로 하고 같은 품질의 재료를 사용할 것
⑤ 강재와 강재와의 접속부 및 교차부는 볼트·클램프 등 전용철물을 허용하여 단단히 연결할 것
⑥ 거푸집이 곡면인 때에는 버팀대의 부착 등 그 거푸집의 부상(浮上)을 방지하기 위한 조치를 할 것
⑦ 거푸집을 조립하는 때에는 거푸집이 넘어지지 아니하도록 버팀대를 설치하는 등 필요한 조치를 할 것

[주] 거푸집 동바리 등의 안전조치 : 안전보건규칙 제332조

04

동영상은 작업자가 안전모 턱끈을 체결하지 않은 상태에서 어두운 통로를 걷다가 개구부에 빠져 추락하는 장면을 보여주고 있다. 동영상에서의 사고에 대한 예방대책 3가지를 쓰시오.
▶ 04·05·14기, 03·04·06산

해답

① 안전난간·울타리·수직형 추락방지망 설치
② 덮개 설치
③ 추락방호망 설치
④ 안전모의 턱끈을 체결할 것

[주] 개구부 등의 방호조치 : 안전보건규칙 제43조

05

동영상화면은 건물 외벽의 돌마감(석재붙이기) 공사를 위해 높이 2m가 넘는 비계 작업발판(안전난간 없음) 위에서 작업자 1명이 돌을 들어 올리는 순간 허리를 삐끗하는 장면을 보여주고 있다. 동영상의 작업 상황에서 사고가 발생할 수 있는 불안전한 요소 2가지를 쓰시오.

▶ 04·14기

해답

① 작업발판 끝부분에 안전난간을 설치하지 않아 추락의 위험이 있다.
② 안전방망을 설치하지 않았다.
③ 안전모, 안전대 등 보호구를 착용하지 않았다.
④ 자재 및 공구 등 정리정돈 상태가 불량하여 전도 등 미끄러짐 등의 위험이 있다.

06

콘크리트 펌프카를 사용하여 콘크리트 타설작업 시 호스 및 펌프카의 붐에 의해서 발생할 수 있는 재해유형 2가지를 기술하고 그 방지대책을 각각 쓰시오.

▶ 06·14기

해답

① • **재해유형** : 호스의 요동·선회로 인하여 작업자 추락
   • **방지대책** : 안전난간 설치
② • **재해유형** : 펌프카의 붐 조정시 주변전선 등에 의한 감전사고
   • **방재대책** : 신호수(유도자) 배치 및 이격거리 유지

> **길잡이**
>
> ▶ 콘크리트 타설작업을 위한 콘크리트 펌프 또는 펌프카 사용시 준수사항(안전보건규칙 제335조)
> ① 작업을 시작하기 전에 콘크리트 펌프용 비계를 점검하고 이상을 발견한 때에는 즉시 보수할 것
> ② 건축물의 난간 등에서 작업하는 근로자가 호스의 요동·선회로 인하여 추락하는 위험을 방지하기 위하여 안전난간의 설치 등 필요한 조치를 할 것
> ③ 콘크리트 펌프카의 붐을 조정할 때에는 주변 전선 등에 위험을 예방하기 위한 적절한 조치를 할 것
> ④ 작업 중에 지반의 침하, 아웃트리거의 손상 등으로 인하여 콘크리트 펌프카가 넘어 질 우려가 있는 때에는 이를 방지하기 위한 적절할 조치를 할 것

07

동영상은 교량공사 시공장면을 보여주고 있다. 다음 [보기]를 보고 오토클라이밍 폼의 작업과정에 대한 작업순서를 번호로 쓰시오. ▶ 14기

[보기]
① 교각
② 상부 시공 시작
③ 측경간 시공
④ 상부 시공 진행
⑤ 중앙부 박스(연결직전)
⑥ 키 세그먼트

해답

① → ② → ④ → ③ → ⑤ → ⑥

08

굴착작업시 지반의 붕괴 또는 토석의 낙하에 의하여 근로자에게 위험을 미칠 우려가 있을 때 위험방지 조치사항을 3가지 쓰시오.

▶ 04·06·14기, 02·05·06산

해답

① 흙막이 지보공의 설치
② 방호망의 설치
③ 근로자의 출입금지

길잡이

▶ 굴착작업 시 지반의 붕괴 등에 의한 위험방지(안전보건규칙 제340조)
(1) 흙막이 지보공의 설치
(2) 방호망의 설치
(3) 근로자의 출입금지 조치
(4) 비가 올 경우 빗물 등의 침투에 의한 붕괴재해예방 조치사항
 ① 측구 설치
 ② 굴착사면에 비닐을 덮을 것

건설안전기사 실기 작업형(B형) — 2014년 제2회

01
동영상은 지반 굴착 작업장면을 보여주고 있다. 굴착작업을 하는 경우 지반의 붕괴 또는 토석의 낙하에 의한 위험을 방지하기 위해 관리감독자가 작업시작 전에 점검할 사항 2가지를 쓰시오.

해답
① 작업장소 및 그 주변의 부석·균열의 유무
② 함수·용수 및 동결상태의 변화

주 토석붕괴 위험방지 : 안전보건규칙 제339조

길잡이
▶ 굴착작업 시 사전조사 내용(안전보건규칙 별표4)
① 형상·지질 및 지층의 상태
② 균열·함수(含水)·용수 및 동결의 유무 또는 상태
③ 매설물 등의 유무 또는 상태
④ 지반의 지하수위 상태

02
사진 속의 교량을 보고 다음 물음에 답하시오.
　　　　03·05기, 11산
(1) 교량형식(명칭)을 쓰시오.
(2) 교량의 시공순서(설치순서)를 쓰시오.

해답
(1) **교량형식** : 사장교
(2) **교량시공순서** : 우물통 기초 지정 → 철탑(주각) 설치 → 케이블(와이어) 설치 → 아스팔트 포장

길잡이
▶ 사장교의 특징
① 타 공법과 병행하여 시공이 가능하다.
② 케이블의 배치형태에 따라 방사형, 하프형, 팬형 등으로 구분할 수 있다.
③ 타 교량형식에 비해 경제적이다.
④ 대표적인 교량으로 서해대교가 있다.

03

사진을 보고 다음 물음에 답하시오.

▶ 03·06·14기, 04산

(1) 기계의 명칭을 쓰시오.
(2) 기계의 용도를 구체적으로 기술하시오.

해답

(1) **기계의 명칭** : 아스팔트 피니셔
(2) **용도** : 플랜트로부터 덤프트럭으로 운반된 혼합재를 노면 위에 소정의 폭으로 균일하게 깔고 규정된 두께로 펴서 포장하는 작업기계

길잡이

(1) 아스팔트 믹싱 플랜트(asphalt mixing plant)
 ① 도로의 포장 및 아스팔트 혼합재(아스콘)를 제조하는 기계 및 그 설비 모두를 가리키는 것이다.
 ② 혼합재(자갈, 모래를 527℃로 가열하여 자갈, 모래와 아스팔트를 혼합한 재료)등 도로의 표층재료를 생산하는 아스팔트 혼합재 생산공장을 말한다.
(2) 아스팔트 피니셔 : 아스팔트 도로포장용 기계

04

동영상 화면은 타워크레인(tower crane)의 모습을 보여주고 있다. 크레인의 설치·조립·수리·점검 또는 해체작업을 하는 때에 조치할 사항을 3가지만 쓰시오.

▶ 06·14기

해답

① 작업 순서를 정하고 그 순서에 의하여 작업을 실시할 것
② 작업을 할 구역에 근로자 외의 자의 출입을 금지시키고 그 취지를 보기 쉬운 곳에 표시할 것
③ 비·눈, 그 밖의 기상상태의 불안정으로 인하여 날씨가 몹시 나쁠 때에는 그 작업을 중지시킬 것
④ 작업 장소는 안전한 작업이 이루어질 수 있도록 충분한 공간을 확보하고 장애물이 없도록 할 것
⑤ 들어 올리거나 내리는 기자재는 균형을 유지하면서 작업을 실시하도록 할 것
⑥ 크레인의 성능, 사용조건 등에 따라 충분한 응력을 갖는 구조로 기초를 설치하고 침하 등이 일어나지 아니하도록 할 것
⑦ 규격품인 조립용 볼트를 사용하고 대칭되는 곳을 순차적으로 결합하고 분해할 것

[주] 크레인의 설치·조립·수리·점검 또는 해체작업시 조치사항 : 안전보건규칙

05

동영상의 화면을 보고 터널굴착작업 시 작업계획에 포함되는 사항을 3가지 쓰시오.

➡ 03·11기

해답

① 굴착의 방법
② 터널지보공 및 복공의 시공방법과 용수처리 방법
③ 환기 또는 조명시설을 설치할 때에는 그 방법

[주] 터널굴착작업 시 시공계획의 작성 : 안전보건규칙 제401조

길잡이

▶ 터널의 굴착작업 시 관리감독자의 직무내용 (안전보건규칙 별표2)
① 안전한 작업방법을 결정하고 작업을 지휘하는 일
② 재료·기구의 결함 유무를 점검하고 불량품을 제거하는 일
③ 작업 중 안전대 및 안전모 등 보호구 착용상황을 감시하는 일

06

동영상의 화면은 작업자가 가스용접을 하는 장면을 보여주고 있다. 금속의 용접·용단에 사용되는 (1) 가스 등의 용기를 취급할 때 준수사항 4가지를 쓰고 (2) 작업자의 불안전한 행동을 1가지만 쓰시오.

➡ 04·14기

해답

(1) 가스 등의 용기 취급 시 준수사항
① 용기의 온도를 섭씨 40℃ 이하로 유지할 것.
② 전도의 위험이 없도록 할 것.
③ 충격을 가하지 아니하도록 할 것.
④ 운반할 때에는 캡을 씌울 것.
⑤ 사용할 때에는 용기의 마개에 부착되어 있는 유류 및 먼지를 제거할 것.
⑥ 밸브의 개폐는 서서히 할 것.
⑦ 사용 전 또는 사용중인 용기와 그 외의 용기를 명확히 구별하고 보관할 것.
⑧ 용해 아세틸렌의 용기는 세워 둘 것.
⑨ 용기의 부식·마모 또는 변형 상태를 점검한 후 사용할 것.

(2) 작업자의 불안전한 행동 : 보호구(안전장갑, 보안면, 보안경 등) 미착용

07

동영상은 거푸집 동바리의 붕괴된 장면을 보여주고 있다. 거푸집 동바리의 붕괴원인 중 설치상의 문제점 3가지를 쓰시오. ▶ 14기, 03산

해답

① 동바리의 수평연결재의 설치 불량
② 거푸집 및 동바리의 부재 자체의 결함
③ 재료의 단면부족
④ 이질재료의 사용
⑤ 안전성이 검증되지 않은 동바리(미검정품) 사용

08

동영상은 트럭크레인이 붐대를 접지하지 않은 상태에서 이동하고 아웃트리거를 습윤한 연약지반에 설치하여 강관비계를 2줄 걸이(와이어로프의 이음매가 보임)로 하여 들어올리고 있는 장면을 보여주고 있다. 트럭크레인의 강관비계 인양작업 시 불안전요소에 대한 안전대책 3가지를 쓰시오.

해답

① 트럭크레인을 연약지반에 설치할 때에는 아웃트리거가 침하되지 않도록 깔판, 깔목 등을 밑에 받쳐 준다.
② 이동할 때에는 붐대를 접은 후에 이동하도록 한다.
③ 작업시작 전에 와이어로프의 결함유무를 확인하고 이상 발견시에는 교체하도록 한다.

건설안전기사 실기 작업형(C형)
2014년 제2회

01

동영상은 파이프 서포트를 사용한 거푸집 동바리 사진을 보여주고 있다. 동영상에서와 같이 파이프 서포트를 동바리로 사용할 경우 준수하여야 할 사항 중 다음 ( )안에 알맞은 내용을 쓰시오.

(가) 동바리의 이음은 (①)이나 (②)으로 하고 같은 품질의 재료를 사용할 것
(나) 강재와 강재의 접속부 및 교차부는 (③)등 전용철물을 사용하여 단단히 연결할 것
(다) 동바리로 사용하는 파이프 서포트는 높이가 (④)m를 초과하는 경우에는 높이 (⑤)m 이내마다 수평연결재를 2개 방향으로 만들고 수평연결재의 변위를 방지할 것

 해답

① 맞댄이음
② 장부이음
③ 볼트·클램프
④ 3.5
⑤ 2

주 거푸집 동바리 등의 안전조치 : 안전보건규칙 제332조

02

동영상은 충전전로에 근접한 장소에서 작업자가 작업을 하는 장면이다. 감전의 위험요소 2가지를 쓰시오. ▶ 14기

해답

① 통전전류의 크기
② 전원의 종류(직류, 교류)
③ 통전경로
④ 통전시간

길잡이

▶ 2차적 감전위험요소
① 인체의 조건(인체의 전기저항)　② 전압
③ 주파수　　　　　　　　　　　　④ 계절

03

동영상은 TBM(turnel boring machine)공법에 의한 터널굴착 작업장면을 보여주고 있다. 터널굴착작업 시 작업계획서에 포함되는 사항 3가지를 쓰시오. ▶ 14기, 03산

해답

① 굴착의 방법
② 터널지보공 및 복공의 시공방법과 용수의 처리방법
③ 환기 또는 조명시설을 설치할 때에는 그 방법

주) 사전조사 및 작업계획서 내용 : 안전보건규칙 별표4

04

동영상에 있는 자료 화면에서와 같이 타워크레인이 화물을 1줄걸이로 인양해서 올리던 중에 하부에 있던 작업자(안전모 턱끈을 매지 않음) 머리 위로 화물이 떨어지는 사고가 발생하였을 경우
① 재해유형 ② 재해발생원인 ③ 재해방지대책
을 각각 쓰시오.   ▶ 03·06·14기

05

동영상은 흙막이 지보공이 설치되어 있는 현장을 보여주고 있다. 다음 물음에 답하시오.
(1) 사진 속의 흙막이 공법의 명칭을 쓰시오.
(2) 사진 속의 흙막이 공법에 필요한 구성요소(재료) 2가지를 쓰시오

해답
① 재해유형 : 낙하
② 재해발생원인 : 화물 인양 시 1줄 걸이로 하여 화물이 무게중심을 잃고 낙하하였다.
③ 재해방지대책 : 화물의 양 끝 등 2개소(2줄 걸이)를 와이어로프로 묶어서 인양한다.

해답
(1) 공법의 명칭 : 수평 버팀대식 공법
(2) 구성요소(재료)
　① 엄지말뚝, 포스트말뚝 등 H빔
　② 토류판(목재)
　③ 철재 복공판

06

동영상은 백호우에 의해서 지반 굴착작업을 하는 화면을 보여주고 있다. 백호우 등 차량계 건설기계를 사용하여 작업을 할 때 전도 및 전락방지대책 3가지를 쓰시오.
▶ 05·14기, 04·06산

해답

① 유도자의 배치
② 지반의 부동침하방지
③ 갓길의 붕괴방지
④ 도로 폭의 유지

주 차량계 건설기계 등의 전도 등의 방지 : 안전보건규칙 제199조

07

동영상은 잠함 등의 내부에서 굴착작업을 하는 장면이다. 잠함, 우물통, 수직갱 등 밀폐된 공간에서 굴착작업을 하는 경우에 대한 다음 물음에 답하시오.
▶ 04·14기, 03산
(1) 산소결핍의 정의를 쓰시오
(2) 산소결핍이 우려되는 밀폐된 공간에서 작업시의 안전대책 3가지를 쓰시오.

해답

(1) 산소결핍 : 공기 중의 산소농도가 18% 미만일 것
(2) 안전대책
　① 산소결핍 우려가 있는 경우에는 산소의 농도를 측정하는 사람을 지명하여 측정하도록 할 것
　② 근로자가 안전하게 오르내리기 위한 설비를 설치할 것
　③ 굴착 깊이 20m를 초과하는 경우에는 해당 작업장소와 외부와의 연락을 위한 통신설비 등을 설치할 것

주 잠함 등 내부에서 작업 : 안전보건규칙 제377조

08

동영상은 화물자동차 사진을 보여주고 있다. 차량계 하역운반기계 등을 이송하기 위하여 자주(自走) 또는 견인에 의하여 화물자동차에 싣거나 내리는 작업을 할 때 발판 또는 성토 등을 사용하는 경우 해당 차량계 하역운반기계 등의 전도 또는 전락에 의한 위험을 방지하기 위한 준수사항 2가지를 쓰시오. ▶ 14기

해답

① 싣거나 내리는 작업은 평탄하고 견고한 장소에서 할 것.
② 발판을 사용하는 때에는 충분한 길이·폭 및 강도를 가진 것을 사용하고 적당한 경사를 유지하기 위하여 견고하게 설치할 것.
③ 가설대 등을 사용하는 경우에는 충분한 폭 및 강도와 적당한 경사를 확보할 것

주 차량계 하역운반기계 등의 이송 : 안전보건규칙 제174조

01
영상 화면의 사진에서 보여주는 교량건설 공법의 명칭을 쓰시오. ▶ 14기

해답

FCM 공법(free cantilever method : 외팔보 공법)

> **길잡이**
>
> ▶ 교량의 시공방법 : 교량 상부를 부설하는 방법에 따라 ILM 공법, FCM 공법, MSS 공법 등이 있다.
> ① ILM 공법(압출공법) : 교량의 상부구조를 한쪽 교대의 후방에 설치된 제작장(casting yard)에서 지간의 1/2 또는 1/3 길이의 세그먼트(segment : 분절상판)를 포스트텐셔닝 방식을 적용하여 생산하고 교축방향으로 밀어 점차적으로 교량을 가설하는 공법이다.
> ② FMC 공법(캔틸레버 공법) : 교량의 상부구조를 포스트텐셔닝 방식에 의해 교각(주두부)으로부터 양쪽으로 3~5m 씩 현장타설 세그먼트(segment)를 점진적으로 시공해 나가는 공법으로 거푸집 이동과 콘크리트 타설을 위해 폼트래벨러(formtraveller)를 사용한다.
> ③ MSS공법 : 메인거더(main girder)와 거푸집이 상하좌우로 조정이 가능하고 유압잭을 이용하여 전체적으로 전·후진 구동이 가능하도록 고안되어, 교각과 교각사이를 이동 지보하면서 교량 상부 콘크리트를 타설하는 공법이다. (포스트텐셔닝 방식 적용)

02

동영상은 교량상부에 콘크리트 펌프카를 이용하여 콘크리트 타설 작업장면을 보여주고 있다. 콘크리트 펌프 또는 콘크리트 펌프카 사용시 준수사항 3가지를 쓰시오. ▶ 14기

해답

① 작업을 시작하지 전에 콘크리트 펌프카용 비계를 점검하고 이상을 발견한 때에는 보수할 것.
② 건축물의 난간 등에서 작업하는 근로자가 호스의 요동·선회로 인하여 추락하는 위험을 방지하기 위하여 안전난간의 설치 등 필요한 조치를 할 것.
③ 콘크리트 펌프카의 붐을 조정할 때에는 주변전선 등에 의한 위험을 예방하기 위한 적절한 조치를 할 것
④ 작업중에 지반의 침하·아우트리거의 손상 등으로 인하여 콘크리트 펌프카가 넘어질 우려가 있을 때에는 이를 방지하기 위한 적절한 조치를 할 것.

[주] 콘크리트 펌프 등 사용시 준수사항 : 안전보건규칙 제335조

03

동영상 사진에 나타난 터널굴착공법의 명칭을 쓰시오. ▶ 14기, 03산

해답

TBM(tunnel boring machine, 터널보링머신) 공법

04

동영상의 터널굴착작업에 대한 다음 물음에 답하시오. ▶ 03·05·14기

(1) 터널굴착작업을 하는 때에는 작업계획을 작성하고 그 시공계획에 의하여 작업하여야한다. 작업계획에 포함되는 사항을 2가지만 쓰시오
(2) 터널 등의 건설작업시 낙반 등에 의한 위험방지 조치사항을 2가지만 쓰시오.

(1) 출입구 부근 등의 지반 붕괴에 의한 위험의 방지(안전보건규칙) : 터널 등의 건설작업 터널 등의 출입구 부근의 지반의 붕괴 또는 토석의 낙하에 의한 위험방지 조치사항
① 흙막이 지보공 설치
② 방호망 설치
(2) 터널 건설작업시 시계의 유지를 위한 조치사항(안전보건규칙)
① 환기를 시킬 것
② 물을 뿌릴 것

(1) 터널굴착작업 시 작업계획의 작성내용
① 굴착의 방법
② 터널지보공 및 복공의 시공방법과 용수의 처리방법
③ 환기 또는 조명시설을 설치할 때에는 그 방법
(2) 낙반 등에 의한 위험방지 조치사항
① 터널지보공 및 록 볼트의 설치
② 부석의 제거

[주] (1) 작업계획의 작성 : 안전보건규칙
(2) 낙반 등에 의한 위험의 방지 : 안전보건규칙

05

동영상은 굴착 작업의 장면을 보여주고 있다. 굴착 작업시 지반의 붕괴 또는 토석의 낙하에 의한 위험방지를 위해 관리감독자가 작업시작 전에 점검해야 할 사항을 3가지 쓰시오.
▶ 03·05·14기

① 작업장소 및 그 주변의 부석·균열의 유무
② 함수·용수 점검
③ 동결상태의 변화 점검

[주] 토석 붕괴 위험방지 : 안전보건규칙 제339조

06

동영상은 항타기·항발기를 설치하는 장면을 보여주고 있다. 항타기·항발기의 도괴방지 조치사항에 대한 다음 물음에 답하시오.
▶ 05·06·14기

① 각부나 가대가 미끄러질 우려가 있는 경우 조치사항을 쓰시오.
② 버팀대만으로 상단부분을 안정시키는 경우 조치사항을 쓰시오.
③ 연약한 지반에 설치하는 경우 조치사항을 쓰시오.

해답

① 각부나 가대가 미끄러질 우려가 있는 경우에는 말뚝 또는 쐐기 등을 사용하여 각부나 가대를 고정시킬 것
② 버팀대만으로 상단부분을 안정시키는 경우에는 버팀대는 3개 이상으로 하고 그 하단 부분은 견고한 버팀·말뚝 또는 철골 등으로 고정시킬 것
③ 연약한 지반에 설치하는 경우에는 각부나 가대의 침하를 방지하기 위하여 깔판·깔목 등을 사용할 것

07

동영상은 백호우 2대가 작업을 하고 있고 주변에 전선이 보이며 작업자 2명이 버킷 밑에서 작업을 하고 있는 장면을 보여주고 있다. 동영상의 작업 상황에서 사고발생의 원인이 될 수 있는 위험요소 2가지를 쓰시오.
▶ 14기

백호(드래그셔블)

해답

① 버킷의 불시 하강에 의해 협착의 위험이 있다.
② 백호우의 붐대 및 버킷이 전선에 접촉되어 감전이 위험이 있다.

08

타워크레인에 의해 비계재료인 강관을 위로 끌어올리고 있다. 사진에 나타난 작업상황을 보고 사고를 일으킬 수 있는 위험요인을 3가지만 쓰시오. ▶ 02·14기

(1) 위험요인
  ① 강관인양 시 강관을 한가닥의 와이어로프만 묶어서 운반하고 있다.
  ② 신호수를 배치하지 않았다.
  ③ 크레인의 작업 반경 내에 작업자가 접근하고 있다.
  ④ 위험표지판 또는 안전표지판을 설치하지 않았다.
  ⑤ 작업자의 안전모의 턱끈을 매지 않았다.

▶ 안전대책
  ① 강관 인양 시 강관의 두 군데를 와이어로프로 묶어서 운반할 것.
  ② 신호수를 배치할 것.
  ③ 크레인의 작업 반경 내에 출입금지 조치를 할 것.
  ④ 위험표지판 또는 안전표지판을 설치할 것.
  ⑤ 안전모의 턱끈 등 보호구를 확실하게 착용할 것.

01

동영상은 굴착작업 현장을 보여주고 있다. 굴착작업 시 지반의 붕괴 또는 토석의 낙하에 의하여 근로자가 위험해질 우려가 있는 경우 위험방지 조치사항 2가지를 쓰시오. ▶ 15기

해답

① 흙막이 지보공의 설치
② 방호망의 설치
③ 근로자의 출입금지

[주] 지반의 붕괴 등에 의한 위험방지 : 안전보건규칙 제340조

02

거푸집 동바리 등을 조립할 때 동바리로 사용하는 파이프 서포트를 이어서 사용하였으나 설치상태 불량으로 콘크리트 타설 중에 거푸집 동바리가 붕괴되는 사고가 발생하였다. 거푸집 동바리로 사용하는 파이프 서포트에 대한 안전사용기준을 3가지 쓰시오. ▶ 04·05·06·15기, 03·07산

해답

① 파이프 서포트를 3본 이상 이어서 사용하지 않도록 할 것
② 파이프 서포트를 이어서 사용할 때에는 사용할 때에는 4개 이상의 볼트 또는 전용철물을 사용하여 이을 것
③ 높이가 3.5m를 초과할 때에는 높이 2m 이내마다 수평연결재를 2개 방향으로 만들고 수평연결재의 변위를 변위를 방지할 것

[주] 거푸집 동바리 등의 안전조치 : 안전보건규칙 제332조

03

동영상은 화면은 셔블(shovel) 건설기계에 압쇄기를 설치한 해체작업용 기계에 의해 아파트를 해체하는 장면을 보여주고 있다. 다음 물음에 답하시오. ▶ 04·15기

(1) 화면에서의 해체공법의 이름을 쓰시오.
(2) 해체작업시 작업계획에 포함사항을 3가지만 쓰시오.

해답

(1) **해체공법** : 압쇄공법
(2) **해체작업시** : 작업계획서 내용
  ① 해체의 방법 및 해체 순서도면
  ② 가설설비·방호설비·환기설비 및 살수·방화설비 등의 방법
  ③ 사업장 내 연락방법
  ④ 해체물의 처분계획
  ⑤ 해체작업용 기계·기구 등의 작업계획서
  ⑥ 해체작업용 화약류 등의 사용계획서
  ⑦ 그 밖에 안전·보건에 관련된 사항

[주] 사전조사 및 작업계획서 내용 : 안전보건규칙 [별표 4]

04

동영상에서 토공작업을 하는 건설기계의 명칭과 그 용도를 쓰시오. ▶ 01·04·07·15기

해답

(1) **건설기계의 명칭** : 불도저(bull dozer)
(2) **용도**
  ① 지반의 굴착 및 정지작업
  ② 운반·성토 및 매몰작업

길잡이

▶ 불도저(bull dozer)
블레이드(blade, 배토판, 토공판)를 트랙터의 앞부분에 90°로 설치하여 블레이드를 상하로 조종하면서 흙의 표면을 밀면서 깎고 정지작업을 하는 기계로, 일반적으로 운반거리 60m이하의 배토작업에 사용한다.

05

동영상은 근로자가 외부비계를 타고 올라가다가 추락하는 사고 장면을 보여주고 있다. 안전대책 3가지를 쓰시오. ▶ 01·04·09·15기

해답
① 외부비계에 작업발판을 설치할 것.
② 안전방망을 설치할 것
③ 안전대를 착용할 것

06

동영상은 흙막이(어스앵커공법)시공 현장을 보여주고 있다. 흙막이 구조의 안전을 예측하기 위하여 설치하는 계측기의 종류 2가지를 쓰시오. ▶ 01·03·15기, 03산

해답
① 수위계
② 경사계
③ 하중 및 침하계
④ 응력계

[주] 흙막이 구조 안전예측을 위한 계측기 종류 : 고용노동부고시 (표준안전작업지침)

07

동영상의 사진에서 보여주고 있는 안전대의 ① 명칭과 ② 정의를 쓰시오.

해답

① 명칭 : 추락방지대
② 정의 : 벨트 또는 안전그네를 신체에 착용하기 위해 그 끝에 부착한 금속장치

08

동영상에 나타난 흙막이 지보공의 설치장면을 보고 다음 물음에 답하시오.   ▶ 01·04·15기

(1) 공법의 명칭을 쓰시오
(2) 동영상에서 보여준 계측기의 종류와 용도 3가지를 쓰시오.

해답

(1) 명칭 : 어스앵커 공법(earth anchor method)
(2) 계측기의 종류와 용도
   ① 수위계 : 지하수위의 변화 측정
   ② 지중경사계 : 흙막이 벽의 수평변위(변형) 측정
   ③ 변형계 및 응력계(strain gauge) : 흙막이 벽의 변형과 응력 측정
   ④ 하중 및 침하계 : 하중 및 지반의 침하 측정
   ⑤ 피에조미터(piezo meter : 간극수압계) : 지하수의 수압 측정

길잡이

(1) 어스앵커(earth-anchor) : 구조물과 지반을 결합시키기 위하여 설치되는 어스앵커는 다음과 같이 기본적인 세 가지 구성요소로 나누어진다.
  ① 앵커 : 표면으로부터 인장력을 지반에 전달시키기 위하여 설치되는 저항부분
  ② 인장부 : 인장력을 지반 내 앵커체에 전달하는 부분
  ③ 앵커두부 : 구조체로부터 인장부에 무리 없이 인장력을 전달시키기 위한 부분
(2) 어스앵커공법 설치순서 : 천공 → 강선 삽입 → 강선인장 → 장착 (04기)
(3) 어스앵커가 지반에 힘을 전달하는 지지방식 (05기)
  ① 널말뚝에 의한 방식
  ② 강재에 의한 방식
  ③ 강선에 의한 방식
(4) 어스앵커(earth anchor) 공법의 안전대책
  ① 앵커의 저항은 어스앵커 공법의 안전상 가장 유의할 사항이므로 지반의 상태에 따라 앵커의 길이를 결정해야 한다.
  ② 흙막이벽 두시면 지반의 전체적인 침하나 붕괴범위를 검토하여 그 영향이 미치지 않는 지반에 앵커를 설치해야 한다.
  ③ 앵커는 현장에서 직접 시험을 행하여 정착력을 확인해야 한다.
  ④ 앵커 강재는 강도를 충분히 검토하여야 하며, 자이간 사용시는 부식에 주의해야 한다.

건설안전기사 실기 작업형
2015년 제2회

01
사진은 가설계단을 나타낸 것이다. 가설계단에 대한 다음 ( )안에 알맞은 숫자를 쓰시오.

▶ 02·04기

(1) 계단의 강도 : 계단 및 계단참을 설치할 때는 매 m²당(①)kg 이상의 하중에 견딜수 있는 강도를 가진 구조로 설치하여야 하며, 안전율(파괴응력/허용응력)은 (②)이상으로 한다.
(2) 계단의 폭 : 계단을 설치할 때는 그 폭을 (③)m 이상으로 하여야 한다. (단, 급유용·보수용·비상용 계단 및 나선형 계단은 제외)
(3) 계단참의 높이 : 높이가 3m를 초과하는 계단에는 높이 (④)m 이내마다 너비 (⑤)m 이상의 계단참을 설치하여야 한다.
(4) 천장의 높이 : 계단을 설치할 때는 바닥면으로부터 높이 (⑥)m 이내의 공간에 장애물이 없도록 하여야 한다.

해답

① 500   ② 4
③ 1   ④ 3
⑤ 1.2   ⑥ 2

주 계단의 강도 등 : 안전보건규칙 제26조, 제27조, 제28조, 제29조

Guide 계단에 관한 작업형 문제는 대부분이 ( )안에 수치를 기입하는 것입니다. (출제율 매우 높음)

02
토사붕괴의 (1) 외적 원인 (2) 내적 원인을 각각 3가지씩 쓰시오. ➡ 01·03·15기, 02·03산

(1) 외적 원인
　① 사면, 법면의 경사 및 기울기의 증가
　② 절토 및 성토 높이의 증가
　③ 공사에 의한 진동 및 반복하중의 증가
　④ 지표수 및 지하수의 침투에 의한 토사중량의 증가
　⑤ 지진, 차량, 구조물의 하중작용
　⑥ 토사 및 암석의 혼합층 두께

(2) 내적 원인
　① 절토사면의 토질, 암면
　② 성토사면의 토질구성 및 분포
　③ 토석의 강도저하

[주] 토석 붕괴의 저하 : 굴착공사 표준안전작업지침(고용노동부 고시)

03
동영상은 타워크레인에 의해 비계재료인 강관을 중앙 1군데만 묶어서 위로 올리고 있고, 그 밑에 지나가던 근로자(안전모, 턱끈을 매지 않음)머리 위로 강관이 떨어지는 사고장면을 보여주고 있다. 동영상의 사고사례에서 재해발생원인 2가지를 쓰시오. ➡ 02·04기, 05산

① 강관 인양 시 1줄걸이로 하여 강관이 무게중심을 잃어서 낙하하였다.
② 작업 반경 내에 출입금지조치를 하지 않았다.
③ 신호수를 배치하지 않았다.
④ 안전표지판(출입금지)을 설치하지 않았다.
⑤ 근로자가 안전모 턱끈을 매지 않았다.

▶ 안전대책
① 강관 인양시 강관의 두 군데를 와이어로프로 묶어서 운반할 것. (2줄 걸이)
② 신호수를 배치할 것.
③ 크레인의 작업 반경 내에 출입금지 조치를 할 것.
④ 위험표지판 또는 안전표지판을 설치할 것.
⑤ 안전모의 턱끈 등 보호구를 확실하게 착용할 것.

04

다음 물음에 답하시오.　　　　　▶ 03산

(1) 사진의 터널공사 공법을 기술하시오.
(2) 터널굴착작업 시 작업계획의 작성내용을 2가지만 쓰시오.

해답

(1) TBM(터널 보링 머신, Tunnel Boring Machine) 공법
(2) 작업계획의 작성내용
   ① 굴착의 방법
   ② 터널지보공 및 복공의 시공방법과 용수의 처리방법
   ③ 환기 및 조명시설을 설치할 때에는 그 방법

> **길잡이**
> ▶ 터널굴착작업 시 지형 등의 조사(안전보건규칙)
> 터널굴착작업을 할 때는 낙반·출수 및 가스폭발 등에 의한 위험을 방지하기 위하여 미리 지형·지질 및 지층 상태를 보링 등 적절한 방법으로 조사하여야 한다.

05

동영상 화면은 아파트공사 현장의 비계 위에서 작업 중 밑으로 추락하는 장면을 보여주고 있다. 추락방지대책 4가지를 쓰시오.
　　　　　▶ 03·06·15기, 03·04산

해답

① 작업발판 설치
② 안전난간, 울타리, 수직형 추락방망 설치
③ 추락방호망 설치
④ 안전대 착용

[주] (1) 추락의 방지 : 안전보건규칙 제42조
　　(2) 개구부 등의 방호조치 : 안전보건규칙 제43조

06

동영상은 백호우 굴삭기를 이용하여 굴착한 흙을 덤프트럭에 적재한 후 덤프트럭으로 운반하는 작업 장면을 보여주고 있다. 동영상의 작업 상황에서 발생할 수 있는 사고원인 2가지를 쓰시오.

▶ 15기

해답

① 유도자(신호수)를 배치하지 않았다.
② 백호우 작업 반경 내에 출입금지 조치를 하지 않았다.
③ 흙을 적재한 후 덤프트럭에 덮개를 씌우지 않고 운행하였다.
④ 굴삭기 및 덤프트럭의 전도·전락 등의 조치를 하지 않았다.

07

동영상은 비계위에 작업하던 근로자가 파이프를 놓쳐 하부에서 작업하고 있던 근로자 위로 파이프가 떨어지는 장면을 보여주고 있다. 위험요인 2가지를 쓰시오.

해답

① 상부, 하부에서 동시작업을 하여 상부에 떨어지는 파이프에 하부에 작업하던 근로자가 맞을 수 있다.
② 근로자에게 안전모, 안전화 등 보호구를 착용하지 않았다.
③ 관리감독자(또는 작업지휘자)를 배치하지 않았다.

08
동영상 사진을 보고 (1) 교량건설공법의 명칭을 쓰고, (2) 공법의 내용을 간략히 설명하시오.

해답

(1) 교량건설공법의 명칭 : FCM 공법(free cantilever method)
(2) FCM 공법(캔틸레버 공법) : 교량의 상부구조를 포스트텐셔닝 방식에 의해 교각(주두부)으로부터 양쪽으로 3~5cm씩 현장타설 세그먼트(segment)를 점진적으로 시공해 나가는 공법으로 거푸집 이동과 콘크리트 타설을 위해 폼 트래벨러(formtraveller)를 사용한다.

01

사진 속의 교량을 보고 다음 물음에 답하시오.
▶ 03·06·15기

(1) 교량형식(명칭)을 쓰시오.
(2) 교량의 시공순서(설치순서)를 쓰시오.

해답

(1) **교량형식** : 사장교
(2) **교량시공순서** : 우물통 기초 지정 → 철탑(주각) 설치 → 케이블(와이어) 설치 → 아스팔트 포장

> **길잡이**
> ▶ **사장교의 특징**
> ① 타 공법과 병행하여 시공이 가능하다.
> ② 케이블의 배치형태에 따라 방사형, 하프형, 팬형 등으로 구분할 수 있다.
> ③ 타 교량형식에 비해 경제적이다.
> ④ 대표적인 교량으로 서해대교가 있다.

02

동영상은 아파트공사현장에 설치되어 있는 안전방망을 보여주고 있다. 안전방망에 표시하여야 할 사항 2가지를 쓰시오.
▶ 15기

해답

① 제조자명
② 제조연월
③ 재봉치수
④ 그물코
⑤ 신품인 때의 방망의 강도

03
거푸집 동바리 조립시 준수하여야 할 사항을 4가지만 쓰시오. ▶ 03산, 15기

해답

① 깔목의 사용, 콘크리트 타설, 말뚝박기 등 동바리의 침하를 방지하기 위한 조치를 할 것
② 개구부 상부에 동바리를 설치하는 때에는 상부하중을 견딜 수 있는 견고한 받침대를 설치할 것
③ 동바리의 상하 고정 및 미끄러짐 방지조치를 하고, 하중의 지지상태를 유지할 것
④ 동바리의 이음은 맞댐이음 또는 장부이음으로 하고 같은 품질의 재료를 사용할 것
⑤ 강재와 강재와의 접속부 및 교차부는 볼트·클램프 등 전용철물을 허용하여 단단히 연결할 것
⑥ 거푸집이 곡면인 때에는 버팀대의 부착 등 그 거푸집의 부상(浮上)을 방지하기 위한 조치를 할 것
⑦ 거푸집을 조립하는 때에는 거푸집이 넘어지지 아니하도록 버팀대를 설치하는 등 필요한 조치를 할 것

[주] 거푸집 동바리 등의 안전조치(안전보건규칙) : 거푸집 동바리 조립시 준수사항

04
사진을 보고 다음 물음에 답하시오. ▶ 03·06·15기, 04산

(1) 기계의 명칭을 쓰시오
(2) 기계의 용도를 구체적으로 기술하시오.

해답

(1) 기계의 명칭 : 아스팔트 피니셔
(2) 용도 : 플랜트로부터 덤프트럭으로 운반된 혼합재를 노면 위에 소정의 폭으로 균일하게 깔고 규정된 두께로 펴서 포장하는 작업기계

길잡이
(1) 아스팔트 믹싱 플랜트(asphalt mixing plant)
 ① 도로의 포장 및 아스팔트 혼합재(아스콘)를 제조하는 기계 및 그 설비 모두를 가리키는 것이다.
 ② 혼합재(자갈, 모래를 가열하여 자갈, 모래와 아스팔트를 혼합한 재료)등 도로의 표층재료를 생산하는 아스팔트 혼합재 생산공장을 말한다.
(2) 아스팔트 피니셔 : 아스팔트 도로포장용 기계

05

흙막이 공법에 대한 다음 물음에 답하시오.

▶ 04·15기

(1) 사진 속의 흙막이 공법의 명칭을 쓰시오.
(2) 이 공법의 설치방법에 따른 공법의 종류를 2가지 쓰시오.
(3) 사진 속의 흙막이 공법에 필요한 구성요소(재료)를 2가지만 쓰시오.

(1) 흙막이 공법의 명칭 : 버팀대식 흙막이 공법
(2) 버팀대의 설치방법에 따른 공법의 종류
　① 빗버팀대식 흙막이 공법
　② 수평버팀대식 흙막이 공법
(3) 버팀대식 공법의 구성요소
　① 엄지말뚝, 포스트말뚝 등 H빔
　② 철재 복공판
　③ 목재토류판

길잡이

▶ 버팀대식 공법

(a) 빗버팀대식공법　　(b) 수평버팀대식 공법

06

동영상 화면도는 작업자 2명이 긴 철근을 어깨에 메고 운반작업을 하고 있다. 작업시 발생할 수 있는 재해형태를 3가지만 쓰시오.

▶ 06산, 15기

① 전도
② 요통
③ 충돌(부딪힘)

길잡이

▶ 인력에 의한 철근운반 시 유의사항
① 긴 철근은 2인이 1조가 되어 어깨메기로 하여 운반하는 등 안전성을 도모한다.
② 긴 철근을 부득이 한 사람이 운반할 때는 한쪽을 어깨에 메고 한쪽 끝을 땅에 끌면서 운반한다.
③ 운반 시에는 항상 양끝을 묶어 운반한다.
④ 1회 운반 시 1인당 무게는 25kg 정도가 적절하며, 무리한 운반은 삼간다.
⑤ 공동작업 시는 신호에 따라 작업을 행한다.

07

동영상 화면은 타워크레인(tower crane)의 모습을 보여주고 있다. 크레인의 설치·조립·수리·점검 또는 해체작업을 하는 때에 조치할 사항을 3가지만 쓰시오. ▶ 06·15기

[주] 크레인의 설치·조립·수리·점검 또는 해체작업시 조치사항 : 안전보건규칙

[해답]

① 작업 순서를 정하고 그 순서에 의하여 작업을 실시할 것
② 작업을 할 구역에 근로자 외의 자의 출입을 금지시키고 그 취지를 보기 쉬운곳에 표시할 것
③ 비·눈, 그 밖의 기상상태의 불안정으로 인하여 날씨가 몹시 나쁠 때에는 그 작업을 중지시킬 것
④ 작업 장소는 안전한 작업이 이루어질 수 있도록 충분한 공간을 확보하고 장애물이 없도록 할 것
⑤ 들어 올리거나 내리는 기자재는 균형을 유지하면서 작업을 실시하도록 할 것
⑥ 크레인의 성능, 사용조건 등에 따라 충분한 응력을 갖는 구조로 기초를 설치하고 침하 등이 일어나지 아니하도록 할 것
⑦ 규격품인 조립용 볼트를 사용하고 대칭되는 곳을 순차적으로 결합하고 분해할 것

08

차량계 건설기계를 이송하기 위하여 지주 또는 견인에 의하여 화물자동차 등에 싣거나 내리는 작업을 할 때 해당 차량계 건설기계의 전도 또는 전락에 의한 위험방지를 위해 준수하여야 할 사항 2가지 쓰시오. ▶ 15기

[해답]

① 싣거나 내리는 작업은 평탄하고 견고한 장소에서 할 것.
② 발판을 사용하는 때에는 충분한 길이·폭 및 강도를 가진 것을 사용하고 적당한 경사를 유지하기 위하여 견고하게 설치할 것.
③ 가설대 등을 사용하는 경우에는 충분한 폭 및 강도와 적당한 경사를 확보할 것

[주] **차량계 건설기계의 이송** : 안전보건규칙 제201조

건설안전기사 실기 작업형 — 2016년 제1회

01
동영상은 차량계 건설기계를 이용하여 사면의 굴착공사장면을 보여주고 있다. 차량계 건설기계의 전도·전락을 방지하기 위하여 필요한 사항 3가지를 쓰시오 ▶ 16기

[해답]
① 유도하는 사람의 배치
② 지반의 부동침하 방지
③ 갓길의 붕괴방지
④ 도로폭의 유지

[주] 차량계건설기계 전도 등의 방지 : 안전보건규칙 제199조

02
동영상은 트렌치 컷 굴착방식으로 작업하는 장면을 보여주고 있다. 지반의 붕괴 또는 토석의 낙하에 의한 근로자의 위험을 방지하기 위해 관리감독자가 작업시작 전에 점검하여야 할 사항 2가지를 쓰시오 ▶ 16기

[해답]
① 작업장소 및 그 주변의 부석·균열의 유무
② 함수·용수 및 동결상태의 변화

[주] 토석붕괴 위험방지 : 안전보건규칙 제339조

03

동영상은 작업자가 충전부에 접촉하여 감전사고가 발생하는 장면을 보여주고 있다. 간접 접촉에 의한 감전방지대책 3가지를 쓰시오.

해답

① 계통 또는 기기접지를 실시할 것
② 누전차단기를 설치할 것
③ 비접지방식의 전로를 채용할 것

04

동영상은 교각공사의 주철근 모습을 사진으로 보여주고 있다. 장래 이음 등을 고려한 노출된 철근의 보호방법 3가지를 쓰시오

해답

① 철근의 변형 및 변위를 방지하기 위해 철사 등으로 묶어 놓는다.
② 철근 부식방지를 위해 방청도료를 도포한다.
③ 철근에 비닐 등을 덮어 빗물이나 습기를 차단한다.

05

동영상 화면은 셔블(shovel) 건설기계에 압쇄기를 설치한 해체작업용 기계에 의해 아파트를 해체하는 장면을 보여주고 있다. 다음물음에 답하시오.

(1) 동영상에서 보여주고 있는 해체공법의 명칭을 쓰시오.
(2) 해체 작업 시 작업계획에 포함사항 3가지만 쓰시오.

해답

(1) 해체공법 : 압쇄공법
(2) 해체작업 시 작업계획
   ① 해체의 방법 및 해체순서 도면
   ② 가설설비 · 방호설비 · 환기설비 및 살수 · 방화설비 등의 방법
   ③ 사업장 내 연락방법
   ④ 해체물의 처분계획
   ⑤ 해체작업용 기계 · 기구 등의 작업계획서
   ⑥ 해체작업용 화약류 등의 사용계획서
   ⑦ 기타 안전 · 보건에 관련된 사항

[주] 작업계획서 작성 : 안전보건규칙 [별표 4]

06

동영상은 굴착작업 현장을 보여주고 있다. 굴착 작업시 지반의 붕괴 또는 토석에 의하여 근로자가 위험 발생 시 위험을 방지하기 위한 조치사항을 2가지 쓰시오.

해답

① 흙막이 지보공의 설치
② 방호망의 설치
③ 근로자의 출입금지

[주] 지반의 붕괴 등에 의한 위험방지 : 안전보건규칙 제340조

07

동영상화면의 사진에 나타난 터널 굴착공법의 명칭을 쓰시오

TBM(Tunnel Boring Machine)공법

08

동영상의 화면은 건물 외벽의 돌마감(석재 붙이기)공사를 위해 작업자 1명이 높이 2m가 넘는 비계 작업발판(안전난간 없음) 위에서 작업을 하고 있는 장면을 보여주고 있다. 이 공사현장에서 사고가 발생할 수 있는 불안전한 요소를 2가지만 쓰시오.

① 안전난간·울타리·수직형 추락방망 등의 미설치
② 안전방망 미설치
③ 안전모, 안전대 등 보호구 미착용
④ 자재 및 공구 등 정리정돈 상태 불량(전도 및 미끄러짐 등의 위험이 있음)

01

근로자가 손수레에 모래를 가득 싣고 작업을 하던 중 사고가 발생하였다.
(1) 사고 발생원인을 2가지 쓰시오.
(2) 안전대책을 2가지 쓰시오.

해답

(1) 사고발생원인
  ① 손수레에 적재정량을 초과하여 적재하였음.
  ② 1인 운반 및 감독자 미배치
(2) 안전대책
  ① 적재정량을 초과하지 않도록 할 것
  ② 2인 1조 운반 및 현장감독자를 배치할 것.

02

동영상은 작업자(안전모 턱끈을 매지 않음)가 어두운 통로를 걸어가다가 개구부로 추락하는 장면을 보여주고 있다. 동영상의 사고에 대한 방지대책 3가지를 쓰시오.

해답

① 안전난간, 울타리, 수직형추락방망 또는 덮개 등 설치
② 안전방망 설치
③ 안전대 착용

[주] 개구부등의 방호조치 : 안전보건규칙 제 43조

03

추락방지용으로 사용되는 매듭있는 방망을 신품으로 설치하는 경우 그물코의 종류에 따른 방망사의 인장강도를 쓰시오 ▶ 01·16기, 02산

해답

① 5cm : 110kg
② 10cm : 200kg

길잡이

▶ 방망사의 인장강도(노동부고시)
(1) 방망사의 신품에 대한 인장강도

그물코의 크기 (단위 : cm)	방망의 종류(단위 : kg)	
	매듭 없는 방망	매듭방망
10	240	200
5		110

(2) 방망사의 폐기시 인장강도

그물코의 크기 (단위 : cm)	방망의 종류(단위 : kg)	
	매듭 없는 방망	매듭방망
10	150	135
5		60

04

동영상화면 사진 속의 건설기계의 명칭을 쓰시오

해답

모터 그레이더

길잡이

▶ 모터 그레이더(motor grader)
① 모터 그레이더는 토공기계의 대패라고 하며, 지면을 절삭하여 평활하게 다듬는 것이 목적이다.
② 이 장비는 노면의 성형, 정지용 기계이므로 굴착이나 흙을 운반하는 것이 주된 작업이지만 하수구 파기, 경사면 다듬기, 제방작업, 제설작업, 아스팔트 포장재료 배합 등의 작업을 할 수도 있다.

05
동영상은 토사붕괴 현장의 모습을 보여주고 있다. 토공현장에서 토사붕괴의 외적원인과 내적원인을 각각 3가지씩 쓰시오

해답

(1) 외적원인
① 사면, 법면의 경사 및 기울기의 증가
② 절토 및 성토 높이의 증가
③ 공사에 의한 진동 및 반복하중의 증가
④ 지표수 및 지하수의 침투에 의한 토사중량의 증가
⑤ 지진, 차량, 구조물의 하중
⑥ 토사 및 암석의 혼합층 두께

(2) 내적 원인
① 절토사면의 토질, 암면
② 성토사면의 토질구성 및 분포
③ 토석의 강도저하

[주] **토석 붕괴의 원인** : 굴착공사 표준안전작업지침(고용노동부 고시)

06
차량계건설기계를 이송하기 위하여 화물자동차 등에 싣거나 내리는 작업을 할 때 차량계건설기계의 전도 또는 전락에 의한 위험방지를 위해 준수해야 할 사항 2가지를 쓰시오

해답

① 싣거나 내리는 작업은 평탄하고 견고한 장소에서 할 것
② 발판을 사용하는 경우에는 충분한 길이·폭 및 강도를 가진 것을 사용하고 적당한 경사를 유지하기 위하여 견고하게 설치할 것
③ 마대·가설대 등을 사용하는 경우에는 충분한 폭 및 강도와 적당한 경사를 확보할 것

[주] **차량계건설기계의 이송** : 안전보건규칙 제201조

07

동영상은 비계설치중에 강관비계가 떨어져 밑에서 작업하던 근로자가 맞는 장면을 보여주고 있다. 재해예방을 위한 안전대책 3가지를 쓰시오

해답

① 낙하물 방지망 등을 설치한다.
② 출입금지구역을 설정하여 근로자의 출입을 금지한다.
③ 안전모 등 개인보호구를 착용시킨다.

08

동영상은 낙하물방지망을 보수하는 장면을 보여주고 있다. 다음 각 물음에 답하시오

(1) 보수작업 중 발생할 수 있는 재해형태를 쓰시오
(2) (1)의 재해방지를 위해 필요한 조치사항 1가지를 쓰시오
(3) 낙하물 방지망의 설치는 (①)m 이내마다 설치하고, 내민 길이는 벽면으로부터 (②)m 이상으로 하고, 수평면과의 각도는 (③)도를 유지한다.
( )안에 알맞은 내용을 쓰시오.

해답

(1) 재해형태 : 추락
(2) 조치사항
  ① 작업발판 설치
  ② 안전방망을 치거나 안전대 착용
(3) ① 10
  ② 2
  ③ 20~30

01

동영상은 아파트 공사현장에서 추락방지용 안전방망을 보여주고 있다. 방망사의 표시사항 3가지를 쓰시오.

해답

① 제조자명
② 제조연월
③ 재봉치수
④ 그물코의 크기
⑤ 방망사의 강도 (신품)

02

사진은 건설장비를 보여주고 있다. 다음 물음에 답하시오.

(1) 건설장비의 명칭을 쓰시오.
(2) 건설장비의 와이어로프가 화물의 하중을 집적 지지하는 경우의 안전계수(안전율)는 얼마인가?

해답

(1) 건설장비의 명칭 : 이동식 크레인
(2) 안전계수 : 5 이상

03

(동영상 화면도-1)은 채석장에서 암석에 구멍을 뚫는 장면이며, (동영상 화면도-2)는 굴삭기가 암석을 굴착하는 장면이다. 다음 물음에 답하시오.

(1) 동영상 화면도-1의 건설장비의 명칭과 용도(주요 작업)를 쓰시오.
(2) 동영상 화면도-2의 건설장비의 명칭과 용도(주요 작업)를 쓰시오.

해답

(1) ① 명칭 : 천공기
　　② 용도 : 암석에 구멍 뚫기 작업
(2) ① 명칭 : 백호(드래그셔블)
　　② 용도 : 굴착작업

04

동영상은 터널내로 콘크리트 펌프카가 진입하여 터널굴착부에 모르타르를 뿜칠하고 있다 다음 물음에 답하시오.

(1) 작업공정의 명칭을 쓰시오.
(2) 터널 굴착작업 시 작업계획서의 내용 3가지를 쓰시오

해답

(1) **작업공정** : 숏크리트 뿜칠공정
(2) **작업계획서의 내용**
　　① 굴착의 방법
　　② 터널지보공 및 복공의 시공방법과 용수의 처리방법
　　③ 환기 또는 조명시설을 설치할 때에는 그 방법

05

트럭크레인을 사용하여 강관비계의 인양작업을 할 경우 준수해야 할 사항을 4가지만 기술하시오.

🗨️해답

① 인양작업은 신호수의 지시에 따라 실시한다.
② 크레인의 작업반경 내에는 출입금지조치를 취한다.
③ 작업시작 전에 와이어로프의 결함 유무를 확인하고 이상 발견시에는 교체토록 한다.
④ 강관비계는 2군데를 묶어서 2줄 걸기로 인양한다.

06

잠함, 우물통, 수직갱 등의 내부에서 굴착작업시 다음 물음에 답하시오.
(1) 산소결핍 우려시 조치사항 1가지를 쓰시오
(2) 산소결핍 인정시 조치사항 1가지를 쓰시오

🗨️해답

(1) **산소결핍우려시** : 산소의 농도를 측정하는 자를 지명하여 측정하도록 할 것
(2) **산소 결핍 인정시** : 송기설비를 설치하여 필요한 양의 공기를 송급할 것

[주] 잠함 등 내부에서의 작업 : 안전보건규칙 제377조

07

동영상에서와 같이 이동식 비계를 조립하여 작업을 할 때에 준수하여야 할 사항을 3가지 쓰시오.

해답

① 이동식 비계의 바퀴에는 뜻밖의 갑작스러운 이동을 방지하기 위하여 브레이크, 쐐기 등으로 바퀴를 고정시킨 다음 비계의 일부를 견고한 시설물에 잡아매는 등의 조치를 할 것.
② 승강용 사다리는 견고하게 설치할 것
③ 비계의 최상부에서 작업을 할 때에는 안전난간을 설치할 것
④ 작업발판은 항상 수평으로 유지하고 작업발판 위에서 안전난간을 딛고 작업을 하거나 받침대 또는 사다리를 사용하여 작업하지 않도록 할 것
⑤ 작업발판의 최대적재하중은 250kg을 초과하지 않도록 할 것

[주] 이동식비계 조립작업시 준수사항 : 안전보건규칙 제68조

08

동영상화면은 거푸집 동바리가 붕괴되는 사진을 보여주고 있다. 설치상의 문제점 3가지를 쓰시오.

해답

① 동바리의 수평 연결재 미설치 또는 설치불량
② 거푸집동바리의 부재 자체의 결함
③ 재료의 단면부족
④ 이질재료의 사용
⑤ 안정성이 검증되지 않은 동바리(미검정품) 사용

01

차량계 건설기계를 사용하여 작업을 할 때에는 당해 작업장소의 지형 및 지반상태 등을 사전에 조사하고, 그 조사 결과를 고려하여 작업계획을 작성하고 그 작업계획에 따라 작업을 실시하여야 한다. 차량계 건설기계의 작업계획에 포함되는 사항을 3가지 쓰시오. ▶ 06·17기

길잡이

▶ 차량계 하역운반기계(지게차, 구내운반차, 화물자동차 등)의 작업계획서의 작성 내용 (안전보건규칙 별표 3)
① 작업에 따른 추락·낙하·전도·협착 및 붕괴 위험 예방대책
② 차량계 하역운반기계 등의 운행경로 및 작업방법

Guide 작업계획서 내용은 법 규정이며 출제율이 매우 높습니다. 따라서 반드시 암기하여야 합니다.

[해답]

① 사용하는 차량계 건설기계의 종류 및 능력
② 차량계 건설기계의 운행경로
③ 차량계 건설기계에 의한 작업방법

[주] 차량계 건설기계의 작업계획의 작성 : 안전보건규칙[별표3]

02

다음은 가설통로의 구조에 관한 사항이다. ( )안에 알맞은 용어 및 숫자를 기입하시오.

➡ 04·17기

(가) 견고한 구조로 할 것.
(나) 경사는 (①)° 이하로 할 것.
(다) 경사가 (②)°를 초과하는 때에는 미끄러지지 아니하는 구조로 할 것.
(라) 추락의 위험이 있는 장소에는 (③)을 설치할 것.
(마) 수직갱에 가설된 통로의 길이가 (④)m 이상인 때에는 (⑤)m 이내마다 계단참을 설치할 것.
(바) 건설공사에 사용하는 높이 (⑥)m 이상인 비계다리에는 (⑦)m 마다 계단참을 설치할 것.

해답

① 30   ② 15
③ 안전난간   ④ 15
⑤ 10   ⑥ 8
⑦ 7

주 가설통로의 구조 : 안전보건규칙 제23조

Guide 가설통로의 구조 6가지, 사다리식 통로의 구조 10가지를 완전히 숙지하여 ( )안에 숫자쓰기와 3가지 또는 4가지 항목쓰기에 대비하여야 합니다.

03

동영상의 화면은 굴삭기가 덤프트럭에 흙을 싣는 장면을 보여주고 있다. 다음 물음에 답하시오.

➡ 03·17기

(1) 작업중에 건설기계의 전도·전락 방지대책을 3가지만 쓰시오.
(2) 굴착작업시 지반의 붕괴 또는 토석의 낙하 방지대책을 3가지 쓰시오.

해답

(1) 차량계 건설기계의 전도 등의 방지대책
  ① 유도자 배치
  ② 지반의 부동침하 방지
  ③ 갓길의 붕괴 방지
  ④ 도로폭의 유지

(2) 지반의 붕괴 또는 토석의 낙하 방지대책
  ① 흙막이 지보공의 설치
  ② 방호망의 설치
  ③ 근로자의 출입 금지

주 (1) 전도 등의 방지대책 : 안전보건규칙 제199조
  (2) 지반의 붕괴 등에 의한 위험 방지 : 안전보건규칙 제340조

길잡이

▶ 상기 동영상에서와 같이 굴착 및 상차작업을 할 경우 근로자가 작업구역내에 접근시 위험 방지 조치사항
① 유도자 또는 신호수 배치
② 작업 반경내 출입금지 조치 및 출입금지 표지판 설치

04
잠함 · 우물통 · 수직갱 등의 내부에서 굴착작업 시 준수사항을 3가지 쓰시오.

➡ 03 산, 04·17기

해답

① 산소결핍의 우려가 있는 때에는 산소의 농도를 측정하는 자를 지명하여 측정하도록 할 것.
② 근로자가 안전하게 승강하기 위한 설비를 설치할 것.
③ 굴착깊이가 20m를 초과하는 때에는 당해 작업장소와 외부와의 연락을 위한 통신설비 등을 설치할 것.

[주] 잠함 등 내부에서 작업 : 안전보건규칙 제377조

길잡이

(1) 잠함 등 내부에서의 작업시 준수사항
 (안전보건규칙 제377조)
 ① 산소의 농도를 측정하는 자를 지명하여 산소농도 측정
 ② 승강설비 설치
 ③ 통신설비 설치
 ④ 산소농도 측정 결과 산소의 결핍이 인정되거나 굴착깊이가 20m를 초과하는 때에는 송기설비를 설치하여 필요한 양의 공기를 송급할 것.

(2) 잠함 등 내부에서의 작업의 금지
 (안전보건규칙 제378조)
 ① 승강설비, 통신설비, 송기설비 등에 고장이 있을 때
 ② 잠함 등의 내부에 다량의 물 등이 침투할 우려가 있을 때

(3) 잠함 등 내부에서 굴착작업시 잠함 · 우물통의 급격한 침하에 의한 위험방지를 위해 준수할 사항
 (안전보건규칙 제376조)
 ① 침하관계도에 따라 굴착방법 및 재하량 등을 정할 것.
 ② 바닥으로부터 천장 또는 보까지의 높이는 1.8m 이상으로 할 것.

05

다음은 거푸집 동바리 등을 조립할 때에 준수하여야 할 사항에 관한 내용이다. (   )안에 알맞은 용어 또는 숫자를 쓰시오. ▶ 03·17기

(가) 깔목의 사용, (①), 말뚝박기 등 동바리의 침하를 방지하기 위한 조치를 할 것.

(나) 동바리의 이음은 (②) 또는 장부이음으로 하고 같은 품질의 재료를 사용할 것.

(다) 강재와 강재의 접속부 및 교차부는 (③)등 전용 철물을 사용하여 단단히 연결할 것.

(라) 동바리로 사용하는 파이프 서포트의 높이가 (④)를 초과할 때에는 높이 (⑤)이내마다 수평연결재를 2개 방향으로 만들고 수평연결재의 변위를 방지할 것.

해답

① 콘크리트 타설
② 맞댄이음
③ 볼트 · 클램프
④ 3.5m
⑤ 2m

주 거푸집 동바리 등의 안전조치 : 안전보건규칙 제 332조

Guide 산업안전보건법에 규정된 거푸집 동바리 등의 안전조치 항목은 14개 항목이 있습니다. 주로 빈칸채우기[(   )안에 수치 또는 용어쓰기]가 많이 출제되므로 각 항목마다 중요도 정도를 파악하여야 하며 중요한 용어와 수치는 확실하게 암기하여야 합니다.

06

동영상의 화면은 콘크리트의 타설작업 장면을 보여주고 있다. 콘크리트의 타설작업시 준수할 사항에 대한 다음 물음에 답하시오.

(1) 작업시작 전 점검사항을 쓰시오.
(2) 작업 중 조치사항을 쓰시오.

해답

(1) **작업시작 전 점검사항**
   ① 거푸집 동바리 등의 변형·변위
   ② 지반의 침하 유무
(2) **작업중 조치사항** : 거푸집 동바리 등의 변형·변위 및 침하 유무 등을 감시할 수 있는 감시자 배치

▶ **콘크리트 타설작업시 준수할 사항**(안전보건규칙 제334조)
① 당일의 작업을 시작하기 전에 당해 작업에 관한 거푸집동바리 등의 변형·변위 및 지반의 침하 유무를 점검하고 이상을 발견한 때에는 이를 보수할 것.
② 작업 중에는 거푸집동바리 등의 변형·변위 및 침하 유무 등을 감시할 수 있는 감시자를 배치하여 이상을 발견한 때에는 작업을 중지시키고 근로자를 대피시킬 것.
③ 콘크리트의 타설작업시 거푸집 붕괴의 위험이 발생할 우려가 있는 때에는 충분한 보강조치를 할 것.
④ 설계도서상의 콘크리트 양생기간을 준수하여 거푸집 동바리 등을 해체할 것.
⑤ 콘크리트를 타설하는 경우에는 편심이 발생하지 않도록 골고루 분산하여 타설할 것.

Guide 콘크리트 타설작업시 준수사항 3가지 쓰기 등 문제가 출제됩니다.
출제율이 매우 높으므로 무조건 암기하여야 합니다.

07

동영상에 나타난 가스용기 취급시의 부주의 사항을 2가지 쓰시오.

해답

① 운반시 가스용기 밸브에 캡을 씌우지 않았다.
② 가스용기에 충격이 가해졌다.

길잡이

▶ **가스용기 취급시 준수해야 할 사항**(안전보건규칙 제234조)

1) 다음에 해당하는 장소에서 사용하거나 당해 장소에 설치·저장 또는 방치하지 아니하도록 할 것.
   ① 통풍 또는 환기가 불충분한 장소
   ② 화기를 사용하는 장소 및 그 부근
   ③ 위험물·화약류 또는 가연성 물질(합성섬유·면·양모·천조각·톱밥·짚·종이류 등)을 취급하는 장소 및 그 부근
2) 용기의 온도를 40℃ 이하로 유지할 것.
3) 전도의 위험이 없도록 할 것.
4) 충격을 가하지 않도록 할 것.
5) 운반할 때에는 캡을 씌울 것.
6) 사용할 때에는 용기의 마개에 부착되어 있는 유류 및 먼지를 제거할 것.
7) 밸브의 개폐는 서서히 할 것.
8) 사용 전 또는 사용 중인 용기와 그 외의 용기를 명확히 구별하여 보관할 것.
9) 용해 아세틸렌의 용기는 세워 둘 것.
10) 용기의 부식·마모 또는 변형상태를 점검한 후 사용할 것.

08

사진 속의 교량을 보고 다음 물음에 답하시오.
1) 교량형식(명칭)을 쓰시오.
2) 교량의 시공순서(설치순서)를 쓰시오.

해답

1) **교량형식** : 사장교
2) **교량시공순서** : 우물통 기초 지정 → 철탑(주각) 설치 → 케이블(와이어)설치 → 아스팔트포장

길잡이

▶ **사장교의 특징**
① 타 공법과 병행하여 시공이 가능하다.
② 케이블의 배치형태에 따라 방사형, 하프형, 팬형 등으로 구분할 수 있다.
③ 타 교량형식에 비해 경제적이다.
④ 대표적인 교량으로 서해대교가 있다.

01

동영상은 거푸집 동바리 등을 조립하는 장면을 보여주고 있다. 거푸집 동바리 조립시 준수하여야 할 사항을 4가지만 쓰시오.

➡ 03·17기, 07산

해답

① 깔목을 사용, 콘크리트 타설, 말뚝박기 등 동바리의 침하를 방지하기 위한 조치를 할 것.
② 개구부 상부에 동바리를 설치하는 때에는 상부 하중을 견딜 수 있는 견고한 받침대를 설치할 것.
③ 동바리의 상하 고정 및 미끄러짐 방지조치를 하고, 하중의 지지상태를 유지할 것.
④ 동바리의 이음은 맞댄이음 또는 장부이음으로 하고 같은 품질의 재료를 사용할 것.
⑤ 강재와 강재와의 접속부 및 교차부는 볼트·클램프 등 전용철물을 사용하여 단단히 연결할 것.
⑥ 거푸집이 곡면인 때에는 버팀대의 부착 등 그 거푸집의 부상(浮上)을 방지하기 위한 조치를 할 것.
⑦ 거푸집을 조립하는 때에는 거푸집이 넘어지지 아니하도록 버팀대를 설치하는 등 필요한 조치를 할 것.

[주] 거푸집 동바리 등의 안전조치(거푸집 동바리 조립시 준수사항
: 안전보건규칙 제 332조

Guide 빈칸( )채우기, 2가지에서 4가지 쓰기 등으로 출제되며, 출제율이 높은 편입니다.

02

동영상화면도는 작업자 2명이 긴 철근을 어깨에 메고 운반작업을 하고 있고 있다. 작업시 발생할 수 있는 재해형태를 3가지만 쓰시오.

▶ 06산, 17기

해답

① 전도
② 요통
③ 충돌(부딪힘)

길잡이

▶ 인력에 의한 철근운반시 유의사항
① 긴 철근은 2인이 1조가 되어 어깨메기로 하여 운반하는 등 안전성을 도모한다.
② 긴 철근을 부득이 한 사람이 운반할 때는 한 곳을 드는 것보다 한쪽을 어깨에 메고 한쪽 끝을 땅에 끌면서 운반한다.
③ 운반시에는 항상 양끝을 묶어 운반한다.
④ 1회 운반시 1인당 무게는 25kg정도가 적절하며, 무리한 운반은 삼간다.
⑤ 공동작업시는 신호에 따라 작업을 행한다.

03

동영상 화면은 철근의 배근작업 장면을 보여주고 있다. 노출된 철근의 보호방법을 3가지만 쓰시오.

▶ 07·17기

해답

① 철근에 비닐 등을 덮어 빗물이나 습기를 차단한다.
② 방청도료를 도포하여 철근의 부식을 방지한다.
③ 철근의 변형·변위를 방지하기 위해 철망이나 철사 등으로 고정시킨다.

04
동영상 화면에 나오는 (1) 건설기계의 명칭과 (2) 용도를 2가지만 쓰시오.

➡ 03·04·07·17기

해답

(1) 건설기계의 명칭 : 클램셸
(2) 용도
　① 수직굴착
　② 수중굴착
　③ 좁은 장소굴착
　④ 우물통 내부굴착

05
동영상은 차량계 건설기계인 백호에 의해 굴착작업 장면을 보여주고 있다. 차량계 건설기계 작업 시 작업계획에 포함되어야 할 사항 3가지를 쓰시오.

➡ 07·09·17기

해답

① 사용하는 차량계 건설기계의 종류 및 성능
② 차량계 건설기계의 운행경로
③ 차량계 건설기계에 의한 작업방법

[주] 사전조사 및 작업계획서 내용 : 안전보건규칙 [별표 4]

06

동영상을 보고 다음 물음에 답하시오.

▶ 03·17기, 07산

(1) 교량형식은?
(2) 교량시공(설치)순서를 쓰시오.

해답

(1) **교량형식** : 사장교
(2) **교량시공(설치)순서** : ① 우물통 기초 → ② 주각(철탑) → ③ 케이블 설치 → ④ 콘크리트 타설(또는 아스팔트 포장)

07

동영상은 작업자 3명이 흡연 후 맨홀을 열고 들어가 밀폐공간에서 작업하던 중 질식사고가 발생하는 장면을 보여주고 있다. 동영상에서와 같이 산소결핍이 우려되는 밀폐공간에서 작업시 문제점 3가지를 쓰시오.

▶ 07·17기

해답

① 송기마스크, 공기호흡기 등 보호구 미착용
② 작업시작 전 및 작업 중에 당해 작업장을 적정한 공기상태가 유지되도록 환기조치를 하지 않음
③ 밀폐공간 내의 당해 작업장과 외부의 감시인 사이에 상시 연락을 취할 수 있는 설비가 설치되어 있지 않음
④ 작업지휘자(또는 감시인) 미배치로 밀폐공간 내의 작업상황을 감시하지 않음
⑤ 비상시 작업자를 피난시키거나 구출하기 위한 대피용 기구(송기마스크·사다리 및 섬유로프 등)가 비치되어 있지 않음

08

동영상은 굴착작업을 하는 장면을 보여주고 있다. 굴착작업을 하는 경우 지반의 붕괴 또는 토석의 낙하에 의한 위험을 방지하기 위하여 관리감독자가 작업시작전에 점검 할 사항 2가지를 쓰시오.

➡ 01·17기

해답

① 작업장소 및 그 주변의 부식·균열의 유무
② 함수·용수 및 동결상태의 변화

주 토석붕괴 위험방지 : 안전보건규칙 제 339조

건설안전기사 실기 작업형 — 2017년 제4회

01

동영상의 화면은 백호(back hoe : 드래그셔블)에 의한 지반의 굴착작업장면을 보여주고 있다. 백호 등 차량계 기계를 사용하는 작업을 할 때에 전도 및 전락 방지대책을 2가지만 쓰시오.

➡ 07·17기

해답
① 유도자의 배치
② 지반의 부동침하 방지
③ 갓길의 붕괴 방지
④ 도로폭의 유지

[주] 차량계 건설기계의 전도등의 방지 : 안전보건규칙 제 199조

> **길잡이**
> ▶ 차량계 하역운반기계 등의 전도·전락 방지대책 (안전보건규칙 제 171조)
> ① 유도자의 배치
> ② 지반의 부동침하 방지
> ③ 갓길의 붕괴 방지

02

동영상의 화면은 가스용기를 운반하는 장면과 그 옆에서 용접작업을 하는 장면을 보여주고 있다. 다음 물음에 답하시오. ➡ 07·17기

(1) 가스용기 운반시 문제점(위험요인)을 2가지 쓰시오.
(2) 용접작업시의 문제점(위험요인)을 2가지 쓰시오.

해답
(1) 가스용기 운반시 문제점
① 운반시 캡을 씌우지 않았다.
② 운반시 전도의 위험이 있다.
(2) 용접작업시 문제점
① 차광보안면, 안전장갑 등 보호구 착용상태 불량 및 미착용
② 소화설비 미설치

03

다음 물음에 답하시오. ▶ 17기

(1) 동영상 화면의 건설장비의 명칭을 쓰시오.
(2) 동영상의 건설장비가 화물의 하중을 직접 지지하는 경우에 사용되는 권상용 와이어로프의 안전계수를 쓰시오.

해답

(1) 건설장비의 명칭 : 이동식 크레인
(2) 안전계수 : 5 이상

길잡이

▶ 양중기의 와이어로프 또는 달기체인의 안전계수 (안전보건규칙 제 163조)
① 근로자가 탑승하는 운반구를 지지하는 경우 : 10 이상
② 화물의 하중을 직접 지지하는 경우 : 5 이상
③ 훅, 샤클, 클램프, 리프팅 빔의 경우 : 3 이상
④ 그 밖의 경우 : 4 이상

04

달비계 또는 높이 5m 이상의 비계를 조립 · 해체 또는 변경작업시 관리감독자의 직무내용을 3가지만 쓰시오. ▶ 07·17기

해답

① 재료의 결함 유무를 점검하고 불량품을 제거하는 일
② 기구 · 공구 · 안전대 및 안전모 등의 기능을 점검하고 불량품을 제거하는 일
③ 작업방법 및 근로자의 배치를 결정하고 작업진행상태를 감시하는 일
④ 안전대 및 안전모 등의 착용상황을 감시하는 일

주 관리감독자의 유해 · 위험방지(직무수행내용) : 안전보건규칙 [별표 2]

05

이동식 비계를 조립하여 작업을 할 때에 준수사항을 3가지 쓰시오.

▶ 04·07·17기

길잡이

▶ 이동식 비계를 조립하여 사용시 준수사항 (고용노동부고시)
① 관리감독자의 지휘 하에 작업을 행할 것.
② 비계의 최대높이는 밑면 최소 폭의 4배 이하일 것.
③ 불의의 이동을 방지하기 위한 제동장치를 반드시 갖출 것.
④ 비계의 일부를 건물에 체결하여 이동, 전도 등을 방지할 것.
⑤ 승강용 사다리는 견고하게 부착할 것.
⑥ 최대적재하중을 표시할 것.
⑦ 부재의 접속부, 교차부는 확실하게 연결할 것.
⑧ 작업대의 발판은 전면에 걸쳐 빈틈없이 깔도록 할 것.
⑨ 작업대에는 안전난간을 설치하여야 하며 낙하물 방지조치를 할 것.
⑩ 안전모를 착용하여야 하며 지지로프를 설치할 것.

해답

① 이동식 비계의 바퀴에는 뜻밖의 갑작스러운 이동을 방지하기 위하여 브레이크·쐐기 등으로 바퀴를 고정시킨 다음 비계의 일부를 견고한 시설물에 잡아 매는 등의 조치를 할 것.
② 승강용 사다리는 견고하게 설치할 것.
③ 비계의 최상부에서 작업을 할 때에는 안전난간을 설치할 것.
④ 작업발판은 항상 수평을 유지하고 작업발판 위에서 안전난간을 딛고 작업을 하거나 받침대 또는 사다리를 사용하여 작업하지 않도록 할 것.
⑤ 작업발판의 최대적재하중은 250kg을 초과하지 않도록 할 것.

주 **이동식 비계** : 안전보건규칙 제 68조

06
불도저 작업시 안전조치사항을 3가지만 쓰시오.

해답

① 경사면을 오르고 내릴 때는 배토판을 가능한 낮게 한다.
② 신호자 또는 유도자를 배치한다.
③ 작업장 내에 관계자외 출입을 금지시킨다.
④ 장비의 전도·전락 등에 의한 위험방지조치를 한다.
⑤ 작업장소의 지형 및 지반상태 등에 적합한 장비의 제한속도를 지킨다.

길잡이
▶ **불도저**(bull dozer)
(1) **불도저** : 배토판(blade : 토공판)을 트랙터의 앞부분에 90°로 설치하여 흙의 표면을 밀면서 깍고 정지작업도 하는 기계로 운반거리 60m 이하의 배토작업에 쓰인다. (배토판은 상하로만 움직일 수 있음.)
(2) **불도저의 작업용도**
  ① 흙의 정지작업
  ② 흙 고르기
  ③ 돌의 운반

07
동영상은 화물의 과적한 채로 지게차를 운행하는 장면이다. 동영상을 참고하여 지게차 등 차량계 하역운반기계에 화물 적재시 미준수사항을 2가지만 쓰시오. ▶ 07·17기

해답

① 편하중이 생기지 않도록 화물을 적재하여야 하는데 편하중이 생김.
② 화물이 운전자의 시야를 가릴 정도로 과적하여 적재하였음.
③ 화물의 붕괴 또는 낙하 방지를 위해 화물에 로프를 거는 등의 조치를 하지 않음.

길잡이
▶ **차량계 하역운반기계에 화물 적재시 준수사항**
① 편하중이 생기지 아니하도록 적재할 것.
② 구내운반차 또는 화물자동차에 있어서 화물의 붕괴 또는 낙하로 인한 근로자의 위험을 방지하기 위하여 화물에 로프를 거는 등 필요한 조치를 할 것.
③ 운전자의 시야를 가리지 아니하도록 화물을 적재할 것.

08

전기기계 · 기구(전동기 · 변압기 · 분전반 등) 또는 전로 등의 충전부분에 접촉 또는 접근시 감전을 방지하기 위한 충전부의 방호조치사항을 3가지 쓰시오.

➡ 03·04·17기

해답

① 충전부가 노출되지 않도록 폐쇄형 외함이 있는 구조로 할 것.
② 충전부에 충분한 절연효과가 있는 방호망 및 절연덮개를 설치할 것.
③ 충전부는 내구성이 있는 절연물로 완전히 덮어 감쌀 것.
④ 발전소 · 변전소 및 개폐소 등 구획되어 있는 장소로서 관계근로자 외의 자의 출입이 금지되는 장소에 충전부를 설치하고, 위험표시 등의 방법으로 방화를 강화할 것.
⑤ 전주 위 및 철탑 위 등 격리되어 있는 장소로서 관계근로자 외의 자가 접근할 우려가 없는 장소에 충전부를 설치할 것.

주 전기기계 · 기구 등의 충전부 방호 : 안전보건규칙 제 301조

01
다음 물음에 답하시오.　　▶ 03산
(1) 사진의 터널공사 공법을 기술하시오.
(2) 터널굴착작업시 시공계획의 작성내용을 2가지만 쓰시오.

(1) TBM(터널 보링 머신 : Tunnel Boring Machine) 공법
(2) 시공계획의 작성내용
　① 굴착의 방법
　② 터널지보공 및 복공의 시공방법과 용수의 처리방법
　③ 환기 또는 조명시설을 설치할 때에는 그 방법

길잡이
▶ TBM 공법 (Tunnel Boring Machine Method)
(1) TBM 공법 : 화약 발파 없이 유압 기계장치에 의해서 기계적으로 터널을 굴착하는 공법이다.
(2) TBM 공법의 특징
　① 완전 자동화된 기계력에 의한 굴착
　② 진동영향의 극소화
　③ 선형의 정확한 유지
　④ 여굴 미발생
　⑤ 갱내 작업환경 양호 및 안정성 확보
　⑥ 초기 시설투자(장비비)가 크며, 본바닥의 변화에 적응 곤란
(3) TBM 공법의 적용이 곤란한 지반조건
　　03기, 03산, 07산, 13산
　① 굳은 암석 또는 연약지반이 돌출하는 경우
　② 다량의 용수가 분출하는 경우
　③ 지반의 굴착단면이 급작스럽게 변화하는 경우

02

추락방호망 설치기준에 대한 다음 ( )안에 알맞은 내용을 쓰시오.

(가) 추락방호망의 설치위치는 가능하면 작업면으로부터 가까운 지점에 설치하여야 하며, 작업면으로부터 망의 설치지점까지의 수직거리는 (①)m를 초과하지 아니할 것

(나) 추락방호망은 (②)으로 설치하고, 망의 처짐은 짧은 변 길이의 12 이상이 되도록 할 것

(다) 건축물 등의 바깥쪽으로 설치하는 경우 추락방호망의 내민 길이는 벽면으로부터 (③)m이상 되도록 할 것. 다만 그물코가 20mm 이하인 추락방호망을 사용한 경우에는 낙하물방지망을 설치한 것으로 본다.

해답

① 10
② 수평
③ 3

[주] 추락방호망 설치기준 : 안전보건규칙 제42조

03

사진을 보고 다음 물음에 답하시오.
(1) 건설기계의 명칭을 쓰시오.
(2) 사용 용도를 1가지만 쓰시오.

해답

(1) 기계명칭 : 스크레이퍼
(2) 용도 : 지반 정지작업(지반 고르기 작업)

> **길잡이**
>
> ▶ 스크레이퍼(scraper)
> (1) 스크레이퍼 : 굴착, 싣기, 운반, 하역 등의 일관작업을 하나의 기계로서 연속적으로 행할 수 있는 굴착기와 운반기를 조합한 토공기계
> (2) 용도
> ① 비행장, 도로의 신설 등과 같은 대규모 정지작업
> ② 흙을 얇게 깎으면서 싣는 작업(굴착작업 · 싣기작업)
> ③ 주어진 거리에서 높은 속도비로 중량물을 운반하는 작업(운반작업 · 하역작업)

04

계단 및 계단참에 대한 다음 ( )안에 알맞은 숫자를 쓰시오.

▶ 03산

(1) 계단 및 계단참을 설치할 때에는 매 제곱미터(m^2)당 (①)kg 이상의 하중에 견딜 수 있는 강도를 가진 구조로 설치하여야 하며, 안전율은 (②) 이상으로 하여야 한다.
(2) 높이가 (③)m를 초과하는 계단에는 높이 (④)m 이내마다 너비 (⑤)m 이상의 계단참을 설치하여야 한다.

④ 천정의 높이 : 계단 설치시는 바닥면으로부터 높이 2m 이내의 공간에 장애물이 없도록 할 것(다만, 급유용·보수용·비상용 계단 및 나선형 계단은 제외)
⑤ 계단의 난간 : 높이가 1m 이상인 계단의 개방된 측면에는 안전난간을 설치할 것.

해답
① 500   ② 4
③ 3   ④ 3
⑤ 1.2

길잡이
▶ 가설계단 등 설치기준(안전보건규칙 제26조~제30조)
① 계단의 강도 : 계단 및 계단참 설치시는 500kg/m^2(매 m^2당 500kg) 이상의 하중에 견딜 수 있는 강도를 가진 구조로 설치할 것(안전율 : 4 이상)
② 계단의 폭 : 계단 설치시는 그 폭을 1m 이상으로 할 것(다만, 급유용·보수용·비상용 계단 및 나선형 계단은 제외)
③ 계단참의 높이 : 높이가 3m를 초과하는 계단에는 높이 3m 이내마다 너비 1.2m 이상 계단참을 설치할 것

05

동영상은 작업자가 교류 아크 용접기로 용접작업을 하는 장면을 보여주고 있다. 다음 물음에 답하시오.

(1) 용접작업 시 착용하여야 하는 보호구 2가지만 쓰시오.
(2) 교류 아크 용접기의 방호장치 명칭을 쓰시오.

해답
(1) 착용보호구
   ① 용접용 보안면
   ② 가죽제 용접용 안전장갑
   ③ 용접용 앞치마
(2) 방호장치 : 자동전격방지장치

06

동영상 화면은 개구부 주변에서 정리정돈작업을 하는 장면을 보여주고 있다. 개구부 등의 주변에서 작업시 추락위험방지 조치사항(추락방지대책)을 3가지만 쓰시오.

해답

① 안전난간, 울타리, 수직형 추락방망 또는 덮개 등 설치
② 추락방호망 설치
③ 안전대부착설비 설치 및 안전대 착용

[주] 개구부 등의 방호조치 : 안전보건규칙 제43조

07

동영상은 터널공사 현장에서 록볼트(rock bolt) 설치 작업장면을 보여주고 있다. 록볼트의 역할 3가지를 쓰시오. ▶ 14기

해답

① 아치형성 작용
② 내압작용
③ 봉합작용
④ 보형성 작용
⑤ 지반개량 작용

길잡이

▶ 록볼트(rock bolt)
(1) 정의 : 터널굴착면의 암반천공 후 록볼트를 삽입정착하여 이완된 암반을 원지반에 고정시키는 공법이다.
(2) 종류
  ① 선단 정착형
  ② 전면접착형
  ③ 병용형
  ④ 마찰형

08

동영상 화면은 흙막이 공사 작업장면을 보여주고 있다. 다음 물음에 답하시오.
(1) 흙막이 공법의 명칭을 쓰시오.
(2) 계측기의 종류 3가지를 쓰고 그 역할을 간략히 설명하시오.

해답

(1) **흙막이 공법의 명칭** : 어스앵커 공법
(2) **계측기의 종류 및 역할**
① 수위계 : 지반의 지하수위 변화를 측정
② 경사계 : 흙막이벽의 수평변위(변형) 측정
③ 토압계 : 흙막이벽의 측압을 측정
④ 간극수압계 : 지하수의 수압을 측정
⑤ 변형계 : 흙막이벽의 변형과 응력을 측정

길잡이

(1) **흙막이공법의 종류**

구분	공법내용
흙막이 지지방식에 의한 분류	① 자립공법 ② 버팀대 공법 ③ 어스앵커공법 ④ 타이로드 공법
흙막이 구조방식에 의한 분류	① H-Pile(H말뚝, 흙막이 토류판 공법) ② 버팀대 공법(강널말뚝공법, 강관널말뚝 공법) ③ Slurry Wall(지하연속벽공법, 다이어프램월) 　(주열시기 지하연속벽, 벽식 지하연속벽) ④ 톱다운공법(역타공법)

(2) **어스앵커공법**
① 어스앵커(earth anchor) : 흙막이벽 배면에 보링공 내에 고강도 강재를 삽입하고 모르타르로 시공한 것
② 어스앵커 공법의 시공순서 : 천공 → 주입(강선 삽입) → 정착(grouting)

01
동영상에서와 같이 5m 이상의 비계의 조립·해체 및 변경작업 시 준수사항 3가지를 쓰시오.

▶ 10/1기

해답

① 관리감독자의 지휘하에 작업하도록 할 것
② 조립·해체 또는 변경의 시기, 범위 및 절차를 그 작업에 종사하는 근로자에게 교육할 것
③ 조립·해체 또는 변경작업구역 내에는 당해작업에 종사하는 근로자외의 자의 출입을 금지시키고 그 내용을 보기 쉬운 장소에 게시할 것
④ 비·눈 그 밖의 기상상태의 불안정으로 인하여 날씨가 몹시 나쁠 때에는 그 작업을 중지 시킬 것
⑤ 비계재료의 연결·해체작업을 하는 때에는 폭 20cm 이상의 발판을 설치하고 근로자로 하여금 안전대를 사용하도록 하는 등 근로자의 추락 방지를 위한 조치를 할 것
⑥ 재료, 기구 또는 공구 등을 올리거나 내리는 때에는 근로자로 하여금 달줄 또는 달포대 등을 사용하도록 할 것

[주] 비계 등의 조립·해체 및 변경작업 시 준수사항 : 안전보건규칙 제57조

02

동영상에서와 같이 굴착작업에 있어서 지반의 붕괴 또는 토석의 낙하에 의하여 근로자에게 위험을 미칠 우려가 있을 경우 위험방지 조치사항을 3가지 쓰시오.

해답
① 흙막이 지보공의 설치
② 방호망의 설치
③ 근로자의 출입 금지

[주] 지반의 붕괴 등에 의한 위험방지 : 안전보건규칙 제340조

길잡이

1) 지반 등의 굴착시 굴착면의 기울기 기준
   05/1 기, 06/1 산

구분	지반의 종류	구배(기울기)
보통흙	습지	1 : 1 ~ 1 : 15
	건지	1 : 0.5 ~ 1 : 1
암반	풍화암	1 : 1.0
	연암	1 : 1.0
	경암	1 : 0.5

2) 흙막이지보공 설치시 정기점검사항
   ① 부재의 손상·변형·부식·변위 및 탈락의 유무와 상태
   ② 버팀대의 긴압(緊壓)의 정도
   ③ 부재의 접속부·부착부 및 교차부의 상태
   ④ 침하의 정도

03

터널 굴착작업시 작업계획서에 포함시켜야 할 사항 3가지를 쓰시오.

▶ 02/1산, 03/4산, 04/4산, 10/1산

해답
① 굴착의 방법
② 터널지보공 및 복공의 시공방법과 용수처리 방법
③ 환기 또는 조명시설을 하는 때에는 그 방법

[주] 작업계획서 내용 : 안전보건규칙 별표4

길잡이

1) 터널 등의 건설작업 시 낙반 등에 의한 위험방지 조치사항 (안전보건규칙 제351조)
   ① 터널지보공 및 록볼트의 설치
   ② 부석의 제거
2) 터널 건설작업 시 터널내부의 시계의 유지를 위한 조치사항(안전보건규칙 제353조)
   ① 환기를 시킬 것
   ② 물을 뿌릴 것

04

동영상에서와 같이 이동식 비계를 조립하여 작업을 할 경우 준수사항 3가지를 쓰시오
▶ 01/4기, 03/4기, 05/2산, 06/4기, 16/기

▶ 이동식 비계의 구조

구분	내용
높이제한 (설치높이)	밑변 최소폭의 4배 이하
제동장치	브레이크, 쐐기 등 바퀴고정장치 설치
승강로	승강용 사다리 설치
난간대	최상부에 안전난간 설치
작업발판	발판재마다 2개소 이상 비계와 고정조치
가새	2단 이상 조립시 교차가새 설치

해답

① 이동식비계의 바퀴에는 뜻밖의 갑작스러운 이동 또는 전도를 방지하기 위하여 브레이크·쐐기 등으로 바퀴를 고정시킨 다음 비계의 일부를 견고한 시설물에 고정하거나 아웃트리거(outrigger)를 설치하는 등 필요한 조치를 할 것
② 승강용 사다리는 견고하게 설치할 것
③ 비계의 최상부에서 작업을 하는 경우에는 안전난간을 설치할 것
④ 작업발판은 항상 수평을 유지하고 작업발판 위에서 안전난간을 딛고 작업을 하거나 받침대 또는 사다리를 사용하여 작업하지 않도록 할 것
⑤ 작업발판의 최대적재하중은 250kg을 초과하지 않도록 할 것

[주] 이동식비계 : 안전보건규칙 제68조

05

동영상은 지하실에서 작업하는 장면을 보여주고 있다. 근로자가 상시 작업하는 장소의 조도기준에 대한 (   ) 안에 알맞은 수치를 쓰시오.

1) 초정밀작업 : (①) Lux 이상
2) 정밀작업 : (②) Lux 이상
3) 보통작업 : (③) Lux 이상
4) 그 밖의 작업 : (④) Lux 이상

해답

① 750 ② 300 ③ 150 ④ 75

[주] 조도기준 : 안전보건규칙 제8조

06

동영상 화면은 작업자가 말비계의 좁은 발판 위에서 페인트 칠을 하며 옆걸음을 치다가 말비계 위에서 떨어지는 모습과 현장 주변에 자재 등이 너저분하게 흩어져 있는 장면을 보여주고 있다. 다음 물음에 답하시오.

1) 동영상의 작업상황에서의 위험요인(불안전요소) 3가지를 쓰시오. ▶ 14/기
2) 말비계를 조립하여 사용시 준수사항 3가지를 쓰시오.

③ 말비계의 높이가 2m를 초과하는 경우에는 작업발판의 폭을 40cm 이상으로 할 것

[주] 말비계 : 안전보건규칙 제67조

해답

1) 위험요인
   ① 작업발판의 설치 불량 (폭이 40cm 이상 되어야 함)
   ② 작업방법의 불량 (양손에 페인트 통 등 재료 및 기구를 동시에 들고 작업을 함)
   ③ 관리감독자 미배치 (관리감독 소홀)

2) 말비계를 조립하여 사용 시 준수사항 (안전보건규칙 제67조)
   ① 지주부재(支柱部材)의 하단에는 미끄럼방지장치를 하고, 근로자가 양측 끝부분에 올라서서 작업하지 않도록 할 것
   ② 지주부재와 수평면의 기울기를 75° 이하로 하고, 지주부재와 지주부재 사이를 고정시키는 보조부재를 설치할 것

07

동영상은 지반의 굴착작업 중 지반이 붕괴되는 장면을 보여주고 있다. 지반의 굴착작업을 하는 경우 지반의 붕괴 또는 토석의 낙하에 의한 위험방지를 위해 관리감독자가 작업시작 전에 점검해야 할 사항 2가지를 쓰시오.

해답

① 작업장소 및 그 주변의 부석·균열의 유무
② 작업장소 및 그 주변의 함수·용수 및 동결상태의 변화

[주] 토석붕괴 위험방지 : 안전보건규칙 제339조

08

동영상은 작업장 내에 통로를 설치하는 작업장면을 보여주고 있다. 통로설치에 관한 다음 (   )안에 알맞은 내용을 쓰시오.

1) 통로의 주요부분에는 (①)를 하고 근로자가 안전하게 통행할 수 있도록 할 것
2) 통로면으로부터 높이 (②)m 이내에는 장애물이 없도록 할 것

해답

① 통로표시   ② 2

> **길잡이**
>
> 1) 통로의 조명 : 75Lux 이상
> 2) 가설통로의 구조(가설통로 설치시 준수사항) (안전보건규칙 제23조) 01/기, 03/산, 05/기, 06/산, 13/산
>   ① 견고한 구조로 할 것
>   ② 경사는 30° 이하로 할 것(계단을 설치하거나 높이 2m 미만의 가설통로로서 튼튼한 손잡이를 설치한 때에는 그러하지 아니하다.)
>   ③ 경사가 15°를 초과하는 때에는 미끄러지지 아니하는 구조로 할 것
>   ④ 추락의 위험이 있는 장소에는 안전난간을 설치할 것 (작업상 부득이한 때에는 필요한 부분에 한하여, 임시로 이를 해체할 수 있음)
>   ⑤ 수직갱에 가설된 통로의 길이가 15m 이상인 경우에는 10m 이내마다 계단참을 설치할 것
>   ⑥ 건설공사에 사용하는 높이 8m 이상인 비계다리에는 7m 이내마다 계단참을 설치할 것

09

동영상의 화면은 2m가 넘는 비계 작업발판 위에서 작업자(안전모, 안전대 등 보호구 미착용)가 핸드 그라인더로 석재를 다듬는 작업을 하고 있는 장면을 보여주고 있다. 석재공사 작업 중 위험요인 2가지를 쓰시오.

해답

① 핸드그라인더에 덮개를 부착하지 않아 석재작업시 눈에 손상을 줄 수 있다.
② 안전모, 안전대 등 보호구를 착용하지 않았다.
③ 추락방호망 등 안전시설을 설치하지 않았다.

건설안전기사 실기 작업형 — 2018년 제4회

01

동영상은 타워크레인이 화물을 1줄걸이로 하여 인양작업을 하고 있으며 하부에 근로자가 안전모 턱 끈을 매지 않은 채 화물의 인양작업을 보지 못하고 지나가다가 화물이 떨어져 사고가 발생되는 장면을 보여주고 있다. 다음 물음에 답하시오.

➡ 02/1기

1) 재해 종류
2) 재해 발생원인 1가지
3) 안전대책 1가지

해답

1) 재해 종류 : 낙하
2) 재해 발생원인(위험요인)
   ① 강관 인양시 한가닥의 와이어로프만 묶어서 운반하고 있다.
   ② 신호수를 배치하지 않았다.
   ③ 크레인의 작업반경 내에 사람이 접근하고 있다.
   ④ 위험표지판 또는 안전표지판을 설치하지 않았다.
   ⑤ 작업자가 안전모의 턱끈을 매지 않았다.
3) 안전대책
   ① 강관 인양시 강관의 두 군데를 와이어로프로 묶어서 운반할 것.
   ② 신호수를 배치할 것.
   ③ 크레인의 작업반경 내에 출입금지 조치를 할 것.
   ④ 위험표지판 또는 안전표지판을 설치할 것.
   ⑤ 안전모의 턱끈 등 보호구를 확실하게 착용할 것.

02

동영상은 불도저의 작업장면을 보여주고 있다. 불도저 등 차량계 건설기계를 사용하여 작업을 하는 때에 작업계획서에 포함되어야 할 사항 3가지를 쓰시오.

해답

① 사용하는 차량계건설기계의 종류 및 성능
② 차량계건설기계의 운행경로
③ 차량계건설기계에 의한 작업방법

[주] 사전조사 및 작업계획서 내용 : 안전보건규칙 별표4

길잡이

▶ 차량계하역운반기계 등의 사용 시 작업계획서 내용(안전보건규칙 별표4)
① 해당 작업에 따른 추락·낙하·전도·협착 및 붕괴 등의 위험 예방대책
② 차량계하역운반기계 등의 운행경로 및 작업방법

03

동영상은 작업자가 콘크리트 바닥을 청소하면서 옆으로 이동하다가 개구부로 추락하는 장면을 보여주고 있다. 작업발판 및 통로의 끝이나 개구부로서 추락할 위험이 있는 장소에 대한 방호조치 사항 3가지를 쓰시오.

▶ 03/1산, 05/4기, 06/4산

해답

① 안전난간, 울타리, 수직형 추락방망 설치
② 덮개설치 및 개구부 표시
③ 추락방호망 설치
④ 안전대 착용

길잡이

▶ 작업용 대형 slab 개구부($1m^2$ 이상)의 방호조치
① 안전난간 설치(난간기둥 간격 2m 이하)
② 안전난간에 수직방망 설치(바닥에 충분히 접하도록)
③ 높이 10m 이내마다 수평 추락방지망 설치(일시적 해체 가능 구조)
④ 낙하물 방지용 폭목 설치 및 안전표지판 설치
⑤ 지하층 개구부 주변은 충분한 조도 확보

04

산업안전보건법에 따라 근로자가 상시 작업하는 장소의 작업면은 조도기준에 맞도록 하여야 한다. 작업에 따른 조도기준을 쓰시오.

초정밀작업 (①) Lux 이상
정밀작업 (②) Lux 이상
보통작업 (③) Lux 이상
그 밖의 작업 (④) Lux 이상

해답

① 750
② 300
③ 150
④ 75

주 작업면 조도기준 : 안전보건규칙 제8조

길잡이

▶ 통로의 조명(안전보건규칙 제21조)
75Lux 이상의 채광 또는 조명시설을 할 것

05

동영상은 어두운 터널 안으로 펌프카 차량이 들어가고 터널 천장의 울퉁불퉁한 형태를 보여주며 근로자가 차량점검을 한 후 펌프카의 호스에 압력을 가하여 터널 굴착부에 모르타르를 뿜칠하는 장면을 보여주고 있다.

1) 동영상의 작업공정의 명칭을 쓰시오.
2) 공법의 종류 2가지를 쓰시오.
3) 터널굴착 · 작업 시 작업계획서의 내용 3가지를 쓰시오.

해답

1) 작업공정 : 숏크리트 뿜칠공정
2) 공법의 종류
  ① 습식공법 ② 건식공법
3) 터널굴착작업 시 작업계획서 내용
  ① 굴착의 방법
  ② 터널지보공 및 복공의 시공방법과 용수의 처리방법
  ③ 환기 또는 조명시설을 하는 때에는 그 방법

주 사전조사 및 작업계획서 내용 : 안전보건규칙 별표4

길잡이

▶ 숏크리트 타설 작업 시 작업계획서의 내용
① 압송거리 ② 분진방지대책
③ 리바운드 방지대책 ④ 작업의 안전수칙

06

거푸집 동바리 등을 조립하는 경우 준수사항(거푸집 동바리 등의 안전조치) 3가지를 쓰시오.

> **길잡이**
>
> ▶ 거푸집 동바리 등의 조립 또는 해체작업 시 준수사항
> (안전보건규칙 제336조)
> ① 해당 작업을 하는 구역에는 관계근로자 외의 자의 출입을 금지시킬 것
> ② 비·눈 그 밖의 기상상태의 불안정으로 인하여 날씨가 몹시 나쁠 때에는 그 작업을 중지시킬 것.
> ③ 재료·기구 또는 공구 등을 올리거나 내릴 때에는 근로자로 하여금 달줄·달포대 등을 사용하도록 할 것.
> ④ 낙하·충격에 의한 돌발적 재해를 방지하기 위하여 버팀목을 설치하고 거푸집 동바리 등을 인양장비에 매단 후에 작업을 하도록 하는 등 필요한 조치를 할 것

해답

① 깔목의 사용, 콘크리트 타설, 말뚝박기 등 동바리의 침하를 방지하기 위한 조치를 할 것
② 개구부 상부에 동바리를 설치하는 경우에는 상부하중을 견딜 수 있는 견고한 받침대를 설치할 것
③ 동바리의 상하 고정 및 미끄러짐 방지 조치를 하고, 하중의 지지상태를 유지할 것
④ 동바리의 이음은 맞댄이음이나 장부이음으로 하고 같은 품질의 재료를 사용할 것
⑤ 강재와 강재의 접속부 및 교차부는 볼트·클램프 등 전용철물을 사용하여 단단히 연결할 것
⑥ 거푸집이 곡면인 경우에는 버팀대의 부착 등 그 거푸집의 부상(浮上)을 방지하기 위한 조치를 할 것

[주] 거푸집 동바리 등의 안전조치 : 안전보건규칙 제332조

07

콘크리트 타설작업을 하기 위하여 콘크리트 펌프 또는 콘크리트 펌프카를 사용할 때 준수사항 3가지를 쓰시오

▶ 01/4기, 03/4기, 04/2산, 05/1기

해답

① 작업을 시작하기 전에 콘크리트 펌프용 비계를 점검하고 이상을 발견한 때에는 즉시 보수할 것.
② 건축물의 난간 등에서 작업하는 근로자가 호스의 요동·선회로 인하여 추락하는 위험을 방지하기 위하여 안전난간을 설치 등 필요한 조치를 할 것.
③ 콘크리트 펌프카의 붐을 조정할 때에는 주변 전선 등에 의한 위험을 예방하기 위한 적절한 조치를 할 것.
④ 작업 중에 지반의 침하, 아웃트리거의 손상 등으로 인하여 콘크리트 펌프카가 넘어질 우려가 있는 때에는 이를 방지하기 위한 적절한 조치를 할 것.

[주] 콘크리트 펌프 등 사용 시 준수사항 : 안전보건규칙 제335조

길잡이

▶ 콘크리트 타설작업을 하는 경우 준수사항(안전보건규칙 제334조) 03/4기, 05/4기
① 당일의 작업을 시작하기 전에 해당 작업에 관한 거푸집 동바리 등의 변형·변위 및 지반의 침하유무 등을 점검하고 이상이 있으면 보수할 것
② 작업 중에는 거푸집 동바리 등의 변형·변위 및 침하유무 등을 감시할 수 있는 감시자를 배치하여 이상이 있으면 작업을 중지하고 근로자를 대피시킬 것
③ 콘크리트 타설작업 시 거푸집 붕괴의 위험이 발생할 우려가 있으면 충분한 보강조치를 할 것
④ 작업 중에 지반의 침하, 아웃트리거의 손상 등에 의하여 콘크리트 펌프카가 넘어질 우려가 있는 경우에는 이를 방지하기 위한 적절한 조치를 할 것

08

동영상은 강관비계 위에 설치된 작업발판을 보여주고 있다. 다음 질문에 답하시오.
① 작업발판의 최소폭
② 작업발판 재료간의 틈
③ 강관 비계기둥간의 최대적대하중

해답

① 40cm 이상
② 3cm 이하
③ 400kg

[주] 1) 작업발판의 구조 : 안전보건규칙 제56조
2) 강관비계의 구조 : 안전보건규칙 제60조

건설안전기사 실기 작업형 — 2019년 제1회

01

다음은 강관을 사용하여 비계를 구성할 때에 준수해야 할 사항이다. ( )안에 알맞은 내용을 쓰시오.

(가) 비계기둥의 간격은 띠장방향에서는 (①)m 이하, 장선방향에서는 (②)m 이하로 할 것
(나) 띠장간격은 (③)m 이하로 할 것
(다) 비계기둥의 제일 윗부분으로부터 (④)m 되는 지점 밑부분의 비계기둥은 2개의 강관으로 묶어세울 것
(라) 비계기둥간의 적재하중은 (⑤)kg을 초과하지 않도록 할 것

해답

① 1.85 ② 1.5
③ 2 ④ 31
⑤ 400

주) 강관비계의 구조 : 안전보건규칙 제60조

02

동영상 화면은 굴삭기(백호)로 흙을 굴착하여 덤프트럭에 싣는 작업장면(작업자가 굴삭 주변에 있고 안전모 등 보호구 미착용)을 보여주고 있다. 당해 작업의 위험요인과 안전대책을 3가지 쓰시오.

해답

1) 위험요인
  ① 유도자를 배치하지 않아 덤프트럭 후진 시 작업자가 덤프트럭에 접촉되어 다칠 수 있다.
  ② 작업자가 굴삭기의 회전반경 내에 출입하여 굴삭기의 붐대에 접촉되어 다칠 수 있다.
  ③ 작업자가 보호구(안전모 등)를 착용하지 않아서 사고발생 시 중상을 입을 수 있다.

2) 안전대책
  ① 유도자를 배치한다.

② 굴삭기의 회전반경 내에는 안전구역 설정 및 출입금지표지판 설치 등에 의해 근로자의 출입을 금지시킨다.
③ 안전모, 안전화 등의 보호구를 반드시 착용한다.

03
지반 굴착작업시 흙막이지보공을 설치한 때에 정기적으로 점검할 사항을 3가지 쓰시오.

해답

① 부재의 손상, 변형, 부식, 변위 및 탈락의 유무와 상태
② 버팀대의 긴압의 정도
③ 부재의 접속부, 부착부 및 교차부의 상태
④ **침하의 정도**

흙막이지보공 설치시 붕괴 등의 위험방지를 위한 정기적 점검사항 : 안전보건규칙 제347조

04
동영상은 터널굴착 작업 장면을 보여주고 있다. 터널굴착 작업 시 작업계획에 포함되는 사항을 3가지 쓰시오.

해답

① 굴착의 방법
② 터널지보공 및 시공방법과 용수의 처리방법
③ 환기 또는 조명시설을 설치할 때의 그 방법

[주] 터널굴착 작업시 작업계획서의 내용 : 안전보건규칙 별표4 제7호

길잡이

▶ 터널굴착 작업시 사전조사 내용(안전보건규칙 별표 제7호)
① 보링(boring) 등 적절한 방법으로 낙반, 출수 및 가스폭발 등으로 인한 근로자의 위험을 방지하기 위하여
② 미리(사전에) 지형, 지질 및 지층상태를 조사할 것

05

잠함, 우물통, 수직갱 등의 내부에서 굴착작업 시 준수사항 3가지를 쓰시오.

해답

① 산소결핍의 우려가 있는 때에는 산소의 농도를 측정하는 자를 지명하여 측정하도록 할 것
② 근로자가 안전하게 승강하기 위한 설비를 할 것
③ 굴착 깊이가 20m를 초과하는 때에는 당해 작업장소와 외부와의 연락을 위한 통신설비 등을 설치할 것

[주] 잠함 등 내부에서의 굴착작업시 준수사항 : 안전보건규칙 제377조

06

동영상은 건물외벽 돌마감공사 현장(비계 위에 설치된 작업발판 위에서 작업자 1명이 벽에 돌을 붙이는 작업을 하고 있으며, 그 밑에서 다른 작업자 1명이 작업을 하고 있는 장면)을 보여주고 있다. 사진의 작업상황에서 추락재해를 유발하는 불안전한 요소 3가지를 쓰시오.

▶ [13/4(기), 19/1(기)]

해답

① 작업발판 고정상태 불량으로 추락위험이 있다.
② 작업발판 끝에 안전난간을 설치하여 않아 추락할 수 있다.
③ 안전방망 등 방호설비가 설치되어 있지 않다.
④ 작업자가 안전모, 안전대 등 보호구를 착용하지 않았다(또는 보호구 착용상태가 불량했다).
⑤ 작업자 2명이 동시에 상, 하부에 작업을 하고 있기 때문에 상부에서 자재 등이 떨어져 하부작업자가 사고를 당할 수 있다.

07

동영상은 강관비계 해체작업 중에 강관비계가 떨어져 밑에서 작업하던 작업자가 맞는 장면을 보여주고 있다. 사고방지를 위한 안전대책 3가지를 쓰시오.

> **길잡이**
>
> ▶ 달비계 또는 높이 5m 이상의 비계를 조립, 해체하거나 변경하는 작업을 하는 경우 준수사항
> (안전보건규칙 제57조)
> ① 관리감독자의 지휘 하에 작업하도록 할 것
> ② 조립, 해체 또는 변경의 시기, 범위 및 절차를 그 작업에 종사하는 근로자에게 교육할 것
> ③ 조립, 해체 또는 변경작업구역 내에는 해당 작업에 종사하는 근로자 외의 출입을 금지시키고 그 내용을 쉬운 장소에 게시할 것
> ④ 비, 눈 그 밖의 기상상태의 불안정으로 인하여 날씨가 몹시 나쁠 때에는 그 작업을 중지시킬 것
> ⑤ 비계재료의 연결, 해체작업을 하는 때에는 폭 20cm 이상의 발판을 설치하고 근로자로 하여금 안전대를 사용하도록 하는 등 근로자의 추락방지를 위한 조치를 할 것
> ⑥ 재료, 기구 또는 공구들을 올리거나 내릴 때에는 근로자로 하여금 달줄 또는 달포대 등을 사용하도록 할 것

해답

① 관리감독자 또는 작업지휘자의 지휘 하에 작업을 하도록 할 것
② 안전모 등 보호구를 착용하도록 할 것
③ 비계해체 작업 시 상하 동시작업을 금하도록 할 것
④ 재료 등을 올리거나 내릴 때에는 달줄 또는 달포대 등을 사용하도록 할 것
⑤ 작업구역 내에는 해당 근로자 외의 출입을 금지시킬 것

08

터널공사(NATM공법 기준) 중 안전성 확보를 위한 계측항목 3가지를 쓰시오.

해답

① 내공변위 측정
② 전단침하 측정
③ 지중, 지표침하 측정
④ 록 볼트(rock bolt)축력 측정
⑤ 숏크리트(shotcrete)응력 측정

길잡이

▶ NATM 및 터널의 계측
(1) NATM(New Austrian Tunnelling Method)
터널주변 지반을 터널의 주지보를 이용하여 굴착한 후 록 볼트(Rock bolt)를 체결하고 1차 라이닝(lining)-방수시트(sheet)-2차 라이닝(lining)하여 터널을 형성시키면서 굴진하는 공법
(2) 터널의 계측
 1) 터널계측의 목적
  ① 지반거동의 관리
  ② 지보공 효과의 확인
  ③ 안정상태의 확인
  ④ 근접구조물의 안정성 확인
  ⑤ 장래공사설계의 자료 확보
  ⑥ 경제성 도모

 2) 계측의 종류 및 조사항목

① 내공변위 측정 : 변위량, 변위속도 등을 파악하여 주위지반의 안전성 파악, 1차 지보의 설계, 시공타당성 파악
② 천단침하 측정 : 천단의 변위량을 측정하여 터널 천장부의 침하 판단
③ 지표침하 측정 : 터널굴착에 따른 지표의 침하량 파악
④ 지중침하 측정 : 터널굴착에 따른 지층의 침하량 파악
⑤ 록 볼트 축력 측정 : 록 볼트(Rock bolt)에 작용하는 축력을 심도별로 측정하여 지보효과와 유효 설계 깊이 판단
⑥ 록 볼트 인발강도 : 록 볼트의 인발내력을 확인, 정착상태 파악
⑦ 숏크리트 응력측정 : 록 볼트의 인발내력을 확인, 정착상태 파악
⑧ 지중변위 측정 : 터널주변 이완영역과 볼트길이 타당성 판단
⑨ 지중수평변위 측정 : 굴착에 따른 지반심도별 수평변위(경사)를 측정하여 수평방향의 지반이완영역 판단

건설안전기사 실기 작업형 — 2019년 제2회

01
크레인에 부착하는 방호장치의 종류 3가지를 쓰시오. ➡ 13/1(기), 19/2(기)

해답
① 과부하방지장치
② 권과방지장치
③ 비상정지장치
④ 제동장치

주) 방호장치의 조정 : 안전보건규칙 제134조

길잡이

(1) 크레인, 이동식 크레인, 이삿짐 운반용 리프트(차량작업부에 탑재되는 것), 간이리프트(자동차 정비용은 제외), 승강기 등 양중기의 방호장치
① 과부하방지 장치
② 권과방지장치
③ 비상정지장치
④ 제동장치

(2) 승강기의 방호장치
① 과부하방지장치
② 비상정지장치
③ 파이널리미트 스위치
④ 속도조절기
⑤ 출입문 인터록

02
동영상 화면은 가설전기작업 장면을 보여주고 있다. 다음 [보기] 이외의 감전위험요소를 2가지 쓰시오.

[보기] 통전류의 세기

해답
① 전원의 종류
② 통전경로
③ 통전시간

> **길잡이**
>
> (1) 전격위험도 결정조건
>   ① 통전전류의 크기(세기)
>   ② 전원의 종류(교류, 직류별)
>   ③ 통전경로
>   ④ 통전시간
> (2) 2차적 감전위험요소
>   ① 인체의 조건(저항)
>   ② 전압
>   ③ 주파수
>   ④ 계절

> **길잡이**
>
> (1) TBM(터널 보링 머신 : Tunnel Boring Machine) 공법
>   : 화약발파 없이 유압기계 장치에 의해서 기계적으로 굴착하는 공법이다.
> (2) TBM(터널 보링 머신 : Tunnel Boring Machine) 공법의 특징
>   ① 완전 자동화된 기계력에 의한 굴착
>   ② 진동영향의 극소화
>   ③ 선형의 정확한 유지
>   ④ 여굴 미발생
>   ⑤ 갱내 작업환경 양호 및 안전성 확보
>   ⑥ 초기 시설투자(장비비)가 크며, 본바닥의 변화에 적응 곤란

03

동영상 화면(사진)의 (1) 터널굴착기의 명칭을 쓰고 (2) 굴착작업 시 작업계획서의 작성내용 3가지를 쓰시오.

해답

(1) TBM(터널 보링 머신 : Tunnel Boring Machine) 공법
(2) 작업계획의 작성내용
  ① 굴착의 방법
  ② 터널지보공 및 복공의 시공방법과 용수의 처리방법
  ③ 환기 또는 조명시설을 하는 때에는 그 방법

[주] 사전조사 및 작업계획서의 내용 : 안전보건규칙 별표4

04

영상화면 사진 속의 명칭을 쓰고 그 건설기계의 용도 3가지를 쓰시오.

해답

(1) 건설기계 명칭 : 스크레이퍼
(2) 용도
  ① 굴착작업
  ② 성토작업
  ③ 실기작업
  ④ 운반작업
  ⑤ 하역작업
  ⑥ 대규모 정지작업

05

사진은 가설계단을 나타낸 것이다. 가설계단에 대한 다음 ( )안에 알맞은 숫자를 쓰시오.

➡ 02/04(기),14(산)

[보기]

(가) 계단의 강도 : 계단 및 계단참을 설치할 때는 매 ㎡당 (①)kg 이상의 하중에 견딜 수 있는 강도를 가진 구조로 설치하여야 하며, 안전율(파괴응력/허용능력)은 (②) 이상으로 한다.

(나) 계단의 폭 : 계단을 설치할 때는 그 폭을 (③)m 이상으로 하여야 한다(단, 급유용, 보수용, 비상용 계단 및 나선형 계단은 제외).

(다) 계단참의 높이 : 높이가 3m를 초과하는 계단에는 높이 (④)m이내의 너비 (⑤)m 이상의 계단참을 설치하여야 한다.

(라) 천장의 높이 : 계단을 설치할 때는 바닥면으로부터 높이 (⑥)m이내의 공간에 장애물이 없도록 하여야 한다.

해답

(1) ① 500   ② 4
(2) ③ 1
(3) ④ 3   ⑤ 1.2
(4) ⑥ 2

주) 계단의 강도 등 : 안전보건규칙 제26조, 제27조, 제28조, 제29조

06

동영상은 작업발판 끝에 안전난간을 설치하는 장면을 보여주고 있다. 안전난간을 구성하는 부위별 명칭을 쓰시오.

바닥면

해답

① 상부난간대
② 중간대
③ 발끝막이판
④ 난간기둥

길잡이

▶ 안전난간의 구조 및 설치요건(안전보건규칙 제13조)

① 상부 난간대, 중간 난간대, 발끝막이판 및 난간기둥으로 구성할 것. 다만, 중간 난간대, 발끝막이판 및 난간기둥은 이와 같이 비슷한 구조와 성능을 가진 것으로 대체할 수 있다.

② 상부 난간대은 바닥면, 발판 또는 경사로의 표면(이하 "바닥면등" 이라 함)으로부터 90cm이상 지점에 설치하고, 상부 난간대를 120cm 이하에 설치하는 경우에는 중간 난간대는 상부 난간대와 바닥면 등의 중간에 설치하여야 하며, 120cm 이상 지점에 설치하는 경우에는 중간 난간대를 2단 이상으로 균등하게 설치하고 난간의 상하 간격은 60cm 이하가 되도록 할 것. 다만, 계단의 개방된 측면에 설치된 난간기둥 간의 간격이 25cm 이하인 경우에는 중간 난간대를 설치하지 아니할 수 있다.

③ 발끝막이판은 바닥면 등으로부터 10cm 이상의 높이를 유지할 것. 다만, 물체가 떨어지거나 날아올 위험이 없거나 그 위험을 방지할 수 있는 망을 설치하는 등 필요한 예방조치를 한 장소는 제외한다.
④ 난간기둥은 상부 난간대와 중간 난간대를 견고하게 떠받칠 수 있도록 적정한 간격을 유지할 것
⑤ 상부 난간대와 중간 난간대는 난간 길이 전체에 걸쳐 바닥면등과 평행을 유지할 것
⑥ 난간대는 지름 2.7cm 이상의 금속제 파이프나 그 이상의 강도가 있는 재료일 것
⑦ 안전난간은 구조적으로 가장 취약한 지점에서 가장 취약한 방향으로 작용하는 100kg 이상의 하중에 견딜 수 있는 튼튼한 구조일 것

하게 거치되기 전까지는 걸이로프를 해체시키지 아니할 것
④ 자재나 부재의 낙하, 전도 또는 붕괴 등에 의하여 근로자에게 위험을 미칠 우려가 있을 경우에는 출입금지구역의 설정, 자재 또는 가설시설의 좌굴(挫屈) 또는 변형 방지를 위한 보강재 부착 등의 조치를 할 것

[주] 교량작업시 준수사항 : 안전보건규칙 제369조

07
교량의 설치, 해체 또는 변경작업을 하는 경우 준수사항 2가지를 쓰시오.

08
동영상은 작업자들이 철근조립작업 장면을 보여주고 있다. 동영상의 작업상황에서 작업자들의 불안전요소 3가지를 찾아 쓰시오.

해답
① 작업을 하는 구역에는 관계근로자가 아닌 사람의 출입을 금지할 것
② 재료, 기구 또는 공구 등을 올리거나 내릴 경우에는 근로자로 하여금 달줄, 달포대 등을 사용하도록 할 것
③ 중량물 부재를 크레인 등으로 인양하는 경우에는 부재에 인양용 고리를 견고하게 설치하고, 인양용 로프는 부재에 두 군데 이상 결속하여 인양하여야 하며, 중량물이 안전

해답
① 안전화 미착용 및 턱 끈이 풀려있는 등 안전모 착용상태 불량
② 안전난간 설치불량 및 추락방호망 미설치
③ 안전대 미착용

건설안전기사 실기 작업형 — 2019년 제4회

01
동영상은 석면을 취급하는 장소에서 작업자가 작업하는 장면을 보여주고 있다. 석면해체 제거작업에 종사하는 근로자에게 지급하여 착용하도록 하여야 하는 보호구 2가지를 쓰시오.

해답
① 방진마스크(특등급만 해당), 송진마스크 또는 전동식 호흡보호구
② 고글형(Goggles) 보호안경
③ 신체를 감싸는 보호복, 보호장갑 및 보호신발

[주] 석면해체 제거작업시 개인보호구의 지급, 착용 : 안전보건규칙 제491조

02
동영상 화면은 터널굴착 작업장면을 보여주고 있다. 다음 물음에 답하시오.
(1) 터널굴착기계의 명칭을 쓰시오.
(2) 굴착작업시 작업계획서 작성내용 3가지를 쓰시오.

해답
(1) TBM(터널보링머신) : Tunnel Boring Machine) 공법
(2) 작업계획의 작성내용
  ① 굴착의 방법
  ② 터널지보공 및 복공의 시공방법과 용수의 처리방법
  ③ 환기 또는 조명시설을 하는 때에는 그 방법

[주] 사전조사 및 작업계획서의 내용 : 안전보건규칙 별표4

(1) TBM(터널 보링 머신 : Tunnel Boring Machine) 공법
  : 화약발파 없이 유압기계 장치에 의해서 기계적으로 굴착하는 공법이다.

(2) TBM(터널 보링 머신 : Tunnel Boring Machine) 공법의 특징
① 완전 자동화된 기계력에 의한 굴착
② 진동영향의 극소화
③ 선형의 정확한 유지
④ 여굴 미발생
⑤ 갱내 작업환경 양호 및 안전성 확보
⑥ 초기 시설투자(장비비)가 크며, 본바닥의 변화에 적응 곤란

04

흙막이 공법에 대한 다음 물음에 답하시오.
(1) 사진 속의 흙막이 공법의 명칭을 쓰시오.
(2) 이 공법의 설치방법에 따른 공법의 종류를 2가지 쓰시오.
(3) 사진 속의 흙막이 공법에 필요한 구성요소(재료)를 2가지만 쓰시오.

03

잠함, 우물통, 수직갱 기타 이와 유사한 건설물 또는 설비의 내부에서 굴착작업시 준수사항 3가지 쓰시오.

해답

① 산소결핍의 우려가 있는 때에는 산소의 농도를 측정하는 자를 지명하여 측정하도록 할 것
② 근로자가 안전하게 승강하기 위한 설비를 할 것
③ 굴착 깊이가 20m를 초과하는 때에는 당해 작업장소와 외부와의 연락을 위한 통신설비 등을 설치할 것

[주] 잠함 등 내부에서의 굴착작업시 준수사항 : 안전보건규칙 제377조

해답

(1) 흙막이 공법의 명칭 : 버팀대식 흙막이 공법
(2) 버팀대의 설치방법에 따른 공법의 종류
　① 빗버팀대식 흙막이 공법
　② 수평버팀대식 흙막이 공법
(3) 버팀대식 공법의 구성요소
　① 엄지말뚝, 포스트말뚝 등 H빔
　② 철재복공판
　③ 목재토류판

▶ 버팀대식 공법

(a) 빗버팀대식공법　　(b) 수평버팀대식 공법

05
크레인에 부착하는 방호장치의 종류를 3가지 쓰시오.

해답
① 과부하방지장치
② 권과방지장치
③ 비상정지장치
④ 제동장치

[주] 양중기 방호장치의 조정 : 안전보건규칙 제134조

06
동영상은 강관비계를 조립하는 장면을 보여주고 있다. 다음 물음에 답하시오.

해답

1) **위험요인** : 비계기둥이 미끄러지거나 침하할 위험이 있다.
2) **위험방지 조치사항** : 비계기둥을 밑받침철물을 사용하거나 깔판, 깔목 등을 사용하여 밑둥잡이를 설치하는 등의 조치를 할 것

> **길잡이**
>
> ▶ 강관비계 조립시의 준수사항(안전보건규칙 제59조)
> (1) 비계기둥에는 미끄러지거나 침하하는 것을 방지하기 위하여 밑받침철물을 사용하거나 깔판, 깔목 등을 사용하여 밑둥잡이를 설치하는 등의 조치를 할 것
> (2) 강관의 접속부 또는 교차부는 적합한 부속철물을 사용하여 접속하거나 단단히 묶을 것
> (3) 교차가새로 보강할 것
> (4) 외줄비계, 쌍줄비계 또는 돌출비계에 대해서는 다음 각 목에서 정하는 바에 따라 벽이음 및 버팀을 설치할 것
>   ① 강관비계의 조립조건은 다음 [표]의 기준에 적합하도록 할 것
>
> | 강관비계의 종류 | 조립간격(단위 : m) | |
> | --- | --- | --- |
> | | 수직방향 | 수평방향 |
> | 달관비계 | 5 | 5 |
> | 틀비계 (높이 5m 미만은 제외) | 6 | 8 |
>
>   ② 강관, 통나무 등의 재료를 사용하여 견고한 것으로 할 것
>   ③ 인장재와 압축재로 구성된 경우에는 인장재와 압축재의 간격을 1m 이내로 할 것
> (5) 가공전로(架空電路)에 근접하여 비계를 설치하는 경우에는 가공전로를 이설(移設)하거나 가공전로에 절연용 방호구를 장착하는 등 가공전로와의 접촉을 방지하기 위한 조치를 할 것

07

다음은 추락방호망 설치기준에 대한 내용이다. (　)안에 알맞은 내용을 쓰시오.

(가) 추락보호망의 설치위치는 가능하면 작업면으로부터 가까운 지점에 설치하여야 하며, 작업면으로부터 망의 설치지점까지의 수직거리는 (①)m를 초과하지 아니할 것
(나) 추락보호망은 (②)으로 설치하고, 망의 처짐은 짧은 변 길이의 12cm 이상의 되도록 할 것
(다) 건축물 등의 바깥쪽으로 설치하는 경우 추락방호망의 내민 길이는 벽면으로부터 (③)m 이상 되도록 할 것. 다만 그물코가 20mm 이하인 망을 사용한 경우에는 낙하물방지망을 설치한 것으로 본다.

해답
① 10
② 수평
③ 3
[주] 추락보호망 설치기준 : 안전보건규칙 제42조

08

채석작업을 하는 경우 사전조사 내용과 작업계획서 작성내용 2가지를 쓰시오.

해답

1) 사전조사 내용 : 지반의 붕괴, 굴착기계의 전락(轉落) 등에 의한 근로자에게 발생할 위험을 방지하기 위한 해당 작업장의 지형, 지질 및 지층의 상태

2) 작업계획서 내용
① 노천굴착과 갱내굴착의 구별 및 채석방법
② 굴착면의 높이와 기울기
③ 굴착면 소단(小段)의 위치와 넓이
④ 갱내에서의 낙반 및 붕괴방지 방법
⑤ 발파방법
⑥ 암석의 분할방법
⑦ 암석의 가공장소
⑧ 사용하는 굴착기계, 분할기계, 적재기계 또는 운반기계(이하 '굴착기계 등' 이라 함)의 종류 및 성능
⑨ 토석 또는 암반의 적재 및 운반방법과 운반경로
⑩ 표토 또는 용수의 처리방법

[주] 사전조사 및 작업계획서 내용 : 안전보건규칙 별표4

건설안전기사 실기 작업형 — 2020년 제1회

01
차량계 건설기계를 사용하여 작업을 할 때에는 당해 작업장소의 지형 및 지반상태 등을 사전에 조사하고, 그 조사 결과를 고려하여 작업계획을 작성하고 그 작업계획에 따라 작업을 실시하여야 한다. 차량계 건설기계의 작업계획에 포함되는 사항을 3가지 쓰시오.

02
동영상은 지게차 운전자가 운전위치를 이탈하는 장면을 보여주고 있다. 위험요인 3가지를 쓰시오.

해답 (01)
① 사용하는 차량계 건설기계의 종류 및 성능
② 차량계 건설기계의 운행경로
③ 차량계 건설기계에 의한 작업방법

주 차량계 건설기계의 작업계획의 작성 : 안전보건규칙 별표4

> **길잡이**
> ▶ 차량계 하역운반기계(지게차, 구내운반차, 화물자동차 등)의 작업계획의 작성 내용(안전보건규칙 별표4)
> ① 작업에 따른 추락, 낙하, 전도, 협착 및 붕괴 등의 위험예방 대책
> ② 차량계 하역운반기계 등의 운행경로 및 작업방법

해답 (02)
① 포크, 버킷, 디퍼 등의 장치를 가장 낮은 위치 또는 지면에 내려두지 않았다.
② 원동기를 정지시키고 브레이크를 확실히 거는 등 갑작스런 주행이나 이탈 등을 방지하기 위해 필요한 조치를 하지 않았다.
③ 운전석을 이탈하는 경우에는 시동키를 운전대에서 분리하지 않았다.

> **길잡이**
>
> ▶ **운전위치 이탈시의 조치**(안전보건규칙 제99조) : 차량계 하역운반기계나 차량계 건설기계 등의 운전자가 운전위치를 이탈하는 경우 준수사항
> ① 포크, 버킷, 디퍼 등의 장치를 가장 낮은 위치 또는 지면에 내려둘 것
> ② 원동기를 정지시키고 브레이크를 확실히 거는 등 갑작스런 주행이나 이탈 등을 방지하기 위해 필요한 조치를 할 것
> ③ 운전석을 이탈하는 경우에는 시동키를 운전대에서 분리시킬 것

03

콘크리트의 타설작업을 하기 위하여 콘크리트 펌프 또는 콘크리트 펌프카를 사용할 때 준수사항 3가지만 쓰시오.

해답

① 작업을 시작하기 전에 콘크리트 펌프용 비계를 점검하고 이상을 발견한 때에는 즉시 보수할 것
② 건축물의 난간 등에서 작업하는 근로자가 호스의 요동, 선회로 인하여 추락하는 위험을 방지하기 위하여 안전난간의 설치 등 필요한 조치를 할 것
③ 콘크리트 펌프카의 붐을 조정할 때에는 주변 전선 등에 의한 위험을 예방하기 위한 적절한 조치를 할 것
④ 작업 중에 지반의 침하, 아우트리거의 손상 등으로 인하여 콘크리트 펌프카가 넘어질 우려가 있는 때에는 이를 방지하기 위한 적절한 조치를 할 것

주 콘크리트 펌프 등 사용시 준수사항 : 안전보건규칙 제350조

> **길잡이**
>
> ▶ **콘크리트의 타설작업시 준수사항**(안전보건규칙 제334조)
> ① 당일의 작업을 시작하기 전에 당해 작업에 관한 거푸집 동바리 등의 변형, 변위 및 지반의 침하 유무 등을 점검하고 이상을 발견한 때에는 이를 보수할 것
> ② 작업중에는 거푸집 동바리 등의 변형, 변위 및 침하 유무 등을 감시할 수 있는 감시자를 배치하여 이상을 발견한 때에는 작업을 중지시키고 근로자를 대피시킬 것
> ③ 콘크리트의 타설작업시 거푸집 붕괴의 위험이 발생할 우려가 있는 때에는 충분한 보강조치를 할 것
> ④ 설계도서상의 콘크리트 양생기간을 준수하여 거푸집 동바리 등을 해체할 것

04

다음은 가설통로의 구조에 관한 사항이다. ( )안에 알맞은 용어 및 숫자를 쓰시오.

(1) 견고한 구조로 할 것
(2) 경사는 (①)° 이하로 할 것
(3) 경사가 (②)° 를 초과하는 때에는 미끄러지지 아니하는 구조로 할 것
(4) 추락의 위험이 있는 장소에는 (③)을 설치할 것
(5) 수직갱에 가설된 통로의 길이가 (④)m 이상인 때에는 (⑤)m 이내마다 계단참을 설치할 것
(6) 건설공사에 사용하는 높이 (⑥)m 이상인 비계다리에는 (⑦)m 마다 계단참을 설치할 것

해답

① 30
② 15
③ 안전난간
④ 15
⑤ 10
⑥ 8
⑦ 7

[주] 가설통로의 구조 : 안전보건규칙 제23조

05

전기기계, 기구(전동기, 변압기, 분전반 등) 또는 전로 등의 충전부분에 접촉 또는 접근시 감전을 방지하기 위한 충전부의 방호조치 사항을 3가지 쓰시오.

해답

① 충전부가 노출되지 않도록 폐쇄형 외함이 있는 구조로 할 것
② 충전부에 충분한 절연효과가 있는 방호망 및 절연덮개를 설치할 것
③ 충전부는 내구성이 있는 절연물로 완전히 덮어 감쌀 것
④ 발전소, 변전소 및 개폐소 등 구획되어 있는 장소로서 관계근로자 외의 자가 출입이 금지되는 장소에 충전부를 설치하고 위험표시 등의 방법으로 방호를 강화할 것
⑤ 전주 위 및 철탑 위 등 격리되어 있는 장소로서 관계근로자 외의 자가 접근할 우려가 없는 장소에 충전부를 설치할 것

[주] 전기기계기구 등의 충전부 방호 : 안전보건규칙 제301조

06

동영상은 안전난간 설치장면을 보여주고 있다. 안전난간의 구조 및 설치요건에 대한 (   )안에 알맞은 내용을 쓰시오.

(가) 안전난간은 (①), (②), (③) 및 (④)으로 구성할 것
(나) (①)은 바닥면, 발판 또는 경사로의 표면으로부터 (⑤)cm 이상 지점에 설치할 것
(다) (③)은 바닥면 등으로부터 (⑥)cm 이상의 높이를 유지할 것

해답

① 상부난간대   ② 중간난간대
③ 발끝막이판   ④ 난간기둥
⑤ 90   ⑥ 10

[주] 안전난간의 구조 및 설치요건 : 안전보건규칙 제13조

07

동영상에서와 같이 이동식비계를 설치하여 작업을 할 때에 준수하여야 할 사항을 3가지 쓰시오.

해답

① 이동식 비계의 바퀴에는 뜻밖의 갑작스러운 이동을 방지하기 위하여 브레이크, 쐐기 등으로 바퀴를 고정시킨 다음 비계의 일부를 견고한 시설물에 잡아매는 등의 조치를 할 것
② 승강용 사다리는 견고하게 설치할 것
③ 비계의 최상부에서 작업을 할 때에는 안전난간을 설치할 것
④ 작업발판은 항상 수평으로 유지하고 작업발판 위에 안전난간을 딛고 작업을 하거나 받침대 또는 사다리를 사용하여 작업하지 않도록 할 것
⑤ 작업발판의 최대적재하중은 250kg을 초과하지 않도록 할 것

[주] 이동식비계 조립작업시 준수사항 : 안전보건규칙 제68조

길잡이

▶ 이동식 비계의 구조

구분	내용
높이제한 (설치높이)	밑변 최소 폭의 4배 이하
제동장치	브레이크, 쐐기 등 바퀴 고정장치 설치
승강로	승강용 사다리 설치
난간대	최상부에 안전난간 설치
작업발판	발판재마다 2개소 이상 비계와 고정조치
가새	2단 이상 조립시 교차가새 설치

08

동영상은 이동식 크레인이 화물을 1줄 걸이로 하여 인양작업을 하고 있으며 하부에 근로자가 안전모 턱 끈을 매지 않은 채 화물의 인양작업을 보지 못하고 지나가다가 화물이 떨어져 사고가 발생되는 장면을 보여주고 있다. 다음 물음에 답하시오.

(가) 재해종류
(나) 재해발생원인 1가지
(다) 안전대책 1가지

② 신호수를 배치할 것
③ 크레인의 작업반경 내에 출입금지 조치를 할 것
④ 위험표지판 또는 안전표지판을 설치할 것
⑤ 안전모의 턱 끈 등 보호구를 확실하게 착용할 것

해답

1) **재해종류** : 낙하
2) **재해발생원인(위험요인)**
   ① 강관 인양시 한 가닥의 와이어로프만 묶어서 운반하고 있다.
   ② 신호수를 배치하지 않았다.
   ③ 크레인의 작업반경 내에 사람이 접근하고 있다.
   ④ 위험표지판 또는 안전표지판을 설치하지 않았다.
   ⑤ 작업자가 안전모의 턱 끈을 매지 않았다.
3) **안전대책**
   ① 강관 인양시 강관의 두 군데를 와이어로프로 묶어서 운반할 것

건설안전기사 실기 작업형(A형)

2020년 제2회

01

동영상은 타워크레인에 의한 화물인양 작업 중에 화물이 떨어져 작업자가 다치는 사고 장면을 보여주고 있다. 다음 내용에 대해서 쓰시오.

(가) 재해 형태
(나) 재해발생원인
(다) 재해방지대책

해답

1) 재해형태 : 낙하
2) 재해발생원인
   ① 화물인양시 화물의 가운데 한곳만 와이어로프로 묶어서(1줄 걸기) 인양하다가 화물이 무게중심을 잃고 떨어졌다.
   ② 크레인이 작업반경 내에 출입금지 조치를 하지 않았다.
   ③ 신호수를 배치하지 않았다.
3) 재해방지대책
   ① 화물인양시 화물의 두 군데를 와이어로프로 묶어서(2줄 걸기) 인양할 것
   ② 크레인의 작업반경 내에 출입금지 조치를 할 것
   ③ 신호수를 배치하여 신호수의 신호에 따라 화물을 인양할 것

02

동영상은 작업자가 아파트공사 현장에서 외줄비계를 타고 위로 이동하여 비계를 조립하는 장면(안전대 미착용, 안전모 턱 끈 매지 않음)을 보여주고 있다. 위험요인 2가지를 쓰시오.

해답

① 안전대 미착용 및 안전모 턱 끈을 매지 않았다.
② 낙하물 방지망을 설치하지 않았다.

> **길잡이**
>
> ▶ 동영상의 작업상황에서 불안전한 요소(위험요인)
> (1) 불안전한 행동
>   ① 안전대 미착용
>   ② 안전모 턱 끈을 매지 않음
> (2) 불안전한 상태
>   ① 낙하물 방지망 미설치
>   ② 작업발판 및 안전난간 미설치

Guide 동영상화면도(동영상 또는 사진)를 정확히 파악하여 동영상의 작업상황에 맞는 위험요인(불안전한 행동 및 상태)을 찾아내시기 바랍니다.

03
동영상 화면 속의 (1) 장비명칭과 (2) 용도를 쓰시오.

(1) 장비명칭 : 불도저
(2) 용도 : 지반고르기

> **길잡이**
>
> ▶ 불도저(Bull dozer)
> 1) 불도저 : 배토판(blade : 토공판)을 트랙터의 앞부분의 90°로 설치하여 흙의 표면을 밀면서 깎고 정지작업도 하는 기계로 운반거리 60m 이하의 배토작업에 쓰인다 (배토판은 상하로만 움직일 수 있음).
> 2) 불도저의 작업용도
>   ① 흙의 정지작업
>   ② 흙 고르기
>   ③ 돌의 운반
> 3) 불도저 작업시 안전조치사항
>   ① 경사면을 오르고 내릴 때는 배토판을 가능한 낮게 한다.
>   ② 신호자 또는 유도자를 배치한다.
>   ③ 작업장 내에 관계자 외 출입을 금지시킨다.
>   ④ 장비의 전도, 전락 등에 의한 위험방지 조치를 한다.
>   ⑤ 작업장소의 지형 및 지반상태 등에 적합한 장비의 제한속도를 지킨다.

04
동영상의 화면은 터널굴착작업 장면을 보여주고 있다. 터널공사 등의 건설작업을 하는 때에 가연성 가스가 존재하여 폭발 또는 화재가 발생할 위험이 있을 때에는 필요한 장소에 가연성 가스 농도의 이상상승을 조기에 파악하기 위하여 자동경보 장치를 설치하고 당일의 작업 시작 전에 점검하여야 한다. 자동경보장치에 대하여 작업시작 전 점검사항 3가지 쓰시오.

① 계기의 이상 유무
② 검지부의 이상 유무
③ 경보장치의 작동상태

주 자동경보장치의 작업시간 전 점검사항 : 안전보건규칙 제350조 제4항

05

동영상은 건물 외벽 돌마감공사 현장 모습을 보여주고 있다. 이 현장에서 추락재해를 유발할 수 있는 불안전한 요소(위험요인, 재해발생원인)를 2가지 쓰시오.

해답

① 작업발판 및 안전난간 미설치
② 추락방호망(안전방망) 미설치
③ 안전대 및 안전모 등 보호구 미착용

06

동영상은 거푸집 동바리 등의 설치장면을 보여주고 있다. 거푸집 동바리 등을 조립하는 경우 준수사항 3가지를 쓰시오.

해답

① 깔목의 사용, 콘크리트 타설, 말뚝박기 등 동바리의 침하를 방지하기 위한 조치를 할 것
② 개구부 상부에 동바리를 설치하는 때에는 상부하중을 견딜 수 있는 견고한 받침대를 설치할 것
③ 동바리의 상하고정 및 미끄러짐 방지조치를 하고 하중의 지지상태를 유지할 것
④ 동바리의 이음은 맞댐이음 또는 장부이음으로 하고 같은 품질의 재료를 사용할 것
⑤ 강재와 강재와의 접속부 및 교차부는 볼트, 클램프 등 전용철물을 허용하여 단단히 연결할 것
⑥ 거푸집이 곡면인 때에는 버팀대의 부착 등 그 거푸집의 부상(浮上)을 방지하기 위한 조치를 할 것

주 거푸집 동바리 등의 안전조치(안전보건규칙) : 거푸집 동바리 조립시 준수사항

07

동영상은 지반의 굴착작업을 하는 장면을 보여주고 있다. 지반의 굴착작업 시 사전조사사항 3가지를 쓰시오.

해답

① 형상, 지질 및 지층의 상태
② 균열, 함수, 용수 및 동결의 유무 또는 상태
③ 매설물 등의 유무 또는 상태
④ 지반의 지하수위 상태

[주] 지반의 굴착작업시 사전조사사항 : 안전보건규칙 별표4

08

동영상 사진 속의 보호구 명칭을 쓰시오.

해답

고무제 안전장갑 또는 내전압용 절연장갑

> **길잡이**
> ▶ 안전장갑의 종류(고용노동부고시)
> ① 내전압용 절연장갑
> ② 화학물질용 안전장갑

건설안전기사 실기 작업형(B형)

2020년 제2회

01

동력을 사용하는 항타기, 항발기 설치 시 다음과 같은 경우에 대한 도괴 방지 대책을 각각 쓰시오.

(가) 연약한 지반에 설치하는 경우 :
(나) 각부 또는 가대가 미끄러질 우려가 있는 경우 :
(다) 버팀대만으로 상단부분을 안정시키는 경우 :

> **길잡이**
>
> ▶ 항타기, 항발기 설치 시 도괴방지를 위하여 준수할 사항
> ① 연약한 지반에 설치하는 때에는 각부 또는 가대의 침하를 방지하기 위하여 깔판, 깔목 등을 사용할 것
> ② 시설 또는 가설물 등에 설치하는 때에는 그 내력을 확인하고 내력이 부족한 때에는 그 내력을 보강할 것
> ③ 각부 또는 가대가 미끄러질 우려가 있는 때에는 말뚝 또는 쐐기 등을 사용하여 각부 또는 가대를 고정시킬 것
> ④ 궤도 또는 차로 이동하는 항타기 또는 항발기에 대하여는 불시에 이동하는 것을 방지하기 위하여 레일 클램프 및 쐐기 등으로 고정시킬 것
> ⑤ 버팀대만으로 상단부분을 안정시키는 때에는 버팀대는 3개 이상으로 하고 그 하단 부분은 견고한 버팀, 말뚝 또는 철골 등으로 고정시킬 것
> ⑥ 버팀줄만으로 상단부분을 안정시키는 때에는 버팀줄을 3개 이상으로 하고 같은 간격으로 배치할 것

해답

① 연약한 지반에 설치하는 경우 : 각부 또는 가대의 침하를 방지하기 위하여 깔판, 깔목 등을 사용할 것
② 각부 또는 가대가 미끄러질 우려가 있는 경우 : 말뚝 또는 쐐기 등을 사용하여 각부 또는 가대를 고정시킬 것
③ 버팀대만으로 상단부분을 안정시키는 경우 : 버팀대를 3개 이상으로 하고 그 하단부분은 견고한 버팀, 말뚝 또는 철골 등으로 고정시킬 것

02

동영상의 화면은 철골의 조립작업 장면을 보여주고 있다. 철골조립 작업시 작업을 중지해야 할 기후조건을 3가지 쓰시오.

해답

① 풍속이 초당 10m 이상인 경우
② 강우량이 시간당 1mm 이상인 경우
③ 강설량이 시간당 1cm 이상인 경우

[주] 철골작업의 제한 : 안전보건규칙 제383조

03

동영상은 작업자가 화물을 싣고 리프트를 운행하는 장면이다. 리프트 운행 중에 사고를 발생시킬 수 있는 위험요인(불안전한 행동 및 불안전한 상태)을 3가지만 쓰시오.

해답

① 리프트 운행 중 안전모 등 보호구 미착용
② 고층으로 개구부가 개방된 채로 운행하는 등 화물운반방법 불량(화물의 낙하 위험)
③ 각 층에서 탑승대기 중인 작업자가 안전난간 또는 문짝 밖으로 머리를 내밀고 리프트 위치를 확인하는 등 불안전한 동작을 하고 있음
④ 탑승하고 있는 작업자가 출입문 쪽으로 탑승하는 등 탑승위치 부적합(추락의 위험)
⑤ 화물의 적재불량 및 적재하중 초과
⑥ 리프트의 불안전한 속도조작

Guide 1) 불안전한 행동은 사고의 인적요인이며, 불안전한 상태는 사고의 물리적원인(기계적, 물리적인 위험요소)을 말합니다.

2) 동영상에 나타난 사고의 원인(위험요인)이 될 수 있는 사항을 정확히 파악하여 그에 적합한 정답을 기술하여야 합니다.

04

동영상은 타워크레인에 의해 거푸집을 해체작업하는 장면과 해체한 거푸집 부재를 인양하는 장면을 보여주고 있다. 동영상에서와 같은 작업상황에서의 안전조치 중 미흡한 사항(위험요인, 불안전요소)을 2가지만 쓰시오.

해답

① 화물을 와이어로프 한가닥만 묶어서 인양하고 있다.
② 신호수를 배치하지 않았다.
③ 작업반경 내에 근로자가 접근하고 있다.
④ 안전표지판(위험표지판)을 설치하지 않았다.
⑤ 작업자의 안전모 턱 끈이 풀려져 있다.

Guide 1) 동영상의 작업상황에 대한 위험요인을 정확히 파악하여 2가지 사항만 기술할 수 있도록 하여야 합니다.
2) 2가지 이상은 채점 대상에서 제외됨

05

동영상은 건물옥상 등 구조물 위에 설치되어 있는 지브크레인의 모습을 보여주고 있다. 구조물 위에 지브크레인 설치시 안전성 검토사항을 3가지 쓰시오.

해답

① 전도에 대한 안전성 검토
② 활동에 대한 안전성 검토
③ 지지력에 대한 안전성 검토

06

도로포장 작업시 위험방지를 위해 설치하여야 할 안전장치를 1가지 쓰시오.

해답

① 방책   ② 바리케이드

07

동영상은 철골구조물을 설치하는 장면을 보여주고 있다. 철골건립 중 강풍에 의한 풍압 등 외압에 대한 내력이 설계에 고려되었는지 확인해야 할 철골구조물 3가지를 쓰시오.

해답

① 높이 20m 이상의 구조물
② 구조물의 폭과 높이의 비가 1 : 4 이상인 구조물
③ 단면구조에 현저한 차이가 있는 구조물
④ 연면적당 철골양이 50kg/m² 이하인 구조물
⑤ 기둥이 타이 플레이트(Tie plate)형인 구조물
⑥ 이음부가 현장용접인 구조물

08

동영상 화면(사진)에 나와 있는 장비의 명칭을 쓰시오.

해답

콘크리트 펌프카

> **길잡이**
>
> ▶ 콘크리트 펌프 또는 펌프카 등 사용시 준수사항(안전보건규칙 제335조)
> ① 작업을 시작하기 전에 콘크리트 펌프용 비계를 점검하고 이상을 발견한 때에는 즉시 보수할 것
> ② 건축물의 난간 등에서 작업하는 근로자가 호스의 요동, 선회로 인하여 추락하는 위험을 방비하기 위하여 안전난간의 설치 등 필요한 조치를 할 것
> ③ 콘크리트 펌프카의 붐을 조정할 때에는 주변전선 등에 의한 위험을 예방하기 위한 적절한 조치를 할 것
> ④ 작업 중에 지반의 침하, 아웃트리거의 손상 등으로 인하여 콘크리트 펌프카가 넘어질 우려가 있는 때에는 이를 방지하기 위한 적절한 조치를 할 것

건설안전기사 실기 작업형
2020년 제3회

01
동영상에 있는 자료화면에서와 같이 타워크레인에 의한 인양작업을 하던 중 화물을 떨어뜨리는 재해가 발생하였다. 다음 물음에 답하시오.
(1) 재해의 유형을 쓰시오.
(2) 타워크레인의 방호장치 3가지를 쓰시오.

> **길잡이**
>
> ▶ 동영상의 작업상황에 대한 위험요인과 재해대책방지대책
> [04/2(기), 05/4(산)]
> (1) 위험요인(불안전한 요소)
>   ① 신호수를 배치하지 않았다.
>   ② 화물을 와이어로프 한 가닥만 묶어서 인양하고 있다.
>   ③ 작업반경 내에 근로자가 접근하고 있다.
>   ④ 안전표지판(위험표지판)을 설치하지 않았다.
>   ⑤ 작업자의 안전모 턱 끈이 풀려져 있다.
> (2) 재해방지대책
>   ① 지상에 신호수를 배치할 것
>   ② 와이어로프 화물을 2줄 걸기로 하여 인양할 것
>   ③ 크레인의 작업반경 내에는 출입금지 조치를 할 것
>   ④ 안전표지판(위험표지판)을 설치할 것
>   ⑤ 작업자의 안전모 턱 끈을 확실하게 착용할 것

[해답]
(1) 재해유형 : 낙하
(2) 방호장치 :
   ① 과부하방지장치
   ② 권과방지장치
   ③ 비상정지장치

02

동영상의 화면은 작업자가 말비계의 좁은 발판 위에서 페인트칠을 하며 옆걸음을 치다가 말비계 위에서 떨어지는 모습과 현장주변에 자재들이 너저분하게 흩어져 있는 장면을 보여주고 있다. 이 작업 상황에서의 위험요인(불안전요소)을 3가지만 쓰시오.

해답

① 작업발판의 설치 불량(폭이 40cm 이상 되어야 함)
② 작업방법의 불량(양손에 페인트 통 등 재료 및 기구를 동시에 들고 작업을 함)
③ 관리감독자 미배치(관리감독 소홀)

길잡이

▶ 말비계를 조립하여 사용시 준수사항(안전보건규칙 제67조)
① 지주부재의 하단에는 미끄럼방지 장치를 하고, 양측 끝부분에 올라서서 작업하지 아니하도록 할 것
② 지주부재와 수평면과의 기울기를 75° 이하로 하고, 지주부재와 지주부재 사이를 고정시키는 보조부재를 설치할 것
③ 말비계의 높이가 2m를 초과할 경우에는 작업발판의 폭을 40cm 이상으로 할 것

03

동영상의 사진은 가설계단을 나타낸 것이다. 가설계단에 대한 다음 ( )안에 알맞은 숫자를 쓰시오.

(가) 계단참의 높이 : 높이가 3m를 초과하는 계단에는 높이 (①)m이내마다 너비 (②)m 이상의 계단참을 설치하여야 한다.
(나) 천장의 높이 : 계단을 설치할 때는 바닥면으로부터 높이 (③)m이내의 공간에 장애물이 없도록 하여야 한다.

해답

① 3
② 1.2
③ 2

길잡이

▶ 계단의 설치기준
1) 계단의 강도(안전보건규칙 제26조)
  ① 계단의 강도 : 매 m^2 당 500kg 이상의 하중에 견딜 수 있는 구조일 것
  ② 안전율(=파괴응력/허용응력) : 4 이상
2) 계단의 폭(안전보건규칙 제27조)
  1m 이상(급유용, 보수용, 비상용 계단 및 나선형 계단은 제외)
3) 계단참의 높이(안전보건규칙 제28조)
  높이가 3m를 초과하는 계단에는 높이 3m이내마다 너비 1.2m 이상의 계단참을 설치할 것

4) 천장의 높이(안전보건규칙 제29조)
   계단 설치시 바닥면으로부터 높이 2m이내의 공간에 장애물이 없도록 할 것(급유용, 보수용, 비상용 계단 및 나선형 계단은 제외).
5) 계단의 난간(안전보건규칙 제30조)
   높이 1m 이상인 계단의 개방된 측면에는 안전난간을 설치할 것

04

동영상은 지게차에 화물을 잔뜩 싣고 운반하던 중 근로자와 충돌하는 사고장면을 보여주고 있다. 위험요인(재해발생원인) 2가지를 쓰시오.

해답

① 지게차 포크에 운전자의 시야를 가릴 정도로 화물을 과다 적재하였다.
② 지게차의 작업반경(운행통로)내에 출입금지 조치를 하지 않았다.

> **길잡이**
> ▶ **지게차의 작업시작 전 점검사항**(안전보건규칙 별표3)
> ① 제동장치 및 조종장치 기능의 이상유무
> ② 하역장치 및 유압장치 기능의 이상유무
> ③ 바퀴의 이상 유무
> ④ 전조등, 후미등, 방향지시기 및 경보장치 기능의 이상유무

05

동영상에 나타난 흙막이 지보공의 설치장면을 보고 다음 물음에 답하시오.
(1) 공법의 명칭과 (2) 공법의 특징을 쓰시오.

해답

1) 흙막이 공법의 명칭 : 어스앵커 공법
2) 공법의 특징
   ① 버팀대 지주 설치가 필요없다.
   ② 굴토 작업공간이 넓다.
   ③ 공기 단축이 가능하다.
   ④ 인근 구조물의 피해를 최소화 할 수 있다.

> **길잡이**
> ▶ **어스앵커 공법**
> ① **어스앵커**(Earth anchor) : 흙막이벽 배면에 보링공 내에 고강도 강재를 삽입하고 모르타르로 시공한 것
> ② **어스앵커 공법의 시공순서** : 천공 → 주입(강선삽입) → 인장 → 정착(Grouting)

06

동영상은 터널굴착 작업 장면을 보여주고 있다. 터널굴착 작업시 작업계획서에 포함되는 내용 2가지를 쓰시오.

🗨️ 해답

① 굴착의 방법
② 터널지보공 및 목공의 시공방법과 용수의 처리방법
③ 환기 및 조명시설을 설치할 때에 그 방법

[주] 작업계획서 내용 : 안전보건규칙 별표4

> 👉 **길잡이**
>
> ▶ 터널지보공 설치시 수시점검사항(안전보건규칙 제366조)
> ① 부재의 손상, 변형, 부식, 변위 탈락의 유무 및 상태
> ② 부재의 긴압 정도
> ③ 부재의 접속부 및 교차부의 상태
> ④ 기둥침하의 유무 및 상태

07

동력을 사용하는 항타기 또는 항발기 설치 시 도괴를 방지하기 위하여 준수할 사항을 4가지만 쓰시오.

🗨️ 해답

① 연약한 지반에 설치할 때에는 각부 또는 가대의 침하를 방지하기 위하여 깔판, 깔목 등을 사용할 것
② 시설 또는 가설물 등에 설치하는 때에는 그 내력을 확인하고 내력이 부족한 때에는 그 내력을 보강할 것
③ 각부 또는 가대가 미끄러질 우려가 있는 경우에는 말뚝 또는 쐐기 등을 사용하여 각부 또는 가대를 고정시킬 것
④ 궤도 또는 차로 이동하는 항타기 또는 항발기에 대하여는 불시에 이동하는 것을 방지하기 위하여 레일클램프 및 쐐기 등으로 고정시킬 것
⑤ 버팀대만으로 상단부분을 안정시키는 때에는 버팀대를 3개 이상으로 하고 그 하단부분은 견고한 버팀, 말뚝 또는 철골 등으로 고정시킬 것
⑥ 버팀줄만으로 상단부분을 안정시키는 때에는 버팀줄을 3개 이상으로 하고 같은 간격으

로 배치할 것
⑦ 평형추를 사용하여 안정시키는 때에는 평형추의 이동을 방지하기 위하여 가대를 견고하게 부착시킬 것

주 항타기, 항발기 무너짐의 방지 : 안전보건규칙 제209조

> **길잡이**
>
> ▶ 전격위험도 결정조건(감전의 위험요소)
> (1) 1차적 감전위험 요소
>   ① 통전전류의 크기(감전에 의한 사망 위험성을 결정하는 요인)
>   ② 전원(직류, 교류)의 종류
>   ③ 통전경로
>   ④ 통전시간
> (2) 2차적 감전 위험요소
>   ① 인체의 조건(저항)
>   ② 전압
>   ③ 주파수 및 계절

08
감전의 위험요소(전격 위험도 결정조건) 3가지를 쓰시오(단, '통전전류의 크기'는 제외한다).

해답

① 통전경로
② 전원(직류, 교류)의 종류
③ 통전시간
④ 인체의 조건(저항)
⑤ 전압
⑥ 주파수 및 계절

01

동영상은 크레인 화물 인양작업 장면을 보여주고 있다. 동영상의 작업 상황에 대한 위험요인 3가지를 쓰시오.

해답

① 화물을 가운데 한 군데만 걸고 인양하여 화물이 무게중심을 잃고 낙하할 수 있음
② 크레인의 작업반경 내에 근로자의 출입금지 조치를 하지 않음
③ 신호자를 배치하지 않음

02

동영상은 맨홀 등 밀폐된 공간에서 작업하는 장면을 보여주고 있다. 위험요인 3가지를 쓰시오.

해답

① 호흡용보호구(송기마스크, 공기호흡기 등)를 착용하지 않았다.
② 적정 공기상태가 유지되도록 환기를 실시하지 않았다.
③ 감독자(또는 감시인)를 배치하지 않았다.

> **길잡이**
>
> ▶ 상기 밀폐된 공간에서 작업시 안전대책 [07/2(기)]
> ① 송기마스크, 공기호흡기 등 보호구를 착용할 것
> ② 적정 공기상태가 유지되도록 환기를 실시할 것
> ③ 감시인을 배치할 것

03

동영상은 철골조립작업 중에 철골에서 추락하는 사고장면을 보여주고 있다. 재해발생원인(위험요인) 2가지를 쓰시오.

해답

① 안전대를 착용하지 않았다.
② 추락방호망을 설치하지 않았다.
③ (비계를 조립하여) 작업발판을 설치하지 않았다.

> **길잡이**
>
> ▶ 추락재해 방지대책
> (1) 추락하거나 넘어질 위험이 있는 장소(작업발판끝, 개구부 등은 제외) 또는 기계, 설비, 선박 블록 등에서 작업시 추락위험방지 조치사항(안전보건규칙 제42조)
>   ① (비계를 조립하여) 작업발판을 설치
>   ② 추락방호망 설치
>   ③ 안전대 착용
> (2) 작업발판 및 통로의 끝이나 개구부 등의 추락위험방지 조치사항(안전보건규칙 제43조)
>   ① 안전난간, 울타리, 수직형 추락방망 또는 덮개 설치(덮개는 뒤집히거나 떨어지지 않도록 설치하고, 어두운 장소에서도 알아볼 수 있도록 개구부임을 표시할 것
>   ② 추락보호망 설치
>   ③ 안전대 착용

04

동영상은 타워크레인에 의한 화물을 인양하는 작업장면을 보여주고 있다. 동영상에서와 같은 작업상황에서의 안전대책을 2가지만 쓰시오.

① 화물 인양시 화물의 두 군데를 와이어로프로 묶어서 (2줄 걸기) 인양할 것
② 신호수를 배치하여 신호수의 신호에 따라 화물을 인양할 것
③ 화물 인양시(들어올리거나 내릴 때)에는 균형을 유지하며 서서히 작업할 것
④ 크레인의 작업반경 내에는 출입금지조치를 할 것
⑤ 위험표지판 또는 안전표지판을 설치할 것

Guide ① 상기 안전대책 중 동영상 작업상황에 맞는 내용을 2가지만 쓰면 됩니다.
② 안전대책을 반대로 작성하면 위험요인이 됩니다.

05

동영상은 이동식비계 위에 작업자가 작업하는 장면을 보여주고 있다. 이동식비계를 조립하여 작업을 하는 경우 준수사항에 대한 다음 (   )안에 알맞은 용어를 쓰시오.

(가) 이동식비계의 바퀴에는 뜻밖의 갑작스러운 이동 또는 전도를 방지하기 위하여 (①), (②) 등으로 바퀴를 고정시킨 다음 비계의 일부를 견고한 시설물에 고정하거나 (③)를 설치하는 등 필요한 조치를 할 것
(나) 승강용 사다리는 견고하게 설치할 것
(다) 비계의 최상부에서 작업을 하는 경우에는 (④)을 설치할 것
(라) 작업발판은 항상 수평을 유지하고 작업발판 위에서 안전난간을 딛고 작업을 하거나 받침대 또는 사다리를 사용하여 작업하지 않도록 할 것
(마) 작업발판의 최대적재하중은 250kg을 초과하지 않도록 할 것

 해답

① 브레이크
② 쐐기
③ 아웃트리거
④ 안전난간

 이동식비계 조립시 준수사항 : 안전보건규칙 제13조

길잡이

▶ 이동식 비계의 구조

구분	내용
높이제한(설치높이)	밑변 최소 폭의 4배 이하
제동장치	브레이크, 쐐기 등 바퀴 고정장치 설치
승강로	승강용 사다리 설치
난간대	최상부에 안전난간 설치
작업발판	발판재마다 2개소 이상 비계와 고정조치
가새	2단 이상 조립시 교차가새 설치

06
동영상은 가설계단의 설치장면을 보여주고 있다. 계단참 설치에 대한 다음 (   )안에 알맞은 내용을 쓰시오.

높이가 3m를 초과하는 계단에는 높이 3m 이내마다 너비 (   )m 이상의 계단참을 설치하여야 한다.

해답
1.2

> **길잡이**
>
> ▶ 가설계단 등 설치기준(안전보건규칙 제26조~제30조)
> 1) 계단의 강도
>   계단 및 계단참 설치시는 500kg/m² (매 m² 당 500kg) 이상의 하중에 견딜 수 있는 강도를 가진 구조로 설치할 것(안전율 : 4이상)
> 2) 계단의 폭
>   계단을 설치하는 경우 그 폭을 1m 이상으로 할 것(다만 급유용, 보수용, 비상용 계단 및 나선형 계단이거나 높이 1m 미만의 이동식 계단은 제외)
> 3) 계단참의 높이
>   높이가 3m를 초과하는 계단에는 높이 3m이내마다 너비 1.2m 이상의 계단참을 설치할 것
> 4) 천장의 높이
>   계단을 설치하는 경우 바닥면으로부터 높이 2m이내의 공간에 장애물이 없도록 할 것(급유용, 보수용, 비상용 계단 및 나선형 계단은 제외).
> 5) 계단의 난간
>   높이 1m 이상인 계단의 개방된 측면에는 안전난간을 설치할 것

07
동영상의 화면은 작업자가 리프트를 타지 않고 비계에 매달려 비계 위로 올라가다 떨어지는 장면을 보여주고 있다. 화면(문제상황)에서 사고의 원인이 될 수 있는 불안전한 요소(행동 및 설비의 미비점)를 3가지만 쓰시오.

해답
① 작업발판의 미설치
② 안전난간, 손잡이 등 미설치
③ 안전모, 안전대 등 보호구 미착용

08
양중기에 사용하는 와이어로프의 사용금지사항 3가지를 쓰시오.

① 이음매가 있는 것
② 와이어로프의 한 꼬임에서 끊어진 소선[필러(piler)선은 제외]의 수가 10% 이상(비자전로프의 경우에는 끊어진 소선의 수가 와이어로프 호칭지름의 6배 길이 이내에서 4개 이상이거나 호칭지름 30배 길이 이내에서 8개 이상)인 것
③ 지름의 감소가 공칭지름의 7%를 초과하는 것
④ 꼬인 것
⑤ 심하게 변형되거나 부식된 것
⑥ 열과 전기충격에 의해 손상된 것

[주] 와이어로프의 사용금지사항 : 안전보건규칙 제63조

01
동영상은 근로자가 화물을 싣고 리프트를 운행하는 장면을 보여주고 있다. 리프트에 설치하는 방호장치 3가지를 쓰시오.

작업자가 안전난간 밖으로 머리를 내밈
⑥ 리프트의 불안전한 속도조작

02
근로자가 상시 작업하는 장소의 작업면은 조도기준에 맞도록 하여야 한다. 다음 ( ) 안에 알맞은 수치를 쓰시오.

(1) 초정밀작업 : 750럭스
(2) 정밀작업 : (①)럭스 이상
(3) 보통작업 : 150럭스 이상
(4) 그밖에 작업 : (②)럭스 이상

① 과부하방지장치
② 권과방지장치
③ 비상정지장치
④ 제동장치

[주] **방호장치의 조정** : 안전보건규칙 제134조

길잡이

▶ 상기 동영상의 리프트 운행시 발생될 수 있는 재해원인(위험요인)
① 리프트 운행 중 보호구(안전모 등) 미착용
② 화물의 적재불량 및 적재하중 초과
③ 개구부가 개방된 채로 운행하는 등 화물운행(운반)방법 불량
④ 탑승자의 탑승위치(출입문 쪽) 부적합
⑤ 각 층의 운행통로에 안전시설 미설치로 인해 대기중인

① 300   ② 75

[주] **조도기준** : 안전보건규칙 제8조

03

동영상은 지반 굴착시 흙막이지보공을 설치하는 작업장면을 보여주고 있다. 동영상 화면에 나타난 흙막이 공법의 명칭을 쓰시오.

해답

자립식 흙막이 공법

주 콘크리트 펌프 등 사용시 준수사항 : 안전보건규칙 제335조

길잡이

▶ 자립식 흙막이공법
① 토압을 흙막이벽의 횡저항으로 지지하며 굴착하는 공법이다.
② 장점 : 지보공이 없기 때문에 대지면적 가득히 건물을 세울 수 있다.
③ 단점 : 얕은 굴착에만 적용된다.

04

동력을 사용하는 항타기 또는 항발기 설치 시 도괴를 방지하기 위하여 준수할 사항을 4가지만 쓰시오.

해답

① 연약한 지반에 설치하는 때에는 각부 또는 가대의 침하를 방지하기 위하여 깔판, 깔목 등을 사용할 것
② 시설 또는 가설물 등에 설치하는 때에는 그 내력을 확인하고 내력이 부족한 때에는 그 내력을 보강할 것
③ 각부 또는 가대가 미끄러질 우려가 있는 때에는 말뚝 또는 쐐기 등을 사용하여 각부 또는 가대를 고정시킬 것
④ 궤도 또는 차로 이동하는 항타기, 항발기에 대하여는 불시에 이동하는 것을 방지하기 위하여 레일클램프 및 쐐기 등으로 고정시킬 것
⑤ 버팀대만으로 상단부분을 안정시키는 때에는 버팀대는 3개 이상으로 하고 그 하단부분은 견고한 버팀·말뚝 또는 철골 등으로 고정시킬 것
⑥ 버팀줄만으로 상단부분을 안정시키는 때에는 버팀줄을 3개 이상으로 하고 같은 간격으로

배치할 것
⑦ 평형추를 사용하여 안정시키는 때에는 평형추의 이동을 방지하기 위하여 가대에 견고하게 부착시킬 것

[주] 항타기·항발기 무너짐의 방지 : 안전보건규칙 제209조

05
동영상은 아파트 신축공사 현장장면이다. 아파트 공사시 추락재해 방지조치 사항 3가지를 쓰시오.

해답
① 작업발판 설치
② 추락보호망 설치
③ 안전대 착용

> **길잡이**
> ▶ 작업발판 및 통로의 끝이나 개구부에서의 추락방지대책 (안전보건규칙 제43조)
> ① 안전난간, 울타리, 수직형 추락방망 설치
> ② 덮개설치 및 개구부 표시
> ③ 추락방호망 설치
> ④ 안전대 착용

06
동영상의 시스템비계를 조립하는 장면을 보여주고 있다. 다음 ( ) 안에 알맞은 용어를 쓰시오.

(1) 수직재·수평재·(①)를 견고하게 연결하는 구조가 되도록 할 것
(2) 비계 밑단의 수직재와 받침철물은 밀착되도록 설치하고, 수직재와 받침철물의 연결부의 겹침길이는 받침철물 전체길이의 (②) 이상이 되도록 할 것
(3) 수평재는 수직재와 (③)으로 설치하여야 하며, 체결 후 흔들림이 없도록 견고하게 설치할 것
(4) 수직재와 수직재의 (④)은 이탈되지 않도록 견고한 구조로 할 것
(5) 벽 연결재의 설치간격은 제조사가 정한 기준에 따라 설치할 것

해답
① 가새재
② 3분의 1(1/3)
③ 직각
④ 연결철물

[주] 시스템비계의 구조 : 안전보건규칙 제69조

07

동영상은 달비계에서 작업하는 장면을 보여주고 있다. 달비계에 사용하는 섬유로프 또는 섬유벨트의 사용금지사항 2가지를 쓰시오.

① 꼬임이 끊어진 것
② 심하게 손상되거나 부식된 것
[주] 섬유로프 또는 섬유벨트의 사용금지사항 : 안전보건규칙 제63조

08

동영상은 밀폐된 공간에서 작업하는 장면을 보여주고 있다. 잠함, 우물통, 수직갱 등의 내부에서 굴착작업시 준수사항 3가지를 쓰시오.

① 산소결핍의 우려가 있는 때에는 산소의 농도를 측정하는 자를 지명하여 측정하도록 할 것
② 근로자가 안전하게 오르내리기 위한 설비를 설치할 것
③ 굴착깊이가 20m를 초과하는 때에는 해당 작업장소와 외부와의 연락을 위한 통신설비 등을 설치할 것
[주] 잠함 등 내부에서의 작업 : 안전보건규칙 제377조

건설안전기사 실기 작업형

2021년 제2회

01

동영상은 낙하물방지망 설치 작업장면을 보여주고 있다. 산업안전보건법상의 낙하물방지망에 관련된 다음 ( ) 안에 알맞은 내용을 쓰시오.

(1) 설치길이 : 높이 (①)m이내마다 설치
(2) 내민길이 : 벽면으로부터 (②)m 이상
(3) 설치각도 : 수평면과의 각도는 20도 이상 (③)도 이하

해답

① 10
② 2
③ 30

[주] 낙하물에 의한 위험의 방지 : 안전보건규칙 제14조

02

동영상에 나오는 비계종류의 명칭을 쓰시오.

해답

말비계

> **길잡이**
>
> ▶ 말비계를 조립하여 사용하는 경우 준수사항
> (안전보건규칙 제67조)
> ① 지주부재(支柱部材)의 하단에는 미끄럼 방지장치를 하고, 근로자가 양측 끝부분에 올라서서 작업하지 않도록 할 것
> ② 지주부재와 수평면의 기울기를 75도 이하로 하고, 지주부재와 지주부재 사이를 고정시키는 보조부재를 설치할 것
> ③ 말비계의 높이가 2m를 초과하는 경우에는 작업발판의 폭을 40cm 이상으로 할 것

03

동영상은 리프트에 화물을 싣고 운행하는 장면을 보여주고 있다. 리프트 운행작업 중 위험요소(불안전한 행동 및 불안전한 상태) 3가지를 쓰시오.

🔑 해답

① 리프트 운행 중 보호구(안전모 등) 미착용
② 화물의 적재불량 및 적재하중 초과
③ 개구부가 개방된 채로 운행하는 등 화물운행(운반)방법 불량
④ 탑승자의 탑승위치(출입문 쪽) 부적합
⑤ 각 층의 운행통로에 안전시설 미설치로 인해 대기중인 작업자가 안전난간 밖으로 머리를 내밈
⑥ 리프트의 불안전한 속도조작

Guide ① 불안전한 행동은 사고의 인적원인이며, 불안전한 상태는 사고의 물적원인(기계적·물리적인 위험요소)을 말합니다.
② 동영상에 나타난 사고의 원인(위험요인)이 될 수 있는 사항을 정확히 파악하여 그에 적합한 정답을 기술하여야 합니다.

04

동영상은 거푸집 동바리를 조립하는 작업장면을 보여주고 있다. 산업안전보건법상에 의한 기둥·보·슬래브 등의 거푸집 동바리 등을 조립하거나 해체하는 작업을 하는 경우 준수사항 3가지를 쓰시오.

🔑 해답

① 해당 작업을 하는 구역에는 관계근로자가 아닌 자의 출입을 금지할 것
② 비·눈 그밖에 기상상태의 불안정으로 날씨가 몹시 나쁜 경우에는 그 작업을 중지할 것
③ 재료·기구 또는 공구 등을 올리거나 내리는 경우에는 근로자로 하여금 달줄·달포대 등을 사용하도록 할 것
④ 낙하·충격에 의한 돌발적 재해를 방지하기 위하여 버팀목을 설치하고 거푸집 동바리 등을 인양장비에 매단 후에 작업을 하도록 하는 등 필요한 조치를 할 것

[주] 거푸집 동바리 조립 등 작업시의 준수사항 : 안전보건규칙 제336조

05

동영상에서 토공작업을 하는 건설기계의 명칭과 용도를 쓰시오.

해답

1) 건설기계의 명칭 : 불도저(dull dozer)
2) 용도
   ① 지반의 굴착 및 정지작업
   ② 운반·성토 및 매몰작업

> **길잡이**
> ▶ **불도저**(dull dozer) : 블레이드(blade : 배토판, 토공판)를 트랙터의 앞부분에 90°로 설치하여 블레이드를 상하로 조정하면서 흙의 표면을 밀면서 깎고 정지작업을 하는 기계로 일반적으로 운반거리 60m 이하의 배토작업에 사용한다.

06

동영상은 작업자가 안전모 턱 끈을 매지 않은 상태에서 어두운 지하실 바닥에 어지럽게 놓인 장애물 사이에 혼자 바닥을 청소하면서 뒷걸음치다가 개구부에 빠지는 장면을 보여주고 있다. 동영상의 사고에 대한 안전대책 2가지를 쓰시오.

해답

① 개구부에 안전난간·울타리·수직형 추락방망 설치
② 덮개설치
③ 어두운 장소에서도 알아볼 수 있도록 개구부 표시

[주] 개구부 등의 방호조치 : 안전보건규칙 제43조

07

동영상은 비계를 조립하는 장면을 보여주고 있다. 산업안전보건법상의 시스템비계를 조립하는 경우 준수사항에 대한 다음 ( ) 안에 알맞은 내용을 쓰시오.

(1) 비계기둥의 밑둥에는 밑받침 철물을 사용하여야 하며, 밑받침에 고저차가 있는 경우에는 조절형 밑받침 철물을 사용하여 시스템 비계가 항상 수평 및 수직을 유지하도록 할 것
(2) 경사진 바닥에 설치하는 경우에는 (①) 또는 (②) 등을 사용하여 밑받침 철물의 바닥면이 수평을 유지하도록 할 것
(3) 가공전로에 근접하여 비계를 설치하는 경우에는 가공전로를 이설하거나 가공전로에 (③)를 설치하는 등 가공전로와의 접촉을 방지하기 위하여 필요한 조치를 할 것

해답

① 피벗형 받침철물
② 쐐기
③ 절연용 방호구

[주] 시스템비계의 조립작업시 준수사항 : 안전보건규칙 제70조

08

동영상은 콘크리트 라이닝 작업장면을 보여주고 있다. 콘크리트 라이닝의 목적 2가지를 쓰시오.

해답

① 굴착면의 안정유지 및 풍화방지
② 굴착면의 조도계수 향상
③ 내구성 증대
④ 토압, 수압 등의 외력에 대한 저항력 향상

건설안전기사 실기 작업형

2021년 제4회

01

다음 [보기] 내용은 근로자의 위험을 방지하기 위하여 사업주가 하여야 할 사항에 관한 내용이다. ( ) 안에 알맞은 내용을 쓰시오.

[보기]
해당 작업, 작업장의 지형·지반 및 지층상태 등에 대한 (①)를 하고 그 결과를 기록·보존 하여야 하며, 조사결과를 고려하여 (②)를 작성하고 그 계획에 따라 작업을 하도록 하여야 한다.

해답
① 사전조사
② 작업계획서

주 사전조사 및 작업계획서의 작성 등 : 안전보건규칙 제38조

02

동영상 화면은 트럭크레인을 사용하여 화물의 인양 작업장면(철근을 와이어로프로 가운데 한 곳만 묶어서 들어올리고 있는 중에 유도로프가 없어 철근이 심하게 흔들리고 있으며 작업구역 내에 작업자가 서성거리는 장면)을 보여주고 있다. 동영상의 작업상황에 대한 안전대책 3가지를 쓰시오.

해답
① 화물(철근)을 양 끝에 2군데를 묶어서 보조로프(유도로프)를 사용하여 흔들거리지 않게 수평으로 인양한다.
② 크레인의 작업반경 내에는 출입금지조치를 취한다.
③ 신호수를 배치하여 신호수의 신호에 따라 인양 작업을 한다.

03

동영상은 근로자의 추락 등의 위험을 방지하기 위한 안전난간을 설치하는 작업장면을 보여주고 있다. ( ) 안에 알맞은 내용을 쓰시오.

[보기]
(1) 상부난간대, 중간난간대, (①) 및 난간기둥으로 구성할 것. 다만, 중간난간대, 발끝막이판 및 난간기둥은 이와 비슷한 구조와 성능을 가진 것으로 대체할 수 있다.
(2) 상부난간대는 바닥면·발판 또는 경사로의 표면(이하 "바닥면 등"이라 한다)으로부터 (②)cm 이상 지점에 설치하고, 상부난간대를 (③)cm 이하에 설치하는 경우에는 중간난간대는 상부난간대와 바닥면 등의 중간에 설치하여야 하며, (③)cm 이상 지점에 설치하는 경우에는 중간난간대를 (④)단 이상으로 균등하게 설치하고 난간의 상하간격은 (⑤)cm 이하가 되도록 할 것

해답

① 발끝막이판 ② 90
③ 120 ④ 2
⑤ 60

[주] 안전난간의 구조 및 설치요건 : 안전보건규칙 제13조

04

동영상은 둥근톱을 사용하여 작업중에 사고가 발생하는 장면(작업자가 보안경 및 방진마스크를 착용하지 않은 상태에서 면장갑을 끼고 목재를 절단하는 작업중에 다른 곳을 보다가 사고가 발생하는 장면)을 보여주고 있다. 다음 물음에 답하시오.

(1) 재해발생원인 2가지를 쓰시오.
(2) 누전차단기를 설치해야 하는 장소 1개소를 쓰시오.

해답

1) 재해발생원인
   ① 톱날접촉 예방장치 및 반발예방장치 등 방호장치를 설치하지 않았다.
   ② 장갑을 착용하여 작업하므로 회전기계에 말릴 위험이 있다.
   ③ 분진발생 작업시 보안경 및 방진마스크를 착용하지 않았다.
2) 누전차단기를 설치해야 할 장소
   ① 물 등 도전성이 높은 액체가 있는 습윤 장소
   ② 철판, 철골 위 등 도전성이 높은 장소
   ③ 임시 배선의 전로가 설치되는 장소

05

산업안전보건법상 지하실 내부 등 보통 작업인 경우 조도는 얼마로 하여야 하는지 쓰시오.

150럭스(lux) 이상

> **길잡이**
>
> ▶ 작업면의 조도기준(안전보건규칙 제8조)
> ① 초정밀작업 : 750lux 이상
> ② 정밀작업 : 300lux 이상
> ③ 보통작업 : 150lux 이상
> ④ 그밖에 작업 : 75lux 이상

06

동영상은 흙막이 지보공을 설치하는 작업장면을 보여주고 있다. 동영상의 흙막이 지보공 명칭을 쓰시오.

공법의 종류 : 어스앵커 공법
(earth anchor method)

> **길잡이**
>
> 1) 어스앵커(earth anchor) : 구조물과 지반을 결합시키기 위하여 설치되는 어스앵커는 다음과 같이 기본적인 3가지 구성요소로 나뉘어진다.
>   ① 앵커 : 표면으로부터 인장력을 지반에 전달시키기 위하여 설치되는 저항부분
>   ② 인장부 : 인장력을 지반 내 앵커체에 전달하는 부분
>   ③ 앵커두부 : 구조체로부터 인장부에 무리없이 인장력을 전달시키기 위한 부분
> 2) 어스앵커 설치순서 : 천공 → 강선삽입 → 강선인장 → 정착

07

동영상은 거푸집 동바리 등을 조립하는 장면을 보여주고 있다. 거푸집 동바리의 침하를 방지하기 위한 조치사항 3가지를 쓰시오.

해답

① 깔목의 사용
② 콘크리트 타설
③ 말뚝박기

> **길잡이**
>
> ▶ **거푸집 동바리 등 조립시 준수사항**(안전보건규칙 제332조)
> 1) 깔목의 사용, 콘크리트 타설, 말뚝박기 등 동바리의 침하를 방지하기 위한 조치를 할 것
> 2) 개구부 상부에 동바리를 설치하는 경우에는 상부하중을 견딜 수 있는 견고한 받침대를 설치할 것
> 3) 동바리의 상하고정 및 미끄러짐 방지조치를 하고, 하중의 지지상태를 유지할 것
> 4) 동바리의 이음은 맞댄 이음이나 장부이음으로 하고 같은 품질의 재료를 사용할 것
> 5) 강재와 강재의 접속부 및 교차부는 볼트, 클램프 등 전용철물을 사용하여 단단히 연결할 것
> 6) 거푸집이 곡면인 경우에는 버팀대의 부착 등 그 거푸집의 부상(浮上)을 방지하기 위한 조치를 할 것

08

동영상에서와 같이 고압선 근처에서 차량계건설기계를 이용하여 작업 시 감전방지대책 3가지를 쓰시오.

해답

① 방책(울타리)을 설치할 것
② 해당 충전전로에 절연용 방호구를 설치할 것
③ 해당 충전전로를 이설할 것

2022년 제1회 건설안전기사 실기 작업형

01
타워크레인에 의해 비계재료인 강관을 위로 끌어올리고 있다. 사진에 나타난 작업상황을 보고 일으킬 수 있는 1) 위험요인과 2) 안전대책을 각각 3가지씩 쓰시오.

2) 안전대책
① 강관인양 시 두 군데를 와이어로프로 묶어서 운반할 것
② 신호수를 배치할 것
③ 크레인의 작업반경 내에 출입금지 조치를 할 것
④ 위험표지판 또는 안전표지판을 설치할 것
⑤ 안전모의 턱 끈 등 보호구를 확실하게 착용할 것

해설

1) 위험요인
① 강관인양 시 한 가닥의 와이어로프만 묶어서 운반하고 있다.
② 신호수를 배치하지 않았다.
③ 크레인의 작업반경 내에 사람이 접근하고 있다.
④ 위험표지판 또는 안전표지판을 설치하지 않았다.
⑤ 작업자가 안전모의 턱 끈을 매지 않았다.

02

동영상 화면은 작업자가 낙하물방지망을 설치하는 장면을 보여주고 있다. 낙하물방지망에 대한 다음 물음에 답하시오.

(1) 낙하물방지망의 설치높이 : (①)m이내 마다 1개소씩 설치
(2) 내민 길이 : (②)m 이상
(3) 수평면과의 각도 : (③)도

해설

1) 10
2) 2
3) 20~30

주 낙하물에 의한 위험방지 : 안전보건규칙 제14조

03

동영상은 백호우에 의한 지반의 굴착작업 장면을 보여주고 있다. 산업안전보건법상 근로자의 위험을 방지하기 위하여 굴착면의 높이가 2m 이상이 되는 지반의 굴착작업에 있어서 작업장의 지형, 지반 및 지층 상태 등에 대한 사업주의 사전조사 상항 3가지를 쓰시오.

해답

1) 형상, 지질 및 지층의 상태
2) 균열, 함수, 용수 및 동결의 유무 또는 상태
3) 매설물 등의 유무 또는 상태
4) 지반의 지하수위 상태

주 사전조사 및 작업계획서 내용 : 안전보건규칙 [별표4]

04

동영상은 흙막이지보공을 설치하는 장면(H파일과 토류판, 띠장 등으로 이루어진 흙막이벽 가시설을 설치하는 장면으로 버팀대나 어스앵커 등은 보이지 않음)을 보여주고 있다. 동영상과 같은 흙막이 공법의 명칭을 쓰시오.

해답

자립식 흙막이 공법

> **길잡이** 흙막이지보공 설치시 정기적 점검사항
> (안전보건규칙 제347조)
> 1) 부재의 손상, 변형, 부식, 변위 및 탈락의 유무와 상태
> 2) 버팀대의 긴압의 정도
> 3) 부재의 접속부, 부착부 및 교차부의 상태
> 4) 침하의 정도

05

동영상은 콘크리트타설 작업 장면을 보여주고 있다. 콘크리트타설 작업을 하기 위하여 콘크리트 펌프 또는 콘크리트 펌프카를 사용할 때 준수사항 3가지를 쓰시오.

해답

1) 작업을 시작하기 전에 콘크리트 펌프용 비계를 점검하고 이상을 발견한 때에는 즉시 보수할 것
2) 건축물의 난간 등에서 작업하는 근로자가 호스의 요동, 선회로 인하여 추락하는 위험을 방지하기 위하여 안전난간의 설치 등 필요한 조치를 할 것
3) 콘크리트 펌프카의 붐을 조정하는 경우에는 주변 전선 등에 의한 위험을 예방하기 위한 적절한 조치를 할 것
4) 작업 중에 침하, 아우트리거의 손상 등으로 인하여 콘크리트 펌프카가 넘어질 우려가 있는 때에는 이를 방지하기 위한 적절한 조치를 할 것

[주] 콘크리트 펌프 등 사용시 준수사항 : 안전보건규칙 제335조

06

동영상은 화물자동차에 짐을 싣고 섬유로프로 짐을 묶는 장면을 보여주고 있다. 산업안전보건법상 화물자동차의 짐걸이로 사용해서는 안되는 섬유로프 2가지를 쓰시오.

1) 꼬임이 끊어진 것
2) 심하게 손상되거나 부식된 것

[주] 꼬임이 끊어진 섬유로프 등의 사용금지 : 안전보건규칙 제188조

07

동영상은 거푸집동바리 등의 조립작업 장면을 보여주고 있다. 거푸집동바리 구성 재료의 명칭을 쓰시오.

1) 거푸집 널
2) 장선 및 멍에
3) 거푸집동바리(거푸집지보공)
4) 결속재(긴결재, 격리재)

> **길잡이** 거푸집의 구성재
> 1) **거푸집널**(Sheathing Board)
>   ① 콘크리트에 접하는 부분으로 작업하중을 최초로 전달받아 거푸집의 각 부재로 분산시키는 역할을 하는 가장 중요한 부재
>   ② 종류 : 목재 거푸집널, 합판 거푸집널, 철판 거푸집널 등
> 2) **장선·멍에**
>   ① 장선(Floor Joist) : 거푸집널을 받치기 위해 가설하는 부재
>   ② 멍에(Sleeper) : 장선을 받치며 하중을 동바리, 결속재에 전달시키는 부재
> 3) **거푸집동바리**(Floor Post, Timbering : 지보공)
>   ① 바닥거푸집의 자중, 콘크리트 중량, 작업하중을 지지하는 가설구조물
>   ② 강관 동바리, 틀비계식 동바리, 수평지지보(강재 가설보) 등
> 4) **결속재**
>   ① 긴결재 : 거푸집의 정확한 위치, 치수 간격유지, 폼타이·플랫타이 등이 쓰임
>   ② 격리재(Separator) : 거푸집 상호간의 간격을 유지, 폼타이·플랫타이 등이 쓰임

08

동영상은 철골의 재해방지 설비인 철골기둥 승강용 트랩 사진을 보여주고 있다. 철골건립중 기둥 승강용 트랩에 관련된 (   )안에 알맞은 내용 또는 숫자를 쓰시오.

철골 건립 중 건립 위치까지 작업자가 안전하게 승강할 수 있는 사다리, 계단, 외부비계, 승강용 엘리베이터 등을 설치해야 하며, 건립이 실시되는 층에서는 주로 기둥을 이용하여 올라가는 경우가 많으므로 기둥 승강설비로서 [그림]과 같이 기둥 제작 시 (①)mm 철근 등을 이용하여 (②)cm 이내의 간격, (③)cm 이상의 폭으로 트랩을 설치하여야 하며, 안전대 부착설비 구조를 겸용하여야 한다.

[그림] 기둥 승강용 트랩

1) 16
2) 30
3) 30

주 기둥 승강용 트랩 : 철골공사 표준안전작업지침(고용노동부고시) 제16조 재해방지설비

01

동영상은 백호가 하수관을 1줄걸기로 인양작업을 하는 장면을 보여주고 있다. 동영상의 작업상황에서 사고방지를 위한 안전대책을 3가지 쓰시오.

해답

1) 하수관 인양시 2군데를 묶어서 2줄걸기로 인양한다(인양시 유도로프 사용 흔들림 방지).
2) 작업반경 내에는 출입금지 조치를 한다.
3) 신호수를 배치하여 신호수의 신호에 따라 하수관을 인양한다.

02

다음 물음에 답하시오.

1) 사진 속의 건설기계의 명칭을 쓰시오.
2) 건설기계의 용도를 쓰시오.

해답

1) 기계의 명칭 : 로더(loader)
2) 용도
① 굴착작업
② 싣기 및 운반작업
③ 송토작업
④ 지면 고르기 작업

> **길잡이**
> ▶ 로더(loader)
> 1) 로더 : 트랙터의 앞 작업장치에 버킷을 붙인 것으로 셔블도저(shovel dozer) 또는 트랙터 셔블(tractor shovel)이라고 한다.
> 2) 용도 : 버킷에 의한 굴착, 상차를 주작업으로 하며 기타 부속장치를 설치하여 암석 및 나무뿌리 제거, 목재의 이동, 제설작업 등에 사용한다.

03

동영상은 작업자가 비계에 작업발판을 설치하는 작업장면을 보여주고 있다. 작업발판 및 통로의 끝이나 개구부에서의 추락방지 대책 3가지를 쓰시오.

해답

1) 안전난간, 울타리, 수직형 추락방망 설치
2) 뒤집히거나 떨어지지 않는 덮개 설치
3) 추락방호망 설치
4) 안전대 착용

주 구부 등의 방호조치 : 안전보건규칙 제43조

04

동영상은 가설통로의 구조를 나타내고 있다. 가설통로 설치시 준수사항을 3가지만 쓰시오.

해답

1) 견고한 구조로 할 것
2) 경사는 30도 이하로 할 것(계단을 설치하거나 높이 2m 미만의 가설통로로서 튼튼한 손잡이를 설치한 때에는 그러하지 아니하다).
3) 경사가 15도를 초과하는 때에는 미끄러지지 아니하는 구조로 할 것
4) 추락의 위험이 있는 장소에는 안전난간을 설치할 것(작업상 부득이한 때에는 필요한 부분에 한하여 임시로 이를 해체할 수 있다).
5) 수직갱에 가설된 통로의 길이가 15m 이상인 때에는 10m이내마다 계단참을 설치할 것
6) 건설공사에 사용하는 높이 8m 이상인 비계다리에는 7m이내마다 계단참을 설치할 것

주 가설통로의 구조 : 안전보건규칙 제23조

05

동영상 화면은 작업자가 낙하물 방지망을 설치하는 장면을 보여주고 있다. 다음 ( ) 안에 알맞은 수치를 쓰시오.

1) **추락방지 조치사항** : 안전대 착용
2) ① 10
   ② 2
   ③ 20~30

주 낙하물에 의한 위험의 방지 : 안전보건규칙 제14조

> **길잡이**
> ▶ 물체의 낙하·비래 등에 의한 위험방지 조치사항(안전보건규칙 제14조)
> 1) 낙하물방지망·수직보호망 또는 방호선반의 설치
> 2) 출입금지구역의 설정
> 3) 보호구의 착용

06

동영상의 화면은 경사면(굴착면)에 석축을 쌓는 장면을 보여주고 있다. 경사면에 안전성 검토사항 3가지를 쓰시오.

1) 전도에 의한 안전성 검토
2) 활동에 대한 안전성 검토
3) 지지력에 대한 안전성 검토

07

동영상의 화면은 고압(1만 볼트)으로 인가된 배전반의 점검작업을 하는 장면을 보여주고 있다. 동영상에서의 점검작업시 손에 감전위험을 예방하기 위하여 착용해야 할 보호구를 쓰시오.

절연장갑

> 길잡이
> ▶ 절연용 보호구
> 1) 절연안전모
> 2) 절연고무장갑(절연장갑)
> 3) 절연화
> 4) 절연복

08

분진, 미스트 및 흄(fume) 등의 호흡기를 통해서 체내로 유입되는 것을 방지하기 위하여 착용하는 보호구의 명칭을 쓰시오.

방진마스크

건설안전기사 실기 작업형 2022년 제4회

01

동영상은 이동식 비계 위에서 작업하는 장면을 보여주고 있다. 다음 내용은 이동식 비계를 조립하여 작업을 하는 경우 준수사항이다. ( ) 안에 알맞은 내용을 쓰시오.

(1) 이동식 비계의 바퀴에는 뜻밖의 갑작스러운 이동 또는 전도를 방지하기 위하여 (①) 등으로 바퀴를 고정시킨 다음 비계의 일부를 견고한 시설물에 고정하거나 (②)를 설치하는 등 필요한 조치를 할 것
(2) 승강기용 사다리는 견고하게 설치할 것
(3) 비계의 최상부에서 작업을 하는 경우에는 (③)을 설치할 것
(4) 작업발판은 항상 수평을 유지하고 작업발판 위에서 안전난간을 딛고 작업을 하거나 받침대 또는 사다리를 사용하여 작업하지 않도록 할 것
(5) 작업발판의 최대적재하중은 250kg을 초과하지 않도록 할 것

1) 브레이크, 쐐기
2) 아웃트리거(또는 전도방지용 지지대)
3) 안전난간

주) 이동식 비계 : 안전보건규칙 제68조

길잡이

▶ 이동식 비계의 구조

구분	내용
높이제한(설치높이)	밑변 최소폭의 4배 이하
제동장치	브레이크, 쐐기 등 바퀴고정장치 설치
승강로	승강용 사다리 설치
난간대	최상부에 안전난간 설치
작업발판	발판마다 2개소 이상 비계와 고정조치
가새	2단 이상 조립시 교차가새 설치

02

산업안전보건법상 추락방호망 설치기준 3가지를 쓰시오.

해답

1) 추락방호망의 설치위치는 가능하면 작업면으로부터 가까운 지점에 설치하여야 하며, 작업면으로부터 망의 설치지점까지의 수직거리는 10m를 초과하지 아니할 것
2) 추락방호망은 수평으로 설치하고, 망의 처짐은 짧은 변 길이의 12% 이상이 되도록 할 것
3) 건축물 등의 바깥쪽으로 설치하는 경우 추락방호망의 내민길이는 벽면으로부터 3m 이상 되도록 할 것

[주] **추락방호망 설치기준** : 안전보건규칙 제42조 제2항

03

동영상은 콘크리트 펌프카를 사용하여 콘크리트 타설작업 장면을 보여주고 있다. 산업안전보건법상 콘크리트 타설 작업시 콘크리트 펌프 또는 콘크리트 펌프카를 사용하는 경우 준수사항 2가지를 쓰시오.

해답

1) 작업을 시작하기 전에 콘크리트 펌프용 비계를 점검하고 이상을 발견한 때에는 즉시 보수할 것
2) 건축물의 난간 등에서 작업하는 근로자가 호스의 요동·선회로 인하여 추락하는 위험을 방지하기 위하여 안전난간의 설치 등 필요한 조치를 할 것
3) 작업 중에 지반의 침하, 아웃트리거의 손상 등으로 인하여 콘크리트 펌프카가 넘어질 우려가 있는 때에는 이를 방지하기 위한 적절한 조치 할 것

[주] **콘크리트 펌프 등 사용시 준수사항** : 안전보건규칙 제335조

04

철골건립 중 기둥 승강용 트랩설치와 관련된 ( ) 안에 알맞은 수치를 쓰시오.

철골건립 중 건립 위치까지 작업자가 안전하게 승강할 수 있는 사다리, 계단, 외부 비계, 승강용 엘리베이터 등을 설치해야 하며, 건립이 실시되는 층에서는 주로 기둥을 이용하여 올라가는 경우가 많으므로 기둥 승강설비로서 [그림]과 같이 기둥 제작 시 16mm 철근 등을 이용하여 (①)cm 이내의 간격, (②)cm 이상의 폭으로 트랩을 설치하여야 하며, 안전대 부착설비 구조를 겸용하여야 한다.

[그림] 기둥 승강용 트랩

1) 30
2) 30

주 철골공사 : 고용노동부고시(표준안전지침)

> **길잡이**
> ▶ 철골조립 작업시 작업을 중지해야 할 기후조건(안전보건규칙 제383조)
> 1) 풍속이 초당 10m 이상인 경우
> 2) 강우량이 시간당 1mm 이상인 경우
> 3) 강설량이 시간당 1cm 이상인 경우

05

동영상은 둥근톱기계에 의해 목재가공 작업장면을 보여주고 있다. 목재가공용 둥근톱기계의 방호장치 2가지를 쓰시오.

1) 반발예방장치
2) 톱날접촉예방장치

> **길잡이**
> ▶ **목재가공용 기계의 방호장치**(안전보건규칙 제105~제110조)
> 1) **둥근톱기계** : 반발예방장치(분할날, 반발방지기구, 반발방지롤), 톱날접촉예방장치(보호덮개)
> 2) **띠톱기계** : 덮개 또는 울, 날접촉예방장치
> 3) **대패기계** : 날접촉예방장치
> 4) **모떼기기계** : 날접촉예방장치

06
가스 등을 사용하여 금속의 용접·용단 또는 가열작업을 하는 경우에 가스 등에 누출 또는 방출로 인한 폭발·화재 또는 화상을 예방하기 위하여 준수해야 할 사항 3가지를 쓰시오.

해답

1) 가스 등의 호스와 취관(吹管)은 손상·마모 등에 의하여 가스 등이 누출할 우려가 없는 것을 사용할 것
2) 가스 등의 취관 및 호스의 상호 접촉부분은 호스밴드, 호스클립 등 조임기구를 사용하여 가스 등이 누출되지 않도록 할 것
3) 가스 등의 호스에 가스등을 공급하는 경우에는 미리 그 호스에서 가스 등이 방출되지 않도록 필요한 조치를 할 것
4) 사용 중인 가스 등을 공급하는 공급구의 밸브나 콕에는 그 밸브나 콕에 접속된 가스 등의 호스를 사용하는 사람의 명찰을 붙이는 등 가스 등의 공급에 대한 오조작을 방지하기 위한 표시를 할 것
5) 용단작업을 하는 경우에는 취관으로부터 산소의 과잉방출로 인한 화상을 예방하기 위하여 근로자가 조절밸브를 서서히 조작하도록 주지시킬 것
6) 작업을 중단하거나 마치고 작업장소를 떠날 경우에는 가스 등의 공급구의 밸브나 콕을 잠글 것
7) 가스 등의 분기관은 전용 접속기구를 사용하여 불량체결을 방지하여야 하며, 서로 이어지지 않는 구조의 접속기구 사용, 서로 다른 색상의 배관, 호스의 사용 및 꼬리표 부착 등을 통하여 서로 다른 가스배관과의 불량체결을 방지할 것

[주] 가스용접 등의 작업 : 안전보건규칙 제233조

07
동영상은 굴착기계에 의해 지반을 굴착하는 작업 장면을 보여주고 있다. 기계에 의한 지반굴착 작업시 작업 전 점검사항 3가지를 쓰시오.

해답

1) 낙석, 낙하물 등의 위험이 예상되는 작업시 견고한 헤드가드 설치 상태
2) 브레이크 및 클러치의 작동상태
3) 타이어 및 궤도차륜 상태
4) 경보장치 작동상태
5) 부속장치의 상태

[주] 기계에 의한 굴착작업시 작업 전 점검사항 : 굴착공사(고용노동부고시 제10조)

08
동영상 화면은 건물 외벽의 돌마감(석재붙이기) 공사를 위해 작업자 1명이 높이 2m가 넘는 비계 작업발판(안전난간 없음) 위에서 작업을 하고 있는 장면을 보여주고 있다. 이 공사현장에서 사고가 발생할 수 있는 불안전한 요소를 2가지만 쓰시오.

해답

1) 안전난간, 울타리, 수직형 추락방망 미설치
2) 추락방호망(안전방망) 미설치
3) 안전모, 안전대 등 보호구 미착용
4) 자재 및 공구 등 정리정돈 상태불량(전도 및 미끄러짐 등의 위험이 있음)

건설안전기사 실기 작업형

2023년 제1회

01

동영상은 강관틀비계를 조립하는 장면을 보여주고 있다. 산업안전보건법상 강관틀비계를 조립하여 사용하는 경우에 대하여 다음 ( ) 안에 알맞은 내용을 쓰시오.

(가) 비계기둥의 밑둥에는 밑둥철물을 사용하여야 하며 밑받침에 고저차가 있는 경우에는 조절형 밑받침철물을 사용하여 각각의 강관틀비계가 항상 수평 및 수직을 유지하도록 할 것

(나) 높이가 20m를 초과하거나 중량물의 적재를 수반하는 작업을 할 경우에는 주틀 간의 간격이 (①)m 이하로 할 것

(다) 주틀간의 교차 가새를 설치하고 최상층 및 (②)층 이내마다 수평재를 설치할 것

(라) 수직방향으로 6m, 수평방향으로 (③)m 이내마다 벽이음을 할 것

(마) 길이가 띠장방향으로 4m 이하이고 높이가 10m를 초과하는 경우에는 10m이내마다 띠장방향으로 버팀기둥을 설치할 것

해설

① 1.8
② 5
③ 8

[주] 강관틀비계 : 안전보건규칙 제62조

02

다음 내용은 산업안전보건법상 시스템동바리(규격화·부품화된 수직재 수평재 및 가사재 등의 부재를 현장에서 조립하여 거푸집으로 지지하는 동바리 형식) 설치기준에 대한 것이다. ( ) 안에 알맞은 내용을 쓰시오.

(가) 수평재는 수직재와 직각으로 설치하여야 하며, 흔들리지 않도록 견고하게 설치할 것
(나) 연결철물을 사용하여 수직재를 견고하게 연결하고, 연결부위가 탈락 또는 꺾어지지 않도록 할 것
(다) 수직 및 수평하중에 의한 동바리 본체의 변위로부터 구조적 안정성이 확보되도록 조립도에 따라 수직재 및 수평재에는 (①)를 견고하게 설치하도록 할 것
(라) 동바리 최상단과 최하단의 수직재와 (②)은 서로 밀착되도록 설치하고 수직재와 (②)의 연결부의 겹침길이는 (②) 전체길이의 (③) 이상 되도록 할 것

03

이동식 크레인을 사용하여 화물의 인양작업을 할 경우 준수해야 할 사항을 3가지만 쓰시오.

해설

1) 인양작업은 신호수의 지시에 따라 실시한다.
2) 크레인의 작업반경 내에는 출입금지 조치를 취한다.
3) 작업시작 전에 와이어로프의 결함 유무를 확인하고 이상발견 시에는 교체하도록 한다.
4) 화물은 2군데를 묶어서 2줄걸기로 인양한다.

해설

1) 가새재
2) 받침철물
3) 3분의 1

주 거푸집동바리 등의 안전조치 : 안전보건규칙 제332조

04

동영상은 둥근톱기계를 이용하여 목재를 절단하는 작업장면(둥근톱에 투명덮개가 설치되어 있으나 개방되어 있으며, 작업자는 면장갑을 착용하고 있고, 보안경 및 방진마스크는 미착용상태이며, 작업자가 작업 중 옆눈질을 하는 등의 장면)을 보여주고 있다. 다음 물음에 답하시오.

(1) 동영상의 작업상황에서 사고발생 시 위험요인(사고발생요인)을 2가지만 쓰시오.
(2) 누전에 의한 감전위험을 방지하기 위하여 누전차단기를 설치하여야 할 장소를 1가지만 쓰시오.

해설

1) 위험요인
   ① 톱날접촉 예방장치(보호덮개) 미설치
   ② 반발예방장치 미설치
2) 누전차단기 설치장소
   ① 물 등 도전성이 높은 액체에 의한 습윤장소
   ② 철판·철골 위 등 도전성이 높은 장소
   ③ 임시 배선의 전로가 설치된 장소

05

동영상에 있는 자료화면에서와 같이 타워크레인에 의한 인양작업을 하던 중 화물을 떨어뜨리는 재해가 발생하였다. 다음 물음에 답하시오.

(1) 재해의 유형을 쓰시오.
(2) 재해의 발생원인 및 방지대책을 쓰시오.
(3) 공칭지름이 35mm인 와이어로프가 현재 직경이 30mm로 감소되었을 때 사용 또는 폐기 여부를 계산에 의해서 판정하시오.

해설

1) 재해유형 : 낙하
2)
   ① 재해발생원인 : 화물의 중앙에 한 곳만을 와이어로프로 묶었기 때문에 화물인양 중 화물의 무게 중심을 잃고 낙하했다.
   ② 방지대책 : 화물의 양 끝 등 2개소 이상을 와이어로프로 묶어서 인양한다.
3)
   ① 지름의 감소 : $35 - 30 = 5\text{mm}$
   ② 공칭지름의 7% : $35 \times \dfrac{7}{100} = 2.45\text{mm}$
   ③ 지름의 감소(5mm)가 공칭지름의 7%(2.45mm)를 초과하였으므로 폐기시켜야 한다.

06

동영상은 항타기·항발기의 작업장면을 보여주고 있다. 산업안전보건법상 항타기·항발기의 무너짐을 방지하기 위한 다음 물음에 대한 방법을 각각 쓰시오.

1) 연약한 지반에 설치하는 경우 각부나 가대의 침하방지 :
2) 궤도 또는 차로 이동하는 항타기·항발기에 대해서 불시에 이동하는 것을 방지:

해설

1) 깔판, 깔목 등을 사용할 것
2) 레일클램프 및 쐐기 등으로 고정시킬 것

> **길잡이** 동력을 사용하는 항타기 또는 항발기의 무너짐을 방지하기 위한 준수사항(안전보건규칙 제209조)
> 1) 연약한 지반에 설치하는 때에는 각부 또는 가대의 침하를 방지하기 위한 깔판, 깔목을 사용할 것
> 2) 시설 또는 가설물 등에 설치하는 때에는 그 내력을 확인하고 내력이 부족한 때에는 그 내력을 보강할 것
> 3) 각부 또는 가대가 미끄러질 우려가 있는 때에는 말뚝 또는 쐐기 등을 사용하여 각부 또는 가대를 고정시킬 것
> 4) 궤도 또는 차로 이동하는 항타기 또는 항발기에 대하여는 불시에 이동하는 것을 방지하기 위하여 레일 클램프 및 쐐기 등으로 고정시킬 것
> 5) 버팀대만으로 상단부분을 안정시키는 때에는 버팀대는 3개 이상으로 하고 그 하단부분은 견고한 버팀, 말뚝 또는 철골 등으로 고정시킬 것
> 6) 버팀줄만으로 상단부분을 안정시키는 때에는 버팀줄을 3개 이상으로 하고 같은 간격으로 배치할 것
> 7) 평형추를 사용하여 안정시키는 때에는 평형추의 이동을 방지하기 위하여 가대에 견고하게 부착시킬 것

07

다음 [보기] 내용은 이동식 금속재 사다리의 구조에 관한 내용이다. ( ) 안에 알맞은 내용을 쓰시오.

[보기]
(가) 사다리 디딤대 수직간격은 (①)cm 사이, 사다리 폭은 (②)cm 이상이어야 한다.
(나) 사다리 길이는 (③)m 이하가 되어야 한다.

해설

1) 25 ~ 35
2) 30
3) 6

주 이동식 사다리의 제작과 사용에 관한 기술지침 : 한국산업안전보건공단

08

동영상은 작업자가 리프트를 점검하는 장면을 보여주고 있다. 다음 물음에 답하시오.

1) 작업자가 리프트 점검 중에 감전사고를 방지하기 위하여 손에 착용해야 하는 보호구 명칭 1가지를 쓰시오.
2) 산업안전보건법상 리프트(자동차정비용 리프트는 제외)의 운반구 이탈 등의 위험을 방지하기 위해 설치해야 하는 장치 2가지를 쓰시오.

해설

1) 절연용 고무장갑
2) 리프트 운반구 이탈 등의 위험방지장치 (방호장치)
   ① 권과방지장치
   ② 과부하방지장치
   ③ 비상정지장치

01
동영상은 이동식 비계 위에서 작업하는 장면을 보여주고 있다. 동영상의 작업상황에서의 재해발생원인(위험요인) 3가지를 쓰시오.

길잡이	이동식 비계의 구조
구분	내용
높이제한(설치높이)	밑변 최소폭의 4배 이하
제동장치	브레이크, 쐐기 등 바퀴 고정장치 설치
승강로	승강용 사다리 설치
난간대	최상부에 안전난간 설치
작업발판	발판재마다 2개소 이상 비계와 고정조치
가새	2단 이상 조립시 교차가새 설치

1) 승강용 사다리를 설치하지 않았다.
2) 비계 최상부에 안전난간을 설치하지 않았다.
3) 바퀴에 브레이크 쐐기 등 바퀴 고정장치를 설치하지 않았다.

02

동영상은 낙하물 방지망을 보여주고 있다. 낙하물 방지망 또는 방호선반 설치기준에 관한 다음 (   ) 안에 알맞은 내용(또는 수치)을 쓰시오.

낙하물 방지망의 설치높이는 (①)m 이내마다 1개소씩 설치하고, 건물 밖으로 내민 길이는 벽면으로부터 (②)m 이상으로 하며, 수평면과의 각도는 (③)도를 유지할 것

해설
1) 10
2) 2
3) 20 ~ 30

주 낙하물에 의한 위험의 방지 : 안전보건규칙 제14조

> 길잡이 **물체의 낙하·비래 등에 의한 위험방지 조치사항**(안전보건규칙 제14조 2항)
> 1) 낙하물방지망·수직보호망 또는 방호선반의 설치
> 2) 출입금지구역의 설정
> 3) 보호구의 착용

03

다음 물음에 답하시오.

1) 사진의 터널공사 공법을 기술하시오.
2) 터널굴착작업시 시공계획의 작성내용을 2가지만 쓰시오.

해설
1) TBM(터널 보링 머신 : Tunnel Boring Machine) 공법
2) 터널굴착작업시 시공계획의 작성내용
   ① 굴착의 방법
   ② 터널지보공 및 복공의 시공방법과 용수의 처리방법
   ③ 환기 또는 조명시설을 하는 때에는 그 방법

주 사전조사 및 작업계획서 내용 : 안전보건규칙 [별표4]

04

동영상의 화면은 작업자가 가스용접을 하는 장면을 보여주고 있다. 금속의 용접·용단에 사용되는 1) 가스 등의 용기를 취급할 때 준수사항 4가지를 쓰고, 2) 작업자의 불안전한 행동을 1가지만 쓰시오.

해설

1) 가스 등의 용기취급시 준수사항
   ① 용기의 온도를 섭씨 40도 이하로 유지할 것
   ② 전도의 위험이 없도록 할 것
   ③ 충격을 가하지 아니하도록 할 것
   ④ 운반할 때에는 캡을 씌울 것
   ⑤ 사용할 때에는 용기의 마개에 부착되어 있는 유류 및 먼지를 제거할 것
   ⑥ 밸브의 개폐는 서서히 할 것
   ⑦ 사용 전 또는 사용 중인 용기와 그 외의 용기를 명확히 구별하여 보관할 것
   ⑧ 용해아세틸렌의 용기는 세워 둘 것
   ⑨ 용기의 부식, 마모 또는 변형상태를 점검한 후 사용할 것
2) 작업자의 불안전한 행동 : 보호구(안전장갑, 보안면, 보안경 등) 미착용

[주] 가스 등의 용기취급시 준수사항 : 안전보건규칙 제234조

05

시스템비계 조립 작업시 준수사항 3가지를 쓰시오.

해설

1) 비계기둥의 밑둥에는 밑받침 철물을 사용하여야 하며, 밑받침에 고저차가 있는 경우에는 조절형 밑받침 철물을 사용하여 시스템 비계가 항상 수평 및 수직을 유지하도록 할 것
2) 경사진 바닥에 설치하는 경우에는 피벗형 받침 철물 또는 쐐기 등을 사용하여 밑받침 철물의 바닥면이 수평을 유지하도록 할 것
3) 가공전로에 근접하여 비계를 설치하는 경우에는 가공전로를 이설하거나 가공전로에 절연용 방호구를 설치하는 등 가공전로와의 접촉을 방지하기 위하여 필요한 조치를 할 것
4) 비계 내에서 근로자가 상하 또는 좌우로 이동하는 경우 반드시 지정된 통로를 이용하도록 주지시킬 것
5) 비계 작업근로자는 같은 수직면상의 위와 아래 동시 작업을 금지할 것
6) 작업발판에는 제조사가 정한 최대 적재하중을 초과하여 적재해서는 아니 되며, 최대 적재하중이 표기된 표지판을 부착하고 근로자에게 주지시키도록 할 것

[주] 시스템비계의 조립작업시 준수사항 : 안전보건규칙 제70조

06

다음 [보기] 내용은 양중기의 와이어로프등 달기구의 안전계수를 나타낸 것이다. ( ) 안에 알맞은 내용을 쓰시오.

[보기]
1) 근로자가 탑승하는 운반구를 지지하는 달기와이어로프 또는 달기체인의 경우 : (①) 이상
2) 화물의 하중을 직접 지지하는 달기와이어로프 또는 달기체인의 경우 : (②) 이상
3) 훅, 샤클, 클램프, 리프팅 빔의 경우 : 3 이상
4) 그 밖의 경우 : 4 이상

해설

1) 10
2) 5

[주] 와이어로프 등 달기구의 안전계수 : 안전보건규칙 제163조

07

동영상은 터널굴착작업 장면을 보여주고 있다. 다음 물음에 답하시오.

1) 감전위험을 방지하기 위한 보호구 1가지를 쓰시오.
2) 터널 내에 분진이 흩날리는 장소에서 착용하여야 하는 보호구 1가지를 쓰시오.

해설

1) 내전압용 절연장갑
2) 방진마스크

 길잡이 상기 동영상에서의 불안전한 행동 및 불안전한 상태
1) 불안전한 행동
   ① 복장 및 보호구 착용불량
   ② 불안전한 작업자세와 동작
   ③ 불량한 작업통로 상태 방치
2) 불안전한 상태
   ① 조명 불량
   ② 분진발생
   ③ 작업통로 상태 불량
   ④ 바닥에 지하용수 고임

08

다음 [표]는 철골공사에 있어서 용도, 사용장소 및 조건에 따른 재해방지 설비에 관한 것이다. ( ) 안에 알맞은 내용을 쓰시오.

구분	기능	용도, 사용장소, 조건	설비
1. 추락방지	안전한 작업이 가능한 작업대	높이 2m 이상의 장소로서 추락의 우려가 있는 작업	비계, 달비계, 수평통로, 안전난간대
	추락자를 보호할 수 있는 것	작업대 설치가 어렵거나 개구부 주위로 난간설치가 어려운 곳	(①)
	추락의 위려가 있는 위험장소에서 작업자의 행동을 제한하는 것	개구부 및 작업대의 끝	(②)
	작업자의 신체를 유지시키는 것	안전한 작업대나 난간설비를 할 수 없는 곳	안전대부착설비, 안전대, 구명줄
2. 낙하, 비래 및 비산방지	위에서 낙하된 것을 막는 것	철골건립, 볼트체결 및 기타 상하작업	방호철망, 방호울타리, 가설앵커설비
	제3자의 위해방지	볼트, 콘크리트 덩어리, 형틀재, 일반자재, 먼지 등이 낙하비산할 우려가 있는 작업	방호철망, 방호시트, 방호울타리, 방호선반, 안전망
	불꽃의 비산방지	용접, 용단을 수반하는 작업	(③)

해설

1) 추락방호망
2) 안전난간
3) 불티비산방지포

주 철골공사 표준안전작업지침 : 고용노동부고시 제2020-7호

건설안전기사 실기 작업형
2023년 제4회

01
다음은 가설통로의 구조에 관한 사항이다.
(   ) 안에 알맞은 용어 및 숫자를 쓰시오.

1) 견고한 구조로 할 것
2) 경사는 (①)° 이하로 할 것
3) 경사가 (②)°를 초과하는 때에는 미끄러지지 아니하는 구조로 할 것
4) 추락의 위험이 있는 장소에는 (③)을 설치할 것
5) 수직갱에 가설된 통로의 길이가 (④)m 이상인 때에는 (⑤)m 이내마다 계단참을 설치할 것
6) 건설공사에 사용하는 높이 (⑥)m 이상인 비계다리에는 (⑦)m마다 계단참을 설치할 것

해설
① 30   ② 15
③ 안전난간 ④ 15
⑤ 10   ⑥ 8
⑦ 7

02
전기용접기로 상수도관의 용접작업을 하고 있다. 용접작업 시 착용하는 보호구 3가지를 쓰시오.

해설
1) 용접용 보안면
2) 용접용 앞치마
3) 용접용 가죽제 안전장갑
4) 각반 및 팔가림
5) 차광용 보안경
6) 안전화(화상방지, 낙하방지, 감전방지)

Guide 3가지는 1, 2, 3번만 쓰면 됩니다.

03
고소작업대를 사용하는 경우 준수사항 3가지를 쓰시오.

해설

1) 작업자가 안전모, 안전대 등의 보호구를 착용하도록 할 것
2) 관계자가 아닌 사람이 작업구역에 들어오는 것을 방지하기 위하여 필요한 조치를 할 것
3) 안전한 작업을 위하여 적정수준의 조도를 유지할 것
4) 전로(電路)에 접근하여 작업을 하는 경우 작업감시자를 배치하는 등 감전사고를 방지하기 위하여 필요한 조치를 할 것
5) 작업대를 정기적으로 점검하고 붐 작업대 등 각 부위의 이상 유무를 확인할 것
6) 전환스위치는 다른 물체를 이용하여 고정하지 말 것
7) 작업대는 정격하중을 초과하여 물건을 싣거나 탑승하지 말 것
8) 작업대의 붐대를 상승시킨 상태에서 탑승자는 작업대를 벗어나지 말 것. 다만, 작업대에 안전대 부착설비를 설치하고 안전대를 연결하였을 때는 그러하지 아니하다.

주 고소작업대를 사용하는 경우 준수사항 : 안전보건규칙 제186조 제4항

04
동영상 화면에 굴착작업을 하는 1) 토공기계의 명칭과 2) 그 용도를 2가지만 쓰시오.

해설

1) 토공기계의 명칭 : 클램셸
2) 용도
   ① 수중굴착
   ② 좁은 곳의 수직굴착
   ③ 자갈 등의 적재

05

다음 [보기] 내용은 말비계를 조립하여 사용하는 경우 준수사항이다. ( ) 안에 알맞은 숫자를 쓰시오.

[보기]
(가) 지주부재(支柱部材)의 하단에는 미끄럼 방지장치를 하고, 근로자가 양측 끝부분에 올라서서 작업하지 않도록 할 것
(나) 지주부재와 수평면의 기울기를 (①)° 이하로 하고, 지주부재와 지주부재 사이를 고정시키는 보조부재를 설치할 것
(다) 말비계의 높이가 2m를 초과하는 경우에는 작업발판의 폭을 (②)cm 이상으로 할 것

해설
1) 75
2) 40

주 말비계를 조립하여 사용 시 준수사항 : 안전보건수칙 제67조

06

동영상은 굴삭기에 묻어있는 분진토사를 제거하는 장면을 보여주고 있다. 동영상 사진의 장비명칭과 용도를 쓰시오.

해설
1) 장비명칭 : 세륜기
2) 용도 : 덤프, 건설장비 등이 현장을 나갈 때 바퀴에 묻은 흙먼지를 털어내고 세척하는데 사용하는 장비이다.

07

산업안전보건법상 거푸집 동바리 등을 조립하는 경우 준수사항 3가지를 쓰시오.

1) 깔목의 사용, 콘크리트 타설, 말뚝박기 등 동바리의 침하를 방지하기 위한 조치를 할 것
2) 개구부 상부에 동바리를 설치하는 경우에는 상부하중을 견딜 수 있는 견고한 받침대를 설치할 것
3) 동바리의 상하 고정 및 미끄러짐 방지조치를 하고, 하중의 지지상태를 유지할 것
4) 동바리의 이음은 맞댄 이음이나 장부이음으로 하고 같은 품질의 재료를 이용할 것
5) 강재와 강재의 접속부 및 교차부는 트·클램프 등 전용철물을 사용하여 단단히 연결할 것
6) 거푸집이 곡면인 경우에는 버팀대 부착 등 그 거푸집의 부상(浮上)을 지지하기 위한 조치를 할 것

[주] 거푸집 동바리 등의 안전조치 : 안전보건규칙 제332조

08

공칭지름이 25mm인 양중기의 와이어로프가 현재 23mm로 지름이 감소하였다. 산업안전보건법상 와이어로프의 사용금지조치 기준에 의하여 사용 및 폐기처분의 여부를 판별하시오

1) **지름감소** : $25 - 23 = 2mm$
2) **공칭지름의 7%** : $25 \times \dfrac{7}{100} = 1.75mm$
3) 지름의 감소(2mm)가 공칭지름의 7%(1.75mm)를 초과하므로 폐기시켜야 함

길잡이 이음매가 있는 와이어로프 등의 사용금지
(안전보건규칙 제63조)
1) 이음매가 있는 것
2) 와이어로프의 한 가닥에서 소선(필러선은 제외)의 수가 10% 이상 절단된 것
3) 지름의 감소가 공칭지름의 7%를 초과하는 것
4) 꼬인 것
5) 심하게 변형 또는 부식된 것
6) 열과 전기충격에 의해 손상된 것

건설안전기사 실기 작업형

2024년 제1회

01

동영상에 제시된 와이어로프 클립 체결에 관한 다음 물음에 답하시오

1) 다음 클립체결 방법 중 가장 올바른 것은?

①
②
③

2) 다음 ()안에 와이어로프의 직경에 따른 클립수를 쓰시오
① 16mm 이하 : 4개
② 16~28mm : (①)개
③ 28mm 초과 : (②)개

해답

1) ① : 적합
   [참고] ②③: 부적합
2) ① 5
   ② 6

길잡이

▶ 와이어로프 직경과 클립 수

와이어로프 직경(mm)	9~10	11.2~14	16	18	20~22.4	25	28~31.5	33.5~37.5
클립수(개)	4	4	4	5	5	6	6	6

자주 출제되는 문제는 아니지만 복잡하고 어려운 문제가 아니므로 익혀두시기바랍니다

02

동영상은 잠함 또는 우물통의 내부에서 굴착 작업을 하는 장면을 보여주고 있다. 잠함, 우물통, 수직갱, 그 밖에 이와 유사한 건설물 또는 설비의 내부에서 굴착작업을 하는 경우 준수사항 3가지를 쓰시오

해답

1) 산소 결핍 우려가 있는 경우에는 산소의 농도를 측정하는 사람을 지명하여 측정하도록 할 것
2) 근로자가 안전하게 오르내리기 위한 설비를 설치할 것
3) 굴착 깊이가 20 m를 초과하는 경우에는 해당 작업장소와 외부와의 연락을 위한 통신 설비 등을 설치할 것

[주] 잠함 등 내부에서의 작업 : 안전보건규칙 제 377조

> **길잡이**
>
> 산소결핍이 인정되거나 굴착깊이가 20m를 초과하는 경우 설치하는 설비(안전보건 규칙 제 377조 ②항): 송기설비

1) 법규내용을 쓰는 문제는 동영상을 보지 않아도 됩니다
2) 출제율이 높은 문제입니다

03

동영상의 작업상황을 보고 다음 물음에 답하시오

1) 동영상에서 작업자가 사용하고 있는 비계의 명칭을 쓰시오
2) 산업안전보건법상 동영상의 비계 조립 사용 시 사업주의 준수사항에 관련해서 ( )안에 알맞은 내용을 쓰시오
   ① 지주부재(支柱部材)의 하단에는 미끄럼 방지장치를 하고, 근로자가 양측 끝부분에 올라서서 작업하지 않도록 할 것
   ② 지주부재와 수평면의 기울기를(①)도 이하로 하고, 지주부재와 지주부재 사이를 고정시키는 보조부재를 설치할 것
   ③ 말비계의 높이가(②)m를 초과하는 경우에는 작업발판의 폭을 40cm 이상으로 한 것

해답

1) 말비계
2) ① 75
   ② 2

[주] 말비계 : 안전보건규칙 제 67조

1) ( )속에 알맞은 내용을 쓰는 것은 주로 숫자를 쓰는 문제가 출제됩니다
2) 출제율이 높은 문제입니다

04

동영상은 강관비계 설치 작업장면을 보여주고 있다 산업안전보건법상 강관비계 설치에 관한 ( )안에 알맞은 숫자를 쓰시오

1) 비계기둥의 간격은 띠장 방향에서는 (①)m 이하, 장선(長線)방향에서는 1.5m 이하로 할 것
2) 띠장 간격은 (②)m 이하로 할 것
3 비계기둥의 제일 윗부분으로부터 31m 되는 지점 밑부분의 비계기둥은 2개의 강관으로 묶어 세울 것. 다만 브래킷(bracket) 등으로 보강하여 2개의 강관으로 묶을 경우 이상의 강도가 유지되는 경우에는 제외
4) 비계기둥 간의 적재하중은 (③)kg을 초과하지 않도록 할 것

해답

① 1.85
② 2
③ 400

㈜ 강관비계의 구조: 안전보건규칙 제 60조

 출제율이 매우 높은 문제입니다. 숫자는 ( )넣기로 모두 암기하여야합니다

05

산업안전보건법상 차량계하역운반기계 등을 사용하여 작업을 하는 경우에 하역 운반중인 화물이나 그 차량계 운반기계 등에 접촉되어 근로자가 위험해질 우려가 있는 장소에서 위험방지 조치사항 3가지를 쓰시오

해답

1) 근로자의 출입을 금지시킨다
2) 작업지취자 또는 유도자를 배치하고 그 차량계 하역운반기계등을 유도한다
3) 차량계하역운반기계 등의 운전자는 작업지휘자 또는 유도자가 유도하는 대로 따라야 한다

㈜ 차량계하역운반기계 등의 접촉의 방지 : 안전보건규칙 제 172조

동영상의 작업상황과 관계없는 법규문제입니다 법규 내용을 충분히 이해하고 암기하여야 합니다

06

동영상은 거푸집동바리의 조립장면을 보여주고 있다
다음물음에 답하시오

1) 산업안전보건법상 동바리를 조립하는 경우 하중의 지지상태를 유지할 수 있도록 하기 위해 준수하여야 할 사항 3가지를 쓰시오
2) 동바리로 사용하는 파이프서포트의 경우 준수사항에 관련된 ()안에 알맞은 내용을 쓰시오
   ① 파이프 서포트를 (①)개 이상 이어서 사용하지 않도록 할 것
   ② 파이프 서포트를 이어서 사용하는 경우에는 (②)개 이상의 볼트 또는 전용철물을 사용하여 이을 것
   ③ 높이가 (③) m를 초과하는 경우에는 높이 2m 이내마다 수평연결재를 2개 방향으로 만들고 수평연결재의 변위를 방지할 것

해답

1) 동바리 조립시 하중의 지지상태를 유지하기 위한 준수사항
   ① 받침목이나 깔판의 사용, 콘크리트 타설, 말뚝박기 등 동바리의 침하를 방지하기 위한 조치를 할 것
   ② 동바리의 상하 고정 및 미끄러짐 방지 조치를 할 것
   ③ 상부·하부의 동바리가 동일 수직선상에 위치하도록 하여 깔판·받침목에 고정시킬 것
   ④ 개구부 상부에 동바리를 설치하는 경우에는 상부하중을 견딜 수 있는 견고한 받침대를 설치할 것
   ⑤ U헤드 등의 단판이 없는 동바리의 상단에 멍에 등을 올릴 경우에는 해당 상단에 U헤드 등의 단판을 설치하고, 멍에 등이 전도되거나 이탈되지 않도록 고정시킬 것
   ⑥ 동바리의 이음은 같은 품질의 재료를 사용할 것
   ⑦ 강재의 접속부 및 교차부는 볼트·클램프 등 전용철물을 사용하여 단단히 연결할 것
   ⑧ 거푸집의 형상에 따른 부득이한 경우를 제외하고는 깔판이나 받침목은 2단 이상 끼우지 않도록 할 것
   ⑨ 깔판이나 받침목을 이어서 사용하는 경우에는 그 깔판·받침목을 단단히 연결할 것

㈜ 동바리 조립시의 안전조치 : 안전보건규칙 제 332조 (2023.11.14. 개정)

2) ① 3
   ② 4
   ③ 3.5

㈜ 동바리 유형에 따른 동바리 조립시의 안전조치 : 제 332조의 2(2023.11.14. 개정)

1) 법규문제로 2023년도에 개정되었습니다
2) 출제율이 매우 높은 문제입니다. 동바리 조립시 안전조치 사항은 3가지만 쓰면 됩니다 (선별하여 5가지정도 암기 요망)

07

동영상은 작업발판 관련 구조도를 보여주고 있다. 다음 물음에 답하시오

1) 동영상에서 지칭하는 것의 ① 명칭과 ② 용도를 쓰시오
2) 작업발판의 설치기준에 관련된 다음 ( )안에 알맞은 내용을 쓰시오

> 작업발판의 폭은 (①)cm 이상으로 하고 발판재료간의 틈은(②)cm 이하로 할 것

해답

1) ① 명칭: 걸침고리
   ② 용도: 수평재 또는 보재를 지지물에 고정시키는 역할을 함
2) ① 40
   ② 3

〔주〕 작업발판의 구조: 안전보건규칙 제 56조

금번 시험에 처음 나온 문제입니다. 명칭, 용도, 작업발판의 구조 등에 대해 모두 명확하게 암기하기 바랍니다

08

눈이 많이 내릴 경우 건설현장 및 도로의 안전대책 3가지를 쓰시오

해답

1) 하중에 취약한 가시설 미 가실구조물 위에 쌓인 눈을 제거하고 도로위에 쌓인 눈도 제설시킬 것
2) 도로나 경사로 등의 바닥이 결빙되었을 때는 미끄럼 방지를 위해 모래나 부직포 등을 깔아 놓을 것
3) 제설 중 혹한 등으로 인한 동상을 방지하기 위해 적정 휴식시간을 갖도록 할 것

1) 동영상의 작업상황을 정확히 파악하여 정답을 작성하여야 합니다
2) 안전대책은 동영상에 나타난 위험요인을 반대로 쓰면 됩니다

건설안전기사 실기 작업형 — 2024년 제2회

01
산업안전보건법상 추락방호망 설치기준 3가지를 쓰시오

해답
1) 추락방호망의 설치위치는 가능하면 작업면으로부터 가까운 지점에 설치해야 하며, 작업면으로부터 망의 설치지점까지의 수직거리는 10m를 초과하지 않을 것
2) 추락방호망은 수평으로 설치하고, 망의 처짐은 짧은 변 길이의 12% 이상이 되도록 할 것
3) 건축물 등의 바깥쪽으로 설치하는 경우 추락방호망의 내민 길이는 벽면으로부터 3m 이상 되도록 할 것

주) 추락방호망 설치기준 : 안전보건규칙 제 42조 제 ②항

Zzan 출제율이 매우 높습니다. () 넣기로 하여 숫자를 쓰는 문제도 출제됩니다.

02
동영상은 화물을 인양중인 크레인 아래로 근로자들이 지나 다니고 있으며 인양중인 화물이 흔들리고 있는 장면을 보여주고 있다 다음 물음에 답하시오

크레인에 사용자는 천상용
1) 크레인에 사용하는 권상용 와이어로프의 폐기기준 4가지를 쓰시오
2) 해당 동영상에서 발생한 재해발생형태를 쓰시오

해답
1) ① 이음매가 있는 것
　② 꼬인 것
　③ 심하게 변형 부식된 것
　④ 와이어로프의 한 꼬임에서 끊어진 소선의 수가 10% 이상인 것
　⑤ 지름의 감소가 공칭지름의 7%를 초과하는 것
　⑥ 열과 전기충격에 의해 손상된 것
2) ① 물체에 맞음(낙하)

03

산업안전보건법상 안전난간과 관련된 다음 물음에 답하시오

1) 동영상에서 보여주는 안전난간의 구성 요소 중 ③의 명칭을 쓰시오
2) 동영상에서 가르키는 것의 설치기준과 관련된 ( )안에 알맞은 내용을 쓰시오
"③은 바닥면 등으로부터 ( ) 이상의 높이를 유지할것"

해답

1) 발끝막이판
2) 10cm

> 1) 안전난간의 구성요서 4가지 (①상부난간대 ②중간대 ③발끝막이판 ④난간기둥) 중 발끝막이판에 대한 문제입니다. 실제 시험에 출제된 동영상을 보고 구성요소 4가지를 바로 확인할 수 있어야 합니다
> 2) 출제율이 높은 편입니다

04

동영상은 타워크레인의 화물 인양작업장면을 보여주고 있다 산업안전보건법상 타워크레인에 설치하는 방호장치 3가지를 쓰시오

해답

1) 과부하방지장치
2) 권과방지장치
3) 비상정지장치
4) 제동장치
5) 해지장치

> 1) 양중기 방호장치의 조정: 안전보호규칙 제134조
> 2) 해지장치의 사용 : 안전보건규칙 제 139조

05

근로자가 밀폐공간에서 작업 시 안전한 상태에서 작업하도록 하기 위하여 작업 시작전에 확인한 사항 4가지를 쓰시오

해답

1) 작업 일시, 기간, 장소 및 내용 등 작업 정보
2) 관리감독자, 근로자, 감시인 등 작업자 정보
3) 산소 및 유해가스 농도의 측정결과 및 후속조치 사항
4) 작업 중 불활성가스 또는 유해가스의 누출·유입·발생 가능성 검토 및 후속조치 사항
5) 작업 시 착용하여야 할 보호구의 종류
6) 비상연락체계

[주] 밀폐공간에서 작업 시 작업시작전 확인사항 : 안전보건규칙 제619조 제 ②항

06

다음은 가설통로의 구조에 관한 사항이다.
( ) 안에 알맞은 용어 및 숫자를 기입하시오.

1) 견고한 구조로 할 것.
2) 경사는 (①)°이하로 할 것.
3) 경사가 (②)°를 초과하는 때에는 미끄러지지 아니하는 구조로 할 것.
4) 추락의 위험이 있는 장소에는 (③)을 설치할 것.
5) 수직갱에 가설된 통로의 길이가 (④)m 이상인 때에는 (⑤)m 이내마다 계단참을 설치할 것.
6) 건설공사에 사용하는 높이 (⑥)m 이상인 비계다리에는 (⑦)m마다 계단참을 설치할 것.

해답

① 30   ② 15
③ 안전난간   ④ 15
⑤ 10   ⑥ 8
⑦ 7

[주] 가선통로의 구조: 안전보호규칙 제23조

07

산업안전보건법상 안전난간의 구조 및 설치요건에 관련된 (   )안에 알맞는 내용 또는 숫치를 쓰시오

1) 상부 난간대, 중간 난간대, 발끝막이판 및 난간기둥으로 구성할 것. 다만, 중간 난간대, 발끝막이판 및 난간기둥은 이와 비슷한 구조와 성능을 가진 것으로 대체할 수 있음
2) 상부 난간대는 바닥면·발판 또는 경사로의 표면(이하 " 바닥면등"이라 함)으로부터 (①) cm 이상 지점에 설치하고, 상부 난간대를 (②)cm 이하에 설치하는 경우에는 중간 난간대는 상부 난간대와 바닥면등의 중간에 설치해야 하며 (②)cm 이상 지점에 설치하는 경우네는 중간난간대를 2단이상으로 설치하고 난간의 상하 간격은 60cm 이하가 되도록 할 것
3) 발끝막이판은 바닥면으로부터 (③) cm 이상의 높이를 유지할 것. 1타2피 나온게 또 나옴
4) 난간대는 지름 (④)cm 이상의 금속제 파이프나 그 이상의 강도가 있는 재료일 것

해답

① 90
② 120
③ 10
④ 2.7

주) 안전난간의 구조및 설치요건: 안전보건규칙 제 13조

(   )에 숫자를 기입하는 문제로 출제율이 매우 높습니다

08

산업안전보건법상 이동식비계를 조립하여 작업을 하는 경우 준수할 사항이 관련된 다음 물음에 답하시오

1) 작업발판의 최대 적재하중을 쓰시오
2) 이동식비계의 전도를 감지하기 위한 장치 (해당 영상에서 아웃트리거를 보여 줌)를 쓰시오

해답

1) 250kg
2) 아웃트리거(outrigger : 전도방지용 지지대)

주) 이동식비계 : 안전보건규칙 제 68조

건설안전기사 실기 작업형 2024년 제3회

01
동영상에서 토공작업을 하는 건설기계의 명칭과 그 용도를 쓰시오.

해답

1) 건설기계의 명칭 : 불도저(bull dozer)
2) 용도
   ① 지반의 굴착 및 정지작업
   ② 운반 · 성토 및 매몰작업

> **길잡이**
>
> 불도저(bull dozer) : 블레이드(blade: 배토판, 토공판)를 트랙터의 앞부분에 90°로 설치하여 블레이드를 상하로 조종하면서 흙의 표면을 밀면서 깎고 정지작업을 하는 기계로, 일반적으로 운반거리 60m 이하의 배토작업에 사용한다.

02
산업안전보건법상 사다리식 통로 설치시 준수사항에 관련된 다음 ( )안에 알맞은 수치를 쓰시오

1) 발판과 벽과의 사이는 (①) cm 이상의 간격을 유지할 것
2) 폭은 (②) cm 이상으로 할 것
3) 사다리식 통로의 길이가 10m 이상인 경우에는 (③)m 이내마다 계단참을 설치할 것

해답

① 15
② 30
③ 5

> **길잡이**
>
> ▶ 사다리의 통로 설치 시 준수사항
>   (안전보건규칙 제24조)
>   1) 견고한 구조로 할 것
>   2) 심한 손상·부식 등이 없는 재료를 사용할 것
>   3) 발판의 간격은 일정하게 할 것
>   4) 발판과 벽과의 사이는 15cm 이상의 간격을 유지할 것
>   5) 폭은 30cm 이상으로 할 것
>   6) 사다리가 넘어지거나 미끄러지는 것을 방지하기 위한 조치를 할 것
>   7) 사다리의 상단은 걸쳐놓은 지점으로부터 60cm 이상 올라가도록 할 것
>   8) 사다리식 통로의 길이가 10m 이상인 경우에는 5m 이내마다 계단참을 설치할 것
>   9) 사다리식 통로의 기울기는 75도 이하로 할 것. 다만, 고정식 사다리식 통로의 기울기는 90도 이하로 하고, 그 높이가 7m 이상인 경우에는 바닥으로부터 높이가 2.5m 되는 지점부터 등받이울을 설치할 것
>   10) 접이식 사다리 기둥은 사용 시 접혀지거나 펼쳐지지 않도록 철물 등을 사용하여 견고하게 조치할 것

03

산업안전보건법상 추락방호망 설치 기준과 관련된 다음 (   )안에 알맞은 내용을 쓰시오

> 1) 추락방호망의 설치위치는 가능하면 작업면으로부터 가까운 지점에 설치하여야 하며, 작업면으로부터 망의 설치지점까지의 수직거리는 (①)를 초과하지 아니할 것
> 2) 추락방호망은 수평으로 설치하고, 망의 처짐은 짧은 변 길이의 (②)이상이 되도록 할 것
> 3) 건축물 등의 바깥쪽으로 설치하는 경우 추락방호망의 내민 길이는 벽면으로부터 (③) 이상 되도록 할 것

해답

① 10m
② 12%
③ 3m

주) 추락방호망 설치기준 : 안전보건규칙 제 42조 제 ②항

중요도가 매우 높은 문제입니다. (   )속에 숫자를 암기하여야 합니다

04

차량계건설기계를 사용하여 작업할 대에 기계가 넘어지거나(전도) 굴러 떨어짐(전락)으로서 근로자가 위험해질 우려가 있을 경우 조치할 사항 3가지를 쓰시오

🗨️해답

1) 유도하는 사람 (유도자) 배치
2) 지반의 부동침하 방지
3) 갓길의 붕괴방지
4) 도로폭의 유지

주 차량건설기계의 전도 등의 방지 : 안전보건규칙 제 199조

05

콘크리트 타설작업을 하기 위하여 콘크리트 타설장비 (콘크리트 플레이닝 붐, 콘크리트 분배기, 콘크리트 펌프카 등)를 사용하는 경우 준수사항 2가지를 쓰시오

🗨️해답

1) 작업을 시작하기 전에 콘크리트 타설 장비를 점검하고 이상을 발견하였으면 즉시 보수할 것
2) 건축물의 난간 등에서 작업하는 근로자가 호스의 요동·선회로 인하여 추락하는 위험을 방지하기 위하여 안전난간 설치 등 필요한 조치를 할 것
3) 콘크리트 타설장비의 붐을 조정하는 경우에는 주변의 전선 등에 의한 위험을 예방하기 위한 적절한 조치를 할 것
4) 작업 중에 지반의 침하나 아웃트리거 등 콘크리트 타설장비 지지구조물의 손상 등에 의하여 콘크리트 타설장비가 넘어질 우려가 있는 경우에는 이를 방지하기 위한 적절한 조치를 할 것

주 콘크리트 타설정비 사용 시 준수사항 : 안전보건규칙 제 335조

> **길잡이**
>
> ▶ 콘크리트 타설작업시 준수사항(안전보건규칙 제334조)
> 1) 당일의 작업을 시작하기 전에 해당 작업에 관한 거푸집 및 동바리의 변형·변위 및 지반의 침하 유무 등을 점검하고 이상이 있으면 보수할 것
> 2) 작업 중에는 감시자를 배치하는 등의 방법으로 거푸집 및 동바리의 변형·변위 및 침하 유무 등을 확인해야 하며, 이상이 있으면 작업을 중지하고 근로자를 대피시킬 것
> 3) 콘크리트 타설작업 시 거푸집 붕괴의 위험이 발생할 우려가 있으면 충분한 보강조치를 할 것
> 4) 설계도서상의 콘크리트 양생기간을 준수하여 거푸집 및 동바리를 해체할 것
> 5) 콘크리트를 타설하는 경우에는 편심이 발생하지 않도록 골고루 분산하여

06

강풍시 타워크레인의 작업제한 풍속기준에 관련된 다음 ( )안에 알맞은 내용을 쓰시오

1) 순간풍속이 (①)를 초과하는 경우 타워크레인이 설치·수리·점검 또는 해체작업을 중지 가여야 한다
2) 순간풍속이 (②)를 초과하는 경우에는 타워크레인의 운전작업을 중지하여야한다

해답

① 초당 10m (10m/sec)
② 초당 15m (15m/sec)

㈜ 악천 후 및 강풍시 작업 중지 등 : 안전보건규칙 제 37조

07

다음은 근로자가 충전전로를 취급하거나 그 인근에서 작업하는 경우 조치 사항이다.
(   )안에 알맞은 내용(또는 숫자) 를 쓰시오

유자격자가 아닌 근로자가 충전전로 인근의 높은 곳에서 작업할 때에 근로자의 몸 또는 긴 도전성 물체가 방호되지 않은 충전전로에서 대지전압이 (①)킬로볼트 이하인 경우에는 (②) 센티미터 이내로, 대지전압이 (③)킬로볼트를 넘는 경우에는 (④)킬로볼트당 (⑤)센티미터씩 더한 거리 이내로 각각 접근할 수 없도록 할 것

 해답

① 50   ② 300
③ 50   ④ 10
⑤ 10

> 길잡이

▶출전전도에서 전기작업시 조치사항
  (안전보건규칙 제321조)
  1) 충전로를 취급하는 근로자 : 절연용 보호구 착용
  2) 충전전로에 근접한 장소에서 전기작업 : 절연용 방호구 설치
  3) 고압 및 특별고압의 전로에서 전기작업 : 활선작업용 기구 및 장치 사용
  4) 충전전로에서 이격거리
    ① 대지정압이 50KV 이하 : 300cm 이내
    ② 대지전압이 50KV를 넘는 경우 : 10KV 당 10cm 씩 더한 거리 이내

08

동영상은 아파트공사현장에서 타워크레인의 화물 인양작업장면을 보여주고 있다. 산업안전보건법상 크레인의 설치·조건 수리·점검 또는 해체작업시 조치 사항 4가지를 쓰시오

해답

1) 작업순서를 정하고 그 순서에 따라 작업을 할 것
2) 작업을 할 구역에 관계 근로자가 아닌 사람의 출입을 금지하고 그 취지를 보기 쉬운 곳에 표시할 것
3) 비, 눈, 그 밖에 기상상태의 불안정으로 날씨가 몹시 나쁜 경우에는 그 작업을 중지시킬 것
4) 작업장소는 안전한 작업이 이루어질 수 있도록 충분한 공간을 확보하고 장애물이 없도록 할 것
5) 들어올리거나 내리는 기자재는 균형을 유지하면서 작업을 하도록 할 것
6) 크레인의 성능, 사용조건 등에 따라중분한 응력(應力)을 갖는 구조로 기초를 설치하고 침하 등이 일어나지 않도록 할 것
7) 규격품인 조립용 볼트를 사용하고 대칭되는 곳을 차례로 결합하고 분해할 것

건설안전기사 실기(2025)
필답형+작업형 4주완성

초판 1쇄 발행 2023년 04월 10일
초판 2쇄 발행 2024년 03월 20일
초판 3쇄 발행 2025년 03월 20일

지은이 | 경국현
펴낸이 | 이주연

펴낸곳 | **명인북스**
등 록 | 제 409-2021-000031호

주 소 | 인천시 서구 완정로65번안길 10, 114동 605호
전 화 | 032-565-7338
팩 스 | 032-565-7348
E-mail | phy4029@naver.com
정 가 | 36,000원

ISBN 979-11-988678-2-7(13530)

이 책에서 내용의 일부 또는 도해를 다음과 같은 행위자들이 사전 승인없이 인용할 경우에는 저작권법 제93조 「손해배상청구권」에 적용 받습니다.
① 단순히 공부할 목적으로 부분 또는 전체를 복제하여 사용하는 학생 또는 복사업자
② 공공기관 및 사설교육기관(학원, 인정직업학교), 단체 등에서 영리를 목적으로
   복제·배포하는 대표, 또는 당해 교육자
③ 디스크 복사 및 기타 정보 재생 시스템을 이용하여 사용하는 자

※ 파본은 구입하신 서점에서 교환해 드립니다.